2026

유단자
유일한 **단기합격** 자격서

승강기 기능사

필기·실기

김창일 저

NCS 국가직무능력표준 교육과정 반영

- 필기 핵심요약 이론 + 2025년 최신 기출복원문제 수록
- 실기 작업형 핵심 TIP + 최신 복원문제 수록

유단자 학습지원센터

실전같은 시험
CBT 모의고사

Q&A
합격 서포트
학습지원센터

MEDIA MON
미디어몬

승강기 기능사

기능사 필기·실기

유일한 **단**기합격 **자**격서

PREFACE

오늘날 주거공간의 고층화와 건축물의 증가로 인하여 초고층 빌딩이나 지하 시설을 수많은 사람이 편리하게 오가는 이유는 바로 승강기라는 멋진 수송수단 때문이다. 우리 일상에 가장 밀접한 관계를 맺고 있으며 고도 경제성장을 바탕으로 승강기 사업도 지속적으로 도약하고 있다.

그러나 자동차, 항공기와 같이 출고 후 일단 설치가 끝나면, 좋은 작동상태를 유지하기 위해 지속적인 점검 및 보수작업을 해야 하고 이러한 작업을 위해서는 기계, 전자, 전기에 대한 기초적인 지식과 기능을 필요로 하므로 이에 따라 산업현장에서 필요로 하는 기능인력의 양성을 통해 승강기 이용 시 안전을 도모하고자 한국산업인력공단에서는 자격제도를 제정하였다. '승강기보수기능사'에서 '승강기기능사'로의 변천 과정을 거치며 현재에 이르고 있으며, 승강기 분야는 어느 단일학문이라기보다는 기계적, 전기적, 물리적 특징 등 여러 가지 기술이 융합된 학문이기 때문에 전산응용기계제도기능사, 컴퓨터응용밀링기능사 등 기계 파트와 전기기능사의 전기 파트, 산업안전기사의 안전 파트의 교집합으로 볼 수 있다.

이에 본 교재는 승강기 이론을 비롯하여 '안전'에 관련된 법제적, 기술적 지식적 내용을 담아 최신 기출 유형을 분석하여 수험생들이 더 쉽게 접근하고 내용에 익숙해질 수 있도록 출제기준을 기반으로 간략하고 명확한 학습을 하는 데 도움을 주고자 집필하였으며, 다음과 같은 특징으로 구성하였다.

❶ 핵심요점정리 파트를 통해 기출문제를 쉽게 풀 수 있도록 하였다.
❷ 승강기기능사 직무 출제기준에 맞춰 본문을 구성하여 빈틈없는 내용을 담았다.
❸ 과년도 복원문제를 연도별로 나열하고 상세한 해설을 담아 풀이하였다.
❹ 실기시험 출제기준에 맞춰 작업순서 및 기구들을 그림과 함께 자세히 설명하였다.

본 수험서를 활용하여 공부하시는 수험생들에게 합격의 영광을! 나아가 산업현장에서 응용되는 모든 분야의 유능한 기술자가 되시기를 기원합니다. 앞으로도 출제 경향에 맞추어 연구하고 보완해 나갈 것을 약속드리며 본 교재가 출간되기까지 내용을 꼼꼼히 검토해 주신 출판사의 노고에 진심으로 감사드립니다.

- 저자 김창일 -

GUIDE

이 책의 구성과 특징

출제기준에 맞춘
핵심내용정리

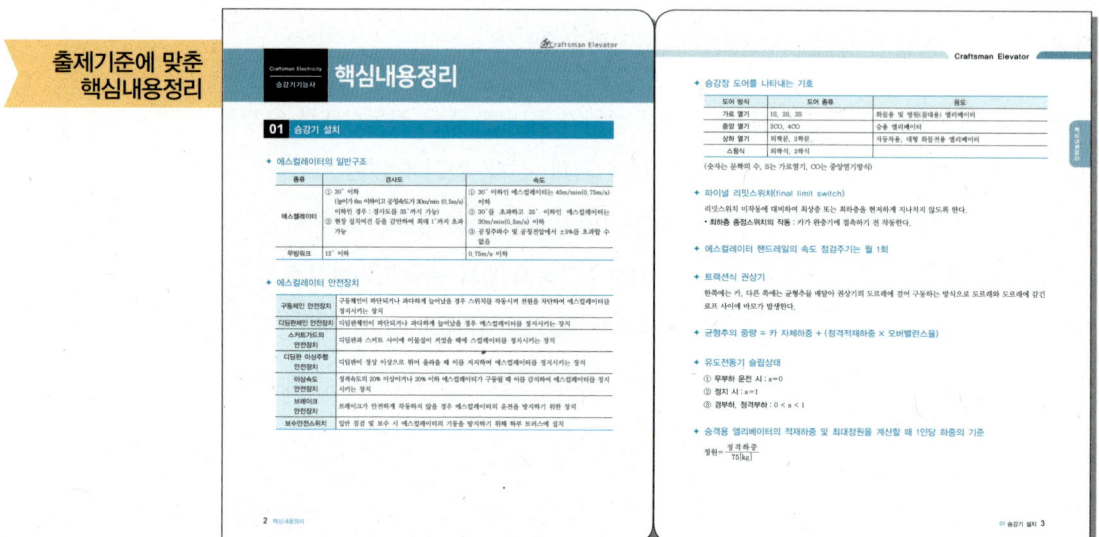

시험에 반복 출제되는 핵심내용만을 정리하여 수록하였다.
선행학습 시에 학습 방향을 제시하고, 시험장으로 들어가기 전 최종 정리 학습 시에 마무리 노트로 활용
할 수 있을 것이다.

단원별 이론 및
핵심유형문제

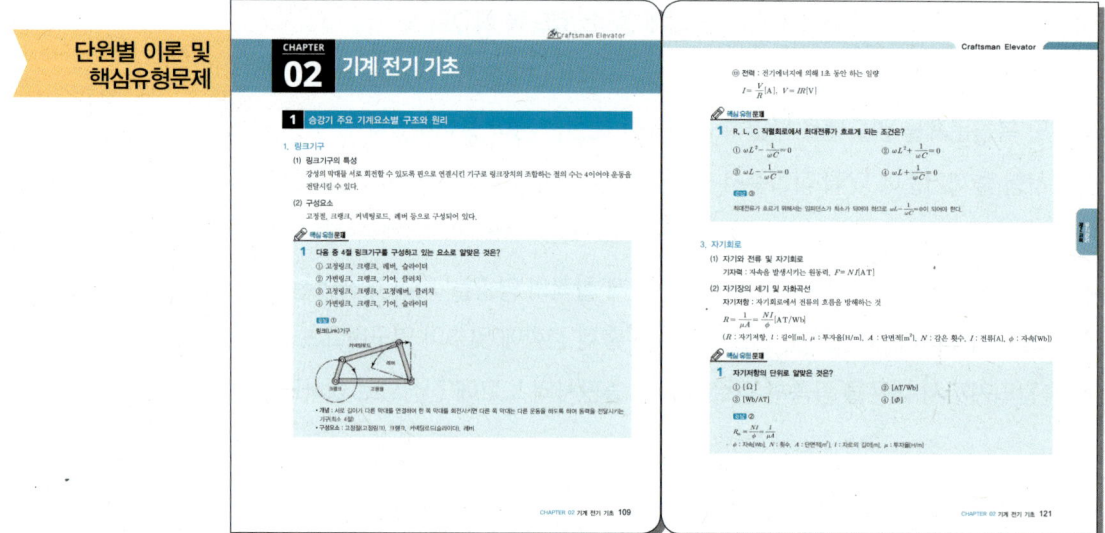

이론의 중요 포인트를 핵심 유형 문제로 제시하여 이론의 개념과 정의를 이해하고 문제 적응력을 키울
수 있도록 하였다.

기출복원문제

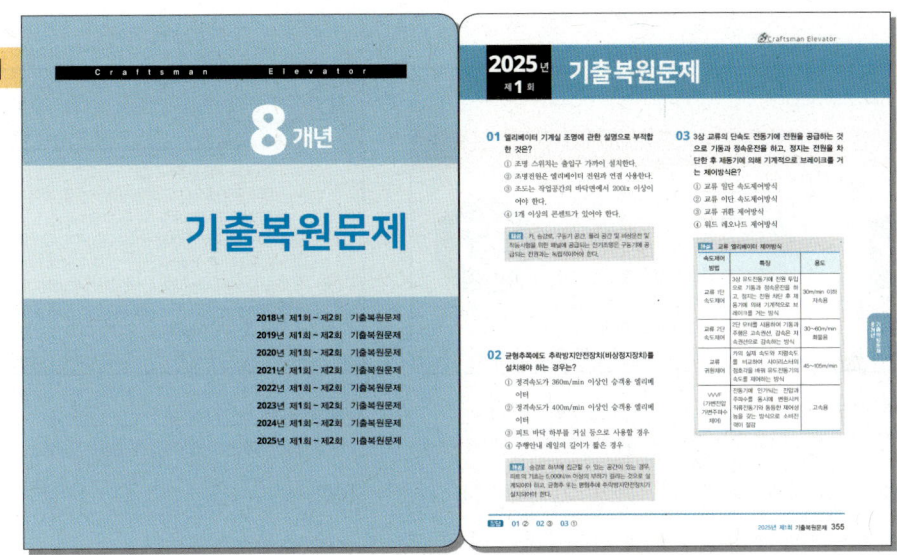

8개년 기출복원문제를 수록하여 반복되어 출제된 중요 문제를 제시함에 따라 **출제 경향**을 파악할 수 있도록 하였으며, 이에 따라 학습 계획을 세울 수 있도록 하였다.

작업형 실기시험

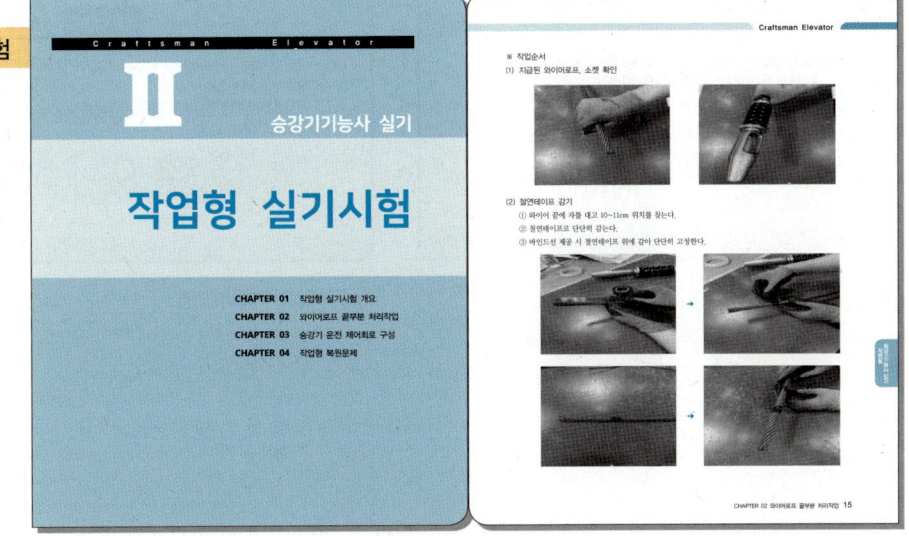

실기시험 출제기준에 맞춰 작업순서 및 기구들을 그림과 함께 자세히 설명하였고, 공개문제를 작업형 복원문제로 제시하여 수험생들의 이해를 도울 수 있도록 하였다.

GUIDE

CBT 응시 요령

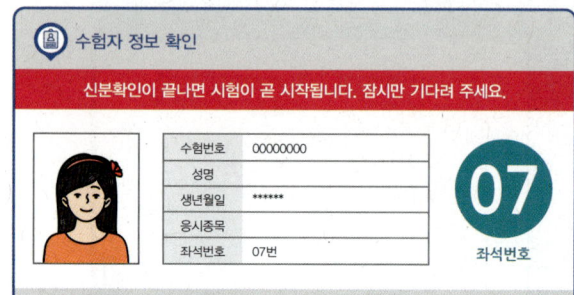

수험자 정보 확인

신분확인이 끝나면 시험이 곧 시작됩니다. 잠시만 기다려 주세요.

수험번호	00000000
성명	
생년월일	******
응시종목	
좌석번호	07번

07 좌석번호

📍 수험자 정보 확인

- 시험장 감독위원이 컴퓨터에 나온 수험자 정보와 신분증이 일치하는지를 확인하는 단계입니다.
- 수험번호, 성명, 생년월일, 응시종목, 좌석번호를 확인합니다.

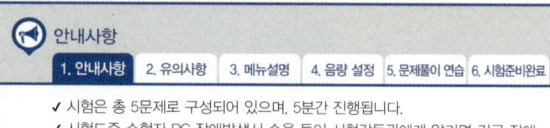

안내사항

| 1. 안내사항 | 2. 유의사항 | 3. 메뉴설명 | 4. 음량 설정 | 5. 문제풀이 연습 | 6. 시험준비완료 |

- ✓ 시험은 총 5문제로 구성되어 있으며, 5분간 진행됩니다.
- ✓ 시험도중 수험자 PC 장애발생시 손을 들어 시험감독관에게 알리면 긴급 장애 조치 또는 자리이동을 할 수 있습니다.
- ✓ 시험이 끝나면 채점결과(점수)를 바로 확인할 수 있습니다.
- ✓ 응시자격서류 제출 및 서류 심사가 완료되어야 최종합격 처리되며, 실기시험 원서접수가 가능하오니, 유의하시기 바랍니다.
- ✓ 공학용 계산기는 큐넷 공지된 허용 기종 외에는 사용이 불가함을 알려드립니다.
- ✓ 과목 면제자 수험자의 경우 면제과목의 시험문제를 확인할 수 없습니다.

📍 안내사항

- 시험에 관한 안내사항을 확인합니다.

유의사항 – [1/4]

| 1. 안내사항 | 2. 유의사항 | 3. 메뉴설명 | 4. 음량 설정 | 5. 문제풀이 연습 | 6. 시험준비완료 |

- 다음과 같은 부정행위가 발각될 경우 감독관의 지시에 따라 퇴실 조치되고, 시험은 무효로 처리되며, 3년간 국가기술자격검정에 응시할 자격이 정지됩니다.
  - ✓ 시험 중 다른 수험자와 시험에 관련한 대화를 하는 행위
  - ✓ 시험 중에 다른 수험자의 문제 및 답안을 엿보고 답안지를 작성하는 행위 다른 수험자를 위하여 답안을 알려주거나, 엿보게 하는 행위
  - ✓ 시험 중 시험문제 내용과 관련된 물건을 휴대하여 사용하거나 이를 주고받는 행위

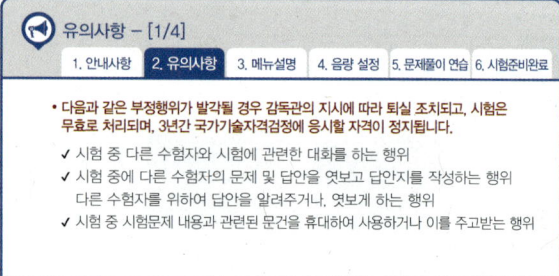

📍 유의사항

- 부정행위에 관한 유의사항이므로 꼼꼼히 확인합니다.

문제풀이 메뉴설명

| 1. 안내사항 | 2. 유의사항 | 3. 메뉴설명 | 4. 음량 설정 | 5. 문제풀이 연습 | 6. 시험준비완료 |

- 아래 문제풀이 기능 설명을 유의해서 읽고 기능을 숙지해 주십시오.
  글자크기/화면배치
  글자크기와 화면배치를 조절할 수 있습니다.

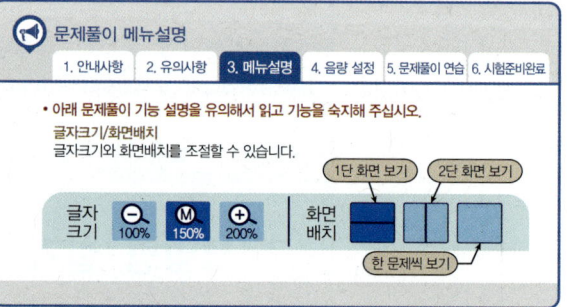

📍 문제풀이 메뉴설명

- 문제풀이 메뉴의 기능에 관한 설명을 유의해서 읽고 기능을 숙지해 주세요.

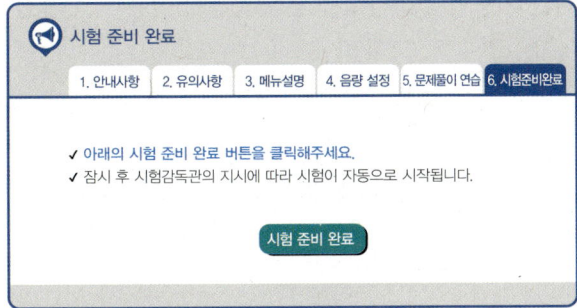

시험 준비 완료

- 시험 안내사항 및 문제풀이 연습까지 모두 마친 수험자는 시험 준비 완료 버튼을 클릭한 후 잠시 대기합니다.

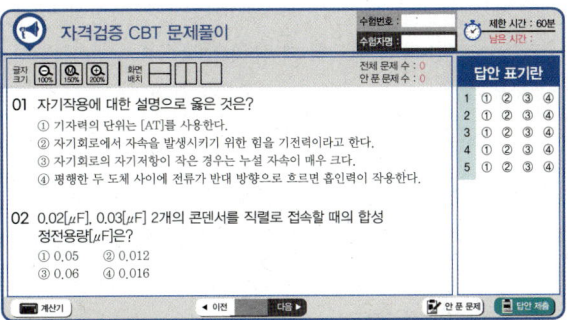

시험 화면

- 시험 화면이 뜨면 수험번호와 수험자명을 확인하고, 글자크기 및 화면배치를 조절한 후 시험을 시작합니다.

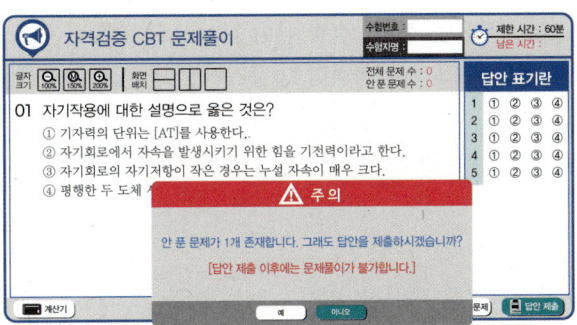

답안 제출

- [답안 제출] 버튼을 클릭하면 답안 제출 승인 알림창이 나옵니다. 시험을 마치려면 [예] 버튼을 클릭하고 시험을 계속 진행하려면 [아니오] 버튼을 클릭하면 됩니다.
- 답안 제출은 실수 방지를 위해 두 번의 확인 과정을 거칩니다. [예] 버튼을 누르면 답안 제출이 완료되며 득점 및 합격여부 등을 확인할 수 있습니다.

CBT 필기시험 Hint

1. CBT 시험이란 인쇄물 기반 시험인 PBT와 달리 컴퓨터 화면에 시험문제가 표시되어 응시자가 마우스를 통해 문제를 풀어나가는 컴퓨터 기반의 시험을 말합니다.

2. 입실 전 본인좌석을 반드시 확인 후 착석하시기 바랍니다.

3. 전산으로 진행됨에 따라, 안정적 운영을 위해 입실 후 감독위원의 안내에 적극 협조하여 응시하여 주시기 바랍니다.

4. 최종 답안 제출 시 수정이 절대 불가하오니 충분히 검토 후 제출 바랍니다.

5. 제출 후 본인 점수 확인완료 후 퇴실 바랍니다.

① 개요

엘리베이터나 에스컬레이터, 주차용 기계장치 등 승강기는 일단 설치가 끝나면, 좋은 작동상태를 유지하기 위해 지속적인 점검 및 보수작업을 해야 한다. 이러한 작업을 위해서는 기계, 전자, 전기에 대한 기초적인 지식과 기능을 필요로 한다. 이에 따라 산업현장에서 필요로 하는 기능인력의 양성을 통해 승강기 이용 시 안전을 도모하고자 자격제도를 제정하였다.

② 수행직무

주로 각종 승강기 보수용 장비 및 공구를 사용하여 건축물 또는 기타 구조물에 설치되어있는 엘리베이터, 에스컬레이터, 덤웨이터, 수평보행기 등의 승강기를 검사, 점검 및 보수하고 시운전하는 업무 수행

③ 진로 및 전망

— 승강기 또는 승강기부품 제조업체 및 수입업체, 승강기 보수·유지·점검 업체, 건물의 승강기 관리직, 승강기 부품 판매업체, 일반 건물의 전기실 등으로 진출할 수 있다. 「산업안전보건법」에 의한 지정검사기관의 검사자, 「승강기제조 및 관리에 관한 법률」에 의한 승강기 보수업의 기술인력으로 고용될 수 있다.

— 승강기 기능인력에 대한 수요는 주로 신축건물의 증감에 영향을 받게 되지만, 기존에 설치된 승강기도 항상 좋은 상태를 유지하기 위해서는 지속적인 점검과 정비를 해야 하므로 수요는 꾸준히 존재한다. 최근 건설 경기가 회복세를 보임에 따라 더 많은 건축물이 신축될 것으로 보여 승강기 설치 분야 인력증가가 예상된다. 동시에 일반인들의 승강기 안전에 대한 인식 고조로 검사 및 정비, 점검 분야의 수요도 지속될 예정이다. 승강기 기술의 발전에 따른 공간 활용이나 에너지 절감을 고려한 최첨단 승강기가 개발되고 있어 건물승강기 관리 분야의 기능인력 수요는 커질 전망이다.

④ 출제경향

— 필기시험의 내용은 출제기준을 참고바랍니다.
— 작업형 실기시험은 와이어로프의 작업과 승강기의 운전제어회로를 구성합니다.

⑤ 취득방법

① 시행처 : 한국산업인력공단
② 시험과목

필기	1. 승강기 설치 ｜ 2. 유지관리 ｜ 3. 안전관리
실기	승강기 설치 및 유지관리 실무

③ 검정방법

필기	전 과목 혼합, 객관식 60문항(60분)
실기	작업형(3시간 30분 정도)

④ 합격기준(필기, 실기) : 100점을 만점으로 하여 60점 이상

⑤ 작업형 실기시험 기본정보

안전등급(safety Level) : 4 등급	▼			
	위험	경고	주의	관심

● 시험장소 구분	실내
● 주요시설 및 장비	니퍼, 드라이버, 망치(나무, 고무), 와이어로프 및 소켓 등
● 보호구	면장갑 운동화

– 보호구(작업복 등) 착용, 정리정돈 상태, 안전사항 등이 채점 대상이 될 수 있습니다.
– 반드시 수험자 지참공구 목록을 확인하여 주시기 바랍니다.

⑥ 출제 기준(필기)

직무 분야	기계	중직무 분야	기계장비 설비 · 설치	자격 종목	승강기기능사	적용 기간	2025.01.01~2027.12.31

직무내용 : 숙련기능을 바탕으로 승강기를 설치 및 점검하는 직무이다.

필기검정방법	객관식	문제수	60	시험시간	1시간

필기 과목명	주요항목
승강기 설치, 유지관리, 안전관리	1. 엘리베이터 기계 설치 및 부품 교체　6. 승강기 안전관리 2. 엘리베이터 점검　　　　　　　　　7. 승강기 안전검사 수검 3. 엘리베이터 부품 설치 및 교체　　　8. 에스컬레이터(무빙워크) 설치 및 부품 교체 4. 엘리베이터 전기 설치 및 부품 교체　9. 에스컬레이터(무빙워크) 점검 5. 기계 전기 기초

⑦ 출제 기준(실기)

직무 분야	기계	중직무 분야	기계장비 설비 · 설치	자격 종목	승강기기능사	적용 기간	2025.01.01~2027.12.31

직무내용 : 숙련기능을 바탕으로 승강기를 설치 및 점검하는 직무이다.

실기검정방법	작업형	시험시간	3시간 30분 정도

실기 과목명	주요항목
승강기 설치 및 유지관리 실무	1. 엘리베이터 기계 설치　　　4. 에스컬레이터 점검 2. 에스컬레이터(무빙워크) 설치　5. 승강기 안전관리 3. 엘리베이터 점검　　　　　　6. 엘리베이터 전기 설치

CONTENTS

Ⅰ 승강기기능사 필기

📝 핵심내용정리
1 승강기 설치 ·· 2
2 유지관리 ·· 14
3 안전관리 ·· 33

제1과목 승강기 설치
CHAPTER 01 엘리베이터 기계 설치 및 부품 교체 ·········· 38
CHAPTER 02 엘리베이터 부품 설치 및 교체 ·········· 62
CHAPTER 03 엘리베이터 전기 설치 및 부품 교체 ·········· 71
CHAPTER 04 에스컬레이터(무빙워크) 설치 및 부품 교체 ·········· 73

제2과목 유지관리
CHAPTER 01 엘리베이터 점검 ·········· 90
CHAPTER 02 기계 전기 기초 ·········· 109
CHAPTER 03 에스컬레이터(무빙워크) 점검 ·········· 140

제3과목 안전관리
CHAPTER 01 승강기 안전관리 ·········· 146
CHAPTER 02 승강기 안전검사 수검 ·········· 152

8개년 기출복원문제
01 2018년 제1회 기출복원문제 ·········· 156
02 2018년 제2회 기출복원문제 ·········· 171

03	2019년 제1회 기출복원문제	185
04	2019년 제2회 기출복원문제	198
05	2020년 제1회 기출복원문제	213
06	2020년 제2회 기출복원문제	226
07	2021년 제1회 기출복원문제	240
08	2021년 제2회 기출복원문제	255
09	2022년 제1회 기출복원문제	269
10	2022년 제2회 기출복원문제	283
11	2023년 제1회 기출복원문제	298
12	2023년 제2회 기출복원문제	313
13	2024년 제1회 기출복원문제	329
14	2024년 제2회 기출복원문제	343
15	2025년 제1회 기출복원문제	355
16	2025년 제2회 기출복원문제	368

II 승강기기능사 실기

🎽 작업형 실기시험

CHAPTER 01	작업형 실기시험 개요	2
CHAPTER 02	와이어로프 끝부분 처리작업	12
CHAPTER 03	승강기 운전 제어회로 구성	18
CHAPTER 04	작업형 복원문제	26

I

승강기기능사 필기

핵심내용정리

01 승강기 설치
02 유지관리
03 안전관리

핵심내용정리

01 승강기 설치

✦ 에스컬레이터의 일반구조

종류	경사도	속도
에스켈레이터	① 30° 이하 (높이가 6m 이하이고 공칭속도가 30m/min (0.5m/s) 이하인 경우 : 경사도를 35°까지 가능) ② 현장 설치여건 등을 감안하여 최대 1°까지 초과 가능	① 30° 이하인 에스컬레이터는 45m/min(0.75m/s) 이하 ② 30°를 초과하고 35° 이하인 에스컬레이터는 30m/min(0.5m/s) 이하 ③ 공칭주파수 및 공칭전압에서 ±5%를 초과할 수 없음
무빙워크	12° 이하	0.75m/s 이하

✦ 에스컬레이터 안전장치

구동체인 안전장치	구동체인이 파단되거나 과다하게 늘어났을 경우 스위치를 작동시켜 전원을 차단하여 에스컬레이터를 정지시키는 장치
디딤판체인 안전장치	디딤판체인이 파단되거나 과다하게 늘어났을 경우 에스컬레이터를 정지시키는 장치
스커트가드의 안전장치	디딤판과 스커트 사이에 이물질이 끼었을 때에 스컬레이터를 정지시키는 장치
디딤판 이상주행 안전장치	디딤판이 정상 이상으로 튀어 올라올 때 이를 저지하여 에스컬레이터를 정지시키는 장치
이상속도 안전장치	정격속도의 20% 이상이거나 20% 이하 에스컬레이터가 구동될 때 이를 감지하여 에스컬레이터를 정지시키는 장치
브레이크 안전장치	브레이크가 안전하게 작동하지 않을 경우 에스컬레이터의 운전을 방지하기 위한 장치
보수안전스위치	일반 점검 및 보수 시 에스컬레이터의 기동을 방지하기 위해 하부 트러스에 설치

✦ 승강장 도어를 나타내는 기호

도어 방식	도어 종류	용도
가로 열기	1S, 2S, 3S	화물용 및 병원(침대용) 엘리베이터
중앙 열기	2CO, 4CO	승용 엘리베이터
상하 열기	외짝문, 2짝문	자동차용, 대형 화물전용 엘리베이터
스윙식	외짝식, 2짝식	

(숫자는 문짝의 수, S는 가로열기, CO는 중앙열기방식)

✦ 파이널 리밋스위치(final limit switch)

리밋스위치 미작동에 대비하여 최상층 또는 최하층을 현저하게 지나치지 않도록 한다.

• **최하층 종점스위치의 작동** : 카가 완충기에 접촉하기 전 작동한다.

✦ 에스컬레이터 핸드레일의 속도 점검주기는 월 1회

✦ 트랙션식 권상기

한쪽에는 카, 다른 쪽에는 균형추를 매달아 권상기의 도르래에 걸어 구동하는 방식으로 도르래와 도르래에 감긴 로프 사이에 마모가 발생한다.

✦ 균형추의 중량 = 카 자체하중 + (정격적재하중 × 오버밸런스율)

✦ 유도전동기 슬립상태

① 무부하 운전 시 : $s = 0$

② 정지 시 : $s = 1$

③ 경부하, 정격부하 : $0 < s < 1$

✦ 승객용 엘리베이터의 적재하중 및 최대정원을 계산할 때 1인당 하중의 기준

$$정원 = \frac{정격하중}{75[\text{kg}]}$$

✦ 도어 클로저

도어가 열려 있으면 자동으로 닫히도록 하는 장치이다.
① **스프링식** : 스프링을 이용한 자동으로 닫힘, 고속용 엘리베이터
② **중력식** : 와이어와 추를 이용한 중력으로 자동으로 닫힘, 중저속용 엘리베이터

✦ 직접식 엘리베이터

램(실린더) 또는 플런저의 직상부에 카를 설치하는 방식이다.
① 1 : 1 로핑방식
② 실린더 설치를 위한 보호관을 지하에 매설해야 되므로 설치가 어려움
③ 추락방지안전장치(비상정지장치)가 없어도 됨
④ 부하에 대한 카(케이지)의 응력이 작음
⑤ 승강로 평면이 작아도 되고 구조가 간단
⑥ 승강로 행정거리와 실린더의 길이가 동일

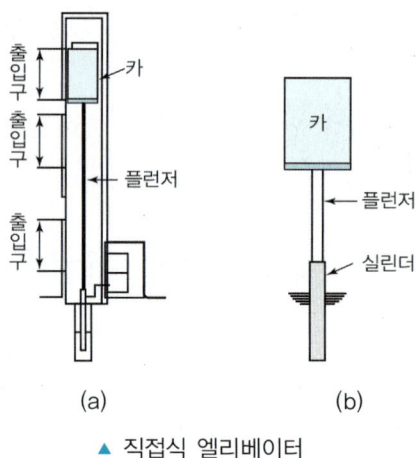

▲ 직접식 엘리베이터

✦ 간접식 엘리베이터

① 1 : 2, 1 : 4, 2 : 4 로핑방식
② 로프의 이완현상과 기름의 압축성 때문에 부하로 인한 바닥 침하가 발생
③ 실린더 보호관이 필요 없음
④ 실린더 점검이 용이
⑤ 추락방지안전정치(비상정지장치)가 반드시 필요

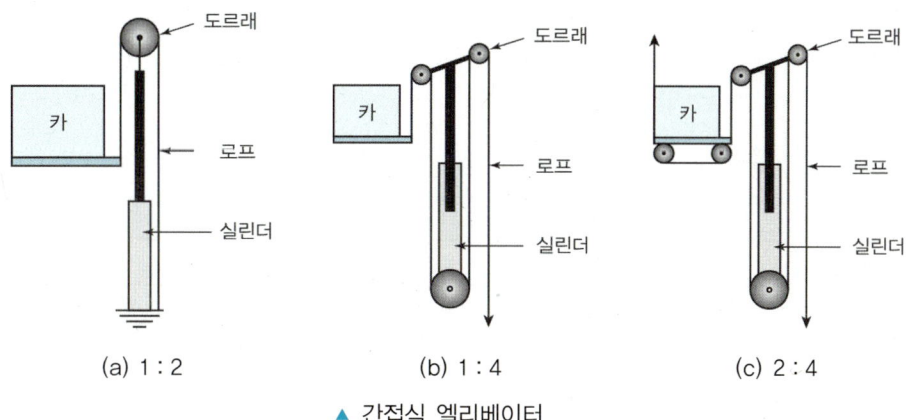

(a) 1 : 2　　　　　(b) 1 : 4　　　　　(c) 2 : 4

▲ 간접식 엘리베이터

✦ 엘리베이터 조작방식

① 단식 자동식(single automatic type)
- 승강장의 버튼은 오름·내림 공용임
- 먼저 눌러진 호출에 응답하고, 운행 중에는 다른 호출에 응하지 않는 방식
- 용도 : 자동차용, 화물용

② 하강승합 전자동식(down collective automatic type)
- 2층 이상의 승강장에는 내림 방향의 버튼만 있음
- 중간층에서 위 방향으로 갈 때는 1층까지 내려와서 올라가야만 하는 방식
- 용도 : 사생활침해 방범용

③ 군 승합 자동식
- 2~3대의 엘리베이터가 병설되었을 때 주로 사용
- 1대의 승강장 부름에 1대의 카만 응답(불필요 운전을 줄임)

④ 승합 전자동식
- 누름 버튼이 상하 2개 있고 동시에 기억시킬 수 있다.
- 카 진행 방향의 누름 버튼과 승강장의 누름 버튼에 응답하면서 오르내린다.

✦ 전기식 엘리베이터 기계실의 실온범위

5~40℃를 유지한다.

✦ 소형화물용 엘리베이터(덤웨이터)

① 사람 출입(탑승)이 제한됨 : 소형화물(서적, 음식물 등) 운반에 적합하게 제작된 엘리베이터
② 적재용량이 300kg 이하, 정격속도가 1m/s 이하인 것

③ 바닥면적이 1㎡ 이하, 천장높이가 1.2m 이하인 소형 엘리베이터

④ 단, 바닥면적이 0.5㎡ 이하이고 높이가 0.6m 이하인 엘리베이터는 제외

✦ 유압엘리베이터 직접식과 간접식의 비교

직접식	간접식
추락방지안전장치(비상정지장치)가 필요 없다.	추락방지안전장치(비상정지장치)가 필요하다.
승강로의 크기가 작고 구조가 간단하다.	승강로가 실린더를 수용할 만큼 커진다.
실린더를 설치하기 위한 보호관을 땅속에 설치하여야 하므로 실린더의 점검이 곤란하다.	실린더 보호관이 필요 없어 점검이 용이하다.
부하에 의한 카 바닥의 빠짐이 작다.	로프의 늘어짐과 작동유의 점성 때문에 부하에 의한 카 바닥의 빠짐이 비교적 크다.

✦ 기계식 주차장치의 분류방법

- 수직순환식 주차장치 : 수직면 내에 수직으로 배열된 다수의 운반기가 순환 이동하는 구조로 자동차를 승입시키는 위치에 따라 하부승입식, 중간승입식, 상부승입식 등으로 세분
- 수평순환식 주차장치 : 다수의 운반기를 2열 또는 그 이상으로 배열하여 수평으로 순환 이동시키는 구조의 주차장치로 운반기의 이동 형태에 따라 원형 순환식, 각형 순환식 등으로 세분
- 다층순환식 주차장치 : 다수의 운반기를 2층 또는 그 이상으로 배치하여 위·아래 또는 수평으로 순환 이동시키는 구조의 주차장치로 운반기의 이동 형태에 따라 원형 순환식, 각형 순환식 등으로 세분
- 2단식 주차장치 : 주차구획이 2단으로 배치되어 있고 출입구가 있는 층의 모든 부분을 주차장치 출입구로 사용할 수 있는 구조의 주차장치로 승강식, 승강횡행식 등으로 세분

✦ 가이드 레일은 엘리베이터용으로 T형 레일로서 1본의 길이는 5m를 표준

✦ 정전 시 예비전원은 60초 이내에 엘리베이터 운행에 필요한 전력용량을 자동적으로 발생

✦ 수동으로 전원을 작동할 수 있어야 하며, 2시간 이상 작동

✦ 기계실 바닥면 전기조명

① 작업공간의 바닥면 : 200lx

② 작업공간 간 이동공간의 바닥면 : 50lx

✦ 문닫힘 시 사람 또는 물건이 끼이거나 문닫힘안전장치 연결전선이 끊어지면 문이 반전하여 열리도록 하는 문닫힘안전장치

① 세이프티 슈(safety shoe)
  • 문 앞 가장자리 쪽에 센서를 설치하여 물질이나 사람이 접촉하면 도어 닫힘이 중단됨
② 세이프티 레이(safety ray)
  • 투광기와 수광기로 구성
  • 도어의 양단에 빔(beam)의 차단이 발생할 때 도어의 닫힘이 중단되고 열림
③ 초음파 도어 센서(ultra sonic sensor)
  • 초음파로 승강장 쪽의 물질이나 사람을 검출하여 도어의 닫힘을 중단하고 열리게 함
  • 도어의 양단에 빔(beam)의 차단이 발생할 때 도어의 닫힘이 중단되고 열림

✦ 도어 인터로크(door interlock)

① 도어로크 : 승강기 문의 안전장치로, 전용 키(key)로만 열 수 있음
② 도어 스위치 : 문이 닫혀 있지 않으면 운전이 불가능

✦ 에스컬레이터의 공칭속도

① 경사도가 30° 이하인 에스컬레이터는 0.75m/s 이하
② 경사도가 30° 초과하고 35° 이하인 에스컬레이터는 0.5m/s 이하

✦ 무빙워크의 경사도는 12° 이하

✦ 도어 클로저

도어가 열려 있으면 자동으로 닫히도록 하는 장치이다.
① 스프링식 : 스프링을 이용한 자동으로 닫힘, 고속용 엘리베이터
② 중력식 : 와이어와 추를 이용한 중력으로 자동으로 닫힘, 중저속용 엘리베이터

✦ 1시간당 에스컬레이터 또는 무빙워크로 수송할 수 있는 최대인원의 수(최대수용능력)

스텝·팰릿 폭[m]	공칭속도[m/s]		
	0.5	0.65	0.75
0.6	3,600명/h	4,400명/h	4,900명/h
0.8	4,800명/h	5,900명/h	6,600명/h
1	6,000명/h	7,300명/h	8,200명/h

✦ 와이어로프 꼬임의 종류

① 꼬임 방향에 따라
- Z꼬임 : 오른 꼬임
- S꼬임 : 왼 꼬임

② 가닥과 로프의 꼬임 방향에 따라
- 보통꼬임 : 가닥과 로프의 꼬임 방향이 반대
- 랭꼬임 : 가닥과 로프의 꼬임 방향이 같음

보통 Z꼬임
O/Z

(a) 보통 Z꼬임

보통 S꼬임
O/S

(b) 보통 S꼬임

랭 Z꼬임
L/Z

(c) 랭 Z꼬임

랭 Z꼬임
L/S

(d) 랭 S꼬임

▲ 와이어로프 꼬임의 종류

✦ 기계실 위치에 따른 구분

① 사이드머신 타입(side machine type) : 승강로 상부 측에 설치
② 베이스먼트 타입(basement type) : 승강로 하부 측에 설치
③ 정상부 타입(over head machine type) : 정상부에 설치

✦ 유압 파워유닛 구성요소 : 펌프, 유량제어밸브, 체크밸브, 안전밸브 및 주전동기

✦ 레일규격 호칭

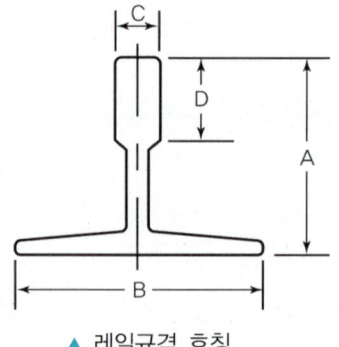

▲ 레일규격 호칭

종류	기호	각부 치수(단위 : [mm])			
		A	B	C	D
8kgf 레일	8K	56	78	10	26
13kgf 레일	13K	62	89	16	32
18kgf 레일	18K	89	114	16	38
24kgf 레일	24K	89	127	16	50
30kgf 레일	30K	108	140	19	50

✦ 문닫힘안전장치

구분		특징
접촉식 보호장치	접촉식 감지기 : 감지기와 물리적인 접촉을 통하여 동작하는 스위치 예 조속기 스위치, 도어 스위치, 파이널 리밋스위치	
	문닫힘안전장치 (세이프티 슈)	이물체 검출을 위해 카 도어 가장자리 끝단에 가동슈를 부착하여 이물체나 사람 접촉 시 닫힘을 중지하고 도어를 반전시키는 접촉식 안전장치
비접촉식 보호장치	비접촉식 감지기 : 자기의 변화, 정전용량의 변화 등을 통하여 감지기가 동작하는 스위치 예 인덕터 스위치, 광 감지기, 근접 감지기	
	광전장치	광전빔을 발생시키는 투광기와 센서인 수광기로 구성되어 있으며, 광전빔이 차단될 때 도어를 반전시키는 비접촉식 안전장치
	초음파장치	초음파의 감지각도를 조정하여 승강장 또는 카 측의 이물체나 사람을 검출하여 도어를 반전시키는 안전장치

✦ 유압회로(속도제어 회로)

① **미터인 회로** : 실린더로 들어가는 유체의 양을 조절하여 속도를 제어하는 회로
② **미터아웃 회로** : 실린더에서 배기되는 유체의 양을 조절하여 속도를 제어하는 회로
③ **블리드오프 회로** : 실린더의 입구 측에 불필요한 압유를 배출시켜 작동효율을 증진시킨 회로

✦ 전동기

① 가동복권전동기는 분권기보다 기동토크가 크고, 무부하 시에 직권과 같이 위험속도에 이르지 않는 중간특성을 가지고 있음
② 직류가동복권전동기는 엘리베이터, 크레인, 공기압축기, 공작기계 등의 용도로 쓰이고, 직류직권전동기는 가변속이며 권상기, 전차, 크레인과 같이 가동횟수가 빈번하고 토크의 변동도 심한 부하에 쓰임
③ **무운전원 방식(전자동식)** : 단식 자동운전, 승합 전자동식, 하강승합 자동방식
④ **운전원 방식** : 카 스위치 방식, 시그널 컨트롤 방식, 레코드 컨트롤 방식

✦ 기계식 주차장치의 구분

① 수직순환식 주차장치 : 주차구획에 자동차를 넣고, 그 주차구획을 수직으로 순환 이동하여 주차시킴
    ㉠ 설치장소에 의한 분류 : 건물 내장형, 독립 철탑형
    ㉡ 입출고 출입문 위치에 의한 분류 : 상부 승입식, 중간 승입식, 하부 승입식
② 수평순환식 주차장치 : 주차구획에 자동차를 넣고, 그 주차구획을 수평으로 순환 이동하여 주차시킴
    • 원형 순환방식 : 주차장치의 양 끝에서 운반기로 회전시켜 주차하는 방식으로 상부 승입식, 중간 승입식, 하부 승입식이 있음
③ 다층순환식 주차장치 : 다수의 운반기를 1열, 2층 이상 또는 그 이상으로 배열하고 두 층의 양쪽에서 운반기를 올리고 내려 순환 이동시키는 방식으로 좁고 긴 토지나 빌딩에 적합
④ 2단식 주차장치 : 주차구획이 2단으로 배치되어 있고 출입구가 있는 층의 모든 부분을 주차장치 출입구로 사용할 수 있는 구조의 주차장치로 승강식, 승강횡행식 등으로 세분할 수 있음

✦ 엘리베이터 속도제어방식

① 교류 1단 속도제어 : 3상 교류의 단속도 전동기에 전원을 공급하는 것으로 기동과 정속운전을 하고 정지는 전원을 차단한 후 제동기에 의해 기계적으로 브레이크를 거는 제어방식
② 교류 2단 속도제어 : 기동과 주행은 고속권선으로 하고 감속과 착상은 저속으로 하며, 착상지점에 근접해지면 모든 접점을 끊고 동시에 브레이크를 거는 제어방식
③ 교류 귀환 전압제어 : 카의 실속도와 지령속도를 비교하여 사이리스터의 점호각을 바꿔 유도전동기의 속도를 제어하는 방식
④ VVVF 제어 : 인버터제어라고도 불리며, 유도전동기에 인가되는 전압과 주미수를 동시에 변환시켜 직류전동기와 동등한 제어성능을 얻을 수 있는 방식

✦ 카와 균형추에 로프를 거는 방법

① 1 : 1 로핑 : 일반적인 승객용에 사용되며 로프의 장력은 부하 측과의 중력과 동일
② 2 : 1 로핑 : 1 : 1 로핑에 비하여 장력과 부하가 1/2. 카의 정격속도의 2배의 속도로 로프를 구동
③ 3 : 1, 4 : 1, 6 : 1 로핑 : 대용량의 저속 화물용 엘리베이터에 사용, 로프의 총길이가 길고 수명이 짧으며 종합효율이 낮음

✦ 제동기

엘리베이터 승객용은 125%, 화물용은 120%의 적재하중을 싣고, 정격속도 하강 시 안전하게 정지한다.

✦ **카 문의 문턱과 승강장 문의 문턱 사이의 수평거리는 35mm 이하**

✦ **균형추와 완충기의 최대거리**

① 카 측 : 600mm

② 균형추 측 : 900mm

✦ **에스컬레이터 안전장치**

① 인렛 스위치 : 핸드레일이 난간 아래로 되들어가는 구멍에 설치하여 이물체 감지 시 운행을 정지

② 스텝체인 안전스위치 : 팰릿식에서 스텝을 연결하는 체인이 절단되었을 때 운전을 정지하는 스위치

③ 스커트가드 안전장치 : 스텝과 스커트가드 사이에 옷이나 신발이 끼어 말려들어가는 것을 방지하는 장치

④ 구동체인 안전장치 : 구동기와 구동장치에 연결된 구동체인이 절단되거나 과다하게 늘어난 경우 발생하는 하강 위험을 방지(래칫)기어에 의해 기계적으로 정지

✦ **유도전동기 슬립상태**

① 무부하 운전 시 : $s = 0$

② 정지 시 : $s = 1$

③ 경부하, 정격부하 : $0 < s < 1$

✦ **유도전동기 속도제어법**

① 1차 주파수 제어
  • 가변 주파수 전원을 이용하여 속도를 제어하는 방법
  • inverter(전압형, 전류형)나 cycle converter 등

② 극수 변환
  • 1차 권선(고정자 권선)의 접속변경(단자대 내의 결선변경)에 의해 극수를 1 : 2로 전환하여 2단계의 속도를 얻는 방법
  • 1차 권선(고정자 권선)에 2조의 극수가 다른 권선을 만들어 2단계 또는 3단계의 속도를 얻는 방법

③ 1차 전압제어 : 유도전동기의 발생 토크는 1차 전압(고정자 권선전압의 제곱에 비례한다. thyristor(사이리스터)회로 등을 이용해서 1차 전압을 증감시키면 토크가 변화하는 것을 이용해 슬립을 변화시켜 속도를 제어하는 방법

④ 2차 저항제어 : 권선형 유도전동기에만 적용할 수 있는 방법으로서 비례추이의 원리를 이용하여 권선형 유도전동기의 2차축에 접속한 외부 저항값을 조정하여 슬립을 변화시킴으로써 속도를 제어하는 방법

⑤ 2차 여자제어 : 2차 저항제어방식에서 저항값을 조정하는 대신에 슬립 주파수의 2차 여자전압을 제어하여 속도를 제어하는 방법

✦ 로프의 안전율

① 과속조절기(조속기) : 8 이상

② 매다는 장치(현수장치)의 안전율

- 3가닥 이상의 로프(벨트)에 의해 구동되는 권상 구동 엘리베이터의 경우 : 12 이상
- 3가닥 이상의 6mm 이상 8mm 미만의 로프에 의해 구동되는 권상 구동 엘리베이터의 경우 : 16 이상
- 2닥 이상의 로프(벨트)에 의해 구동되는 권상 구동 엘리베이터의 경우 : 16 이상
- 로프가 있는 드럼 구동 및 유압식 엘리베이터의 경우 : 12 이상
- 체인에 의해 구동되는 엘리베이터의 경우 : 10 이상

✦ 제어량의 종류에 따른 분류

① **자동조정** : 주로 전압, 전류, 회전속도, 회전력 등의 양을 자동제어하는 것

② **프로세스 제어** : 목푯값이 시간적으로 변하지 않고 일정한 제어

③ **서보기구** : 임의로 변화하는 제어

④ **프로그램 제어** : 목푯값의 변화가 미리 정해진 신호에 따라 동작

✦ 유압 엘리베이터의 미터인 회로와 블리드오프 회로

미터인(meter in)	블리드오프(bleed off)
유압 엘리베이터의 주요 배관상에 유량제어밸브를 설치하여 유량을 직접 제어하는 회로로서 비교적 정확한 속도제어가 가능	유량제어밸브가 주회로에서 분기된 바이패스(bypass) 회로에 삽입한 것으로 정확한 속도제어가 곤란
유량제어밸브를 실린더의 입구 측에 설치하여 유량을 제어하는 방식	유량제어밸브를 실린더와 병렬로 설치하여 실린더의 입구 측에서 발생한 불필요한 압유를 배출시켜 작동효율을 증진시킨 회로
효율이 낮음	효율이 비교적 높음

✦ 로핑방법

로핑	1 : 1	2 : 1	3 : 1	1 : 1
로프 걸기 방식	single wrap	single wrap	single wrap	권동식
주용도	중저속	화물용	대형 화물용	중저층, 주택용
그림	카　균형추	카　균형추	카　　균형추	카　권동

로핑	2 : 1	2 : 1
로프 걸기 방식	double wrap	double wrap
주용도	고속에서 초고속	고속에서 초고속
그림	카　균형추	카　균형추

02 유지관리

✦ 카 상부 점검사항

① 카 프레임 상태
② 비상정지의 연결기구 상태
③ 과부하 방지장치의 동작상태
④ 비상구출구 스위치 동작상태

✦ 기계실에서 점검할 항목검사

① 권상기, 전동기, 제어반의 이격거리
② 기계실 바닥, 높이, 구획, 마감, 소요설비, 누수상태, 통로
③ 양중용 고리, 시건장치, 수전반, 주개폐기, 지지보, 방수조치, 조명, 환기장치

✦ 기계실 작업구역 유효높이

작업구역의 유효높이는 2.1m 이상이어야 하고, 유효수평면적은 다음과 같다.
① 깊이는 외함 표면에서 측정하여 0.7m 이상
② 폭은 다음 구분에 따른 수치 이상
 • 제어반 폭이 0.5m 미만인 경우 : 0.5m
 • 제어반 폭이 0.5m 이상인 경우 : 제어반 폭

✦ 조속기의 종류

① 디스크형(Disk Governor : GD) : 과속조절기 시브의 속도가 빨라지면 원심력에 의해 웨이트가 벌어지는데, 이때 과속조절기 스위치가 작동해 전원을 차단하고 브레이크가 걸림
 • 저·중속 엘리베이터에 사용
② 플라이볼형(Fly ball Governor : GF) : 시브의 회전을 종축으로 변환시켜 그 원심력으로 플라이볼이 작동해 전원스위치와 추락방지안전장치를 작동시킴
 • 고속 엘리베이터에 사용
③ 롤세이프티형(마찰정지형, GR) : 과속 발생 시, 이를 검출하여 동력 전원회로를 차단하고, 전자 브레이크를 작동시켜서 과속조절기 도르래 홈과 로프 사이의 마찰력으로 비상정지시킴
 • 저속 엘리베이터에 사용

핵심내용정리

✦ 분류기

전류계의 측정범위를 넓히기 위해 전류계와 병렬로 접속하는 저항기이다.

$$n = \frac{I_O}{I_A}, \; R_S = \frac{R_A}{n-1}[\Omega]$$

I_O : 측정전류[A]

I_A : 전류계에 흐르는 전류[A]

R_A : 전류계의 내부저항[Ω]

R_S : 분류저항의 저항값[Ω]

✦ 배율기(multiplier)

전압계의 측정범위를 넓히기 위해 전압계와 직렬로 접속하는 저항기이다.

• 낮은 전압계로 높은 전압을 측정하기 위해 전압계와 직렬로 접속하는 저항

✦ 추락방지안전장치(비상정지장치)

① 점진식 비상정지장치

  • 플렉시블 가이드 클램프 : 동작 시부터 정지 시까지 일정한 힘으로 죄는 방식
  • 플렉시블 웨지 클램프 : 처음에는 약하게 죄다가 하강함에 따라서 강해지고 얼마 후 일정치로 도달하는 방식

② 순간식 비상정지장치 : 레일을 싸고 있는 모양의 클램프와 레일 사이에 강체와 롤러를 물려서 정지시키는 방식

  • 슬랙로프 세이프티 : 소형 저속 엘리베이터로서 주로 로프에 걸리는 장력이 없어져 휘어짐이 생기는 즉시 운전회로를 열어서 비상정지장치를 작동시키는 방식

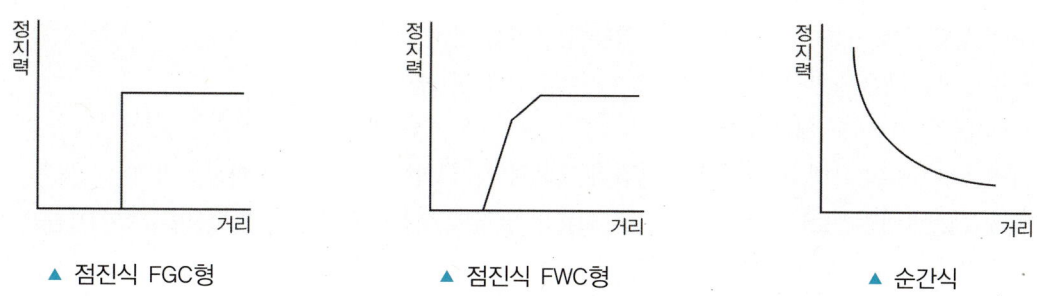

▲ 점진식 FGC형   ▲ 점진식 FWC형   ▲ 순간식

✦ 카 상부 점검항목

① 비상구출구
② 문의 개폐장치, 전동기, 벨트 체인, 도어기판
③ 도어잠금 및 잠금해제 장치

④ 카 위 안전스위치

⑤ 상부 도르래, 풀리, 스프로킷

⑥ 비상정지장치 스위치

⑦ 조속기 로프, 주로프 및 부착부

⑧ 카의 가이드 슈(롤러)

⑨ 과부하감지장치

⑩ 가이드레일, 브래킷

⑪ 균형추 각부

⑫ 균형추 측 비상정지장치 스위치

⑬ 균형추 상부 도르래, 풀리

⑭ 상부 파이널 리밋스위치

⑮ 승강장의 문 및 문턱 도어 가이드

⑯ 도어잠금 스위치 및 도어 클로저

⑰ 이동케이블 및 부착부

⑱ **승강로 주벽 및 조명** : 조도가 50lx 미만인 것

⑲ 점검문/비상문 및 비상통화장치

⑳ 승강로 내의 내진 대책

◆ 밸브 종류

① **유압 파워유닛** : 펌프, 유량제어밸브, 체크밸브, 안전밸브를 주된 구성요소로 하는 유닛

② **스톱밸브(게이트밸브)** : 유압 파워유닛에서 실린더로 통하는 압력배관 도중에 설치되는 수동밸브로 이것을 닫으면 실린더의 기름이 파워유닛으로 역류하는 것을 방지
  - 이 밸브는 유압장치의 보수·점검 또는 수리 등을 할 때에 사용됨
  - 게이트밸브(gate valve)라고도 함

③ **체크밸브** : 카의 운행 중 작동유의 압력이 떨어져 카가 역행하는 것을 방지하는 밸브

④ **릴리프밸브(안전밸브)** : 압력조정밸브로 회로의 압력이 설정값에 도달하면 밸브를 열어 기름을 탱크에 돌려보내 압력이 과도하게 높아지는 것을 방지

◆ 사일런서

① 소음과 진동을 흡수하기 위한 장치

② 자동차의 머플러와 같은 기능

✦ 기계실의 구비요건

① 출입문의 잠금장치가 있어야 함(단, 내부에서는 열쇠 없이 열려야 함)

② 출입문은 폭 0.7m 이상, 높이 1.8m 이상의 금속제로 문이 외부로 열려야 함

③ 구동기의 회전부품 위로 0.3m 이상의 유효수직거리가 있어야 함

④ 기계실 바닥에 0.5m 초과의 단차가 있을 때에는 보호난간이 있는 계단(발판) 설치

⑤ 기계실 내부 온도는 5℃ 이상 40℃ 이하로 유지

⑥ 기계실 바닥면 조도는 200lx 이상

⑦ 유효공간으로 접근하는 통로의 폭은 0.5m 이상(단, 움직이는 부품이 없는 경우 0.4m)

⑧ 작업구역에서 유효높이는 2.1m 이상

✦ 위험한 전기설비에는 시건장치(잠금장치)를 설치하여 접근을 차단 및 제한

① **접자장치** : 전기의 접촉으로 인해 사람이나 장비를 보호하기 위한 장치

② **복개장치** : 설비 보호를 위한 덮개를 설치한 장치

③ **통전장치** : 전기의 흐름을 공급 또는 확인하는 장치

✦ 스텝체인 안전장치

스텝체인이 파단되거나 과도하게 늘어날 때 즉시 작동하여 에스컬레이터를 정지시키는 장치이다.

✦ 자체점검기준(승강기 안전운행 및 관리에 관한 운영규정 별표 3)

① 추락방지안전장치(비상정지장치), 과부하방지장치, 그 밖의 방호장치의 이상 유무

② 브레이크 및 제어장치의 이상 유무

③ 와이어로프의 손상 유무

④ 주행안내 레일(가이드 레일)의 상태

⑤ 옥외에 설치된 화물용 승강기의 가이드로프를 연결한 부위의 이상 유무

⑥ 비상통화장치, 환경, 완충기, 승강장 문 등

✦ 카 문의 개방

① 도어 시스템은 구동장치, 전달장치, 도어 판넬로 구성

② 도어 구동용 전동기는 직류전동기, 인버터를 이용한 교류전동기를 사용

　• 직류전동기를 많이 사용하고 있으나, 최근에는 교류전동기(VVVF 방식) 증가 추세

③ 주행 중 카 안에서 강제로 문을 여는 데 필요한 힘은 20kgf 이상

④ 정지 중 강제 개방 시 필요한 힘은 5kgf 이상 30kgf 이하

✦ 엘리베이터 점검주기

① 기계류 공간 등의 안전표시(6개월에 1회, 육안점검)
② 승강로 조명의 점등상태 및 조도(3개월에 1회, 측정점검)
③ 감속기 윤활유의 유량 및 노후상태(3개월에 1회, 육안점검)
④ 주개폐기 설치 및 작동상태(3개월에 1회, 육안점검)

✦ 영률은 물체에 주어진 압력을 알 때 그 물체의 변형 정도를 예측하는 데에 쓰이고 반대로도 쓰인다(변형력 = 영률 × 변형도). 따라서, 물체의 영률이 작다는 것은 늘어나기 쉽다는 것을 뜻한다.

✦ 체인의 종류

① 전동용 체인 : 블록체인, 롤러체인, 사일런트체인
② 하중용 체인 : 링크체인, 코일체인

✦ 길이측정기기

버니어캘리퍼스, 하이트게이지, 마이크로미터

✦ 변형률 = 변형 후 길이 / 총길이

변형된 길이 = 변형률 × 총길이

✦ 기어전동의 특징

① 한 쌍의 이가 서로 맞물려 동력 전달
② 두 축 간의 거리가 짧을 때 사용
③ 기어 잇수비를 조절하여 회전수를 조절
④ 미끄러짐 없이 확실한 동력 전달

✦ 공차기호

적용하는 형체	공차의 종류		기호
단독형체	모양공차	진직도	—
		평면도	▱
		진원도	○
		원통도	⌖
단독형체 또는 관련 형체		선의 윤곽도	⌒
		면의 윤곽도	⌓
관련 형체	자세공차	평행도	//
		직각도	⊥
		경사도	∠
	위치공차	위치도	⊕
		동축도 or 동심도	◎
		대칭도	=
	흔들림공차	원주 흔들림	↗
		온 흔들림	↗↗

✦ **특수한 모양의 원동절을 회전운동이나 직선운동을 시켜서 종동절이 복잡한 왕복 직선운동이나 왕복 각운동을 하도록 한 기구를 캠 기구라고 한다.**

① 평면 캠

▲ 판 캠

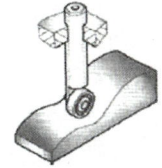
▲ 직동 캠

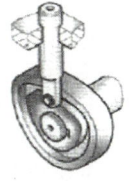
▲ 정면 캠

② 입체 캠

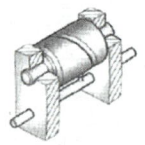 ▲ 원통 캠　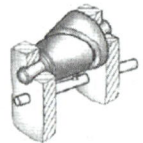 ▲ 원추 캠　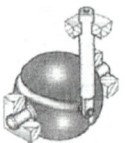 ▲ 구면 캠　 ▲ 단면 캠　 ▲ 경사판 캠

✦ 축을 지지하는 기계요소를 베어링이라 하고, 축의 일부분으로 베어링과 접촉하는 부분을 저널
(journal)이라 한다.

✦ 기구요소-(pair)

서로 접촉하여 힘을 주고받는 한 쌍의 조합을 짝이라고 한다.

분류	종류	운동 양식	사용 예
면짝	회전짝	표면을 접촉면으로 하고 있는 짝	저널과 미끄럼 베어링
	미끄럼짝	미끄럼 운동을 하는 짝	실린더와 피스톤, 선반의 베드와 왕복대
	나사짝	나선 운동을 하는 짝	볼트와 너트
	구면짝	구면 운동을 할 수 있도록 구성된 짝	조이스틱, 자동차 백미러
점-선짝	점짝	점 접촉을 하면서 상대운동을 하는 짝	볼 베어링의 볼과 베어링 레이스
	선짝	선 접촉을 하면서 상대운동을 하는 짝	스퍼 기어의 물림

✦ 기어 종류

구분	기어의 종류	명칭	특징
두 축이 교차		베벨 기어	직각으로 만남
두 축이 교차 및 평행하지 않음	웜 기어　웜	웜과 웜 기어	큰 감속비

두 축이 평행		평 기어	두 축이 평행
		헬리컬 기어	소음이 적음
		랙과 피니언	회전↔직선

✦ 버니어캘리퍼스(vernier calipers)

물체의 외경, 내경, 깊이 등을 0.05mm 단위로 측정할 수 있는 도구이다. 기역자 모양으로 되어있어 머리 부분의 큰 곳으로 물체의 외경을 측정하고, 반대편의 작은 쪽으로 물체의 내경을 측정한다. 벌렸을 때 아래쪽의 얇은 부분으로 깊이를 측정할 수 있다.

외경 측정	
내경 측정	
깊이 측정	

✦ 사인바

직각삼각형의 삼각함수인 사인을 이용하여 임의의 각도를 설정하거나 측정하는 데 사용하는 기구($sin\alpha = \dfrac{H-h}{L}$)
이다.

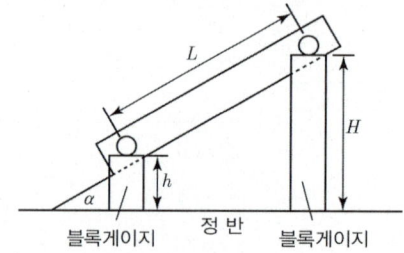

• **옵티컬플랫** : 수정 또는 광학 유리로서 만들어진 정확한 평행 평면 정반으로 평행도를 측정하는 측정구
정밀한 평면일 때는 간섭무늬가 같은 거리로 평행인 직선이 되어 나타난다. 그 밖의 무늬일 때는 평면이 반듯하지
않다.

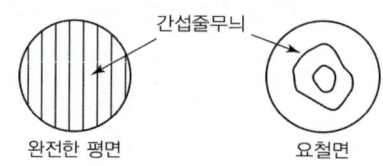

✦ 하중의 종류

① **정하중** : 크기, 위치, 방향 등이 시간에 따라 변하지 않는 하중
  • 수직하중 : 단면에 대하여 수직으로 작용하는 하중(인장하중, 압축하중)

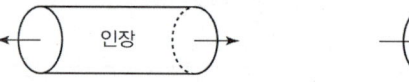

  • 전단하중 : 단면에 대하여 평행하게 작용하는 하중

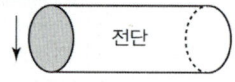

② **동하중** : 크기와 방향이 일정하지 않은 하중
  • 반복하중 : 하중이 한쪽 방향으로만 계속해서 주기적으로 반복
  하는 하중
  • 교번하중 : 하중의 크기와 방향에 따라 인장과 압축 혹은 굽힘과
  비틀림이 두 곳 이상의 방향으로 상호 주기적으로 반복하는 하중
  • 충격하중 : 하중이 짧은 시간에 갑자기 작용하는 하중

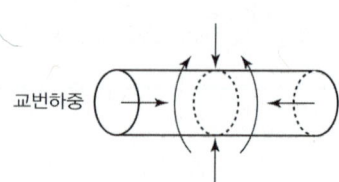

✦ 나사의 풀림

체결에 의해 볼트에 발생한 체결력(볼트축력)이 체결 후 다양한 원인에 의해 저하되는 현상으로, 이를 방지하기 위한 방법은 다음과 같다.

① 와셔에 의한 방법
② 로크 너트에 의한 방법
③ 풀림방지 너트
④ 분할핀에 의한 방법
⑤ 멈춤나사에 의한 방법

✦ 너트의 종류

① **로크 너트** : 볼트와 너트에 일정한 하중을 주어서 자립조건을 주도록 한 것으로서, 2개의 너트를 사용하여 서로 졸라매어 너트 사이를 서로 미는 상태로 하면 외부 진동에도 항상 하중이 작용되고 있는 상태를 유지

② **자동죔 너트** : 자동죔 너트는 갈라진 부분이 안쪽으로 휘어져서 볼트를 압축하여 너트가 풀어지지 않게 한다.

③ **캡 너트** : 육각너트+모자로 구성된 너트. 한쪽 면을 막아 볼트가 관통하지 않는 모양의 너트. 캡 너트를 사용하면 기밀성이 좋다.

④ **스프링 와셔** : 스프링 모양이 한 바퀴 돌아나간 모양의 와셔. 풀림을 방지하기 위해서 사용한다. 스프링처럼 눌리는 힘으로 풀림을 막아준다.

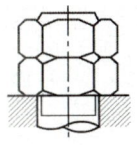 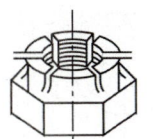 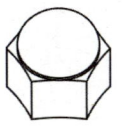 

(a) 로크 너트   (b) 자동죔 너트   (c) 캡 너트   (d) 스프링 와셔

▲ 너트의 종류

✦ 금속재료의 성질

① **인성** : 잡아당기는 힘에 견디는 성질. 재료가 외력을 받으면 변형은 생기나 파괴되지 않는 성질
② **연성** : 가소성의 일종으로 탄성한계를 넘는 변형력으로도 물체가 파괴되지 않고 늘어나는 성질
③ **취성** : 부스러지기 쉬운 성질
④ **전성** : 두드리거나 압착하면 넓고 얇게 펴지는 금속의 성질

✦ 허용응력 기준강도

① **항복점** : 항복점이 명확한 재료에 정하중이 작용하는 경우

② 극한 강도 : 항복점이 명확하지 않은 재료에 정하중이 작용하는 경우

③ 좌굴 강도 : 긴 기둥이나 편심하중이 작용하는 경우

④ 피로 한도 : 반복하중이 작용하는 경우

⑤ 크리프 한도 : 고온에서 정하중이 작용하는 경우

⑥ 최대 전단응력 : 하중을 받아 보에 발생된 전단응력 중 그 절댓값이 가장 큰 응력

✦ 계기오차

① 절대오차 : 계산의 결과에서 나온 직접적인 오차의 절댓값

② 과실오차 : 측정자 부주의로 발생되며, 측정기 눈금의 오독, 부정확한 조정, 계산 실수 등의 오차

③ 계통오차 : 측정기 자체의 결함 등 일정한 원인에 의해서 발생되는 오차

④ 우연오차 : 계통오차, 오류에 의한 오차를 제외하더라도 불가피하게 발생되는 오차

✦ 키

축이음, 벨트풀리, 기어 등 축과 함께 회전하는 기계부품을 축에 체결하여 토크를 전달시키는 기계요소이다.
축과 보스 사이에 직사각형, 반달 모양의 단면을 가진 홈을 가공하여 이 홈에 키를 넣어 보스에 토크를 전달. 종류로
는 안장키, 납작키, 묻힘키, 접선키, 반달키, 미끄럼키, 둥근키 등이 있다.

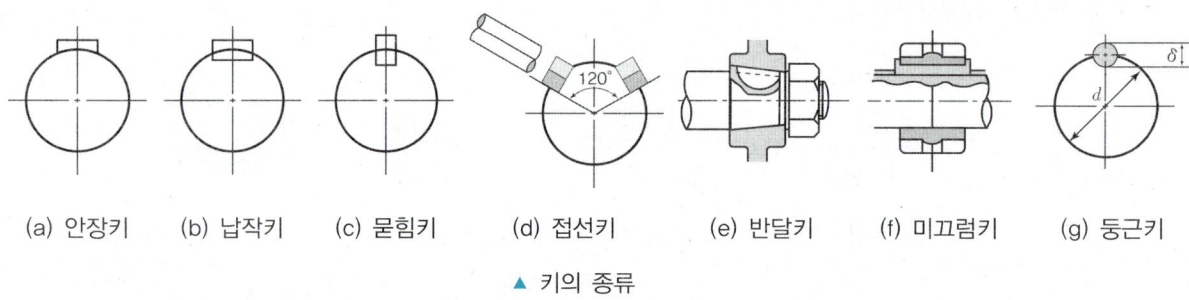

(a) 안장키   (b) 납작키   (c) 묻힘키   (d) 접선키   (e) 반달키   (f) 미끄럼키   (g) 둥근키

▲ 키의 종류

✦ 헬리컬 기어

① 이의 변형과 진동 소음이 작고 큰 동력의 전달과 고속 운전에 적합

② 회전 시에 축압이 생기고, 스퍼 기어보다 가공이 힘듦

③ 한쌍의 이의 맞물림이 떨어지기 전에 다른 한쌍의 이의 맞물림이 시작되므로 이의 맞물림이 원활

④ 모듈값(이의 크기) $= \dfrac{\text{피치원 직경}(PCD)}{\text{기어 잇수}(N)}$

⑤ 모듈값(m)이 클수록 피치가 크게 되므로 이의 크기는 크고, 잇수는 적어짐

⑥ 지름피치값이 작을수록 이의 크기가 크고, 지름피치값이 클수록 이의 크기가 작아짐

▲ 헬리컬 기어

✦ 나사의 종류

① **체결용 나사** : 체결용 나사에는 주로 삼각나사가 사용되며, 길이의 단위에 따라 미터계와 인치계가 있음

② **운동용 나사**

- 사각나사 : 단면 모양이 정사각형에 가까운 나사로 축 방향의 큰 하중을 받는 곳에 적합하나 가공이 어려워 높은 정밀도를 요하는 곳에는 잘 사용되지 않는다. 나사 프레스나 선반의 리드스크루 등에 사용

- 사다리꼴나사 : 사각나사보다 제작이 쉽고 맞물림이 좋아 공작기계의 이송나사로 많이 사용된다. 나사산의 각도는 미터계는 30°, 인치계는 29°

- 톱니나사 : 축 방향의 하중이 한쪽 방향으로만 작용하는 경우에 사용되며 경사면의 각도는 30°이다. 바이스 및 압착기 등의 이송나사로 사용

- 둥근나사 : 나사산과 골을 반지름이 같은 원호로 연결한 모양이며, 원형나사라고도 한다. 나사산의 각도는 30°이며 백열전구의 나사부, 소켓 등과 같이 분해 결합이 쉬워야 하거나 먼지, 모래 등이 들어가기 쉬운 곳에 사용

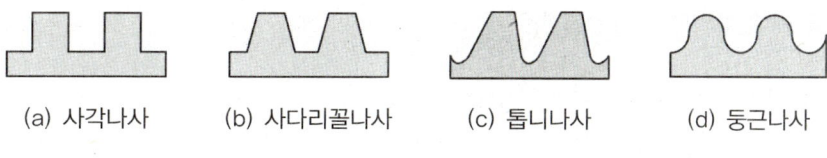

(a) 사각나사   (b) 사다리꼴나사   (c) 톱니나사   (d) 둥근나사

▲ 나사의 종류

✦ 서보기구(servo mechanism)

물체의 위치·방위·자세 등을 제어량(출력)으로 하고 목푯값(입력)의 임의의 변화에 추종하도록 구성된 제어계이다.

① **프로세서제어** : 제어시스템의 제어량인 온도, 압력, 습도 등을 제어하는 기법으로 이미 정해진 양에 의하여 제어되므로 주로 화학공장, 제지공장과 같은 생산공정 관리에 널리 사용

② **자동조정** : 제어시스템의 제어량인 전압, 전류, 회전속도, 토크 등의 기계적인 것으로서, 주로 수차, 증기터빈 등에 널리 사용

✦ 안전율(S)

외부의 하중에 견딜 수 있는 정도를 수치로 나타낸 것을 말하며, 파괴강도(인장강도)를 그 허용응력으로 나눈 값 (인장강도와 허용응력의 비)이다.

$$안전율(안전계수) = \frac{인장강도}{허용응력} = \frac{극한(파괴)강도}{허용강도}$$

✦ 검사의 종류

① 육안검사 : 육안의 관찰에 의하여 좋고 나쁨을 판별하는 검사로 비파괴검사에 속함
② 파괴검사
 ㉠ 인장검사 : 재료에 가하는 하중에 따라 변형률을 측정
 ㉡ 굽힘검사 : 재료에 하중을 가해 대상체가 굽혀지는 정도를 측정
 ㉢ 경도검사 : 단단한 정도를 재료에 하중을 가하여 변형되는 양을 측정
③ 비파괴검사 : 자기탐상시험, 침투탐상시험, 초음파탐상시험 등이 있음

✦ 합성저항

① 직렬연결 합성저항 $= R_1 + R_2$

② 병렬연결 합성저항 $= \dfrac{R_1 \times R_2}{R_1 + R_2}$

③ R값이 같을 때의 병렬연결 합성저항 $= \dfrac{R}{n}$

④ a, b 간의 합성저항 $R_{ab} = 1 + \dfrac{2}{2} + \dfrac{3}{3} = 3[\Omega]$

✦ 3전압계법

저항과 3개의 전압계를 접속하여 간접적인 계산에 의해서 측정하는 방법이다.

$$P = \frac{1}{2R}(V_1^2 - V_2^2 - V_3^2)[\text{W}]$$

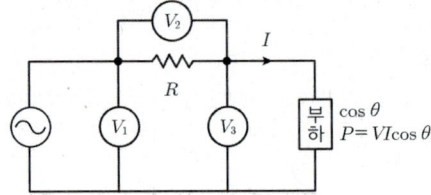

✦ 3전류계법

$$P = \frac{R}{2}(I_1^2 - I_2^2 - I_3^2)[\text{W}]$$

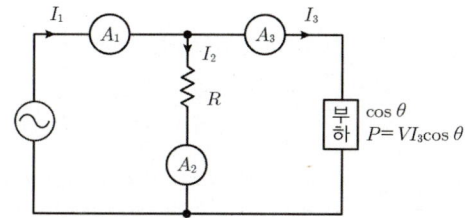

✦ 교류회로에서의 L, C 성분에 따른 위상 특징

인덕턴스 성분을 가진 코일(지상부하, 유도성부하)에서는 주어진 전압에 대해서 90° 위상이 뒤진(lag) 전류가 흐르고, 커패시턴스 성분을 가진 콘덴서(진상부하, 용량성부하)에서는 주어진 전압에 대해서 90° 위상이 앞선(lead) 전류가 흐른다.

✦ 줄의 법칙

도선에 전류가 흐를 때 단위시간 동안에 도선에 발생하는 열량(줄열의 양)은 전류의 세기의 제곱과 도선의 전기저항에 비례한다는 법칙이다.

도선의 저항을 $R[\Omega]$, 전류를 $I[\text{A}]$, 전압을 $V[\text{V}]$, 전력을 $P[\text{W}]$, 시간을 $t[\text{s}]$라 하면 발열량 $Q[\text{cal}]$는 $Q = 0.24RI^2t$로 된다. 따라서 도선에 발생하는 열량의 크기는 전류의 세기의 제곱에 비례한다.

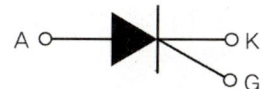

▲ SCR(Silicon Controlled Rectifier, 실리콘 제어정류기)

✦ SCR(Silicon Controlled Rectifier)

thyristor(사이리스터)라고 불리며, 제어단자(G)로부터 음극(K)에 전류를 흘리는 것으로, 양극(A)과 음극(K) 사이를 도통시킬 수 있는 3단자의 반도체 소자이다. PNPN의 4중 구조를 하고 있으며, 게이트에 일정한 전류를 통과시키면 양극과 음극 간 도통(턴 온)한다. 도통을 정지(턴 오프)하기 위해서는, 양극과 음극 간의 전류를 일정치 이하로 해야 해서 한 번 도통시키면 통과전류가 0이 될 때까지 도통 상태를 유지해야 하는 곳에 사용한다.

- 방향성
  - 양방향성 소자 : DIAC, TRIAC, SSS
  - 역저지(단방향성) 소자 : SCR, GTO

✦ 옴의 법칙

전원 V에 저항 R을 접속할 때 흐른 정격전류 $I = \dfrac{V}{R}$

✦ 교류회전기의 동기속도(극수)

$\text{Ns} = \dfrac{120f}{P} [\text{rpm}]$

✦ 양극성 접합 트랜지스터(BJT ; Bipolar Junction Transistor)

① 2개의 P–N 접합을 가지는 반도체 소자(정공과 전자에 의해서 전류가 흐름)
② 구조 : NPN형 또는 PNP형, 이미터(E), 베이스(B), 컬렉터(C)의 3개 단자

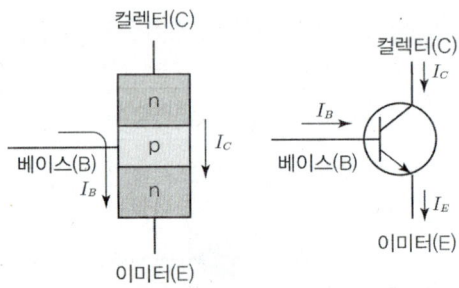

▲ NPN형 트랜지스터

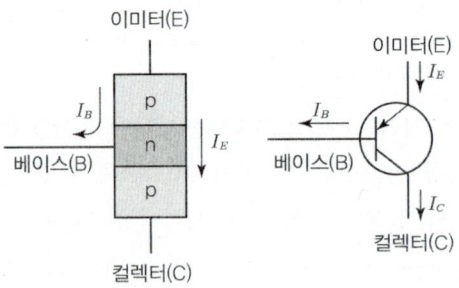

▲ PNP형 트랜지스터

✦ 키르히호프의 법칙(Kirchhoff's Law)

① **제1법칙(전류의 법칙, KCL)** : 회로의 한 점에서 볼 때 유입전류의 총합은 유출되는 전류의 총합과 같음(Σ유입 전류 = Σ유출전류)
② **제2법칙(전압의 법칙, KVL)** : 임의의 폐회로에서의 기전력 총합은 회로소자에서 발생하는 전압강하의 총합과 같음(Σ기전력 = Σ전압강하)

✦ 제어의 종류

① **정치 제어** : 시간에 관계없이 목푯값이 일정한 것(프로세스 제어, 자동조정 등)
② **추치 제어** : 목푯값이 시간에 따라 변화하는 경우에 적용되는 제어
  • 추종 제어(임의제어) : 목표물의 변화에 추종하여 목푯값이 변화하는 제어(대공포의 포신제어, 자동 아날로그 선반)
  • 프로그램 제어(순서제어) : 목푯값이 시간적으로 미리 정해진 대로 변화하고 제어량이 이것에 일치하도록 제어하는 것(열차의 무인제어, 열처리로의 온도제어, 엘리베이터 등)
  • 비율 제어 : 목푯값이 다른 것과 일정한 비율관계를 가지고 변화하는 제어

✦ 플레밍의 왼손법칙

도체가 자기장에서 받고 있는 힘의 방향을 알 수 있으며 전동기 회전의 원리이다.
① 엄지는 자기장에서 받는 힘(F)의 방향
② 검지는 자기장(B)의 방향
③ 중지는 전류(I)의 방향

플레밍의 오른손법칙	플레밍의 왼손법칙
자기장 속에서 도선을 움직일 때 유도기전력에 유도되는 전류의 방향을 나타냄	자기장 속에서 전류가 받는 힘의 방향을 나타냄
발전기의 원리	전동기의 원리
• 운동 방향 : F[N] • 자계의 방향 : B[Wb/m^2] • 전류의 방향 : I[A]	• 전자력 방향 : F[N] • 자계의 방향 : B[Wb/m^2] • 전류의 방향 : I[A]

✦ 시퀀스 제어기호

	수동조작 접점 (전력용 접점)		유지형 접점
	수동조작 자동복귀 접점 (누름버튼 스위치)		리밋스위치
	계전기 접점		전자접촉기 주접점
	한시동작 접점		전자접촉기 주접점
	한시복귀 접점		차단기
	한시동작 한시복귀 접점		열동계전기 히터
	수동복귀 접점		감지기

✦ 저항값

① **직렬연결** : 저항을 직렬연결하면 저항이 커진다.

$$R = R_1 + R_2 + R_3$$

② **병렬연결** : 저항을 병렬연결하면 저항이 작아진다.

$$R = \frac{1}{R_1} + \frac{1}{R_2} + \frac{1}{R_3}$$

✦ 전기 접점기호

수동조작 자동복귀 접점(a접점)	(a)	(b)
수동조작 자동복귀 접점(b접점)	(a)	(b)
기계적 접점 (리밋스위치, a접점)	(a)	(b)
기계적 접점 (리밋스위치, b접점)	(a)	(b)

✦ 진리표

입력		출력			
A	B	OR	NOR	AND	NAND
0	0	0	1	0	1
0	1	1	0	0	1
1	0	1	0	0	1
1	1	1	0	1	0

✦ 시퀀스 제어와 기본회로

① **논리회로** : AND회로, OR회로, NOT회로, NAND회로, NOR회로
② **자기유지회로** : 입력신호가 소멸하여도 연속적으로 출력신호가 얻어지기 때문에 기억회로라고도 불림
③ **인터로크회로** : 기기의 보호나 조작자의 안전을 위해 기기의 동작상태를 나타내는 접점을 사용하여 관련된 기기의 동작을 금지하는 회로

✦ **전기자 권선법** : 고상권, 폐로권, 이층권(중권, 파권)

구분	중권	파권
전기자 병렬회로 수(α)	p(극수)	2
브러시 수	p(극수)	2
용도	저전압, 대전류	고전압, 소전류
균압접속	4극 이상 균압환 필요	불필요

✦ **전력변환장치**

① 직류-교류 변환장치(인버터)

② 교류-직류 변환장치(제어정류기)

③ 교류-교류 변환장치(사이클로컨버터)

④ 직류-직류 변환장치(초퍼)

03 안전관리

✦ 사고예방대책의 기본원리 5단계

① 1단계 : 조직(안전관리조직)
② 2단계 : 사실의 발견(현상파악)
③ 3단계 : 분석, 평가(원인규명)
④ 4단계 : 시정책의 선정
⑤ 5단계 : 시정책의 적용(3E 적용)

✦ 재해의 직접원인

① 불안전한 행동, 위험장소 접근, 안전장치의 기능 제거, 복장, 보호구의 잘못 사용, 기계·기구 잘못 사용, 운전 중인 기계장치의 손질, 불안전한 속도 조작, 위험물 취급 부주의, 불안전한 상태 방치, 불안전한 자세 동작, 감독 및 연락 불충분
② 불안전한 상태 : 물체 자체 결함, 안전방호장치 결함, 보호구의 결함, 물체의 배치 및 작업장소 결함, 작업환경의 결함, 생산 공정의 결함, 경계표시·설비의 결함

✦ 안전·보건표지의 색채 및 용도

색채	용도	사용 예
빨간색	금지	정지신호, 소화설비 및 그 장소, 유해행위의 금지
	경고	
노란색	경고	화학물질 취급장소에서의 유해·위험 경고 이외의 위험 경고, 주의표지 또는 기계방호물
파란색	지시	특정 행위의 지시 및 사실의 고지
녹색	안내	비상구 및 피난소, 사람 또는 차량의 통행 표시
흰색	–	파란색 또는 녹색에 대한 보조색
검은색	–	문자 및 빨간색 또는 노란색에 대한 보조색

✦ 보호구의 구비조건

① 착용이 간편할 것
② 작업에 방해가 되지 않도록 할 것
③ 유해·위험요소에 대한 방호성능이 충분할 것
④ 재료의 품질이 양호할 것
⑤ 구조와 끝마무리가 양호할 것
⑥ 외양과 외관이 양호할 것

✦ 재해요인

① 재해의 직접원인

　㉠ 인적 요인(작업자의 불안전한 행동) : 위험장소의 접근, 안전장치의 기능 제거, 복장, 보호구의 잘못 사용, 기계·기구의 잘못 사용, 불안전한 자세 또는 동작, 위험물 취급 부주의

　㉡ 물적 요인(기계설비 등의 불안전한 상태) : 물체 자체의 결함, 방호장치의 결함, 복장, 보호구의 결함, 물체의 배치 및 작업장소의 결함, 작업환경의 결함, 생산공정의 결함

② 재해의 간접원인

　㉠ 관리적 요인 : 최고관리자의 안전의식 및 책임감 부족, 안전관리조직의 결함, 안전교육제도 미비, 안전기준의 모호함, 안전점검제도의 결함

　㉡ 기술적 요인 : 기계장치의 설계불량, 불충분한 안전점검 및 불안전한 행동을 유도하는 결함

　㉢ 교육적 요인 : 안전지식의 결여, 안전규정의 잘못된 해석, 훈련 미숙 등

　㉣ 신체적 요인 : 질병. 신체장애, 피로, 숙취 등

　㉤ 정신적 요인 : 착각, 지각적, 지능적 결함 등

✦ 경고표지

인화성 물질경고	산화성 물질경고	폭발성 물질경고	급성독성 물질경고	부식성 물질경고

✦ 하인리히 재해발생 5단계

① 1단계 : 사회적 환경, 유전적 요소

② 2단계 : 인간의 결함

③ 3단계 : 불안전한 행동과 불안전한 상태

④ 4단계 : 사고

⑤ 5단계 : 재해

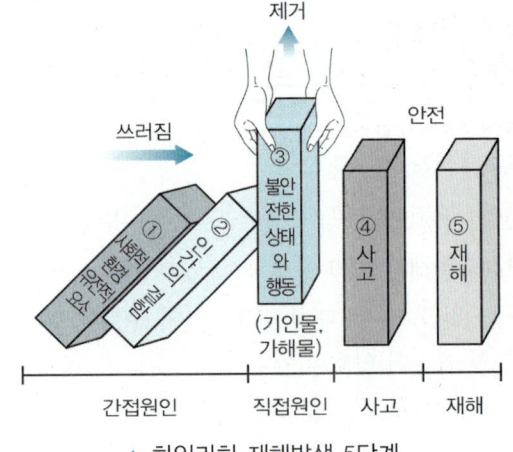

▲ 하인리히 재해발생 5단계

✦ 하인리히의 산업안전 4원칙(재해예방 4원칙)

① 손실 우연의 법칙 : 사고로 인한 손실(상해)의 종류 및 정도는 우연적임
② 원인 계기의 원칙 : 사고는 여러 가지 원인이 연속적으로 연계되어 일어남
③ 예방 가능의 원칙 : 사고는 예방이 가능함
④ 대책 선정의 원칙 : 사고예방을 위한 안전대책이 선정되고 적용되어야 함

✦ 위험예지훈련 4라운드 기법

구분	도입
1R	현상 파악
	어떠한 위험이 잠재하고 있는가?
2R	본질 추구
	이것이 위험의 포인트다(문제점 확인).
3R	대책 수립
	당신이라면 어떻게 할 것인가?
4R	목표 설정
	우리들은 이렇게 한다.

✦ 재해 발생 형태

① 추락 : 사람이 건축물, 비계, 기계, 사다리, 계단 경사면, 나무 등에서 떨어지는 것
② 전도 : 사람이 평면상으로 넘어졌을 때를 말함(과속, 미끄러짐 포함)
③ 충돌 : 사람이 정지물에 부딪친 경우
④ 낙하 · 비래 : 물건이 주체가 되어 사람이 맞은 경우
⑤ 붕괴 : 적재물, 비계, 건축물이 무너진 경우
⑥ 협착 : 물건에 끼인 상태, 말려든 상태
⑦ 감전 : 전기 접촉이나 방전에 의해서 사람이 충격을 받은 경우
⑧ 폭발 : 압력의 급격한 발생 또는 개방으로 폭음을 수반한 팽창이 일어난 경우
⑨ 파열 : 용기 또는 장치가 물리적인 압력에 의해 파열한 경우
⑩ 화재 : 화재로 인한 경우

✦ 안전점검 4대 순환과정

실태 파악 → 결함 발견 → 대책 결정 → 대책 실시

✦ 경고나 주의를 표시

① 파랑 – 지시
② 보라 – 방사능
③ 노랑 – 경고
④ 녹색 – 안내

✦ 안전대

높이 또는 깊이 2m 이상의 추락할 위험이 있는 장소에서의 작업 시 사용한다.
① **1종** : U자걸이 전용
② **2종** : 1개걸이 전용
③ **3종** : 1개걸이, U자걸이 공용
④ **4종** : 안전블록
⑤ **5종** : 추락방지대

✦ 전류의 인체 영향

① **최소감지전류** : 사람이 전류를 느끼게 되는 최소의 전류값, 직류에서는 2~5mA, 상용 주파수의 교류에서는 0.5~1.0mA
② **고통인자전류** : 사람이 고통을 느끼게 되며 참을 수 있으면서 생명에는 위험이 없는 한계의 전류, 직류에서는 30~50mA, 교류에서는 7~8mA
③ **근육마비전류** : 인체에 근육 경련이 일어나거나 신경이 마비되어 운동을 자유롭게 할 수 없게 되며, 자력으로 위험지역을 벗어날 수 없게 되는 전류, 직류에서는 60~90mA, 교류에서는 10~15mA
④ **심장마비전류(치사전류)** : 심장이 정상적인 박동을 하지 못하고 혈액의 순환이 순조롭지 못하게 되어, 전류가 차단되어도 심장박동이 자연적으로 회복되지 못하고 그대로 방치하면 사망에 이르게 되며 대개 100mA 이상의 전류를 의미함

Craftsman Elevator

제 1 과목

승강기 설치

CHAPTER 01   엘리베이터 기계 설치 및 부품 교체

CHAPTER 02   엘리베이터 부품 설치 및 교체

CHAPTER 03   엘리베이터 전기 설치 및 부품 교체

CHAPTER 04   에스컬레이터(무빙워크) 설치 및 부품 교체

CHAPTER 01 엘리베이터 기계 설치 및 부품 교체

1 승강기 일반

'승강기'란 건축물이나 고정된 시설물에 설치되어 일정한 경로에 따라 사람이나 화물을 승강장으로 옮기는 데에 사용되는 설비로 엘리베이터, 에스컬레이터 등을 말한다.

1. 승강기(엘리베이터)의 종류

(1) 용도별 세부 분류

① 엘리베이터

ㄱ 승객용 엘리베이터

ㄴ 전망용 엘리베이터

ㄷ 병원용 엘리베이터[침대용(bed)식]

ㄹ 장애인용 엘리베이터

ㅁ 소방구조용 엘리베이터

ㅂ 피난용 엘리베이터

ㅅ 주택용 엘리베이터

ㅇ 승객화물용 엘리베이터

ㅈ 화물용 엘리베이터

ㅊ 자동차용 엘리베이터

ㅋ 소형화물용 엘리베이터(dumbwaiter)

② 에스컬레이터

ㄱ 승객용 에스컬레이터

ㄴ 장애인용 에스컬레이터

ㄷ 승객화물용 에스컬레이터

ㄹ 승객용 에스컬레이터

ㅁ 승객용 무빙워크

ㅂ 승객화물용 무빙워크

③ 휠체어리프트

ㄱ 장애인용 수직형 휠체어리프트

ㄴ 장애인용 경사형 휠체어리프트

④ 기타

ㄱ 전망용 엘리베이터 : 백화점, 호텔

ㄴ 건설용 엘리베이터 : 건설현장

ㄷ 장애자용 엘리베이터 : 휠체어용, 침대용

ㄹ 더블 데크 엘리베이터 : 2층으로 된 케이지를 상하로 운행

(2) 구동방식별 세부 분류

① 엘리베이터

ㄱ 전기식(로프식)

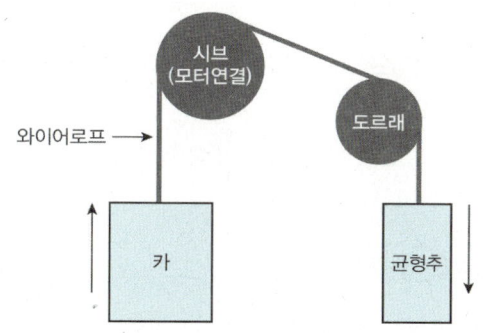

▲ 전기식(로프식) 엘리베이터의 작동 원리

권상식(트랙션식)	권동식
한쪽에는 카, 다른 쪽에는 균형추를 매달아 권상기의 도르래에 걸어 구동하는 방식	드럼을 사용해 로프를 드럼에 감거나 풀어, 카를 움직이는 방식(저속 및 소형)

ㄴ 유압식

직접식	간접식	팬터그래프식
• 유체압력에 의해 케이지를 이동시키고 플런저로 카(케이지)를 지탱해주는 방식 • 비상정지장치가 없어도 됨	• 로프나 체인에 의해 카(케이지)를 움직이는 방식 • 비상정지장치가 필요함	• 유압실린더로 팬터그래프를 이용하여 카를 상승시키는 방식 • 비상정지장치가 없어도 됨

ⓒ 스크류(screw)식 : 나사의 홈 기둥을 따라 카(케이지)를 이동시키는 방식

ⓐ 리니어 모터식 : 균형추 측에 리니어 모터를 설치하여 카를 승강시키는 방식

ⓜ 랙·피니언(rack-pinion)식

　　ⓐ 레일에 톱니바퀴를 만들고 카(케이지)에피니온을 만들어 카(케이지)를 상하로 움직이게 하는 방식

　　ⓑ 공사현장 및 승강행정을 자주 바꾸는 곳에 사용

② 에스컬레이터

ⓖ 에스컬레이터 : 계단형 발판이 구동기에 의해 경사로를 따라 운행

ⓛ 무빙워크(수평보행기) : 평면형 발판이 구동기에 의해 수평로 또는 경사로를 따라 운행

③ 휠체어리프트

ⓖ 수직형 휠체어리프트 : 로프 또는 체인 등에 매달린 휠체어 운반구가 구동기나 유압잭에 수직로를 따라 운행

ⓛ 경사형 휠체어리프트 : 로프 또는 체인 등에 매달린 휠체어 운반구가 구동기나 유압잭에 경사로를 따라 운행

(3) 속도 및 제어방식에 의한 분류

① 속도별 종류

구분	속도		용도
저속	45m/min 이하	0.75m/s 이하	소형 빌딩 등
중속	60~240m/min	1~4m/s	중형 빌딩 및 아파트, 병원
고속	240~360m/min	4~6m/s	대형 빌딩, 대형 백화점
초고속	360m/min 이상	6m/s 이상	초고층 빌딩

② 제어방식별 종류

구분			
로프식	교류제어	교류 1단 속도제어방식	가장 간단한 제어방식이나 착상이 불량하여 저속 이하의 속도에 적용
		교류 2단 속도제어방식	교류 1단에 비해 착상이 우수(주로 화물용)
		교류 귀환 제어방식	실속도와 지령속도를 비교하여 정확히 제어하는 방식으로 승차감 및 착상이 1단, 2단보다 뛰어남
		V.V.V.F (가변전압 가변주파수) 제어방식	유도전동기에 인가되는 전압과 주파수를 동시에 변환시켜 직류전동기와 동등한 제어성능을 가짐

직류제어	워드 레오나드 (Ward Leonard) 방식	직류발전기의 출력단을 직접 직류전동기 전기자에 연결하고 발전기의 계자전류를 조정하여 발전전압을 연속적으로 공급하는 방식(유지보수 어려움, 교류 2단에 비해 승차감이 좋고 착상이 짧다)
	정지 레오나드 방식	사이리스터를 사용, 교류를 직류로 변환, 전동기에 공급하여 전동기 속도제어
유압식	인버터제어	전동기를 인버터로 제어하여 펌프의 회전수를 소정의 상승속도에 상당하는 회전수까지 연속적으로 가변하는 방식
	유량제어	유량제어밸브로 속도를 제어하며 펌프에서 압력을 받은 기름을 일정량 토출하고 실린더로 보내는 방식

(4) 기계실 유무에 따른 분류

① MRL(기계실이 없는 엘리베이터) : 승강로 내부에 권상기 설치

  ㉠ 장점 : 공간효율성, 공사비 절감, 호텔과 같은 설치 불편한 장소 적합

  ㉡ 단점 : 건물 내부 위치로 인한 소음 발생(브레이크 소리와 함께 팬의 소리 증폭)

② 상부형 엘리베이터 : 승강로 상부에 권상기 설치

  예 대부분의 승강기에 속함

③ 하부형 엘리베이터 : 승강로 하부에 권상기 설치

  예 베이스먼트 타입

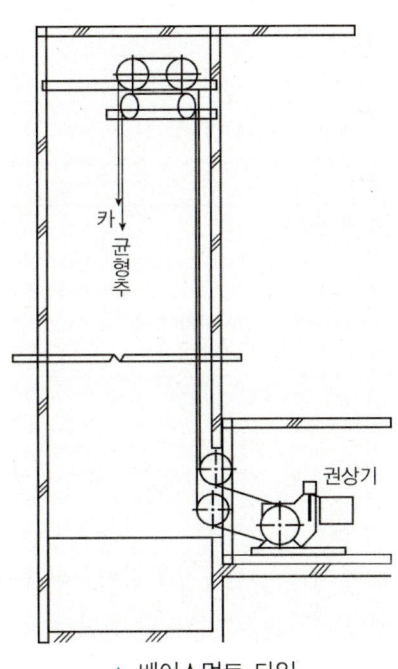

▲ 베이스먼트 타입

④ 측부형 엘리베이터 : 승강로 측부에 권상기 설치

예 사이드머신 타입

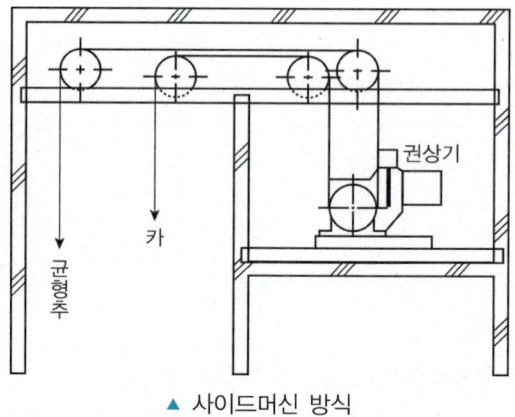

권상기

카

균형추

▲ 사이드머신 방식

✏️ 핵심 유형 문제

1 간접식 유압엘리베이터의 특징이 아닌 것은?

① 부하에 의한 카 바닥의 빠짐이 비교적 작다.

② 비상정지장치가 필요하다.

③ 실린더 설치를 위한 보호관이 필요하지 않다.

④ 실린더의 점검이 용이하다.

정답 ①

유압엘리베이터 방식

직접식	간접식
• 승강로의 크기가 작고 구조가 간단하다. • 비상정지장치가 필요하지 않다. • 부하에 의한 카 바닥의 빠짐이 작다. • 실린더를 설치하기 위한 보호관을 땅속에 설치하여야 하므로 실린더의 점검이 곤란하다.	• 실린더 보호관이 필요 없어 점검이 용이하다. • 승강로가 실린더를 수용할 만큼 커진다. • 비상정지장치가 필요하다. • 로프의 늘어짐과 작동유의 점성 때문에 부하에 의한 카 바닥의 빠짐이 비교적 크다.

2. 승강기의 원리 및 조작방식

(1) 엘리베이터의 원리

① 케이지(cage)를 로프(rope)에 매달아 전동기를 감아올리거나 내리는 것으로 도르래의 원리를 이용한다.

㉠ 권상기의 출력 축에 시브가 연결되고, 적당한 위치에 도르래를 연결한 후

㉡ 와이어로프를 시브와 도르래에 걸어 한쪽으로 카를 매달고

ⓒ 반대쪽에는 균형추를 매달아 감속기 축에 있는 시브를 정·역회전시켜

ⓔ 카를 승강 또는 하강으로 운행

② 로프식 엘리베이터 구조 및 각부 명칭

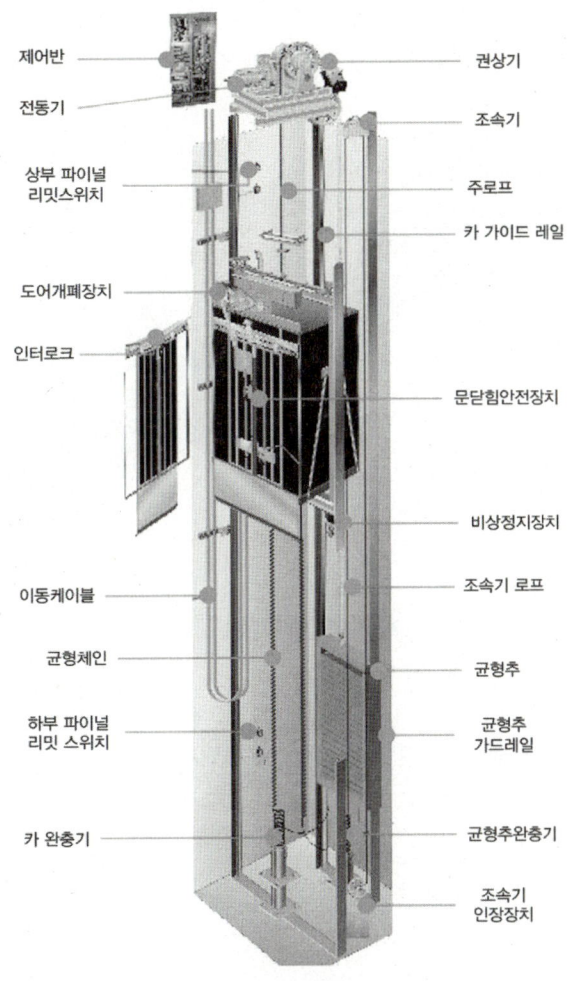

제어반

전동기

상부 파이널
리밋스위치

도어개폐장치

인터로크

이동케이블

균형체인

하부 파이널
리밋 스위치

카 완충기

권상기

조속기

주로프

카 가이드 레일

문닫힘안전장치

비상정지장치

조속기 로프

균형추

균형추
가드레일

균형추완충기

조속기
인장장치

▲ 엘리베이터의 구조

ⓐ 기계실 : 권상기(traction machine), 수전반, 제어반, 전동기 등

ⓑ 케이지 : 케이지(cage), 케이지틀, 호출표시기 등

ⓒ 승강로 : 레일(rail), 권상기 로프, 균형추(counter weight) 등

ⓓ 승강장 : 승강장 문, 위치표시기 등

(2) 에스컬레이터(무빙워크 포함)의 원리

① 철골구조의 트러스를 상하층 바닥고에 걸쳐 설치

② 그 안에 좌우 리본에 무단연속 스텝체인의 일정간격으로 스텝을 설치

③ 체인의 구동에 의해 스텝을 순환시켜 사람을 수송시키는 수단

④ 주 구동장치와 핸드레일 구동장치를 전동기에 의해 같은 속도로 움직여줌

⑤ 에스컬레이터 구조 및 각부 명칭

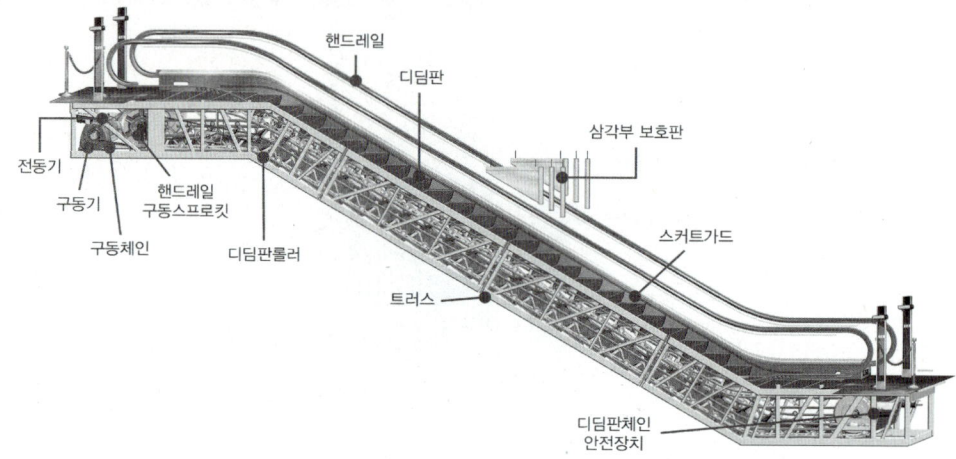

▲ 에스컬레이터의 구조

ㄱ 손잡이(핸드레일)

ㄴ 디딤판(step), 디딤판체인, 디딤판롤러, 승강장 디딤판

ㄷ 트러스(truss)

ㄹ 콤(comb), 콤 플레이트

ㅁ 조작반(operation board), 비상정지버튼

ㅂ 스커트가드(skirt guard)

ㅅ 구동체인 스프로킷(driving chain sprocket)

ㅇ 난간(balustrade), 손잡이(hand rail)

ㅈ 안전마크(demarcation line)

⑥ 무빙워크 구조 및 각부 명칭

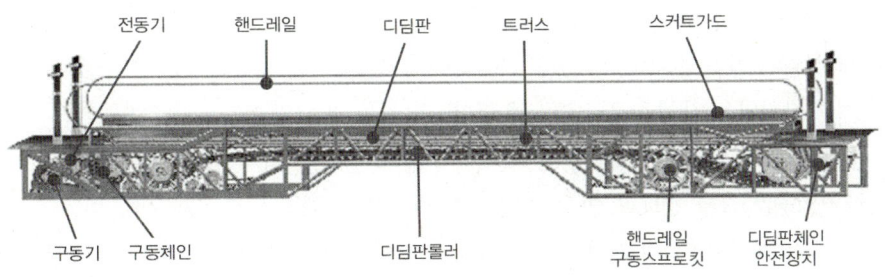

▲ 무빙워크의 구조

핵심 유형 문제

1 카가 최상층 및 최하층을 지나쳐 주행하는 것을 방지하는 것은?

① 균형추

② 정지스위치

③ 인터로크장치

④ 리밋스위치

정답 ④

리밋스위치(Limit Switch)

카의 위치를 확인하기 위한 스위치로 설치하는 장치이자 방호장치로 운행 중 과도한 한계를 벗어나 계속 작동하지 않도록 제한하는 장치이다. 승강기의 카가 승강로의 상부에 있는 경우 천장에 충돌하는 것을 방지하기 위한 상하부 파이널 리밋스위치가 있다.

2 에스컬레이터의 특징으로 틀린 것은?

① 기다리는 시간 없이 연속적으로 수송이 가능하다.

② 백화점과 마트 등 설치장소에 따라 구매의욕을 높일 수 있다.

③ 전동기 기동 시 대전류에 의한 부하전류의 변화가 엘리베이터에 비하여 많아 전원설비 부담이 크다.

④ 건축상으로 점유 면적이 적고 기계실이 필요하지 않으며, 건물에 걸리는 하중이 각 층에 분산되어 있다.

정답 ③

에스컬레이터의 특징

• 에스컬레이터는 경사진 계단을 움직이므로, 카를 수직으로 움직이는 엘리베이터에 비해 전원설비 부담이 상대적으로 작다.

• 기다리는 시간 없이 연속적으로 수송이 가능하다.

• 백화점과 마트 등 설치장소에 따라 구매의욕을 높일 수 있다.

• 건축상으로 점유 면적이 적고 기계실이 필요하지 않으며, 건물에 걸리는 하중이 각 층에 분산되어 있다.

(3) 승강기의 조작방식

① 반자동식 및 단식 자동식

　㉠ 카 스위치 방식(반자동식, 운전원 방식)

　　ⓐ 운전원의 조작에 의해 기동 및 정지

　　ⓑ 수동착상 방식, 자동착상 방식

　㉡ 신호방식(시그널 컨트롤 방식, 반자동식, 운전원 방식)

　　ⓐ 도어(케이지 문)의 개폐는 운전자의 조작에 의해 이루어짐

　　ⓑ 진행 방향은 카 내의 버튼 또는 승강장의 버튼 조작

　㉢ 단식 자동방식(전자동식, 무운전원 방식)

　　ⓐ 승강장의 버튼은 오름 · 내림 공용임

　　ⓑ 먼저 눌러진 호출에 응답하고, 운행 중에는 다른 호출에 응하지 않는 방식

　　ⓒ 용도 : 자동차용, 화물용

② 하강승합 전자동식(전자동식, 무운전원 방식)

　㉠ 2층 이상의 승강장에는 내림 방향의 버튼만 있음

　㉡ 중간층에서 위 방향으로 갈 때는 1층까지 내려와서 올라가야만 하는 방식

　㉢ 용도 : 사생활침해 방범용

③ 양방향 승합 전자동식(전자동식, 무운전원 방식)

　㉠ 승강장의 버튼이 상 · 하 2개가 있고 동시에 기억

　㉡ 카 진행 방향의 누름 버튼과 승강장의 누름 버튼에 응답하며 오르내리는 방식

　㉢ 용도 : 1대의 승용 엘리베이터

④ 군 승합 전자동식(복수 엘리베이터 조작방식)

　㉠ 2~3대의 엘리베이터가 병설되었을 때 주로 사용

　㉡ 1대의 승강장 부름에 1대의 카만 응답(불필요 운전을 줄임)

⑤ 군 관리방식(복수 엘리베이터 조작방식)

　㉠ 3~8대의 엘리베이터가 병설될 때 합리적으로 운행 · 관리하는 방식

　㉡ 특정층의 혼잡을 자동 판단하여 교통 수요의 변화에 따라 적절히 배치

✦ 군 관리방식의 장점

　• 승객의 대기시간이 단축

　• 대기시간이 항상 비슷함

　• 엘리베이터의 사용 수명이 길어짐

　• 인건비가 절약됨

핵심 유형 문제

1 2~3대의 엘리베이터가 병설되었을 때 주로 사용되는 운전방식은?

① 단식 자동식

② 양방향 승합 전자동식

③ 군 승합 전자동식

④ 군 관리방식

정답 ③

승강기 대수 및 이용목적에 따라 구분한 운전방식
- 군 승합방식 : 2~3대의 승강기에 대하여 1개의 승강장 호출에 1대의 카만 서비스하여 필요 없는 정지층 수를 줄이는 방식
- 군 관리방식 : 3~8대가 병설되었을 때 개개의 카를 분산제어하는 방식

3. 특수승강기

(1) 입체주차설비(입체주차설비의 종류별 특징)

① 2단식 주차방식 : 주차실을 2단으로 하여 면적을 2배로 활용하는 방식

㉠ 특징

ⓐ 설치비용이 적음

ⓑ 소규모 주차장에 적용

ⓒ 지면의 활용도가 높음

ⓓ 입출고 시간이 짧음

ⓔ 공사기간이 짧고 설치가 용이

ⓕ 유지보수가 용이

㉡ 분류

ⓐ 피트식

ⓑ 승강 횡행식

ⓒ 단순 2단식

② 다단식 주차방식

㉠ 특징

ⓐ 주차실을 3단 이상으로 한 방식

ⓑ 특징은 2단식과 같고, 주차대수를 늘릴 수 있음

㉡ 분류

ⓐ 피트식

ⓑ 승강 횡행식

③ **수직순환식 주차방식** : 주차구획에 자동차를 넣고, 그 주차구획을 수직으로 순환 이동하여 주차시킴
  ㉠ 종류
    ⓐ 설치장소에 의한 분류 : 건물 내장형, 독립 철탑형
    ⓑ 입출고 출입문 위치에 의한 분류 : 상부 승입식, 중간 승입식, 하부 승입식
  ㉡ 특징
    ⓐ 승강로 면적이 작아도 되며, 입출고 시간이 단축
    ⓑ 기계장치의 부하가 높음
    ⓒ 운영 유지비가 많이 듦
    ⓓ 진동 및 소음이 큼
    ⓔ 체인이 절단되면 모든 차량이 일시에 파손될 수 있음
④ **수평순환식 주차방식** : 주차구획에 자동차를 넣고, 그 주차구획을 수평으로 순환 이동하여 주차시킴
  ㉠ 종류
    ⓐ 원형 순환방식 : 주차장치의 양 끝에서 운반기로 회전시켜 주차하는 방식으로 상부 승입식, 중간 승입식, 하부 승입식이 있음
    ⓑ 각형 순환방식 : 주차장치의 양 끝에서 운반기로 직선운동시켜 주차하는 방식으로 상부 승입식, 중간 승입식, 하부 승입식이 있음
  ㉡ 특징
    ⓐ 입출고 시간이 오래 걸림
    ⓑ 출구가 한정된 빌딩의 지하에 설치하여 지하공간을 이용할 수 있음
  ㉢ 분류
    ⓐ 승입방식에 의한 분류 : 직입 승입식, 승강장치의 승입식
    ⓑ 양단의 순환방식에 의한 분류 : 원형 순환식, 각형 순환식
⑤ **다층순환식 주차방식** : 다수의 운반기를 1열, 2층 이상 또는 그 이상으로 배열하고 두 층의 양쪽에서 운반기를 올리고 내려 순환 이동시키는 방식으로 좁고 긴 토지나 빌딩에 적합
  ㉠ 승입방식에 의한 분류 : 직입 승입식, 승강장치의 승입식
  ㉡ 양단의 순환방식에 의한 분류 : 원형 순환식, 각층 순환식
⑥ **승강식 주차방식** : 여러 층으로 배치되어 있고 고정된 주차구획에 상하로 이동 가능한 운반기를 이용하여 주차
  ㉠ 입출고 시간이 오래 걸림
  ㉡ 운영비가 수직순환식보다 적게 듦
⑦ **승강기 슬라이드 주차장치** : 대지가 넓은 곳에 운반하여 종횡 방향으로 이동해 주차시키는 방식
  ㉠ 종류
    ⓐ 상부 승입식

ⓑ 중간 승입식

ⓒ 하부 승입식

ⓛ 특징

ⓐ 넓은 대지의 대규모 주차시설에 적합

ⓑ 많은 시설비가 들고, 기술이 필요함

ⓒ 운행이 복잡

ⓓ 실용성이 떨어짐

⑧ 평면왕복식 주차장치 : 평면으로 배치되어 있는 고정된 주차구획에 운반기로 운반하여 주차시키는 장치

㉠ 횡식(운반식, 운반격납식) : 운반기를 좌우방향으로 이동해 주차시키는 방식

㉡ 종식(운반식, 운반격납식) : 운반기를 전후방향으로 이동해 주차시키는 방식

입체주차설비의 설치기준 및 안전기준

◆ 설치기준

(1) 주차장 출입구의 전면공지

기계식 주차장치 출입구 전면에는 자동차의 회전을 위한 전면 공지 또는 방향을 전환하기 위한 방향전환장치를 하여야 함

① 중형 기계식 주차장 : 너비 8.1m 이상, 길이 9.5m 이상의 전면 공지 또는 직경 4m 이상의 방향전환장치와 그 방향전환장치에 접한 너비 1m 이상의 여유 공지하여야 함

② 대형 기계식 주차장 : 너비 10m 이상, 길이 11m 이상의 전면 공지 또는 직경 4.5m 이상의 방향전환장치와 그 방향전환장치에 접한 너비 1m 이상의 여유 공지하여야 함

(2) 주차 대기를 위한 정류장

주차대수가 20대를 초과하는 매 20대마다 1대분의 정류장을 확보하여야 함

• 정류장의 규모

㉠ 중형 기계식 주차장 : 길이 5.05m 이상, 너비 1.85m 이상

㉡ 대형 기계식 주차장 : 길이 5.75m 이상, 너비 2.05m 이상

◆ 안전기준

(1) 출입구의 크기

① 중형 기계식 주차장 : 너비 2.3m 이상, 높이 1.6m 이상

② 대형 기계식 주차장 : 너비 2.4m 이상, 높이 1.9m 이상. 단, 사람이 통행하는 경우 출입구의 높이는 1.8m 이상으로 함

(2) 주차구획의 크기

① 중형 기계식 주차장 : 너비 2.1m 이상, 높이 1.6m 이상, 길이 5.15m 이상

② 대형 기계식 주차장 : 너비 2.3m 이상, 높이 1.6m 이상, 길이 5.95m 이상

(3) 운반의 크기(자동차가 들어가는 바닥의 너비)

① 중형 기계식 주차장 : 1.8m 이상

② 대형 기계식 주차장 : 1.85m 이상

(4) 출입통로

기계식 주차장 안에서 자동차를 입출고하는 사람이 출입하는 통로의 너비 및 높이 : 너비 50cm 이상, 높이 1.8m 이상

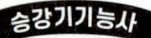

(5) 수동정지장치 설치
　　기계식 주차장치의 작동 중 위험한 상황이 발생하는 경우 그 작동을 멈추게 하는 장치
(6) 운반기 내 정위치장치 설치
　　자동차가 주차구획 또는 운반기 안에서 제자리에 위치하지 않는 경우, 기계식 주차장치의 작동을 불가능하게 하는 장치

핵심 유형 문제

1 기계식 주차장치의 일반적 분류방법에 해당되지 않는 것은?

① 수직순환, 다층순환　　　　　　② 다층순환, 수평순환

③ 수평순환, 엘리베이터 방식　　　④ 곤돌라 방식, 수직전환

정답 ④

기계식 주차장치의 분류방법
- 수직순환식 주차장치 : 수직면 내에 수직으로 배열된 다수의 운반기가 순환 이동하는 구조로 자동차를 승입시키는 위치에 따라 하부 승입식, 중간 승입식, 상부 승입식 등으로 세분
- 수평순환식 주차장치 : 다수의 운반기를 2열 또는 그 이상으로 배열하여 수평으로 순환 이동시키는 구조의 주차장치로 운반기의 이동 형태에 따라 원형 순환식, 각형 순환식 등으로 세분
- 다층 순환식 주차장치 : 다수의 운반기를 2층 또는 그 이상으로 배치하여 위·아래 또는 수평으로 순환 이동시키는 구조의 주차장치로 운반기의 이동 형태에 따라 원형 순환식, 각형 순환식 등으로 세분할 수 있다.
- 2단식 주차장치 : 주차구획이 2단으로 배치되어 있고 출입구가 있는 층의 모든 부분을 주차장치 출입구로 사용할 수 있는 구조의 주차장치로 승강식, 승강횡행식 등으로 세분

(2) 무빙워크(무빙워크의 구조 및 정격속도)
　　① 무빙워크 구조

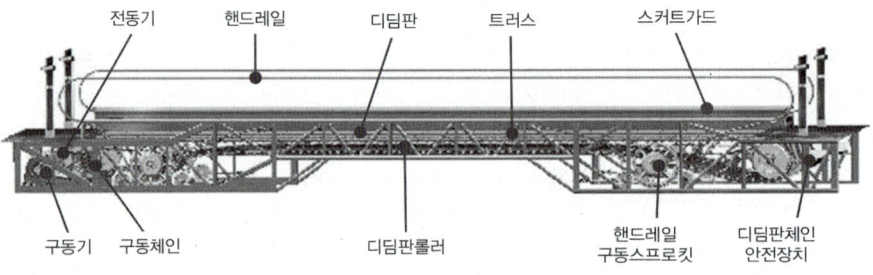

▲ 무빙워크의 구조

② 속도 및 경사도

㉠ 에스컬레이터와 무빙워크의 경사도와 속도

종류	경사도	속도
에스컬레이터	① 30° 이하(높이가 6m 이하이고 공칭속도가 30m/min(0.5m/s) 이하인 경우 : 경사도를 35°까지 가능) ② 현장 설치여건 등을 감안하여 최대 1°까지 초과 가능	① 30° 이하인 에스컬레이터는 45m/min(0.75 m/s) 이하 ② 30°를 초과하고 35° 이하인 에스컬레이터는 30m/min(0.5m/s) 이하 ③ 공칭주파수 및 공칭전압에서 ±5%를 초과할 수 없음
무빙워크	12° 이하	0.75m/s 이하

㉡ 에스컬레이터 계단 폭은 0.58~1.1m 이하

㉢ 승강장 상하부에는 정지스위치가 잘 보이도록 설치

✏️ **핵심 유형 문제**

1 평면의 디딤판을 동력으로 오르내리게 한 것으로, 경사도가 12° 이하로 설계된 것은?

① 에스컬레이터 ② 무빙워크
③ 경사형 리프트 ④ 덤웨이터

정답 ②

무빙워크의 경사도는 12° 이하이어야 함.

(3) 유희시설 – 유희시설의 종류별 특징

① 고가의 유희시설

㉠ 매트 마우스 : 1인승 또는 2인승 탑승물이 지면으로부터 높이 2m 이상의 궤조를 40km/h 이하로 주행하면서 상하좌우로 급격한 방향 변화를 함

㉡ 어린이 기차 : 지면으로부터 높이가 2m 이하 그리고 고저 차가 2m 미만인 궤조를 10km로 주행하여야 함

㉢ 코스터 : 고저 차가 2m 이상의 궤조를 주행 또는 수로 도중에서 스크루 회전이나 수직회전을 한다.

㉣ 모노레일 : 지면으로부터 높이가 2m 이상 그리고 고저 차가 2m 미만인 구배의 궤도를 40km/h 이하로 주행하여야 함

㉤ 워터 슈트 : 궤조 없이 고저 차 2m 이상의 궤도를 주행하는데, 급구배의 수로를 탑승물이 주행한다.

② 회전운동을 하는 유희시설

㉠ 회전그네 : 수직면에서 수평으로 퍼지는 팔목 끝에 1인승 의자형의 탑승물이 로프에 매달려 수직축의 주위를 회전함

ⓛ 비행탑 : 많은 사람이 탈 수 있는 곤돌라 형상으로 주로프에 매여 수직축의 주위를 회전함

ⓒ 메리고라운드(회전목마) : 탑승물이 수직축의 주위를 회전함

ⓔ 관람차 : 객석부분이 수평축의 주위를 회전함

ⓜ 옥토퍼스 : 객석부분이 가변축의 주위를 회전함

ⓗ 문로켓 : 객석부분이 고정된 경사축의 주위를 회전함

ⓢ 로터 : 객석부분이 가변축의 주위를 회전한다. 그런데 이것은 원주속도가 크고 객석부분에 작용하는 원심력이 큼

✏️ 핵심 유형 문제

1 지면으로부터 높이가 2m 이하 그리고 고저 차가 2m 미만인 궤조를 10km로 주행하여야 하는 시설은?

① 에스컬레이터   ② 어린이 기차

③ 리프트   ④ 덤웨이터

정답 ②

어린이 기차의 속도는 10km 이하이어야 한다.

(4) 소형화물용 엘리베이터(덤웨이터) – 소형화물용 엘리베이터의 용도 및 구조

① 사람 출입(탑승)이 제한됨 : 소형화물(서적, 음식물 등) 운반에 적합하게 제작된 엘리베이터

② 적재용량이 300kg 이하, 정격속도가 1m/s 이하인 것

③ 바닥면적이 $1m^2$ 이하, 천장높이가 1.2m 이하인 소형 엘리베이터

④ 단, 바닥면적이 $0.5m^2$ 이하이고 높이가 0.6m 이하인 엘리베이터는 제외

(5) 주택용 엘리베이터

① 주택용 엘리베이터의 구조 및 적재하중

    ㉠ 개요

        ⓐ 단독주택에 설치된 승객용 엘리베이터

        ⓑ 경사도는 15° 이하이며, 정격속도는 15m/min 이하

        ⓒ 카의 유효면적은 $1.4m^2$ 이하이어야 함

    ㉡ 구조(주로프)

        ⓐ 주로프 직경은 8mm 이상

        ⓑ 주로프는 3가닥(권동식 및 소형 엘리베이터는 2가닥) 이상

        ⓒ 카가 최하정지층에 정지 시, 주로프가 권동에 감기고 남은 권동수는 1.5권 이상

        ⓓ 시브 또는 권동의 지름은 주로프 직경의 30배 이상이어야 함

ⓒ 카

    ⓐ 카에는 천장을 설치하되, 비상구출구는 설치하지 않아도 됨

    ⓑ 카의 출입구는 2개 이하로 함

    ⓒ 2개를 설치한 경우에는 문이 동시에 열려, 통로로 사용되는 구조가 아니어야 함

ⓔ 승강로

    ⓐ 출입구 바닥 앞부분과 카 바닥 앞부분의 틈새는 3.5cm 이하

    ⓑ 카 문과 승강장 문 사이의 수평거리 또는 문 사이의 접근거리는 0.12m 이하

ⓜ 기계실

    ⓐ 바닥면적은 승강로 수평투영면적 이상, 천장의 높이는 1.8m 이상

    ⓑ 바닥면의 조도는 200lx 이상

② 승강행정 및 안전장치

  ⓝ 승강행정(최하층의 바닥면에서 최상층의 바닥면까지 수직거리)은 12m 이하

  ⓛ 안전장치 : 엘리베이터의 안전장치 이외에도, 정지되었을 때 외부로 연락할 수 있는 전화장치가 설비되어 있어야 함

✎ 핵심 유형 문제

1 전동 소형화물용 엘리베이터(덤웨이터)의 안전장치에 대한 설명 중 옳은 것은?

① 출입구 문에 사람의 탑승금지 등의 주의사항은 부착하지 않아도 된다.

② 도어 인터로크 장치는 설치하지 않아도 된다.

③ 로프는 일반 승강기와 같이 와이어로프 소켓을 이용한 체결을 하여야만 한다.

④ 승강로의 모든 출입구 문이 닫혀야만 카를 승강시킬 수 있다.

정답 ④

소형화물용 엘리베이터란 사람이 탑승하지 않으면서 적재용량이 300kg 이하인 것으로서 소형화물(서적, 음식물 등) 운반에 적합하게 제작된 엘리베이터

(6) 휠체어리프트(휠체어리프트의 구조 및 안전장치)

① 구조

  ⓝ 수직형 휠체어리프트

    ⓐ 정격속도는 0.15m/s 이하

    ⓑ 승강행정에 따라 4m 이하 및 4m 초과 12m 이하로 구분

    ⓒ 주행선의 경사도는 수직에서 15° 이하, 정격하중은 250kg 이상이어야 함

  ⓛ 장애인용 수직형 리프트

    ⓐ 정격속도는 0.15m/s 이하, 레일의 경사도는 15° ~ 75° 이하

ⓑ 정격하중은 225kg 이상 350kg 이하

ⓒ 플랫폼의 형식에 따라 입석식, 좌석식, 휠체어식으로 구분

② 안전장치

㉠ 브레이크 : 운행 중 이상 발생 시 안정하게 정지시키는 장치

㉡ 파이널 리밋스위치 : 카가 행정구간을 이탈할 경우, 확실하게 정지시키기 위한 장치

㉢ 과속조절기 : 정격속도를 현저히 초과 시 카의 속도를 검출하여 전기, 기계적으로 차단하는 장치

㉣ 리프트 스위치 : 1개 또는 2개 이상이 조합된 스위치로 승강장 또는 원하는 곳에 리프트를 정지시킴

㉤ 보호대 : 경사형 휠체어리프트로부터 추락을 방지하기 위한 것

㉥ 감지날 : 카에 부착되어 전단, 협착, 끼임의 방지를 위한 장치

㉦ 감지판 : 플랫폼 하부면 전면을 보호하기 위한 장치로 감지날과 유사

㉧ 기계적 정지장치 : 수직형 휠체어리프트의 하부에 보수 및 검사를 위해 필요한 최소 안전공간을 확보할 수 있도록 설치하는 장치

✎ 핵심 유형 문제

1 휠체어리프트 이용자가 승강기의 안전운행과 사고방지를 위하여 준수해야 할 사항과 거리가 먼 것은?

① 전동체어 등을 이용할 경우에는 운전자가 직접 이용할 수 있다.

② 정원 및 적재하중의 초과는 고장이나 사고의 원인이 되므로 엄수하여야 한다.

③ 휠체어 사용자 전용이므로 보조자 이외의 일반인은 탑승하여서는 안 된다.

④ 조작반의 비상정지스위치 등을 불필요하게 조작하지 말아야 한다.

> **정답** ①
>
> **휠체어리프트 이용자의 준수사항**
> • 수직형 휠체어리프트 출입문에 충격을 가하지 않아야 한다.
> • 정격속도는 0.15m/s 이하
> • 승강행정에 따라 4m 이하 및 4m 초과 12m 이하로 구분
> • 주행선의 경사도는 수직에서 15° 이하, 정격하중은 250kg 이상이어야 함

(7) 기타 – 비상용 승강기

① 설치기준

㉠ 높이 31m를 초과하는 건축물에 설치

㉡ 높이 31m를 넘는 각 층의 최대 바닥면적이 1,500m² 이하인 건축물은 1대 이상

㉢ 높이 31m를 넘는 각 층의 최대 바닥면적이 1,500m²를 넘는 3,000m² 이내마다 1대씩 추가

② 구조

㉠ 승강장의 창문 출입구와 개구부를 제외한 부분은 내화구조의 바닥 및 벽으로 구획

㉡ 승강장은 각 층의 내부와 연결하되, 그 출입구에는 갑종 방화문을 설치

ⓒ 벽 또는 반자가 실내에 접하는 부분의 마감재료는 불연재

ⓡ 채광이 되는 창문이 있거나 예비전원에 의한 조명설비를 해야 함

ⓜ 승강장의 바닥면적은 비상용 승강기 1대에 대하여 6m² 이상

ⓗ 피난층의 승강장의 출입구로부터 도로 또는 공지에 이르는 거리는 30cm 이하

ⓢ 승강장 출입구 부근 잘 보이는 곳에 비상용 승강기임을 표시

ⓞ 외부로 열 수 있는 창문이나 규정에 맞게 배연설비를 하여야 함

③ 승강로 구조

　　㉠ 당해 건축물의 다른 부분과 내화구조로 구획해야 함

　　㉡ 각 층으로부터 피난층까지 이르는 승강로를 단일 구조로 연결하여 설치

④ 비상용 승강기를 설치하지 않는 경우

　　㉠ 높이 31m를 넘는 각 층의 바닥면적의 합계가 500m² 이하인 건축물

　　㉡ 높이 31m를 넘는 부분의 층수가 4개층 이하로, 각 층의 거실을 200m² 이내로 방호구획한 건축물

⑤ 비상용 승강기의 기본요건

　　㉠ 전 층을 운행해야 함

　　㉡ 정격속도는 60m/min 이상

　　㉢ 문이 닫힌 후 60초 이내에 가장 먼 층까지 도착해야 함

　　㉣ 카 문과 승강장 문이 연동되는 자동수평 개폐문이 설치되어야 함

　　㉤ 소방운전 스위치는 지정된 로비에 설치되어야 함

　　　　ⓐ 1단계 : 비상용 엘리베이터 호출

　　　　ⓑ 2단계 : 소방운전 제어조건 아래에서 엘리베이터 호출

　　㉥ 정격하중 630kg, 폭 1,100mm, 깊이 140mm 이상

　　㉦ 카 지붕 비상출구문의 크기는 0.5m×0.7m 이상

　　㉧ 소방운전 스위치는 승강장 끝 부분에서 수평으로 2m 이내, 바닥 위로 1.4~2.0m 이내

　　㉨ 보조전원 공급장치는 정전 시 60초 이내에 전력용량 발생 및 2시간 이상 운행 가능해야 함

핵심 유형 문제

1 비상용 엘리베이터의 정전 시 예비전원의 기능에 대한 설명으로 옳은 것은?

① 30초 이내에 엘리베이터 운행에 필요한 전력용량을 자동적으로 발생하여 1시간 이상 작동하여야 한다.

② 40초 이내에 엘리베이터 운행에 필요한 전력용량을 자동적으로 발생하여 1시간 이상 작동하여야 한다.

③ 60초 이내에 엘리베이터 운행에 필요한 전력용량을 자동적으로 발생하여 2시간 이상 작동하여야 한다.

④ 90초 이내에 엘리베이터 운행에 필요한 전력용량을 자동적으로 발생하여 2시간 이상 작동하여야 한다.

정답 ③

• 높이가 31m를 초과하는 건축물에 설치해야 함
• 주로 화재 시 사용하므로 방화문을 설치하고 전원을 2시간 이상 공급할 수 있는 시설 필요
• 운행속도는 60m/min 이상이며, 중앙관제실과 통화가 가능해야 함

2 형판 설치하기

1. 엘리베이터 설치도면

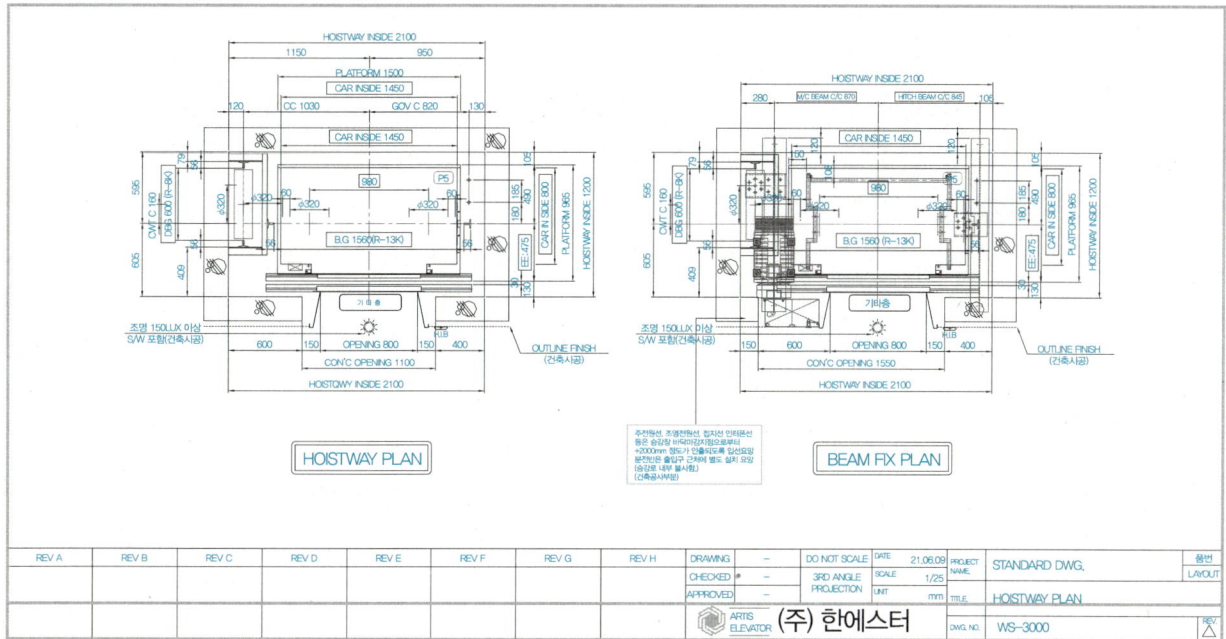

(1) 도면의 검사

　① 치수 기입, 공차 및 끼워맞춤

　② 가공기호 및 지시사항

　③ 요목표

　④ 재료

　⑤ 표제란

(2) 도면의 변경

　① 물체의 모양, 치수 또는 가공방법의 개선 등 도면의 일부를 변경

　② 도면을 변경할 경우 변경한 곳에 적당한 기호( )를 붙이고, 변경 전의 모양 및 숫자 보존

　③ 변경한 날짜, 이유 등을 기입

(3) 장비사양서 매뉴얼 포함 필수사항

　① 유지보수 방법, 절차 등 안전하게 사용하기 위한 모든 정보

　② 예상할 수 있는 오사용을 방지할 수 있는 방법과 관련 위험에 대한 경고사항

2. 승강로, 기계실, 출입구 건축도면

첨부 CAD DWG 파일 이름을 보면 LP-MHP12-C060(1600×1350) 이라고 되어있다. 여기서 LP는 LAYOUT의 약자이고, MHP의 M은 MRL을, H는 장애인, P는 승객용을 의미하며, MHP 다음 숫자 12는 인승을 말한다.

CO는 CENTER OPEN의 약자로 2PANEL CENTER OPEN DOOR를 의미하고, CO 뒤에 60은 속도(분당 이동거리 m/min)을 의미한다.

LP-MHP12-CO60(1600×1350)을 풀어 쓰면 'MRL(기계실 없는) 승객용 장애자용 겸용 12인승, 2PANEL CENTER OPEN DOOR 적용이 된 속도 60m/min의 엘리베이터'를 말한다.

3. 형판 설치

① 형판작업은 승강로에 밑그림을 그린다고 생각하면 편하다. 승강기부품들이 정확한 위치에 설치될 수 있도록 함
② 형판작업을 안 했을 경우 제대로 설치가 안 되며, 승강기는 눈대중으로 설치해서 운행하는 게 아니고 부품에 이격거리 등 설치기준에 맞추어 설치함
③ 검사기준과 차이가 난다면 승강기 설치검사에서 통과되지 않음

3 주행안내 레일 설치하기

1. 주행안내 레일, 고정용 브래킷 설치

(1) 가이드 레일(guide rail)의 사용목적

① 카, 균형추 또는 플런저 등을 안내하는 궤도로 승강로 평면 내의 위치를 규제

② 차체의 자중이나 하중 편향 발생 시 기울어짐을 막아줌

③ 비상정지장치(추락방지안전장치) 작동 시 수직하중을 유지

(2) 가이드 레일의 규격

① 레일 호칭은 마무리 가공 전 소재의 1m당 중량으로 함

② 주로 단면이 T자형 레일을 사용

ㄱ 보통 공칭은 8K, 13K, 18K, 24K, 30K, 37K, 50K 사용

ㄴ 대용량 엘리베이터는 37K, 50K 등도 사용함

③ 레일 표준길이 : 5m

④ 가이드 레일의 허용응력은 2,400(kg/cm^2)

⑤ 가이드 레일의 치수

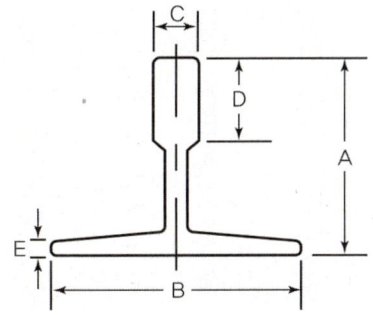

		레일				
		8K	13K	18K	24K	30K
각부 치수	A(mm)	56	62	89	89	108
	B(mm)	78	89	114	127	140
	C(mm)	10	16	16	16	19
	D(mm)	26	32	38	50	51
	E(mm)	6	7	8	12	13

※ 가이드 레일을 결정하는 3가지 요소

① 안전장치가 작동했을 때 좌굴하지 않는지 점검

② 지진 발생 시 레일의 휘어짐이 한도를 넘거나, 레일의 응력이 탄성한계를 넘으면 카 또는 균형추가 레일에서 벗어나지 않는지 점검

③ 불균형한 큰 하중을 적재 시 또는 그 하중을 올리고 내릴 시, 카에 큰 회전모멘트가 걸리는 경우 레일이 지탱할 수 있는지 점검

※ 레일 설치 시 레일 브래킷은 진동에 대해서도 견딜 수 있도록 견고하게 설치해야 한다. 만일 레일 브래킷의 간격이 기준 이상 멀리 떨어져 있을 경우 레일의 뒷면에 패킹을 붙여 보강한다.

핵심 유형 문제

1 레일의 규격호칭은 소재 1m 길이당 중량을 라운드 번호로 하여 레일에 붙여 쓰고 있다. 일반적으로 쓰이고 있는 T형 레일의 공칭이 아닌 것은?

① 8K 레일　　　　　　　　　　② 13K 레일

③ 16K 레일　　　　　　　　　　④ 24K 레일

정답 ③

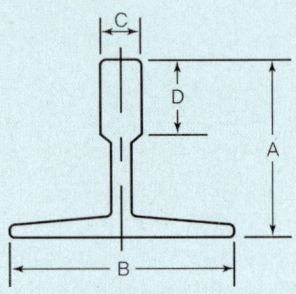

종류	기호	각부 치수(단위 : [mm])			
		A	B	C	D
8kgf 레일	8K	56	78	10	26
13kgf 레일	13K	62	89	16	32
18kgf 레일	18K	89	114	16	38
24kgf 레일	24K	89	127	16	50
30kgf 레일	30K	108	140	19	51

2. 완충기 받침대

(1) 완충기의 종류, 구조 및 원리

① 개념 : 카가 어떤 원인으로 최하층을 통과하여 피트로 떨어질 때 충격을 완화시킬 목적

② 개요

　㉠ 승강로 바닥에 설치하는 안전장치로 제어시스템 고장으로 엘리베이터가 최하층을 지나 승강로 바닥까지 떨어질 경우에 보호기능을 제공

　㉡ 카가 승강로의 최상층을 초과하여 진행하는 것에 대비하여 균형추의 바로 아래에도 설치

　㉢ 완충기의 요건은 완충기 유형에 따라 크게 두 가지로 구분(에너지 축적형, 에너지 분산형)

　　ⓐ 에너지 축적형 완충기 : 충격 시 발생한 운동에너지를 변형에너지(strain energy) 형태로 저장(스프링 완충기 또는 우레탄 완충기)

　　ⓑ 에너지 분산형 완충기 : 일반적으로 충격에너지를 열의 형태로 분산(유입 완충기)

(2) 완충기의 종류별 적용범위

① 스프링 완충기(spring buffer)

㉠ 정격속도 1m/s(60m/min) 이하의 엘리베이터에 사용

㉡ 스트로크(stroke) : 정격속도의 115%에 상응하는 중력정지거리의 2배 이상이어야 함

㉢ 행정 : 65mm 이상

㉣ 감속속도 : 최대 순간감속속도는 2.2g을 넘지 않고 1/25(sec) 이내이어야 함

㉤ 적용중량 : 정하중에서 총무게의 2배를 견뎌야 함

② 유입 완충기(oil buffer)

㉠ 모든 엘리베이터에 사용 가능

㉡ 스트로크(stroke) : 정격속도의 115%에 상응하는 중력정지거리(1g) 이상이어야 함

㉢ 행정 : 65mm 이상

㉣ 감속속도 : 최대 순간감속속도는 2.5g을 넘는 감속도가 1/25(sec) 이내이어야 함

㉤ 적용중량 : 최대 적용중량은 카 자중＋적재하중

(3) 완충기 각부의 명칭

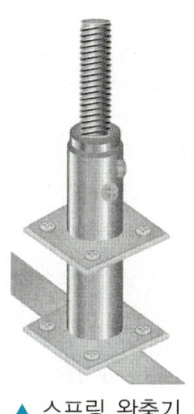

▲ 스프링 완충기

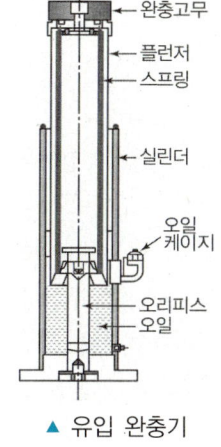

▲ 유입 완충기

✏️ 핵심 유형 문제

1 카가 어떤 원인으로 최하층을 통과하여 피트에 도달했을 때 카에 충격을 완화시켜 주는 장치는?

① 완충기
② 비상정지장치
③ 조속기
④ 리밋스위치

정답 ①

완충기 : 카나 균형추가 어떤 원인으로 최하층을 지나 피트로 추락할 때 충격을 완화시켜 주는 장치

CHAPTER 02 엘리베이터 부품 설치 및 교체

1 엘리베이터 부품상태 진단하기

1. 엘리베이터 부품의 노후, 마모상태 진단
- 기계류 공간 등의 안전표시(6개월에 1회, 육안점검)
- 승강로 조명의 점등상태 및 조도(3개월에 1회, 측정점검)
- 감속기 윤활유의 유량 및 노후상태(3개월에 1회, 육안점검)
- 주개폐기 설치 및 작동상태(3개월에 1회, 육안점검)

2. 기계, 전기 측정기
(1) 버니어캘리퍼스

길이(외형) 측정을 비롯하여 내경이나 단차 등을 계측할 수 있는 측정기

① 종류 : M형, CB형, CM형

② 치수산정(측정범위 : 0.05mm)

(2) 마이크로미터 : 정밀치수 측정기

① 대상 물체를 끼워 그 크기를 측정하는 정밀치수 측정기기

② 치수산정(측정범위) : 0.01mm

③ 버니어캘리퍼스와 달리, 「아베의 원리」를 따르기 때문에 더 정확한 측정

④ 종류(측정 용도에 따라 선택) : 외측 마이크로미터, 내측 마이크로미터, 3점식 내측 마이크로미터, 막대형 마이크로미터, 깊이 마이크로미터

⑤ 프레임의 크기에 따라 측정 가능한 범위는 0~25mm, 25~50mm와 같이 25mm씩 달라짐

(3) 하이트게이지의 사용법

① 높이를 측정하기 위한 측정공구

② 사용법

㉠ 정반(기준면)에 스크라이버를 밀착시켜 0점을 맞추고

㉡ 측정하려는 물체에 스크라이버를 대면 측정할 수 있음

㉢ 눈금은 바로 정면에서 판독하고, 평면도가 보증된 정반 등의 위에서 사용

(4) 한계게이지의 사용법

① 제품의 한계치수(최대 허용치수와 최소 허용치수)를 기준으로 최대치수에서는 구멍용을 정지 측, 축용을 통과 측으로 함

② 최소치수에서는 구멍용을 통과 측, 축용을 정지 측으로 하여 측정 대상물이 한계치수 내에 있는 것을 판정할 수 있음

③ **종류** : 구멍용 게이지(plug gauge), 축용 게이지(snap gauge)

2 승강장 부품 설치 및 교체하기

1. 각 부품별 설치위치에 승강장 부품 설치

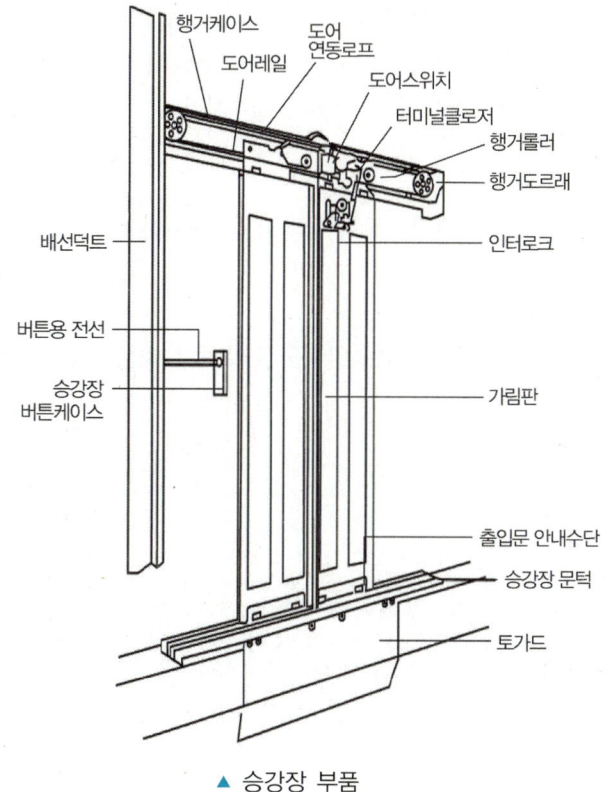

▲ 승강장 부품

도어 시스템에서 숫자는 문짝 수, S는 가로열기(사이드 오픈), CO는 중앙열기(센터 오픈) 방식을 나타낸다.

2. 승강장 출입문 조정

(1) 도어시스템의 종류

도어 방식	도어 종류	용도
가로 열기	1S, 2S, 3S	화물용 및 병원(침대용) 엘리베이터
중앙 열기	2CO, 4CO	승용 엘리베이터
상하 열기	외짝문, 2짝문	자동차용, 대형 화물전용 엘리베이터
스윙식	외짝식, 2짝식	

(숫자는 문짝의 수, S는 가로열기, CO는 중앙열기 방식)

(2) 도어시스템의 원리

① 도어시스템은 구동장치, 전달장치, 도어판넬로 구성

② 도어 구동용 전동기는 직류전동기, 인버터를 이용한 교류전동기를 사용

   – 직류전동기를 많이 사용하고 있으나, 최근에는 교류전동기(VVVF 방식) 증가 추세

③ 주행 중 카 안에서 강제로 문을 여는 데 필요한 힘은 20kgf 이상

④ 정지 중 강제 개방 시 필요한 힘은 5kgf 이상 30kgf 이하

(3) 구성 : 승강기 도어＝카 도어＋승강장 도어

(4) 동작 : 카 도어는 승강장 도어와 기계적으로 연동되어 동시에 개폐된다.

✏️ 핵심 유형 문제

1 문짝 수는 2이고, 문은 측면 개폐방식일 경우를 기호로 나타낸 것은?

① 1S

② 2S

③ 1CO

④ 2CO

정답 ②

도어의 종류[숫자는 도어의 매수(문짝 수, P)]
- 중앙 개폐(CO, Center Open) : 가운데에서 양쪽으로 열리는 도어(승용), 2P–CO, 4P–CO
- 측면 개폐(SO, Side Open) : 한쪽 끝에서 반대쪽으로 열리는 도어(화물용, 1P-SO, 2P-SO(2S), 3P-SO(3S)
- 상승 개폐(Up Sliding) : 위쪽 방향으로 열리는 도어(차량용, 주차/대형화물용), 1P-1U, 2P-2U, 3P-3U
- 상하 개폐(Vertical Sliding) : 위아래로 열리는 도어(승객 사용금지)

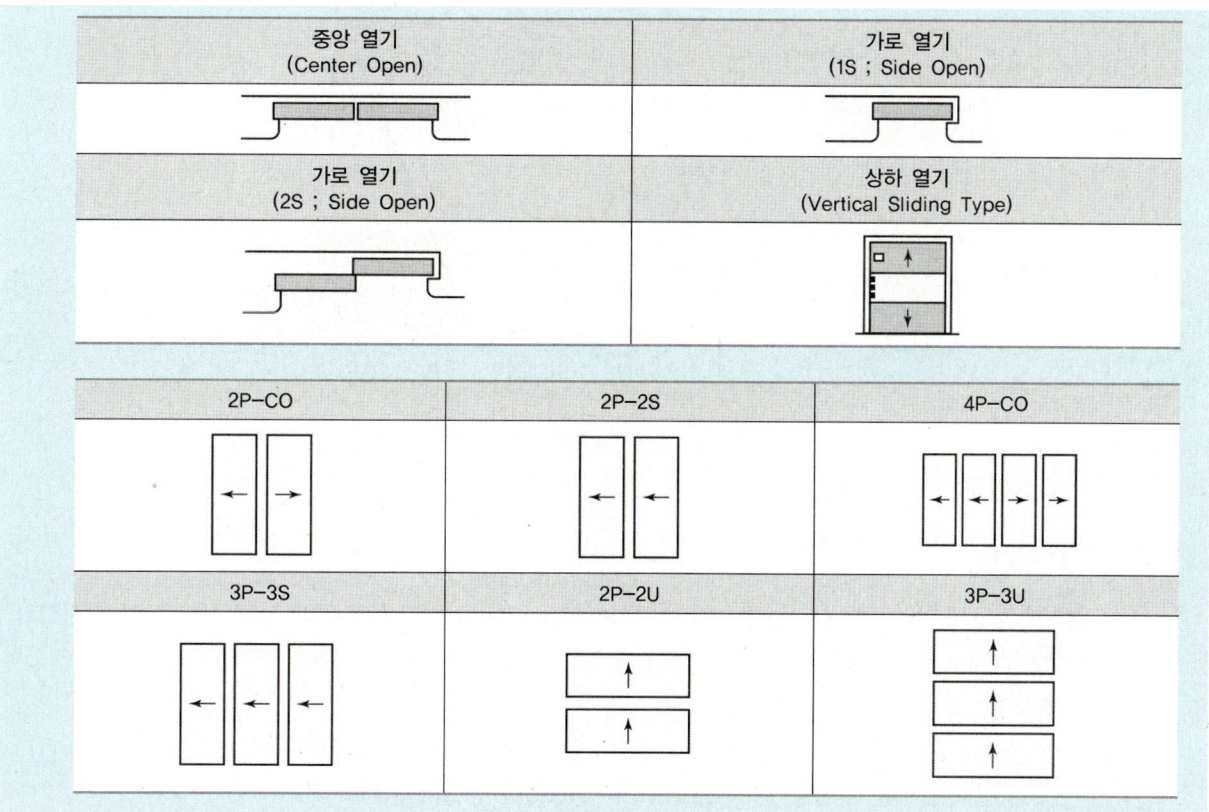

(5) 도어 머신장치

① 개요

㉠ 전동기의 회전을 감속하고, 암과 로프 등을 구동시켜 개폐하는 장치

㉡ 웜(worm) 감속기가 사용되고 있으나, 최근에는 체인, 벨트 사용방식 증가

② 도어시스템의 요구조건

㉠ 동작이 원활하고 소음이 발생하지 않을 것

㉡ 소형이고 경량일 것

㉢ 동작빈도에 따른 내구성이 좋아야 함

㉣ 가격이 저렴해야 함

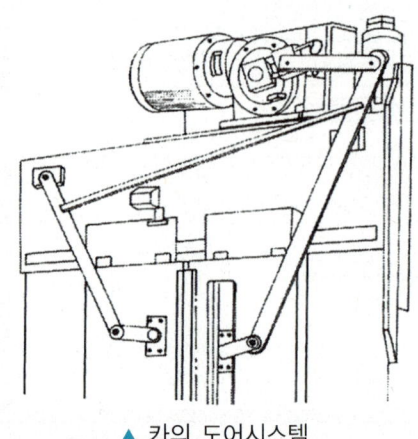

▲ 카의 도어시스템

도어전동기, 암, 체인, 도어레일 등이 있다.

✏️ **핵심 유형 문제**

1 엘리베이터 도어를 작동시키는 도어 머신(Door Machine)장치가 갖추어야 할 조건으로 가장 거리가 먼 것은?

① 도어용 모터는 토크가 크고 열이 많이 발생하므로 별도의 냉각시설이 필요하다.
② 동작횟수가 승강기 기동빈도의 2배 정도이기 때문에 유지보수가 용이해야 한다.
③ 주로 엘리베이터 상단에 설치되어 있어서 소형이면서 경량일수록 좋다.
④ 도어 작동에 있어서 동작이 원활하고 소음이 적어야 한다.

정답 ①

도어용 모터는 소형 경량으로 토크가 클 필요가 없으며 별도의 냉각장치가 필요할 만큼 열이 발생하지 않는다.

3 카 설치 및 교체하기

1. 카 슬링 설치

(1) 재질

① 1.2mm 이상의 강판 사용

② 도장 또는 비닐류의 피복

(2) 구조

① 카 내부의 유효높이는 2m 이상(주택용 엘리베이터의 경우에는 1.8m 이상)

② 카 유효면적은 카 바닥면 위 1m 높이에서 카 벽에서 카 벽까지 측정된 카의 면적

③ 자동차용 엘리베이터의 경우 카의 유효면적은 $1m^2$당 150kg으로 계산한 값 이상

④ 주택용 엘리베이터의 경우 카의 유효면적은 $1.4m^2$ 이하이어야 하고, 다음과 같이 계산

    ㉠ 유효면적이 $1.1m^2$ 이하인 것 : $1m^2$당 195kg으로 계산한 수치, 최소 159kg

    ㉡ 유효면적이 $1.1m^2$ 초과인 것 : $1m^2$당 305kg으로 계산한 수치

(3) 도어

① 승용 및 인하용 엘리베이터에는 1개의 케이지에 2개 이상의 도어 설치 불가

② 침대용 및 자동차용은 2개의 도어 설치 가능

  – 2개의 도어가 동시에 열려 통로로 사용은 불가

(4) 카 지붕의 피난공간

① 아래 표에 따른 피난공간을 수용할 수 있는 유효구역이 1개 이상 카 지붕에 있어야 함

유형	자세	피난공간 크기	
		수평거리(m×m)	높이(m)
1	서 있는 자세	0.4×0.5	2
2	웅크린 자세	0.5×0.7	1

② 두 명 이상의 사람이 카 지붕 위에 있어야 하는 경우, 피난공간은 추가되는 사람마다 각각 제공

③ 피난공간이 두 개 이상인 경우, 각 피난공간들은 같은 유형 및 서로 간섭되지 않아야 함

(5) 경고 및 표지

① 카 내부에는 kg으로 표시된 정격하중 및 정원을 표기

② 카 내부에는 승강기의 용도 및 제조업체명(또는 로고)을 표기

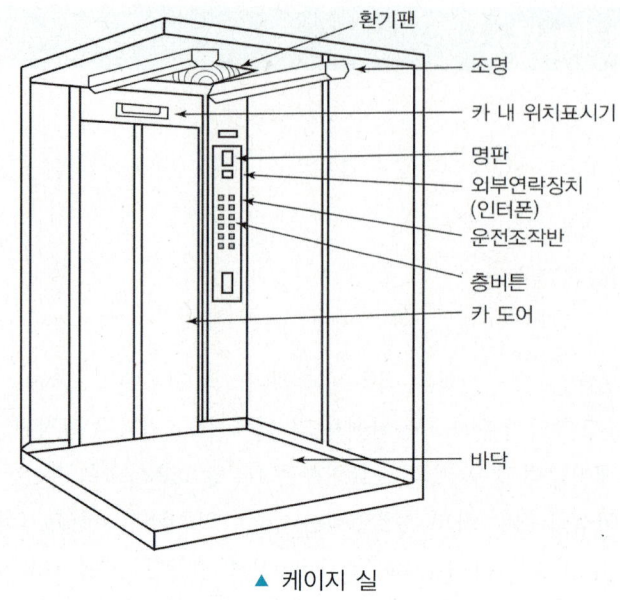

▲ 케이지 실

2. 케이지(Cage) 틀

① 카 바닥 하부 중앙에 2개의 기둥으로 하중을 지탱
② 상부 빔은 카의 하중을 로프에 전달하는 기능

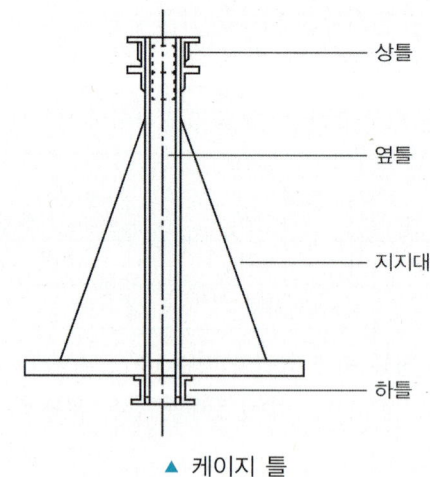

▲ 케이지 틀

3. 비상구출구

① 카 천장에 설치 및 비상구출구의 크기는 $0.4m \times 0.5m$ 이상(면적은 $0.2m^2$ 이상)

 ㉠ 카 위에서는 공구 등을 사용하지 않고 간단한 조작에 의해 쉽게 열 수 있어야 하나

 ㉡ 카 내에서는 열 수 없도록 잠금장치를 갖추어야 하며

 ㉢ 승객의 구출활동에 장애가 없도록 충분한 공간이 확보되는 위치에 설치

② 하나의 승강로에 2대 이상의 엘리베이터가 있는 경우, 카 벽에 비상구출구 설치 가능

 ㉠ 카 벽에 설치된 비상구출구의 크기는 **폭 0.35m 이상, 높이 1.5m 이상**

 ㉡ 카 안쪽으로만 열리고, 카 내부에서는 열쇠를 사용하지 않으면 열 수 없어야 함

③ 비상구출구를 열었을 때에는 비상구출구 스위치가 작동하여 카가 움직이지 않아야 함

4. 카 심출, 카 밸런스 작업

로프식 엘리베이터의 카 틀(카 프레임)에서 브레이스 로드의 분담하중은 대략 3/8이다.

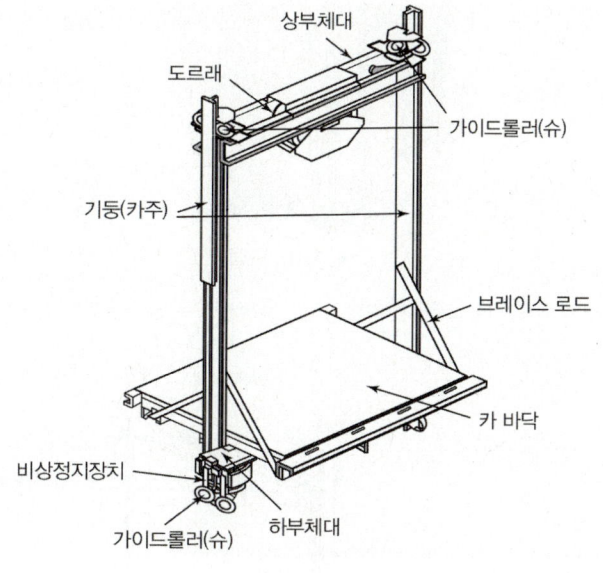

▲ 카 틀(Frame)

✏️ **핵심 유형 문제**

1 다음 중 카를 지지하는 카 프레임(또는 카 틀, Car Frame)의 주요 구성요소가 아닌 것은?

① 상부틀(또는 상부체대, Cross Head)　　② 카 바닥(Car Platform)
③ 하부틀(또는 하부체대, Flank)　　　　　④ 브레이스 로드(Brace Road)

> **정답** ②

• 카 프레임은 상부틀과 하부틀 그리고 이를 이어주는 브레이스 로드 등으로 구성되어 있다. 카 바닥은 카의 구성요소이다.

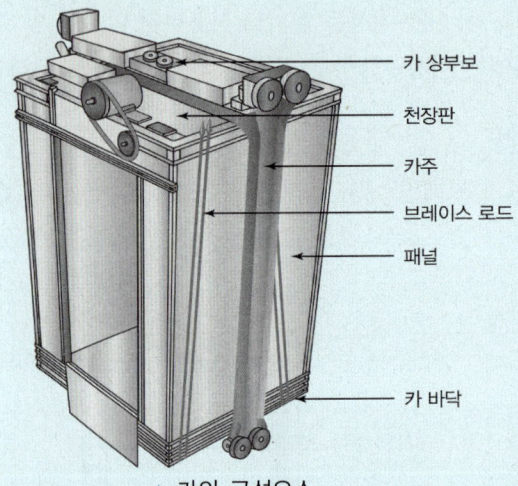

카 상부보
천장판
카주
브레이스 로드
패널
카 바닥

▲ 카의 구성요소

• 브레이스 로드 : 구조물의 처짐 등을 보완하기 위해 쓰이는 트러스 또는 경사진(대각선) 부재로, 엘리베이터의 카 프레임 구성요소 이다.

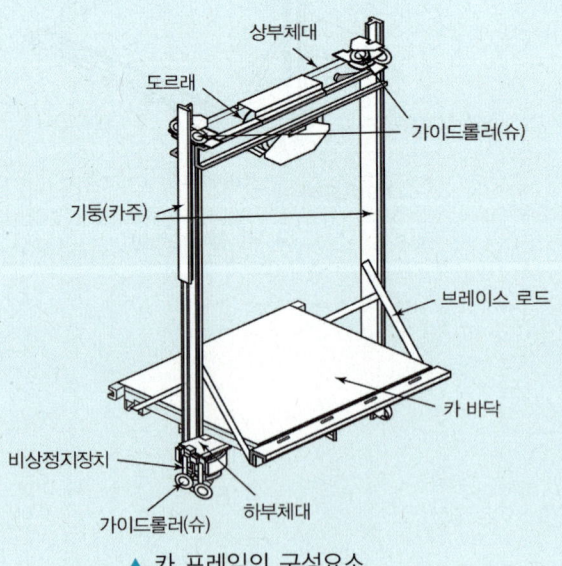

상부체대
도르래
가이드롤러(슈)
기둥(카주)
브레이스 로드
카 바닥
비상정지장치
가이드롤러(슈)
하부체대

▲ 카 프레임의 구성요소

CHAPTER 03 엘리베이터 전기 설치 및 부품 교체

1 엘리베이터 전기 배선

1. 엘리베이터 전기부품(수전반, 제어반, 전기 배관 및 배선)

① 수전반 주개폐기는 안전하며 용이하게 조작할 수 있게 기계실 출입구 가까이에 설치

② 기타 제어장치의 설치는 견고하게 하며, 제어반 각종 스위치의 접점의 작동은 양호

③ 절연저항은 각 회로마다 측정하여 규정에 합격하여야 함

구분	공칭회로 전압(V)	시험 전압/직류(V)	절연저항(MΩ)
전동기 주회로	(SELV 및 PELV) > 100VA	250V	0.5MΩ 이상
	≤ 500V(FELV 포함)	500V	1.0MΩ 이상
	> 500V	1,000V	1.0MΩ 이상

※ SELV : 안전초저압(Safety Extra Low Voltage)

　　PELV : 보호초저압(Protective Extra Low Voltage)

　　FELV : 기능초저압(Functional Extra Low Voltage)

④ 비상용 승강기는 예비전원이 설치되어 있어야 함

⑤ 비상용 승강기가 비상운행 시 다른 승강기의 영향을 받지 않아야 함

⑥ 접점의 과도한 마모, 소손, 접속단자의 파손 등은 없는가를 점검

⑦ 퓨즈는 정격품으로 되어 있는가 확인

⑧ 릴레이(relay)나 접촉기 가동부분의 과도한 마모 상태를 확인

⑨ 접점의 이상 아크 발생, 코일이나 저항의 이상발열, 각 접촉자의 접촉상태 점검

⑩ 저항이나 저항선 등에 가연성 물질이 접촉되어 있는가를 확인

2 전기부품 교체

1. 전기부품 교체

결선도에 맞도록 각종 연결용 커넥터를 제 번호에 맞도록 삽입한다. 오삽입 시 과전압 인가로 각종 부품 및 PCB 소손 우려가 있으므로 주의를 기울여야 한다.

2. 전기회로도 결선 확인

도면 및 배치도, 부품의 방향, 결선 상태 및 색상 등이 상이한지 점검이 필요하다.

예 전자접촉기, 타이머, 릴레이 등과 푸시버튼스위치 및 램프의 색상 등

CHAPTER 04 에스컬레이터(무빙워크) 설치 및 부품 교체

1 에스컬레이터 부품상태 진단하기

1. 에스컬레이터 부품

(1) 에스컬레이터 구조

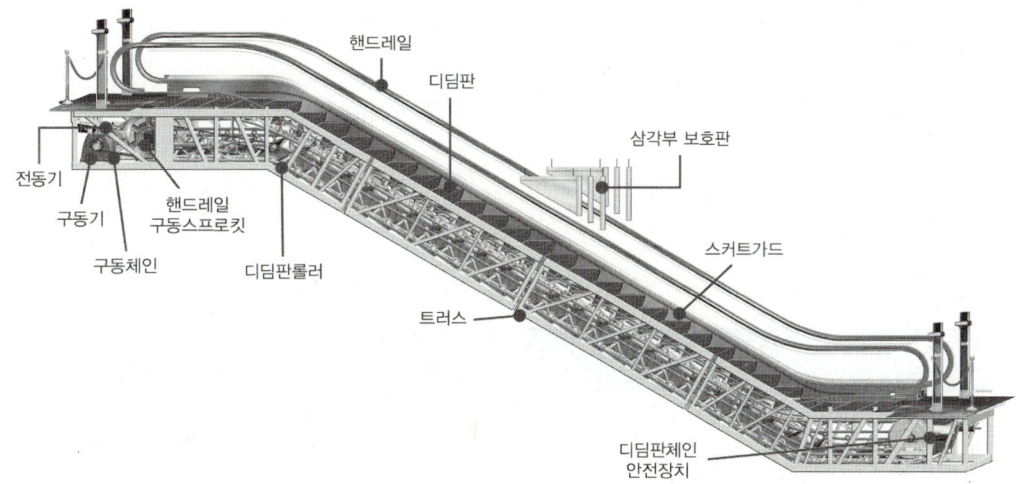

핸드레일
디딤판
삼각부 보호판
전동기
구동기
핸드레일 구동스프로킷
구동체인
디딤판롤러
스커트가드
트러스
디딤판체인 안전장치

▲ 에스컬레이터 구조

▲ 에스컬레이터의 외형

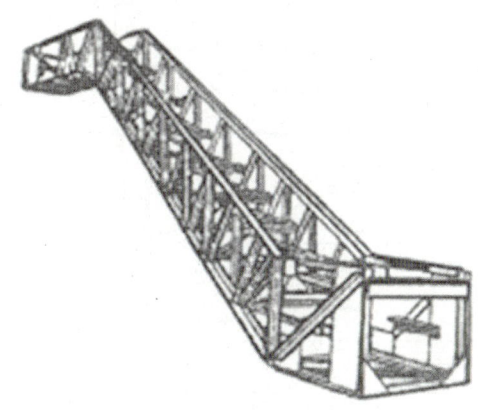

▲ 트러스

(2) 주요 부품

① 손잡이(핸드레일) : 에스컬레이터 또는 무빙워크를 이용하는 동안 잡고 타기 위한 동력-기동의 움직이는 레일

② 디딤판(스텝) : 디딤판 상부와 라이저로 구성되는 디딤판 전체

③ 삼각부보호판 : 삼각부에 사람의 머리 등 신체의 일부가 끼이는 것을 방지

④ 스커트가드(스커트 패널) : 에스컬레이터나 수평보행기의 내측판하부에 있으며 발판의 측면과 작은 틈새를 보호하는 패널로 옷이나 신발이 끼는 것을 방지하는 장치

⑤ 핸드레일 구동 스프로킷 : 주로 손잡이(핸드레일) 내측에 접촉하여 마찰 구동에 의해 핸드레일을 구동시키는 시브(도르래), 핸드레일 내면의 마찰면을 크게 하기 위한 가압 롤러의 가압력에 의해 핸드레일 구동 시 미끄러짐이나 손상을 방지하고 스텝과 동일방향, 동일속도로 구동

⑥ 디딤판 롤러 : 디딤판 하부 안내 롤러

⑦ 트러스 : 에스컬레이터 및 무빙워크(수평보행기)에 있어서는 일반적으로 자중 및 적재하중을 지탱하는 구조 부분

2 현장 확인 양중하기

1. 에스컬레이터 설치 도면

구분	배열	특징
복렬형		• 순서대로 갈아타면서 갈 수 있음 • 설치면적이 증가 • 이 배열법은 중소규모의 백화점에 많음 • 일반적으로 상승·하강 운전 전용으로 사용
단열 중복형		• 일반적으로 상승·하강 운전 전용으로 사용 • 매 층마다 특정 장소로 유도할 수 있음 • 설치면적이 작기 때문에 소규모 건물에 적용 • 이 배열법은 중소 백화점에 많음
병렬형		• 상승·하강 운전을 나란히 하는 것 • 승강·하강 시 승강장이 명확 • 사무용 빌딩, 호텔, 교통센터 등 넓은 빌딩에 설치 적당 • 엘리베이터 출발 층 통합 시 사용

| 교차형 | | • 승강·하강 모두 연속적으로 갈아탈 수 있으며 승강·하강 시 승강장이 혼잡하지 않음
• 승강구 찾기가 혼란스러움
• 설치면적이 작음
• 이 배열법은 일반적으로 대형 백화점에서 채용 |
| 복렬
병렬형 | | • 승강·하강이 연속적이며 독립적
• 승강장 찾기가 쉬움
• 외관이 화려하여, 대형백화점, 교통센터에 적합
• 설치면적이 큼 |

2. 에스컬레이터 양중

설치까지의 과정을 크게 세 단계로 나눈다.

① 에스컬레이터 양중 및 반입
② 에스컬레이터 현장 조립 및 설치
③ 에스컬레이터 외장공사 및 마무리

특히 양중 시 이동식 크레인을 이용 와이어로프 두줄걸이로 운반 시 안전율 및 하중에 유의해야 한다.

3 트러스 조립하기

1. 트러스 조립

(1) 강도기준

구조 부분에 사용하는 재료는 로프식 승강기의 기준에 준하여 적용

(2) 구조

① 경사각도는 30°를 초과하지 않을 것

단, 30m/min 이하로 층높이가 6m 이하는 35°까지 허용

② 경사도 30° 이하는 45m/min 이하, 30° 초과 35° 이하는 30m/min 이하

③ 승강구 상·하부에 정지스위치를 설치

④ 핸드레일 상단부는 디딤판과 같은 방향, 같은 속도로 연동되어야 함

(3) 수평보행기(moving walk)

　① 정격속도는 45m/min(0.75m/s) 이하

　② 경사각도는 12° 이하

2. 레일 조립

(1) 적재하중(P)

P=270S

P : 에스컬레이터의 적재하중(kg)

S : 에스컬레이터 계단의 수평 투영면적(kg/cm)

(2) 경사도 및 치수

　① 에스컬레이터의 일반적인 경사도는 α는 30° 이하

　　㉠ 높이가 6m 이하, 공칭속도가 0.5m/s 이하인 경우에는 경사도를 35°까지 증가시킬 수 있음

　　㉡ 경사도 α는 현장 설치여건 등을 감안하여 최대 1°까지 초과될 수 있음

　② 무빙워크의 경사도는 12° 이하

　③ 공칭폭

　　㉠ 에스컬레이터 및 무빙워크의 공칭폭은 0.58m 이상, 1.1m 이하

　　㉡ 경사도가 6° 이하인 무빙워크의 폭은 1.65m 이하

　④ 지지 구조물(트러스)은 에스컬레이터 또는 무빙워크의 자중에 5,000N/m²의 정격하중을 더한 부하를 견딜 수 있는 방법으로 설계

(3) 속도

　① 공칭속도는 공칭주파수 및 공칭전압에서 ±5%를 초과하지 않아야 함

　② 에스컬레이터의 공칭속도는 다음과 같아야 함

　　㉠ 경사도 α가 30° 이하인 에스컬레이터는 0.75m/s 이하

　　㉡ 경사도 α가 30°를 초과하고 35° 이하인 에스컬레이터는 0.5m/s 이하

　③ 무빙워크의 공칭속도는 0.75m/s 이하

(4) 정지거리

공칭속도(v)	정지거리
0.50m/s	0.20m부터 1.00m까지
0.65m/s	0.30m부터 1.30m까지
0.75m/s	0.40m부터 1.50m까지

(5) 기타 사항

① 스커트는 2,500mm^{2}의 사각이나 원형 면적을 사용하여 수직으로 가장 약한 지점의 표면에 1,500N의 집중하중을 가할 때 휨량은 4mm 이하

② 손잡이(핸드레일) 시스템

㉠ 각 난간의 꼭대기에는 정상운행 조건하에서 스텝, 팔레트 또는 벨트의 실제 속도와 관련하여 동일 방향으로 −0%에서 +2%의 공차가 있는 속도로 움직이는 손잡이가 설치

㉡ 손잡이는 정상운행 중 운행방향의 반대편에서 450N의 힘으로 당겨도 정지되지 않아야 함

③ 비상정지스위치에는 정상운행 중에 임의로 조작하는 것을 방지하기 위해 보호덮개가 설치되고, 그 보호덮개는 비상시에는 쉽게 열리는 구조

✏ **핵심 유형 문제**

1 에스컬레이터 스텝체인의 안전율은 얼마 이상이어야 하는가?

① 5   ② 10

③ 15   ④ 20

정답 ②

에스컬레이터의 각부품의 안전율

에스컬레이터의 각 부분	안전율
트러스 및 빔	5 이상
스텝체인 및 구동체인	10 이상
벨트식 디딤판 및 연결부재	5 이상

---

3. 데크, 스커트가드 등 설치

(1) 구동체인 안전장치

구동체인이 절단된 경우, 상승 중이더라도 승객의 하중에 의해 하강운전을 일으켜 안전사고가 발생할 우려가 있기 때문에 디딤판을 정지시키는 안전장치이며, 체인이 이완되거나 끊어지면 전원 차단과 동시에 구동스프로킷에 부착된 래칫 휠(ratchet wheel)에 폴(pawl)이 걸려서 구동스프로킷의 하강방향의 회전을 기계적으로 제지하는 구조

(2) 제동기

구동기의 검사나 보수 시 또는 안전장치가 작동하여 전원을 차단한 때에 전동기의 관성을 제지함으로써 승객이 타고 있는 경우에도 에스컬레이터가 역전하지 않도록 유지하는 중요한 안전장치

(3) 디딤판(스텝) 체인 안전장치

디딤판(스텝) 체인이 끊어지거나 과도하게 늘어나면 디딤판과 디딤판 사이에 틈이 발생하고 심한 경우에는 디딤판 여러 개 분의 공간이 발생하여 위험하기 때문에 이를 감지하여 전원을 차단하고 제동기를 작동시키는 안전장치

(4) 손잡이(핸드레일) 인입구 안전장치

손잡이 인입구에 손 또는 이물질이 끼면 즉시 작동하여 에스컬레이터를 정지시키는 장치

(5) 스커트가드 안전장치

스커트가드와 디딤판(스텝) 사이의 틈에 신체의 일부나 옷, 신발 등이 끼었을 때 이를 검출하여 에스컬레이터를 정지시키기 위해 스커트가드 판넬 안쪽에 설치하는 안전장치

(6) 스커트 디플렉터(skirt deflector)

스텝과 스커트 사이에 끼임의 위험을 최소화하기 위한 장치

(7) 머신 브레이크

구동기의 검사 또는 보수 시 관성으로 움직이는 것을 방지하는 장치

(8) 안전스위치(비상정지스위치)

상·하 승강장의 조작반에 설치되어 에스컬레이터가 기동 시 주위의 사람들에게 버저 또는 벨로써 주의를 환기시키는 신호스위치, 에스컬레이터를 상하 양방향으로 기동시키는 기동스위치와 운행을 정지시키기 위해 통상적으로 사용하는 정지스위치 및 긴급한 경우 에스컬레이터의 운행을 정지시키기 위해 사용하는 비상정지버튼 등이 있음

(9) 건축물의 안전장치

① 방화셔터 연동 안전장치 : 에스컬레이터의 승강장에 근접된 수평셔터가 닫히기 시작하면 자동적으로 에스컬레이터의 운전을 정지시키는 안전장치

② 삼각부 보호판(막는 조치 및 안전보호판) : 에스컬레이터 난간부와 손잡이(핸드레일)의 가장자리에서 수평거리 0.5m 이내의 건축물 천장부 또는 측면 빔과의 사이에 생기는 삼각부에 삼각형 모양의 플라스틱 가드를 설치하여 손이나 머리가 충돌되는 것을 방지하는 보호판

③ 장해물 보호장치 : 손잡이(핸드레일)에서 수평으로 0.5m 이내 및 디딤판에서 높이 2.1m 이내에 위험한 기둥이나 빔 등이 있는 경우, 이것이 안전사고의 원인이 되지 않도록 적절하게 설치하는 보호장치

④ 안전선반 및 낙하방지망 : 승강장의 승강구역 이외의 개구부에는 안전둘레를, 에스컬레이터 상호간의 개구부에는 진입방지 보호판을 설치하고, 이와 유사한 개구부가 여러 층에 걸쳐 있을 경우에는 대개 격층으로 금속망 등의 낙하방지망을 설치

✏️ **핵심 유형 문제**

1 에스컬레이터와 층 바닥이 교차하는 곳에 손이나 머리가 끼이거나 충돌하는 것을 방지하기 위한 안전장치는?

① 셔터운전 안전장치　　　　　　② 스커트가드 안전장치

③ 스텝체인 안전장치　　　　　　④ 삼각부 보호판

정답 ④

삼각부 보호판 : 삼각부에 사람의 머리 등 신체의 일부가 끼이는 것을 방지

4 디딤판

1. 디딤판 설치

(1) 구동체인 안전장치

① 구동체인이 끊어지면 주 구동축에 브레이크가 걸려 구동장치를 세우는 장치

② 에스컬레이터의 상승 시와 하강 시에 유효하고 자체하중으로 미끄러지는 것을 예방

(2) 계단(디딤판)체인 안전장치

① 계단체인이 끊어지거나 과도하게 이완되면 계단과 계단 사이에 이격이 생겨 위험하기 때문에 이를 방지하기 위하여 전원을 차단하는 장치

② 스커트가 디딤판 측면에 위치한 경우 수평 틈새는 각 측면에서 4mm 이하이어야 함

③ 반대되는 두 지점의 양 측면에서 측정된 틈새의 합은 7mm 이하이어야 함

2. 디딤판 교체(계단식 체인)

① 계단식 체인은 에스컬레이터의 폭이 넓을수록, 운행길이가 길수록 큰 강도가 필요

② 계단식 체인이 절단 또는 이완되면 동력을 차단하고 머신 브레이크를 작동시켜야 함

3. 디딤판 보수(제어장치)

① 제어장치는 견고하게 고정

② 전원의 상이 바뀌면 운행을 멈추는 역결상 검출장치를 설치

③ 운전회로와 비상신호용 회로를 같은 케이블에 넣어서는 안 됨

④ 전자접촉기 등 조작회로를 접지해 폐로가 될 우려가 있을 때

　　㉠ 코일 일단을 접지 측 전선에 접속

　　㉡ 과전류방지기는 각 전동기마다 설치

　　㉢ 코일과 접지 측 전선 사이에는 개폐기가 없어야 함

5 손잡이 설치 및 부품 교체

1. 손잡이 설치

(1) 난간

　　① 에스컬레이터의 계단이 움직임에 따라 승객이 추락되지 않도록 설치한 측면 벽

　　② 난간의 내측은 사람이나 물건이 끼이거나 부딪치는 일이 없도록 파손이나 균열이 없어야 함

(2) 핸드레일(hand rail)

　　① 핸드레일의 폭은 70~100mm 이내

　　② 핸드레일은 계단 표면에서 수직방향으로 높이 0.9~1.1m 지점에 설치

　　③ 핸드레일은 하강 운전 중 약 15kgf로 잡아 당겨도 멈추지 않아야 함

　　④ 디딤판의 속도와 ±2%의 허용오차로 같은 방향과 속도로 움직이는 손잡이가 설치

　　⑤ 정상운행 중 운행방향의 반대편에서 450N의 힘으로 당겨도 정지되지 않아야 함

　　⑥ 손잡이의 속도감시장치 또는 입구에 이물질이 끼면 작동하는 안전장치를 설치해야 함

2. 손잡이 장력(속도 및 경사도)

① 에스컬레이터와 무빙워크의 경사도와 속도

종류	경사도	속도
에스컬레이터	㉠ 30° 이하(높이가 6m 이하이고 공칭속도가 30m /min(0.5m/s) 이하인 경우 : 경사도를 35°까지 가능) ㉡ 현장 설치여건 등을 감안하여 최대 1°까지 초과 가능	㉠ 30° 이하인 에스컬레이터는 45m/min(0.75 m/s) 이하 ㉡ 30°를 초과하고 35° 이하인 에스컬레이터는 30m/min(0.5m/s) 이하 ㉢ 공칭주파수 및 공칭전압에서 ±5%를 초과할 수 없음
무빙워크	12° 이하	0.75m/s 이하

② 에스컬레이터 계단 폭은 0.58~1.1m 이하

③ 승강장 상하부에는 정지스위치가 잘 보이도록 설치

핵심 유형 문제

1 에스컬레이터의 경사도가 30˚를 초과하고 35˚이하인 에스컬레이터의 공칭속도는 몇 m/s 이하이어야 하는가?

① 0.3m/s　　　　　　　　　② 0.5m/s

③ 0.75m/s　　　　　　　　　④ 1m/s

정답 ②

경사도가 30˚ 이하인 에스컬레이터는 0.75m/s 이하, 경사도가 30˚를 초과하고 35˚ 이하인 에스컬레이터는 0.5m/s 이하이어야 한다.

3. 난간 상부의 손잡이 가이드

(1) 난간 폭에 의한 분류

① 1200형 : 수송능력은 9,000/시간

② 800형 : 수송능력은 6,000/시간

(2) 난간의 장(손잡이)에 의한 분류

① 전 투명형 : 주로 쇼핑센터에 설치

② 스테인리스강의 패널형 : 주로 지하철에 설치

(3) 운행길이(양정)에 의한 분류

① 6m : 보통 운행길어

② 10m : 중 운행길이

③ 10m 이상 : 장 운행길이

　　핸드레일 상단부는 디딤판과 같은 방향, 같은 속도로 연동되어야 함

6 체인 설치 및 부품 교체

1. 체인 설치(구동장치)

① 계단(step)을 구동시키는 주 구동장치와 핸드레일(hand rail)을 구동시키는 핸드레일 구동장치가 있음

② 주 구동장치와 핸드레일 구동장치는 서로 연동되어 같은 속도로 이동하여야 함

③ 트러스(truss) 하부에는 스텝체인(step chain)의 파단감지장치가 설치되어 체인이 끊어지거나 느슨해질 경우 전원을 차단

④ 에스컬레이터의 구동기는 시브(main sheave) 대신 톱니바퀴를, 로프 대신 체인을 사용

⑤ 감속기는 헬리컬 기어를 사용

⑥ 브레이크 제동력은 승객이 타지 않은 경우는 상승 시와 하강 시가 동일하나, 승객이 탑승한 경우에는 상승 시 제동거리가 짧고 하강 시는 길음

⑦ 에스컬레이터 모터 용량(P)은 다음과 같음

$$P(kW) = (1분간\ 수송인원 \times 1명의\ 중량 \times 층\ 높이) / (6{,}120 \times n(종합효율))$$

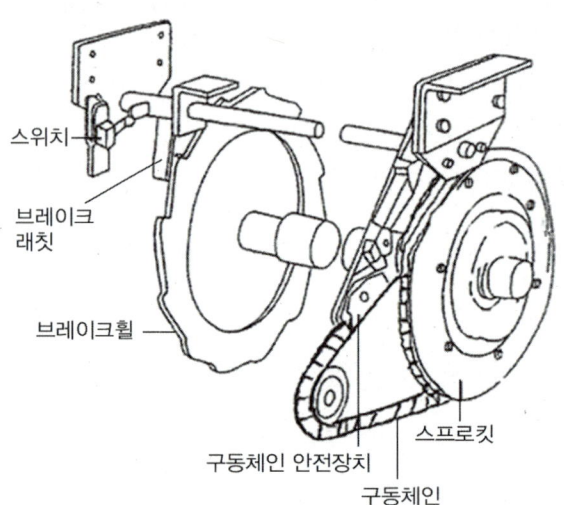

▲ 구동체인의 구조

2. 감속기기어 및 브레이크

(1) 정지거리

① 에스컬레이터

공칭속도 V	정지거리
0.50m/s	0.2m에서 1.0m 사이
0.65m/s	0.3m에서 1.3m 사이
0.75m/s	0.4m에서 1.5m 사이

② 무빙워크

공칭속도 V	정지거리
0.50m/s	0.2m에서 1.0m 사이
0.65m/s	0.3m에서 1.3m 사이
0.75m/s	0.4m에서 1.5m 사이
0.90m/s	0.55m에서 1.7m 사이

(2) 제동부하

① 에스컬레이터

공칭폭 $Z1$	스텝당 제동부하
0.6m 이하	60kg
0.6m 초과 0.8m 이하	90kg
0.8m 초과 1.1m 이하	120kg

② 무빙워크

공칭속도 V	정지거리
0.6m 이하	50kg
0.6m 초과 0.8m 이하	75kg
0.8m 초과 1.1m 이하	100kg
1.1m 초과 1.4m 이하	125kg
1.4m 초과 1.65m 이하	150kg

✏️ **핵심 유형 문제**

1 공칭폭이 0.6m 초과 0.8m 이하인 경우 브레이크의 스텝당 제동부하는 몇 kg인가?

① 60　　　　　　　　　　　　　　② 90

③ 120　　　　　　　　　　　　　④ 150

정답 ②

에스컬레이터의 제동부하 결정

공칭폭	하중
0.6m 이하	60kg
0.6m 초과 0.8m 이하	90kg
0.8m 초과 1.1m 이하	120kg

7 　디딤판과 디딤판체인 및 난간과 손잡이

1. 디딤판, 디딤판체인의 재질 및 구조[계단(step)]

① 알루미늄 다이 캐스팅(die casting)이 사용되고 디딤판(step tread)은 수평

② 계단 디딤판 진행방향의 깊이는 380mm 이상, 발판 사이의 높이는 240mm 이하

③ 계단의 둥근부위(step riser)는 수직 돌출부(cleat)가 형성되어야 하고, 수직 돌출부는 계단이 경사에서 수평으로 진행 시 인접한 계단 디딤판의 홈(slotting)과 맞물려야 함

④ 계단 디딤판 표면에는 양면에 스커트 패널(skirt panel)과 인접하여 돌출부를 형성하도록 홈의 위치를 정해야 함

⑤ 디딤판(step tread) 표면에는 계단의 진행방향과 평행하게 폭 7mm 이하, 깊이 10mm 이상의 홈이 있고, 서로 인접한 홈의 중심에서 중심까지의 거리는 10mm 이하

2. 체인 규격[계단체인(step chain)]

① 에스컬레이터의 폭이 넓을수록, 양정(운행길이)이 높을수록 높은 강도의 체인(chain)이 필요하다.

② 좌우 체인의 링(ring) 간격을 일정하게 유지하기 위하여 일정 간격으로 롤러를 연결

③ 하부의 반전부에는 톱니바퀴축에 계단체인이 이완되거나 끊어졌을 때 감지해 전원을 차단하는 장치를 설치

④ 계단체인 및 구동체인의 안전율은 5 이상

8 전기장치 조립하기

1. 모터, 감속기, 브레이크

(1) 머신 브레이크(machine brake)

에스컬레이터를 정지시킨 상태(전원을 OFF 시킨 상태)에서 에스컬레이터가 관성으로 움직이는 것을 방지하기 위해 설치하는 장치

(2) 조속기

과(over)하중이 걸리거나 상승운전 중에도 하강하거나 하강운전 시 정격속도보다 과속될 때 이를 방지하기 위해 모터축에 연결하는 장치

(3) 핸드레일 안전장치

핸드레일의 늘어남을 감지하여 에스컬레이터의 운전을 중지시키는 장치

(4) 핸드레일 인입구 안전장치

핸드레일 인입구에 손, 발 또는 이물질이 끼었을 때 즉시 작동하여 에스컬레이터를 정지시키는 장치

(5) 안전보호판[삼각부 보호(가드)판]

① 난간부와 교차하는 건축물 천장부 또는 측면부 등과의 사이에 생기는 3각부에 사람의 머리 등 신체의 일부가 충돌하거나 끼이는 것을 방지하기 위해 설치

② 교차하는 곳으로부터 1,000mm 이상 떨어진 곳에 라스틱 삼각판을 설치

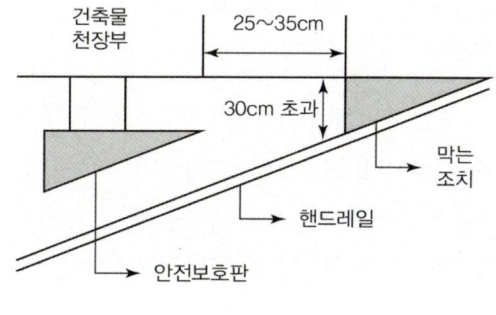

▲ 안전보호판

✏️ **핵심 유형 문제**

1 에스컬레이터와 층 바닥이 교차하는 곳에 손이나 머리가 끼거나 충돌하는 것을 방지하기 위한 안전장치는?

① 셔터운동 안전장치　　　　　　② 스커트가드 안전장치

③ 스텝체인 안전장치　　　　　　④ 안전보호판

정답 ④

난간부와 교차하는 건축물 천장부 또는 측면부 등과의 사이에 생기는 3각부에 사람의 머리 등 신체의 일부가 끼이는 것을 방지하기 위해 설치한다.

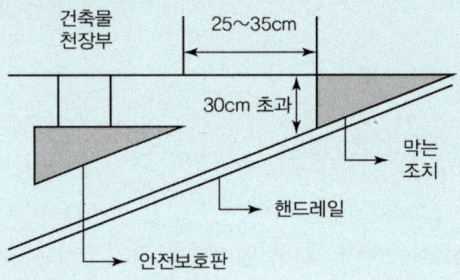

2. 손잡이 구동장치 조립[손잡이(핸드레일) 시스템]

① 각 난간의 꼭대기에는 정상운행 조건하에서 스텝, 팔레트 또는 벨트의 실제 속도와 관련하여 동일 방향으로 -0%에서 +2%의 공차가 있는 속도로 움직이는 손잡이가 설치

② 손잡이는 정상운행 중 운행방향의 반대편에서 450N의 힘으로 당겨도 정지되지 않아야 함

3. 각종 전기안전장치 조정

(1) 비상정지스위치

① 이용자의 끼임 사고, 넘어짐 사고 및 기타 위험한 상황 시 비상정지 기능

② 상하 승강장에 각각 설치되고 주행구간이 긴 경우에는 중간 구간에도 설치

③ 비상정지스위치 제동거리 : 에스컬레이터 30m, 무빙워크 40m

(2) 스커트가드 스위치

① 고정되어 있는 스커트가드와 움직이는 계단 사이에 약간(몇 mm)의 틈이 있어 이물질(손, 발)이 끼면 위험하므로 이를 방지하기 위해 설치하는 장치

② 디딤판과 가드 사이에 이물질이 들어갔을 때 에스컬레이터를 정지시켜야 함

③ 스커트가드의 변화를 검출하는 스위치로 상하의 승강구 부근에 설치

9 설치 조정하기

1. 프레임과 건물 중심선 작업

① 승강로 내의 승강기 운전에 관계없는 배관, 배선을 하여서는 안 됨

② 카 프레임(frame)의 조립상태가 견고해야 함

③ 승강문의 도어 슈(door shoe)는 문턱 홈에 들어가고, 도어 행거(door hanger)는 확실하게 고정되어야 함

2. 상·하부 터미널 기어 조정

보수점검 운행으로 상행 및 좌우 가이드에서 중심이 잘 맞추어진 상태로 운행되어야 한다. 그렇지 못할 시 아래 내용을 점검한다.

① 스텝체인 텐션장치

② 스텝체인 중간 연동부분

Craftsman Elevator

제 **2** 과목

유지관리

CHAPTER 01   엘리베이터 점검

CHAPTER 02   기계 전기 기초

CHAPTER 03   에스컬레이터(무빙워크) 점검

CHAPTER 01 엘리베이터 점검

1 기계실 및 기계류 공간에서 점검

1. 기계실 환경 점검

(1) 개념 : 승객 또는 화물을 싣고 오르내리는 카(Car)의 통로

① 권상 구동식 엘리베이터의 상부 틈새

㉠ 균형추가 완전히 압축된 완충기 위에 있을 때

ⓐ 카 가이드 레일의 길이는 0.1m 이상 연장되어야 함

ⓑ 카 지붕에서 가장 높은 부분과 승강장 천장의 가장 낮은 부분 사이의 거리는 0.5m 이상

㉡ 카가 완전히 압축된 완충기 위에 있을 때 : 균형추 가이드 레일 길이는 0.1m 이상 연장되어야 함

② 피트

㉠ 피트 출입문은 피트 깊이가 2.5m 초과하는 경우에 설치

㉡ 카가 완전히 압축된 완충기 위에 있을 때, 다음 3가지 사항을 만족해야 함

ⓐ 피트에는 0.5m × 0.6m × 1.0m 이상의 장방형 블록을 수용할 수 있는 공간이 있어야 함

ⓑ 피트 바닥과 카의 가장 낮은 부품 사이의 수직거리는 0.5m 이상

ⓒ 피트에 고정된 가장 높은 부품과 카의 가장 낮은 부품 사이의 수직거리는 0.3m 이상

③ 출입구의 간격

㉠ 카의 문턱과 승강장 문턱과의 거리는 3.5cm 이하

㉡ 단, 지체부자유자용(휠체어)은 3cm 이하임

④ 카실과 승강로 벽과의 수평거리

㉠ 카의 문턱과 승강장 벽과의 간격은 0.15m 이하

㉡ 초과 시에는 금속제 보호판을 설치해야 함

⑤ 출입구

㉠ 승용, 인화용 승강기에는 한 카 내에 1개의 출입구만 설치해야 함

㉡ 승강장쪽에도 1개의 층에 2개 이상의 출입구를 설치해서는 안 됨

㉢ 단, 화물용, 자동차용은 1개 층에 2개까지 출입구를 설치할 수 있음

(2) 승강로의 종류

① 밀폐식 승강로 : 승강로는 구멍이 없는 벽, 바닥 및 천장으로 완전히 둘러싸인 구조이어야 함

다만, 다음과 같은 개구부는 허용됨

㉠ 승강장 문을 설치하기 위한 개구부

㉡ 승강로의 비상문 및 점검문을 설치하기 위한 개구부

㉢ 화재 시 가스 및 연기의 배출을 위한 통풍구

㉣ 환기구

㉤ 엘리베이터 운행을 위해 필요한 기계실 또는 풀리실과 승강로 사이의 개구부

② 반 밀폐식 승강로 : 내화구조 또는 방화구조가 요구되지 않는 승강로는 사람이 보호될 수 있어야 함

㉠ 승강장 문 측 높이는 3.5m 이상

㉡ 승강로 벽은 복도, 계단 또는 플랫폼의 가장자리로부터 최대 0.15m 이내

(3) 피트의 깊이(하부공간)

정격속도별 상부 유효거리와 피트(pit)깊이는 다음과 같다.

정격속도	상부 유효거리	피트깊이
45m/min 이하	1.2m 이상	1.2m 이상
45m/min 초과 60m/min 이하	1.4m 이상	1.5m 이상
60m/min 초과 90m/min 이하	1.6m 이상	1.8m 이상
90m/min 초과 120m/min 이하	1.8m 이상	2.1m 이상
120m/min 초과 150m/min 이하	2.0m 이상	2.4m 이상
150m/min 초과 180m/min 이하	2.3m 이상	2.7m 이상
180m/min 초과 210m/min 이하	2.7m 이상	3.2m 이상
210m/min 초과 240m/min 이하	3.3m 이상	3.8m 이상
240m/min 초과	4.0m 이상	4.0m 이상

(4) 승강로 일반사항

① 구멍이 없는 벽, 또는 울타리에 의하여 완전히 둘러싸여 외부 공간과 격리 구조

② 필요한 배관설비 이외에 타 설비를 승강로에 설치해서는 안 됨

③ 엘리베이터의 균형추 또는 평형추는 카와 동일한 승강로에 있어야 함

④ 승강로 내에 설치되는 돌출물은 안전상 지장이 없어야 함

⑤ 승강로 내에는 각 층을 나타내는 표기가 있어야 함

⑥ 승강로는 누수가 없고 청결상태가 유지되는 구조이어야 함

⑦ 승강로에는 모든 문이 닫혀 있을 때 카 지붕 및 피트 바닥 위로 1m 위치에서 조도 50lx 이상의 영구적 전기 조명

✏️ **핵심 유형 문제**

1 승강로의 일반적인 구조에 관한 설명으로 틀린 것은?

① 승강로 내에는 각 층을 나타내는 표기가 있어야 한다.

② 승강로 내에 설치되는 돌출물은 안전상 지장이 없어야 한다.

③ 엘리베이터의 균형추 또는 평형추는 카와 동일한 승강로에 있어야 한다.

④ 밀폐식 승강로에는 어떠한 환기구나 통풍구가 있어서는 안 된다.

정답 ④

승강로는 구멍이 없는 벽, 바닥 및 천장으로 완전히 둘러싸인 구조이어야 한다. 다만, 다음과 같은 개구부는 허용된다.
• 승강장 문을 설치하기 위한 개구부
• 승강로의 비상문 및 점검문을 설치하기 위한 개구부
• 화재 시 가스 및 연기의 배출을 위한 통풍구
• 환기구
• 엘리베이터 운행을 위해 필요한 기계실 또는 풀리실과 승강로 사이의 개구부

2. 기계실 기계, 전기 부품 및 장치

(1) 기계실 구비요건

① 출입문의 잠금장치가 있어야 함(단, 내부에서는 열쇠 없이 열려야 함)

② 출입문은 폭 0.7m 이상, 높이 1.8m 이상의 금속제로 문이 외부로 열려야 함

③ 구동기의 회전부품 위로 0.3m 이상의 유효수직거리가 있어야 함

④ 기계실 바닥에 0.5m 초과의 단차가 있을 때에는 보호난간이 있는 계단(발판) 설치

⑤ 기계실 내부 온도는 5℃ 이상 40℃ 이하로 유지

⑥ 기계실 바닥면 조도는 200lx 이상

⑦ 유효공간으로 접근하는 통로의 폭은 0.5m 이상(단, 움직이는 부품이 없는 경우 0.4m)

⑧ 작업구역에서 유효높이는 2.1m 이상

⑨ 기계실의 면적은 승강로 면적의 2배 이상

⑩ 1개 이상의 콘센트 설비가 갖춰 있어야 함

⑪ 작업구역 및 작업구역 간 이동통로 바닥에 깊이 0.05m 이상, 폭 0.05m에서 0.5m 사이의 함몰이 있거나 덕트가 있는 경우, 그 함몰부분 및 덕트는 덮개 등으로 보호

(2) 기계실의 종류 및 위치

① 사이드머신 타입(side machine type) : 승강로 상부 측에 설치

② 베이스먼트 타입(basement type) : 승강로 하부 측에 설치

③ 정상부 타입(over head machine type) : 정상부에 설치

3. 기계실 및 기계류 공간의 출입문 등 제 설비

(1) 기계실, 기계류 공간 및 풀리실

① 모든 엘리베이터 설비는 승강로, 기계실·기계류 공간 또는 풀리실에 위치

② 하나의 기계실 또는 풀리실에 여러 대의 엘리베이터가 있는 경우, 각각의 엘리베이터를 구성하는 모든 부품들(구동기, 제어반, 과속조절기, 스위치 등)은 일관되게 사용되는 숫자·문자 또는 색상으로 식별

③ 기계실·기계류 공간 및 풀리실에는 다음과 같은 장치가 있어야 함

 ㉠ 출입문의 가까운 곳에 적절한 높이로 설치되어 승강기 안전관리기술자 등 관련 자격을 갖춘 사람만이 접근할 수 있는 조명스위치

 ㉡ 작업구역마다 적절한 위치에 설치된 1개 이상의 콘센트

 ㉢ 각 접근 지점의 가까운 곳에 설치된 풀리실 내의 정지장치

④ 기계실은 내화구조 또는 방화구조로 하고, 내장은 준불연재료 이상으로 마감

⑤ 기계실·기계류 공간 및 풀리실 내에 설치되는 돌출물은 안전상 지장이 없어야 함

⑥ 기계실·기계류 공간 및 풀리실은 누수가 없어야 하며, 청결상태가 유지되어야 함

⑦ 기계실은 필요로 하는 하중 및 힘에 견디도록 시공

(2) 풀리실

풀리실은 자격자가 모든 설비에 쉽고 안전하게 접근할 수 있도록 다음과 같이 충분한 크기여야 하며 풀리실의 구조 및 설비는 다음과 같아야 한다.

① 움직일 수 있는 유효높이(접근구역의 바닥에서부터 가장 낮은 충돌 지점의 아래 부분까지 측정)는 1.5m 이상이어야 함

② 움직이는 부품의 점검 및 유지관리업무 수행이 필요한 곳에 0.5m×0.6m 이상의 유효수평면적이 있어야 함

③ 유효수평면적에 접근하는 통로의 유효폭은 0.5m 이상이어야 한다. 다만, 움직이는 부품이나 고온의 표면이 없는 경우에는 0.4m까지 감소될 수 있음

④ 보호되지 않은 회전부품 위에서 0.3m 이상의 유효 수직거리가 있어야 함

✎ **핵심 유형 문제**

1 **기계실을 승강로의 아래쪽에 설치하는 방식은?**

 ① 정상부형 방식   ② 횡인 구동 방식

 ③ 베이스먼트 방식   ④ 사이드머신 방식

정답 ③

• **정상부형 방식** : 기계실이 승강로 정상부에 위치
• **베이스먼트 방식** : 기계실이 승강로 하부 측에 위치
• **사이드머신 방식** : 기계실이 승강로 상부 측에 위치

2 카에서 점검

1. 검사의 종류

(1) **설치검사** : 승강기 설치(승강기를 교체 설치한 경우는 제외)를 끝낸 후 실시하는 검사

(2) **정기검사** : 설치검사 후 정기적으로 실시하는 검사(검사주기는 2년 이하)

(3) **수시검사**

① 승강기의 종류, 제어방식, 정격속도, 정격용량 또는 왕복운행거리를 변경한 경우

② 승강기의 제어반 또는 구동기를 교체한 경우

③ 승강기에 사고가 발생하여 수리한 경우

④ 승강기 관리주체가 요청하는 경우

(4) **정밀안전검사**

① 검사 결과 결함 원인이 불명확하여 사고예방과 안전성 확보를 위하여 정밀안전검사가 필요하다고 인정된 경우

② 승강기의 결함으로 인하여 중대한 사고 또는 중대한 고장이 발생한 경우

③ 설치검사를 받은 날부터 15년이 지난 경우

④ 승강기의 성능의 저하로 인하여 이용자의 안전이 우려되는 경우

2. 카 내부, 상부 점검 및 조정 능력

(1) **전기식 엘리베이터**

① 기계실, 구동기 및 풀리 공간에서 하는 점검

㉠ 통로, 출입문 · 점검문

㉡ **환경** : 실온이 +5℃ 미만 또는 40℃ 초과하는 것

㉢ 제어 패널, 캐비닛 접촉기, 릴레이 제어기판

㉣ 수권조작 수단

㉤ **층상선택기** : 각 부분의 손모가 현저한 것

㉥ 권상기(감속기어, 도르래, 베어링, 브레이크 라이닝, 드럼, 플런저, 스프링)

㉦ 고정 도르래, 풀리

㉧ 전동기

㉨ **조속기(카 측, 균형추 측)** : 각부 마모가 진행하여 진동 소음이 현저한 것

㉩ 기계실 기기의 내진대책

② **카 내에서 하는 점검**

  ㉠ 카 실내 주벽, 천장 및 바닥

  ㉡ 카의 문 및 문턱

   ⓐ 문짝 사이의 틈새 또는 문짝과 문설주, 인방 또는 문턱 사이의 틈새가 10mm를 초과한 것

   ⓑ 문턱 틈새가 35mm를 초과하는 것

  ㉢ 카 도어 스위치

  ㉣ 문닫힘안전장치

  ㉤ 카 조작반 및 표시기 버튼스위치류

  ㉥ 비상통화장치

  ㉦ 정지스위치

  ㉧ 용도, 적재하중, 정원 등 표시

  ㉨ 조명 및 예비조명

   ⓐ 조명 100lx 미만인 것

   ⓑ 예비조명의 조도가 5lx 미만인 것

③ **카 상부에서 하는 점검**

  ㉠ 비상구출구

  ㉡ 문의 개폐장치, 전동기, 벨트체인, 도어기판

  ㉢ 도어잠금 및 잠금해제 장치

  ㉣ 카 위 안전스위치

  ㉤ 상부 도르래, 풀리, 스프로킷

  ㉥ 비상정지장치 스위치

  ㉦ 조속기 로프, 주로프 및 부착부

  ㉧ 카의 가이드 슈(롤러)

  ㉨ 과부하감지장치

  ㉩ 가이드레일, 브래킷

  ㉪ 균형추 각부

  ㉫ 균형추 측 비상정지장치 스위치

  ㉬ 균형추 상부 도르래, 풀리

  ㉭ 상부 파이널 리밋스위치

  ㉮ 승강장의 문 및 문턱 도어 가이드

  ㉯ 도어잠금 스위치 및 도어 클로저

  ㉰ 이동케이블 및 부착부

  ㉱ **승강로 주벽 및 조명** : 조도가 50lx 미만인 것

      ⓜ 점검문/비상문 및 비상통화장치

      ⓑ 승강로 내의 내진대책

④ 승강장에서 하는 점검

      ㉠ 승강장 버튼 및 표시기

      ㉡ 잠금해제 열쇠구멍

      ㉢ 에이프런

⑤ 피트에서 하는 점검

      ㉠ 완충기

      ㉡ 조속기 로프 및 기타의 당김 도르래

      ㉢ 피트 바닥

      ㉣ 하부 파이널 리밋스위치

      ㉤ 카 비상정지장치 및 스위치

      ㉥ 하부 도르래

      ㉦ 보상수단 및 부착부

      ㉧ 균형추 밑부분 틈새

      ㉨ 이동케이블 및 부착부

      ㉩ 과부하감지장치

      ㉪ 피트 내의 내진대책

⑥ 비상용 엘리베이터 점검

      ㉠ 호출장치

      ㉡ 소방운전 스위치(로비)

      ㉢ 1, 2차 소방운전

      ㉣ 비상용 표시 및 표시등 : 검사기준 '소방운전 스위치'는 소방관이 접근할 수 있는 지정된 로비에 위치되어야 하고, 스위치는 승강장 문 끝부분에서 수평으로 2m 이내에 위치되고, 승강상 바닥 위로 1.8m부터 2.1m 이내에 위치되어야 함

      ㉤ 예비전원

      ㉥ 구출수단

      ㉦ 탈출수단

      ㉧ 물에 대한 보호

⑦ 장애인용 엘리베이터 점검

      ㉠ 음향 및 음성 신호장치

      ㉡ 문턱 틈새 : 0.03m를 초과하는 것

      ㉢ 기타 설비

ㄹ 대기시간 : 10초를 초과하는 것

(2) 유압식 엘리베이터

전기식 엘리베이터와 다른 점검항목만 기술하였음

① 기계실, 구동기 및 풀리 공간에서 하는 점검

　ㄱ 전동기 구동시간 제한장치

　ㄴ 전기적 크리핑 방지시스템

　ㄷ 층상선택기

　ㄹ 유압제어 및 안전장치

　　ⓐ 전동기

　　ⓑ 펌프

　　ⓒ 압력계

　　ⓓ 압력 릴리프 밸브

　　ⓔ 체크밸브

　　ⓕ 차단밸브

　　ⓖ 방향제어

　　ⓗ 탱크

　　ⓘ 온도감지장치

　　ⓙ 필터

　　ⓚ 재착상장치

　ㅁ 배관(금속 파이프, 호스)

　ㅂ 구동기정지장치

　ㅅ 기계실 기기의 내진대책

　ㅇ 소화설비, 화기엄금 표시

　ㅈ 수동펌프

② 카 내에서 하는 점검

　ㄱ 재착상장치

③ 카 위에서 하는 점검

　ㄱ 램(플런저) 상부

　ㄴ 도르래

　ㄷ 잭(플런저, 완충정지장치, 실린더, 보호수단, 다단 잭, 풀리, 스프로킷 보호수단)

　ㄹ 럽쳐밸브

④ 승강장에서 하는 점검

    전기식 엘리베이터와 동일함

⑤ 피트에서 하는 점검

    ㉠ 램(플런저)

    ㉡ 실린더

    ㉢ 조속기(전기식 엘리베이터는 기계실에서 하는 점검항목임)

    ㉣ 로프(체인)이완 안전장치

    ㉤ 실린더 하부

    ㉥ 도르래

⑥ 장애인용 엘리베이터 점검

    전기식 엘리베이터와 동일함

(3) 에스컬레이터(무빙워크 포함)

  ① 구동기 및 순환 공간에서 하는 점검

    ㉠ 구동기 공간

    ㉡ 조명 및 콘센트

    ㉢ 유지보수 정지스위치

    ㉣ 제어 패널, 캐비닛 접촉기, 릴레이 제어기판

    ㉤ 구동기(전동기, 베어링, 감속기어, 공칭속도)

    ㉥ 수동권취장치

    ㉦ 브레이크 시스템(라이닝, 드럼, 플런저, 스프링, 보조브레이크, 정지거리)

    ㉧ 구동체인 안전스위치

    ㉨ 구동체인 인장장치

    ㉩ 구동벨트 인장장치

    ㉪ 스텝구동장치

  ② 상부와 하부 승강장에서 하는 점검

    ㉠ 난간

    ㉡ 콤

    ㉢ 콤과 홈의 맞물림

      ⓐ 콤의 빗살이 2개 이상 파손된 것

      ⓑ 맞물림 깊이가 4mm를 초과하는 것

    ㉣ 손잡이(핸드레일) 시스템(속도, 가드, 속도감지장치, 인입구)

    ㉤ 비상정지스위치

ⓑ 기동스위치

ⓢ **자동기동장치** : 검사기준 '이용자가 들어오는 것(준비운전)'에 의해 자동으로 기동되거나 가속되는 에스컬레이터 또는 무빙워크는 사람이 콤 교차선에 도착할 때 공칭속도의 0.2배 이상으로 움직여야 하고, 0.5m/s 미만으로 가속되어야 함

ⓞ 경보, 운전, 정지스위치

ⓩ 디딤판(스텝) 및 트레드

ⓒ 스커트가드 스위치

ⓚ 스커트와 디딤판(스텝) 또는 팔레트 사이 틈새

  ⓐ 각 측면에서 4mm를 초과하는 것

  ⓑ 양 측면의 합이 7mm를 초과하는 것

ⓣ **2개 디딤판(스텝) 또는 팔레트 사이 틈새** : 6mm를 초과하는 것

ⓟ 디딤판(스텝) 체인 안전스위치(하부 승강장에서 하는 점검)

ⓗ 하부 인입구(하부 승강장에서 하는 점검)

③ **중간부에서 하는 점검**

  ㄱ 내측판

  ㄴ 스텝라이저

  ㄷ 디딤판(스텝) 체인

  ㄹ 디딤판(스텝) 레일

  ㅁ 디딤판(스텝)과 스커트가드의 틈새

  ㅂ 스커트 디플렉터

④ **안전대책에 대한 점검**

  ㄱ **경고 및 표지** : 검사기준 '주의표시'는 80mm × 100mm 이상의 크기

  ㄴ **승강기 고유번호 부착**

    ⓐ 엘리베이터

      • 금속표지(1매) : 엘리베이터 내부 비상통화장치 버튼 부근

      • 합성지표지(3매) : 엘리베이터 외부 문틀의 우측 상단(해당 건축물의 주출입구가 위치한 층, 엘리베이터가 운행하는 최상층과 최하층)

      • PVC표지(3매) : 엘리베이터 외부 호출 버튼 상단(해당 건축물의 주출입구가 위치한 층, 엘리베이터가 운행하는 최상층과 최하층)

    ⓑ 에스컬레이터

      • 합성지표지(2매) : 에스컬레이터가 운행하는 상 · 하부 비상정지 버튼 부근

    ⓒ 소형화물용 엘리베이터

      • 금속표지(1매) : 소형화물용 엘리베이터 운전조작 버튼 부근

ⓒ 안내문 : 검사기준 '에스컬레이터 또는 무빙워크가 자동으로 운행'되는 경우, 도로교통표시와 같은 확실히 보이는 신호시스템에 의해 에스컬레이터 또는 무빙워크의 이용 가능 여부 및 운행방향을 이용자에게 안내하여야 함

ⓓ 낙하방지책, 망

ⓔ 삼각부 안전보호판 및 막는 조치

ⓕ 스텝면 주의표지

ⓖ 방화셔터 등과의 연동정지

⑤ 옥외용 추가 점검

ⓐ 강수 보호

ⓑ 난방시스템

ⓒ 물의 배수

ⓓ 야간조명

3. 안전장치

(1) 리밋스위치(limit switch)
카가 충돌하는 것을 방지할 목적으로 최상층 또는 최하층의 감속정지를 할 수 있는 거리에 설치

(2) 파이널 리밋스위치(final limit switch)
리밋스위치 미작동에 대비하여 최상층 또는 최하층을 현저하게 지나치지 않도록 한다.

(3) 슬로다운 스위치
카가 어떤 원인 이상으로 감속하지 못하고 최상·최하층을 지나칠 경우 강제적으로 감속·정지시키는 장치로 주로 주로 리밋스위치 전에 설치함

(4) 종단층 강제감속장치
① 슬로다운 스위치가 종단층에서 카의 속도를 감속시키는 데 실패하면 종단층 강제감속장치는 1G를 초과하지 않는 감속도를 가져야 하며 이때 카의 추락방지안전장치를 작동시키지 않아야 함

② 카의 추락방지안전장치가 작동 시에 로크다운 추락방지안전장치를 동작시켜 균형추 로프 등이 관성으로 상승하는 것을 예방(속도 210m/min 이상의 엘리베이터에 필요한 장치)

(5) 과부하감지장치
카 바닥 하부 혹은 와이어로프 단말에 설치하며, 카 내부의 정격하중의 105~110% 범위 내에서 카 내에 정원 초과를 알려주고 동시에 카 도어의 닫힘을 저지하는 장치

(6) 역결상검출장치
동력전원의 상이 바뀌거나 결상이 될 때 이를 감지하여 전동기의 전원을 차단하고 브레이크를 작동시킴

(7) 파킹스위치

엘리베이터를 사용하지 않을 경우 기준층에 대기하게 하는 기능의 장치로 카를 승강장에서 휴지시킬 수 있게 설치된 스위치

(8) 권동식 로프이완 스위치

로프가 느슨해지면 로프의 장력을 검출하여 동력을 끊어주는 안전장치

🖊 핵심 유형 문제

1 승강기가 최하층을 통과했을 때 주전원을 차단시켜 승강기를 정지시키는 것은?

① 완충기   ② 조속기

③ 비상정지장치   ④ 파이널 리밋스위치

정답 ④

- 승강기의 카가 승강로의 상부에 있는 경우 천장에 충돌하는 것을 방지
- 리밋스위치가 작동하지 않을 경우 최상층 또는 최하층을 지나치지 않도록 하기 위해 설치
- Final Limit Switch의 작동 : 카가 완충기에 접촉하기 전에 작동해야 함

3 승강로에서 점검

1. 승강로 벽의 균열, 누수 등 청결상태

(1) 승강기 사용상 주의사항

① 승강장 및 카 도어에 이물질이 끼지 않도록 함

② 도어에 기대거나, 충격을 주어서는 안 됨

③ 카 내부에서는 뛰거나 충격을 주어서는 안 됨

④ 승강장 및 카 내부의 조작반 버튼 사용 시에 무리한 힘을 가하지 말아야 함

⑤ 카 내부에서 용변을 보거나, 오물을 버려서는 안 됨

⑥ 인터폰을 수시로 점검하여 비상시 사용이 가능하도록 하여야 함

⑦ 기계실 및 승강로는 침수가 되지 않도록 함

(2) 승강로 탑의 고정

① 가공전로에 근접되어 있지 않을 것

② 클립, 턴버튼, 심블 등의 용구를 이용하여 단단히 연결할 것

③ 지지로프용 또는 동등 이상의 견고한 고정물에 확실히 붙여야 할 것

④ 새클, 심블 등의 용구를 사용하여 승강로 탑과 견고하게 연결할 것

⑤ 턴 버클을 사용할 때는 되풀리는 것을 방지하기 위한 조치가 되어 있을 것

(3) 승강로 탑의 사다리 구조

① 발판을 250mm 이상 350mm 이하의 일정한 간격으로 설치할 것

② 발판과 직류의 고정물과 수평거리는 150mm 이상일 것

③ 발판은 사람의 발이 옆으로 나가지 않도록 되어 있을 것

(4) 승강로 출입구 문의 측면 및 막판

① 측면 또는 막판은 내화구조의 내력상 주요한 부분에 공간이 생기지 않도록 견고하게 부착할 것

② 막판은 철재로서 철판의 두께가 1.5mm 이상의 것으로 하고, 용이하게 부착 또는 개폐되지 않는 구조로 할 것

③ 막판의 이면에는 콘크리트벽 두께가 2.1mm 이상일 때는 당해 패널의 두께는 1.6mm 이상으로 할 것
   – 단, 막판의 두께가 2.0mm 이상일 때, 패널의 두께는 1.6mm 이상으로 할 수 있음

(5) 기계실

① 중요한 기계 부분에서 기둥 또는 벽까지의 수평거리는 50cm 이상으로 할 것

② 바닥면적에서 천장 또는 보의 하단까지 수직거리는 2cm 이상으로 할 것

③ 기계실에는 소화설비가 갖추어져 있을 것

2. 승강로 기계, 전기부품 및 장치

(1) 구동장치

① 1대의 전동기는 1대의 에스컬레이터 구동장치만을 작동시켜야 함

② 1대의 구동장치는 1대의 에스컬레이터만을 구동시켜야 함

③ 감속기는 효율이 좋은 헬리컬 기어(helical gear)를 사용하는 것이 좋음

④ 모터축에는 브레이크 장치가 부착되어야 하고, 그 형식은 로프식 엘리베이터와 같은 드럼식으로 운전 중에는 전자코일에 의해 개방

⑤ 하강 시 감속도 0.91m/sec 이하로 감속 정지해야 함

⑥ 전동기 용량(kW) = [분당 수송인원 × 체중(kg) × 계고(m)] / (6,120 / 효율)

(2) 브레이크, 구동 안전장치

① stop 체인 안전장치 : stop 체인이 파단하거나 과도하게 늘어났을 때 작동하여 에스컬레이터를 정지시키는 장치

② 구동체인 안전장치 : 구동체인이 파단했을 때 작동하여 에스컬레이터를 정지시키는 장치

③ 전자 브레이크(magnetic brake) : 동력전원이 끊어졌을 때 즉시 작동하여 에스컬레이터를 정지시키는 장치

④ 조속기(governor) : 정격속도의 20% 이하 또는 120% 이상으로 되었을 때 작동하여 에스컬레이터를 정지시키는 장치

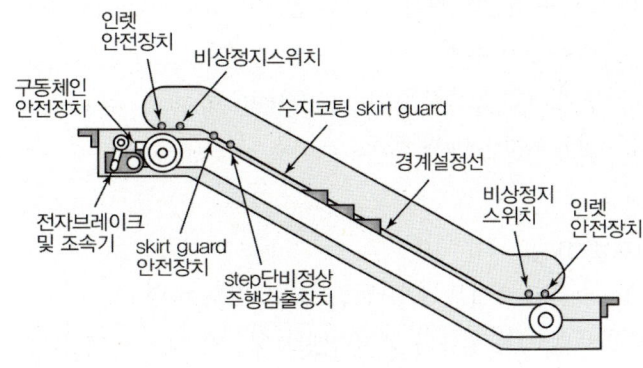

▲ 안전장치의 구조도

(3) 안전장치

① 리밋스위치(limit switch)

㉠ 카가 최상층 또는 최하층을 지나 충돌하는 것을 방지하기 위하여 감속 정지할 수 있는 거리에 설치

㉡ 리밋스위치 및 감속장치의 고장으로 카가 최상층이나 최하층에서 감속하기 위하여 파이널 리밋스위치(final limit switch)를 설치

② 로크다운(lock down) 비상정지장치

㉠ 순간 정지식으로 속도 240m/min 이상의 엘리베이터에 필요한 안전장치

㉡ 고층 엘리베이터의 균형추, 로프 등이 관성으로 상승하는 것을 방지

③ 로프이완 스위치 : 로프의 이완상태를 검출하여 동력을 차단하는 스위치

④ 정지스위치 : 긴급 시 카를 멈추게 하기 위하여 카 내부 조작반 또는 카 상부에서 동력을 차단하는 비상정지 스위치

⑤ 각 층 강제정지운전 : 카 안의 범죄활동을 방지하기 위하여 스위치를 ON 시키면, 각 층을 정지하면서 목적층까지 가는 기능

(4) 직·교류 제어시스템

① 릴레이(relay), 트랜스 등의 진동 및 소음 상태

② 스위치 및 릴레이의 작동 상태

③ 저항기의 불량 유무

④ 퓨즈의 용량 및 삽입 상태

⑤ 정류기 및 변압기의 상태

3. 각종 매다는 장치 및 체인

(1) 펌프

　① 출력 맥동이 작고 소음 진동이 적은 스크루 펌프(screw pump)를 사용

　② 펌프의 출력은 토출유량에 비례

　③ 승강기에 사용되는 펌프의 토출량은 50~1,500min

　④ 구동용 전동기의 용량은 2~50kW 정도

(2) 밸브

　① 안전밸브(릴리프밸브)

　　㉠ 바이패스(by pass)된 오일은 오일탱크로 직접 들어가야 함

　　㉡ 안전밸브(릴리프밸브)는 펌프와 역저지밸브(체크밸브) 사이에 설치

　　㉢ 작동압력의 125% 이하에서 작동하고, 압력이 140% 이상 상승되지 않도록 하여야 함

　② 역저지밸브(체크밸브)

　　㉠ 한쪽 방향으로만 오일이 흐르도록 하는 밸브

　　㉡ 정전이나 어떤 원인으로 펌프의 토출압력이 떨어져도 실린더 내의 오일이 역류하여 카가 자유낙하하는 것을 방지할 목적으로 설치

　　㉢ 기능은 로프식 엘리베이터의 전자 브레이크와 유사

　③ 수동하강밸브(manual lowering valve)

　　㉠ 보수 또는 정전 시 카가 층 중간에 정지했을 경우 구출용으로 사용

　　㉡ 하강속도는 6m/min 이하

　④ 제어밸브(컨트롤밸브)

　　㉠ 상승 및 하강용 속도조절밸브로서 각각 2개씩 설치

　　㉡ 솔레노이드 코일에 의해 작동

✏️ 핵심 유형 문제

1　승강기 사용상 주의사항이 아닌 것은?

　① 승강장 및 카 도어에 이물질이 끼지 않도록 함

　② 도어에 기대거나, 충격을 주어서는 안 됨

　③ 카 내부에서는 뛰거나 충격을 주어서는 안 됨

　④ 승강장 및 카 내부의 조작반 버튼 사용 시에 무리한 힘을 가하여 누른다.

　정답 ④

　카 내부의 조작반 버튼 사용 시에 무리한 힘을 가하지 않는다.

4 승강장에서 점검

1. 승강장 문 및 장치

(1) 카(car)가 운전 중 승강장 문의 스위치 및 잠금장치는 각 층 승강장의 문을 차례로 전폐 위치에 근접시켜 카가 기동할 때 문의 출입구 틀 또는 카 문의 가장 앞의 테두리와의 거리를 측정하여 다음에 적합하다.

① 상·하 개폐식 및 중앙 개폐식문은 50mm 이내로 닫혔을 때 기동되고, 승강장에서는 50mm 이상 열려지지 않아야 함

② 상·하 개폐식 및 중앙 개폐식 이외의 문은 20mm 이내로 닫혔을 때 기동되고, 승강장에서는 20mm 이상 열려지지 않아야 함

단, 카 안에서만 운전되는 승강기로 카의 승강장의 문이 동시에 동력으로 개폐되는 경우는 다음에 따름

㉠ 50mm 이내까지 닫혔을 때 기동하고, 승강장에서는 50mm 이상 열려지지 않아야 함

㉡ 승강장의 문에는 잠금장치를 하고 닫혀지려는 문을 승강장 측에서 열려고 해도 100mm 이상 열리지 않는 것은 100mm 이내까지 닫혔을 때 기동하여야 함

(2) 출입문의 탑승 시 승객 안전장치

먼저 카 도어 장치로 도어 스위치와 문닫힘안전장치가 있어서 탑승하는 승객을 보호해 주고 있다. 도어 스위치는 카 문에 2개 설치되어 독립적으로 인지하는 안전스위치로 이 중 1개라도 작동되지 않으면 카는 출발하지 못하도록 하는 기능이다.

(3) 문닫힘안전장치

승객이 탑승 중에 카 문이 닫히는 경우 탑승자가 카 문 사이에 끼이는 것을 방지하기 위한 것으로, 탑승자에 의해 접촉봉이 눌리거나(마이크로스위치 작동) 하면 센서 빔이 차단되어 닫히던 카 문이 즉시 정지하고 다시 열려 승객을 보호하게 된다.

(4) position indicator는 주로 승강기 상부 중앙이나 측부에 설치되어 있고, 측부형은 버튼과 일체형인 경우가 대부분이다.

2. 승강장 버튼 및 표시기

• 위치표시기와 마찬가지로 측부형인 경우 일체형인 경우가 대부분이다.

(1) 파킹스위치

카를 승강장에서 휴지시킬 수 있게 설치된 스위치로 주로 기준층에 스위치를 설치하며 카를 휴지 또는 재가동시킬 수 있다.

(2) 에이프런

① 승강장 유효출입구의 전체 폭 이상

　　㉠ 수직면 : 아래방향으로 연장

　　㉡ 하단 모서리부분 : 수평면에 대해 승강로 방향으로 60도 이상 구부러짐

② 높이는 0.75m 이상(주택용은 0.54m 이상)

▲ 에이프런

(3) 소방구조용 엘리베이터의 표지

규정에 적합한 소방운전 스위치를 설치하여야 하며, 아래와 같은 비상용 엘리베이터 알림표지를 부착해야 한다.

구분		기존
색상	바탕	적색
	그림	흰색
크기	카 조작반	20mm × 20mm
	승강장	100mm × 100mm 이상

(4) 호출장치

비상통화호출장치는 승강기 갇힘 사고 발생 시 승객이 비상호출 버튼을 누르면 승강기와 관리실의 통화를 연결해 주는 장치다.

1 엘리베이터에서 카 또는 승강장 출입구 문턱부터 아래로 평탄하게 내려진 수직부분의 앞 보호판을 나타내는 용어는?

① 슬링
② 피트
③ 스프로킷
④ 에이프런

정답 ④

카 바닥 출입구 폭 이상의 선단 보호판

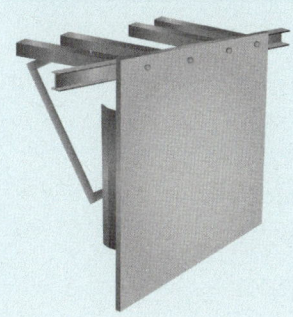

5 피트에서 점검

1. 피트 기계, 전기부품 및 장치

(1) 하부 리밋스위치류

하부 리밋스위치는 견고하게 설치하고 확실히 동작할 수 있는 위치에 설치한다.

(2) 완충기

① 완충기 설치는 견고해야 하고 그 기능은 양호해야 함

② 스프링완충기는 녹 또는 부식 등의 결점이 없어야 함

③ 유입완충기는 플런저가 완전 압축상태에서 복귀시간은 90초 이내

(3) 완충기와 카 및 균형추의 거리

① 카가 최하층에 수평으로 정지되어 있는 경우 카와 완충기 사이의 거리에 완충기의 스트로크(stroke)를 더한 값은 균형추의 상부틈보다 작아야 함

② 카가 최하층에 수평으로 정지되었을 때의 균형추와 완충기와의 거리는 규정에 따름

종류	정격속도(m/min)	최소거리(mm)		최대거리(mm)	
		교류승강기	직류승강기	카 측	균형추 측
스프링 완충기	7.5 이하	75	150	600	900
	7.5 초과 15 이하	150			
	15 초과 30 이하	225			
	30 초과	300			
유압 완충기	규정하지 않음				

(4) 이동케이블

이동케이블은 손상의 염려가 없어야 한다.

(5) 과속조절기 로프 인장상태

조속기 로프의 텐션(tension)장치 및 기타의 텐션장치는 정확히 작동되어야 한다.

(6) 피트의 피난공간 및 틈새

피트의 깊이는 표의 규정에 적합하여야 한다.

① 피트바닥-카의 최저점 : 0.5m 이상

② 피트에 고정된 최고점-카의 최저점 : 0.3m 이상

✎ 핵심 유형 문제

1 다음 중 피트 내에서 행하는 검사가 아닌 것은?

① 카 및 균형추와 완충기의 거리

② 아랫부분 리밋스위치류의 설치상태

③ 이동케이블(Traveling cable)의 손상 염려 여부

④ 마그네틱 테이프 조정

정답 ④

피트 내에서 행하는 검사 항목
• 카 및 균형추와 완충기의 거리
• 밑부분 리밋스위치류의 설치상태
• 과속조절기 로프의 인장장치 및 기타의 텐션장치
• 이동케이블의 손상 여부
• 보상로프(rope) 또는 보상체인(chain)이 사용되었을 때는 그 설치상태

2. 피트 누수

피트는 침수가 되어서는 안 되고 청결하여야 한다.

CHAPTER 02 기계 전기 기초

1 승강기 주요 기계요소별 구조와 원리

1. 링크기구

(1) 링크기구의 특성

강성의 막대를 서로 회전할 수 있도록 핀으로 연결시킨 기구로 링크장치의 조합하는 절의 수는 4이어야 운동을 전달시킬 수 있다.

(2) 구성요소

고정절, 크랭크, 커넥팅로드, 레버 등으로 구성되어 있다.

✎ **핵심 유형 문제**

1 다음 중 4절 링크기구를 구성하고 있는 요소로 알맞은 것은?

① 고정링크, 크랭크, 레버, 슬라이더
② 가변링크, 크랭크, 기어, 클러치
③ 고정링크, 크랭크, 고정레버, 클러치
④ 가변링크, 크랭크, 기어, 슬라이더

정답 ①

링크(Link)기구

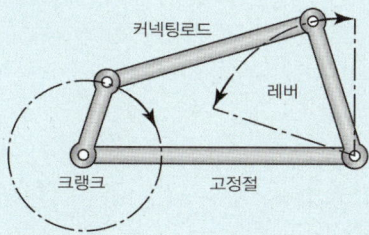

• **개념**: 서로 길이가 다른 막대를 연결하여 한 쪽 막대를 회전시키면 다른 쪽 막대는 다른 운동을 하도록 하여 동력을 전달시키는 기구(최소 4절)
• **구성요소**: 고정절(고정링크), 크랭크, 커넥팅로드(슬라이더), 레버

2. 운동기구와 캠

(1) 원리

회전운동을 직선운동이나 왕복운동으로 바꾸어 주는 기계 요소로서, 특수한 둥근 모양이나 홈을 가지는 판, 원통, 구 모양의 기계부품이다.

(2) 종류

① **평면 캠** : 접촉 부분이 평면운동을 하는 캠
② **입체 캠** : 입체의 표면에 여러 가지 모양의 홈이나 단면을 만들어 복잡한 운동을 할 수 있게 한 캠

✏️ **핵심 유형 문제**

1 캠 기구에 대한 설명으로 옳은 것은?

① 마찰전동기구에 비하여 간단한 운동만 가능하다.
② 종동절은 캠과 틀을 보호하는 역할을 한다.
③ 링크기구와 비교할 때 좁은 공간에서 복잡한 운동을 하는 것이 불편하다.
④ 일반적으로 직접 접촉을 통하여 회전운동을 직선·왕복운동으로 바꾸거나 또는 그 반대로 바꾸는 기구이다.

정답 ④

특수한 모양의 원동절을 회전운동이나 직선운동을 시켜서 종동절이 복잡한 왕복·직선운동이나 왕복·각 운동을 하도록 한 기구를 캠 기구라고 한다.

• 평면 캠

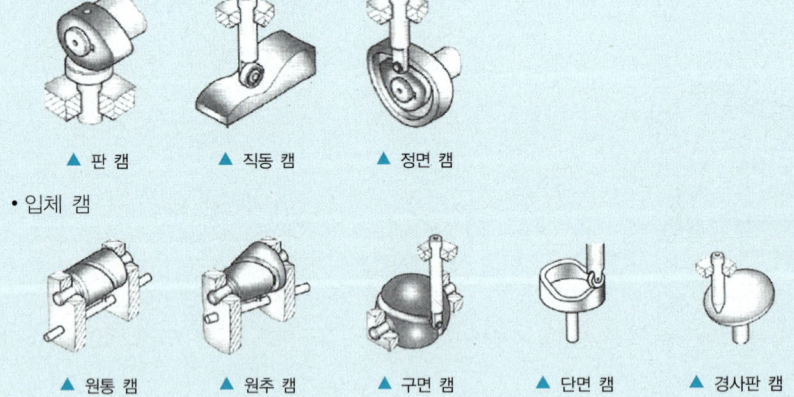

▲ 판 캠   ▲ 직동 캠   ▲ 정면 캠

• 입체 캠

▲ 원통 캠   ▲ 원추 캠   ▲ 구면 캠   ▲ 단면 캠   ▲ 경사판 캠

3. 도르래(활차)장치의 종류와 특성

힘의 방향전환이나 작은 힘으로 큰 힘을 얻는 장치

(1) 단활차 : 도르래 1개만 사용

① 정활차 : 힘의 방향만 바뀐다. ($P = W$)

② 동활차 : 하중을 위로 올릴시 $\frac{1}{2}$ 의 힘으로 올릴 수 있다. ($P = 2W$)

(2) 복활차

정활차와 동활차를 사용하여 조합한 활차로 작은 힘으로 큰 하중을 가진 물체를 들어 올릴 수 있음

$W = 2^n \times P$ (W : 하중, n : 동활차의 수, P : 힘)

 핵심 유형 문제

1 다음 그림과 같이 무게 W가 움직이는 도르래에 매달려 있다. 물체를 끌어 올리는 힘을 P라고 했을 때 P와 W의 관계식으로 옳은 것은? (단, 도르래와 로프의 무게는 없다고 본다)

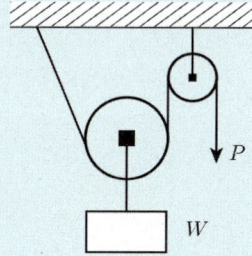

① $P = W$ ② $P = \frac{1}{2}W$

③ $P = \frac{1}{3}W$ ④ $P = \frac{1}{4}W$

정답 ②

로프의 한 끝을 고정 물체에 고정한 조합, 도르래장치에서의 잡아당기는 힘

$P = \frac{1}{2^n}W$ (W는 무게) → $W = P \times 2^n$

4. 베어링

운동을 하는 부분을 지지하여 고정하면서 마찰저항을 줄여주는 기계이다.

(1) 미끄럼 베어링

축과 베어링 안쪽이 직접 접촉하여 윤활유 막을 두고 미끄럼 운동을 하는 베어링으로 속도가 느리고 큰 힘을 받는 곳에 사용한다.

(2) 구름 베어링

축과 베어링 사이에 볼이나 롤러 등을 넣어 점이나 선 접촉을 한다.

① 볼 베어링, 롤러 베어링

② 구름 베어링은 과열의 위험이 없고, 교환성이 풍부하며, 윤활유가 적게 들고 마멸이 적음

✏️ **핵심 유형 문제**

1 베어링 메탈재료의 구비조건으로 적절하지 않은 것은?

① 내식성이 좋아야 한다.　　② 열전도도가 좋아야 한다.

③ 축의 재료보다 단단해야 한다.　　④ 축과의 마찰계수가 작아야 한다.

정답 ③

베어링에 접촉하고 있는 축 부분을 저널이라 하는데, 베어링이 저널의 재료보다 단단하면 저널이 마모된다.

5. 기어

(1) 기어의 특징

① 큰 동력을 일정한 속도비로 전달

② 전동효율이 높고 감속비가 큼

③ 충격에 약하고 소음, 진동이 발생

④ 사용범위가 넓음

(2) 기어의 종류

① **평행축 기어**

㉠ 스퍼 기어 : 잇줄이 평행하고 제작이 용이함. 가장 많이 사용

㉡ 랙(rack)과 피니온(pinion) : 회전운동 ↔ 직선운동

㉢ 내접(internal) 기어 : 동일 회전

㉣ 헬리컬(helical) 기어 : 이의 물림이 원활해 조용한 운전

㉤ 더블헬리컬(herringbone) 기어 : 축 방향의 힘이 발생하지 않음

② **교차축 기어** : 두 축이 만남

㉠ 직선 베벨(straight bevel) 기어

㉡ 스파이럴 베벨(spiral bevel) 기어

㉢ 제롤 베벨(zerol bevel) 기어

㉣ 크라운 베벨(crown bevel) 기어

(3) 인벌루트 기어

원통에 감은 실을 풀 때 실의 끝이 그리는 곡선으로 치형을 만든 기어이다.

① 기어의 물림에서 다소 중심이 틀려도 잘 물림

② 공작이 쉬움

③ 호환성이 있음

④ 이뿌리 부분이 튼튼

(4) 각 부의 명칭

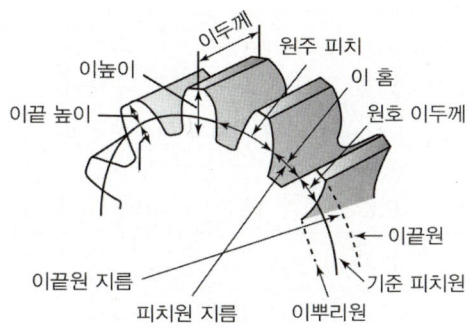

▲ 인벌루트 기어 이의 표시방법

(5) 이의 크기 표시방법

① **모듈(module)** : 피치원 지름을 잇수로 나눈 값(미터식)

$$- \text{모듈}(M) = \frac{\text{피치원의 지름}(D)}{\text{잇수}(Z)}[\text{mm}]$$

② **원주피치** : 피치원의 원주를 잇수로 나눈 값

$$- \text{원주피치}(P) = \frac{\text{피치원의 둘레}(\pi D)}{\text{잇수}(Z)} \pi\text{m}[\text{mm}]$$

③ **지름피치(diametral pitch)** : 잇수를 피치원의 지름으로 나눈 값(인치식)

$$- \text{지름피치}(\text{인치식}) = \frac{\text{잇수}(Z)}{\text{피치원의 지름 } D[\text{INCH}]}(1[\text{IN}] = 25.4[\text{mm}])$$

(6) 치형간섭 및 언더컷

① **치형간섭** : 기어의 이와 이가 서로 조합할 때 서로 다른 쪽을 침범하는 것

② **언더컷** : 랙(rack) 공구 또는 호브(hob)로 기어 절삭을 할 때 이의 수가 적으면 이의 간섭이 일어나 이뿌리가 깎이는 것

(7) 기어의 주요공식

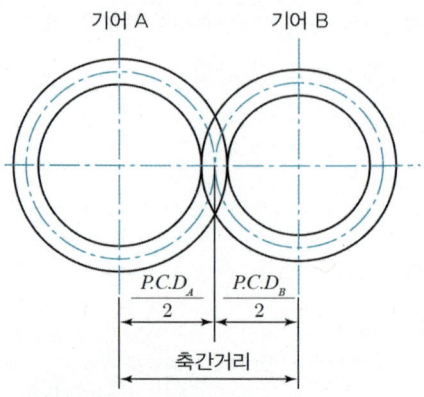

기어 A   기어 B

$\dfrac{P.C.D_A}{2}$ $\dfrac{P.C.D_B}{2}$

축간거리

▲ 스퍼 기어의 피치원 지름

$$\therefore \text{중심거리 } C = \frac{P.C.D_A}{2} + \frac{P.C.D_B}{2} = \frac{M.Z_A + MZ_B}{2} = \frac{M(Z_A + Z_B)}{2}$$

✏️ **핵심 유형 문제**

1 기어의 잇수가 18, 피치원 지름이 108mm인 스퍼 기어의 모듈은?

① 2   ② 4

③ 6   ④ 8

정답 ③

- 모듈 : 기어 이의 크기를 나타낸 것으로 피치원 직경을 기어의 잇수로 나눈 것
- (모듈) = PCD(Pitch Cicle Diameter, 피치원 지름) / (Number of Teeth, 잇수)

$$\therefore MOD = \frac{PCD}{N} = \frac{108}{18} = 6$$

2 승강기 동력원의 기초전기

1. 정전기와 콘덴서

(1) 콘덴서와 정전용량

① 정전기

㉠ 정전기의 발생

ⓐ 대전 : 마찰 등에 의해서 전기를 띠게 되는 현상

ⓑ 대전체 : 전기를 띠고 있는 물체

ⓒ 전하 : 대전에 의해서 물체가 띠고 있는 전기

ⓓ 전기량 : 전하로 존재할 수 있는 최소의 양, $1.602 \times 10^{-19} C$

㉡ 정전유도 : 도체에 대전체를 접근시키면 대전체에 가까운 쪽에서는 대전체와 다른 전하가 나타나며, 그 반대쪽에는 대전체와 같은 종류가 나타나는 현상

② 정전기력

㉠ **쿨롱의 법칙** : 두 전하가 있을 때 다른 종류의 전하는 흡인력이 작용하고, 같은 종류의 전하는 반발력이 작용

㉡ 두 전하 사이에 작용하는 힘은 두 전하 $Q_1[C]$, $Q_2[C]$의 곱에 비례하고, 두 전하 사이의 거리 $r[m]$의 제곱에 반비례

$$F = k\frac{Q_1 Q_2}{r^2} = \frac{1}{4\pi\epsilon} \cdot \frac{Q_1 Q_2}{r^2} = \frac{1}{4\pi\epsilon_0} \cdot \frac{Q_1 Q_2}{\epsilon_s r^2} = 9 \times 10^9 \times \frac{Q_1 Q_2}{\epsilon_s r^2}[N]$$

F : 두 전하 사이에 작용하는 힘[N]

ϵ_0 : 진공의 유전율($= 8.855 \times 10^{-12}[F/m]$)

ϵ_s : 비유전율(진공 = 1, 공기 ≒ 1)

㉢ 비유전율 : 물질의 유전율과 진공의 유전율과의 비−진공 및 공기 중의 비유전율 : $e_s = 1$

(2) 콘덴서에 저축되는 에너지

$$W = \frac{1}{2}CV^2[J]$$

(C : 정전용량[F], V : 전압[V])

(3) 콘덴서의 접속 및 전기장

① 정전용량(커패시터) : 2개의 도체 사이에 유전체를 끼워 넣어 커패시턴스 작용

$$C = \epsilon\frac{A}{l}$$

(C : 커패시턴스[F], ϵ : 유전율[F/m], l : 극판 간의 간격[m], A : 극판의 면적[m²])

② 콘덴서의 정전용량을 크게 하기 위한 방법

  ㉠ 극판의 면적(A)을 넓게 함

  ㉡ 극판 간의 간격(l)을 좁게 함

  ㉢ 극판 사이의 유전체를 비유전율이 큰 절연체를 사용함

③ 콘덴서 접속

  ㉠ 직렬 접속 $= C = \dfrac{Q}{V} = \dfrac{1}{C_1} + \dfrac{1}{C_2} + \dfrac{1}{C_3}[\mathrm{F}]$

  ㉡ 병렬 접속 $= C = \dfrac{Q}{V} = C_1 + C_2 + C_3[\mathrm{F}]$

✏️ 핵심 유형 문제

1 $V[\mathrm{V}]$로 충전한 $C[\mathrm{F}]$의 콘덴서를 $\dfrac{1}{3} V[\mathrm{V}]$까지 방전하여 사용했을 때, 사용된 에너지는?

① $\dfrac{1}{2} CV^2$ 　　　　　　　　② CV^2

③ $\dfrac{5}{9} CV^2$ 　　　　　　　　④ $\dfrac{4}{9} CV^2$

정답 ④

콘덴서에 전하를 축적시키는 데 필요한 에너지로 임의의 도체에 전하 $Q[\mathrm{C}]$를 축적시키기 위해 필요한 W는 다음과 같다.

$$W = \frac{1}{2}\frac{Q^2}{C} = \frac{1}{2}QV = \frac{1}{2}CV^2[\mathrm{J}]$$

충전한 콘덴서를 중 $\dfrac{1}{3}V[\mathrm{V}]$까지 방전했으므로

$$W = \frac{1}{2}C\left(\frac{2}{3}V\right)^2 = \frac{4}{9}CV^2[\mathrm{J}]$$

2. 직류회로 및 교류회로

(1) 전기의 본질

　① 전기(Electricity)란 전하의 존재 및 흐름과 관련된 물리현상들의 총체

　② 전기는 번개, 정전기, 전자기 유도, 전류 등 일상적인 효과들의 원인

　③ 전기는 전파 따위의 전자기 복사를 발산하고 또한 수집할 수 있음

(2) 전기회로의 전압과 전류

　① 전압 : 전기장의 한 지점에서 다른 지점 간의 전위차로 전압은 전하의 흐름을 포함하지 않음

　　• $V = I \cdot R[\mathrm{V}]$

② 전류 : 전위차의 영향으로 전하가 대전된 입자들의 움직임이나 흐름으로, 전류는 항상 전기장 아래에서 전하의 움직임을 포함
- $I = V/R[\text{A}]$

③ 저항 : 도체에서 전류의 흐름을 방해하는 정도로, 저항은 전류의 흐름을 방해하여 전압 강하를 일으킴
- $R = V/I[\Omega]$

(3) 교류회로의 기초

① 정현파 교류 : 전압, 전류 등이 시간의 흐름에 따라 변화하는 모양

  ㉠ 정현파 교류의 발생 : 코일에 발생하는 전압 $v = 2Blu\sin\theta = V_m\sin\theta[\text{v}]$

  ㉡ 각도의 표시

   ⓐ 호도법 : 각도를 라디안[rad]으로 나타냄, $\theta = l/r[\text{rad}]]$

   ⓑ 각도 : $180° = \pi[\text{rad}]$

   ⓒ 회전각 : $\theta = \omega t[\text{rad}]$

   ⓓ 각속도 : 회전체가 1초 동안에 회전한 각도, 기호는 $\omega[\text{rad/s}]$

② 주파수와 위상

  ㉠ 주기와 주파수

   ⓐ 주기 : 1사이클 변화에 필요한 시간. 기호는 T, 단위는 [s], $T = \pi/\omega = 1f[\text{s}]$

   ⓑ 주파수 : 1초 동안에 반복되는 사이클의 수. 기호는 f, 단위는 헤르츠[Hz], $f = 1/T[\text{Hz}]$

  ㉡ 위상과 위상차

   ⓐ 위상 : 주파수가 동일한 2개 이상의 교류가 존재할 때 상호간의 시간적인 차이
      각속도로 표현, $\theta = \omega t[\text{rad}]$

   ⓑ 위상차 : 2개 이상의 교류 사이에서 발생하는 위상의 차

   ⓒ 동상 : 동일한 주파수에서 위상차가 없는 경우

   ⓓ 위상차와 교류 표시
      - 뒤진 교류 : $v = V_m\sin(\omega t - \theta)[\text{V}]$
      - 앞선 교류 : $v = V_m\sin(\omega t + \theta)[\text{V}]$

③ 정현파 교류의 표시

  ㉠ 순시값과 최댓값

   ⓐ 순시값(v) : 순간순간 변하는 교류의 임의의 시간에 있어서 값
      $v = V_m\sin\omega t[\text{V}]$
      (v : 전압의 순시값[V], V_m : 전압의 최댓값, ω : 각속도[rad/s], t : 주기[s])
      - 최댓값(V_m) : 순시값 중에서 가장 큰 값
      - 피크-피크값(V_{p-p}) : 파형의 양의 최댓값과 음의 최댓값 사이의 값 V_{p-p}

ⓑ 평균값(V_a) : 교류 순시값의 1주기 동안의 평균을 취하여 교류의 크기를 나타낸 값

$$V_a = \frac{2}{\pi} V_m \simeq 0.637 V_m [\text{V}]$$

ⓒ 실효값(V_m) : 교류의 크기를 교류와 동일한 일을 하는 직류의 크기로 바꿔 나타낸 값

④ 용량 리액턴스와 주파수의 관계 : 용량 리액턴스 X_C는 정전용량 C와 주파수 f에 반비례한다.

(4) 교류전류에 대한 RLC의 작용

① 저항(R)만의 회로

ㄱ 저항의 작용

$$v = \sqrt{2}\,V\sin\omega t[\text{V}]$$
$$i = \sqrt{2}\,I\sin\omega t[\text{A}]$$

※ 전류와 전압은 위상이 동상이다.

ㄴ 전압과 전류의 관계 $I = \frac{V}{R}[\text{A}]$

② 인덕턴스(L)만의 회로

ㄱ 인덕턴스(L)의 작용

$$i = \sqrt{2}\,I\sin\omega t[\text{A}]$$
$$v = \sqrt{2}\,V\sin\left(\omega t + \frac{\pi}{2}\right) = \sqrt{2}\,\omega LI\sin\left(\omega t + \frac{\pi}{2}\right)[\text{V}]$$

※ 전압이 전류보다 위상이 $\pi/2$[rad]만큼 빠르다(지상).

ㄴ 전압과 전류의 관계

• 유도 리액턴스 : $X_L = \omega L = 2\pi f L[\Omega]$

• $V = \omega L I_L$에서 $I_L = \frac{V}{\omega L} = \frac{V}{X_L}$

ㄷ 유도 리액턴스와 주파수의 관계 : 유도 리액턴스 X_L은 자체 인덕턴스 L과 주파수 f에 정비례

③ 정전용량(C)만의 회로

ㄱ 정전용량(C)만의 작용

$$v = \sqrt{2}\,V\sin\omega t[\text{V}]$$
$$i = \sqrt{2}\,\omega\,CV\sin\left(\omega t + \frac{\pi}{2}\right)[\text{A}]$$

※ 전류가 전압보다 위상이 $\pi/2$[rad]만큼 빠르다.

ㄴ 전압과 전류의 관계

• 용량 리액턴스 : $X_C = \frac{1}{\omega C} = \frac{1}{2\pi f C}[\Omega]$

- $I = \omega C V$ 에서 $I = \dfrac{V}{\omega C} = \dfrac{V}{X_C}$

(5) 교류전력 및 교류회로 계산

① RLC 회로의 계산

㉠ RLC 직렬회로

ⓐ RLC 직렬회로와 벡터그림

R, L, C 양단 전압

- 전체 전압 : $\dot{V} = \dot{V}_R + \dot{V}_L + \dot{V}_C$
- R 양단 전압 : $V_R = R_I$, V_R은 전류 I와 동상
- L 양단 전압 : $V_L = X_L I = \omega L I$, V_L은 전류 I보다 $\pi/2$[rad]만큼 앞선 위상
- C 양단 전압 : $V_C = X_C I = \dfrac{1}{\omega C} I$, V_C는 전류 I보다 $\pi/2$[rad]만큼 뒤진 위상

RLC 직렬회로의 관계($\omega L > \dfrac{1}{\omega C}$ 의 경우)

- 전압 : $V = \sqrt{V_R^2 + (V_L - V_C)^2} = I\sqrt{R^2 + (X_L - X_C)^2}$ [V]
- 전류 : $I = \dfrac{V}{\sqrt{R^2 + (X_L - X_C)^2}}$ [A]

ⓑ 임피던스의 유도성과 용량성

- $\omega L > \dfrac{1}{\omega C}$ 일 때 : 전류는 전압에 비해 뒤진 위상(유도성)
- $\omega L < \dfrac{1}{\omega C}$ 일 때 : 전류는 전압에 비해 앞선 위상(용량성)
- $\omega L = \dfrac{1}{\omega C}$ 일 때 : 전류와 전압이 같은 위상(공진)

ⓒ 직렬공진

- 공진 조건 : $\omega L = \dfrac{1}{\omega C}$
- 공진 임피던스 : $Z = R$[Ω]
- 공진 시 전류 : $I_O = \dfrac{V}{R}$[A]
- 직렬공진일 때 임피던스 $Z = R$이 되어 임피던스는 최소, 전류는 최대
- 공진 주파수 : $f_0 = \dfrac{1}{2\pi\sqrt{LC}}$[Hz]
- 공진 곡선 : 공진회로에서 주파수에 대한 전류변화를 나타낸 곡선

ⓛ RLC 병렬회로

ⓐ RLC 병렬회로와 벡터그림

- 전류 : $I = \sqrt{I_R^2 + (I_C - I_L)} = V\sqrt{(\frac{1}{R})^2 + (\omega C - \frac{1}{\omega L})^2}\,[\mathrm{A}]$

- 임피던스 : $Z = \sqrt{(\frac{1}{R})^2 + (\omega C - \frac{1}{\omega L})^2}\,[\Omega]$

- 위상차 : $\theta = \tan^{-1}(\omega C - \frac{1}{\omega L})R\,[\mathrm{rad}]$

ⓑ 임피던스의 유도성과 용량성

- $\frac{1}{\omega L} < \omega C$일 때 : 전류는 전압에 비해 앞선 위상(용량성)

- $\frac{1}{\omega L} > \omega C$일 때 : 전류는 전압에 비해 뒤진 위상(유도성)

- $\frac{1}{\omega L} = \omega C$일 때 : 전류와 전압이 같은 위상(공진)

② 직류회로

직류 : 크기와 방향이 일정한 전류

㉠ 전류 : 전하의 이동

$I = \dfrac{Q}{t}$ (I : 전류[A], Q : 전기량[C], t : 시간[초])

㉡ 전압 : 회로 내에 전기적인 압력이 가해져 전류가 흐르도록 하는 전위차

$V = \dfrac{W}{Q}$ (V : 전압[V], W : 일[J], Q : 전기량[C])

㉢ 저항과 컨덕턴스

ⓐ 저항 : 전류의 흐름을 방해하는 정도

$R = \rho\dfrac{1}{A}$ (R : 저항[Ω], ρ : 고유저항[$\Omega \cdot \mathrm{m}$], l : 길이[m], A : 단면적[m^2])

ⓑ 컨덕턴스 : 전류가 흐르기 쉬운 정도

$G = \dfrac{1}{R}[\mathrm{S}]$

㉣ 옴의 법칙 : 한 도체의 두 점 사이에 흐르는 전류의 크기는 두 점 사이의 전압에 비례하고, 도체의 저항에 반비례한다.

$I = \dfrac{V}{R}[\mathrm{A}]$, $V = IR[\mathrm{V}]$

㉤ 전력 : 전기에너지에 의해 1초 동안 하는 일량

$$I = \frac{V}{R}[\text{A}], \quad V = IR[\text{V}]$$

핵심 유형 문제

1 R, L, C 직렬회로에서 최대전류가 흐르게 되는 조건은?

① $\omega L^2 - \dfrac{1}{\omega C} = 0$　　　　② $\omega L^2 + \dfrac{1}{\omega C} = 0$

③ $\omega L - \dfrac{1}{\omega C} = 0$　　　　④ $\omega L + \dfrac{1}{\omega C} = 0$

정답 ③

최대전류가 흐르기 위해서는 임피던스가 최소가 되어야 하므로 $\omega L - \dfrac{1}{\omega C} = 0$이 되어야 한다.

3. 자기회로

(1) 자기와 전류 및 자기회로

기자력 : 자속을 발생시키는 원동력, $F = NI[\text{AT}]$

(2) 자기장의 세기 및 자화곡선

자기저항 : 자기회로에서 전류의 흐름을 방해하는 것

$$R = \frac{1}{\mu A} = \frac{NI}{\phi}[\text{AT/Wb}]$$

(R : 자기저항, l : 길이[m], μ : 투자율[H/m], A : 단면적[m²], N : 감은 횟수, I : 전류[A], ϕ : 자속[Wb])

핵심 유형 문제

1 자기저항의 단위로 알맞은 것은?

① [Ω]　　　　　　　　② [AT/Wb]

③ [Wb/AT]　　　　　　④ [Φ]

정답 ②

$$R_m = \frac{NI}{\phi} = \frac{l}{\mu A}$$

ϕ : 자속[Wb], N : 횟수, A : 단면적[m²], l : 자로의 길이[m], μ : 투자율[H/m]

4. 전자력과 전자유도

(1) 전자력의 방향과 크기

① 플레밍의 왼손 법칙(전동기의 회전 원리)

㉠ 엄지 손가락 : 힘의 방향

㉡ 집게 손가락 : 자장의 방향

㉢ 가운데 손가락 : 전류의 방향

$$F = BIl\sin\theta[\text{N}]$$

(F : 힘, B : 자속밀도[Wb/AT], I : 전류[A], l : 길이[m], θ : 자장과의 각도)

• 자기장의 방향과 전류의 방향이 직각이 아닐 경우 : 자기장을 전류와 직각인 방향과 전류와 같은 방향 성분으로 분해하여 직각 방향 성분과 전류 사이에 발생하는 힘

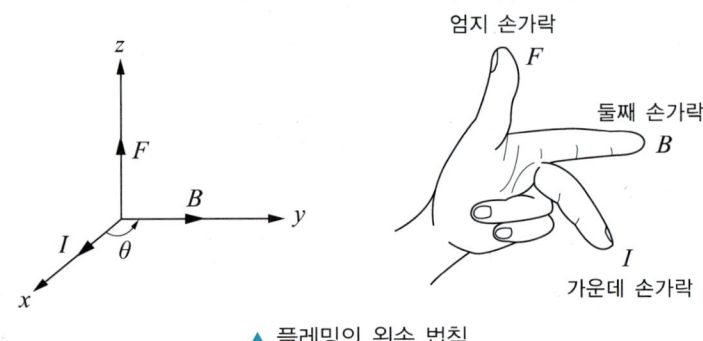

▲ 플레밍의 왼손 법칙

② **전자력의 크기** : 자속밀도 1Wb/m²인 평등 자기장 중에서 자기장과 직각 방향으로 1A의 전류가 흐르는 도체 에는 도체 단위길이 1m당 1N의 전자력 작용

B[Wb/m²]인 평등 자기장에서 자기장과 직각 방향으로 길이 1m인 도체에 전류 I[A]가 흐를 때 발생되는 전 자력은

$$F = BIl[\text{N}]$$

(2) **코일에 작용하는 힘**

도체와 자기장이 직각이 아닌 경우

자장에 대하여 θ의 각도로 높인 도체에 작용하는 힘 F[N]은

$$F = BIl\sin\theta[\text{N}]$$

(3) 평행도체 사이에 작용하는 힘

① 힘의 방향

ㄱ 2개의 도체에 동일한 방향의 전류가 흐르면 흡인력이 형성

ㄴ 2개의 도체에 반대 방향의 전류가 흐르면 반발력이 형성

② 힘의 크기

전선 1m당 작용하는 힘 : $F = BI_2l = 2 \times 10^{-7}\dfrac{I_1}{r} \times I_2 \times 1 = \dfrac{2I_1I_2}{r} \times 10^{-7}[\mathrm{N}]$

(4) 전자유도 및 인덕턴스

① 전자유도

ㄱ 자속의 변화에 의한 전자유도 : 코일 내부에 자석을 가까이했다 멀리했다 하면, 코일을 관통하는 자기력선속의 증감에 의하여 유도기전력이 발생하여 코일에 전류가 흐름

ⓐ 전자유도

• 전자유도 : 코일을 관통하는 자속을 변화시킬 때 도체에 기전력이 발생하는 현상

• 유도기전력 : 전자유도에 의해 흐르는 전류

ⓑ 유도기전력의 방향

• 렌츠의 법칙 : 유도기전력은 자속의 변화를 방해하려는 방향으로 발생

• 유도기전력은 코일을 지나는 자속이 증가될 때에는 자속을 감소시키는 방향으로, 또 감소될 때에는 자속을 증가시키는 방향으로 발생

ⓒ 유도기전력의 크기

• 페러데이의 전자유도 법칙 : 자속 변화에 의한 유도기전력의 크기를 결정하는 법칙

• 유도기전력의 크기 : $e = -N\dfrac{\Delta\phi}{\Delta t}[\mathrm{V}]$

(e : 유도기전력[V], Δt : 시간의 변화량[s], N : 코일권수, $\Delta\phi$: 자속의 변화량[Wb])

음(−)의 부호 : 유도기전력이 발생하는 방향

ㄴ 도체의 운동에 의한 유도기전력

ⓐ 유도기전력의 방향

• 도체를 자기력선속과 직각인 방향으로 움직이면 도체에는 유도기전력이 발생하여 흐르게 되고, 그 방향은 플레밍의 오른손 법칙에 따라 결정

• 플레밍의 오른손 법칙 : 도체 운동에 의한 유도기전력의 방향을 결정하는 법칙
엄지−도체의 운동방향, 검지−자기장의 방향, 중지−유도기전력의 방향

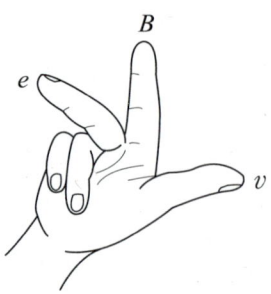

▲ 플레밍의 오른손 법칙

   ⓑ 유도기전력의 크기
- 길이 1m인 도체가 자기력선속 밀도 $B[\mathrm{Wb/m^2}]$의 자기장 속에서 $u[\mathrm{m/s}]$의 속도로 직각으로 움직일 때 유도기전력은 $v = Blu[\mathrm{V}]$
- 직각 방향이 아니면 $v = Blu\sin\theta[\mathrm{V}]$

② 인덕턴스

  ㉠ 자체 인덕턴스 : 코일의 자체 유도능력 정도를 나타내는 양. 기호는 L, 단위는 헨리[H]

    ⓐ 유도기전력의 표현 : $e = -\dfrac{N\Delta\phi}{\Delta t} = -L\dfrac{\Delta I}{\Delta t}[\mathrm{V}]$

    ⓑ 자체 인덕턴스의 표현 : $L = \dfrac{N\phi}{I}[\mathrm{H}]$

    ⓒ 환상코일의 경우 자체 인덕턴스(공심) : $L = \dfrac{N\phi}{I} = (4\pi \times 10^{-7})\dfrac{A}{l}N^2[\mathrm{H}]$

    ⓓ 무한장코일의 경우 자체 인덕턴스(공심) : $L = \dfrac{N_o\phi}{I} = (4\pi \times 10^{-7})AN_o^2[\mathrm{H}]$

    ⓔ 길이가 짧은 코일의 경우 공심의 자체 인덕턴스 : $L = k(4\pi \times 10^{-7})\dfrac{A}{l}N^2[\mathrm{H}]$

  ㉡ 상호 인덕턴스

    상호 유도 : 한쪽 코일의 전류가 변화할 때 다른 쪽 코일에 유도기전력이 발생하는 현상

    ⓐ 상호 인덕턴스 : 1차 전류의 시간변화량과 2차 유도전압의 비례상수, 기호는 M, 단위는 헨리[H]

    ⓑ 2차 코일에 발생되는 유도기전력 : $e_2 = -M\dfrac{\Delta I_1}{\Delta t}[\mathrm{V}]$

    ⓒ 자체 인덕턴스와 상호 인덕턴스와의 관계
- 누설 자속이 없는 경우 : $M = \sqrt{L_1 L_2}[\mathrm{H}]$
- 누설 자속이 있는 경우 : $M = k\sqrt{L_1 L_2}[\mathrm{H}]$ (k : 코일 간의 결합계수)

ⓒ 인덕턴스의 접속

   ⓐ 전자결합이 없는 경우 : $L = L_1 + L_2[\mathrm{H}]$

   ⓑ 전자결합이 있는 경우

      • 가동접속 : 1·2차 코일이 만드는 자속의 방향이 정방향이 되는 접속 $L = L_1 + L_2 + 2M[\mathrm{H}]$

      • 차동접속 : 1·2차 코일이 만드는 자속의 방향이 역방향이 되는 접속 $L = L_1 + L_2 - 2M[\mathrm{H}]$

ⓔ 전자에너지

   자체 인덕턴스에 축적되는 에너지

$$W = \frac{1}{2}LI^2$$

   (W : 축적에너지[J], L : 자체 인덕턴스[H], I : 전류[A])

✏️ 핵심 유형 문제

1 그림과 같은 자극 사이에 있는 도체에 전류 I가 흐를 때 힘은 어느 방향으로 작용하는가?

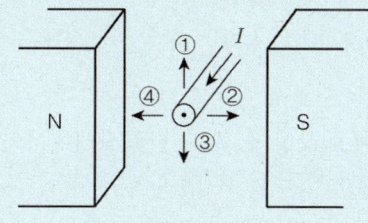

  ① 1   ② 2

  ③ 3   ④ 4

[정답] ①

자기장 내의 공간에서 전류가 흐를 때 힘이 작용하는 것은 전동기의 원리로 플레밍의 왼손 법칙과 관련이 있다. 왼손의 검지는 자기장의 방향으로 2번 방향과 같고, 중지는 전류의 방향으로 앞으로 나오는 방향과 일치시켰을 때 엄지는 힘이 작용하는 방향으로 1번 방향과 같아진다.

5. 전기보호기기

(1) 개폐장치의 종류 및 역할

개폐장치로는 단로기, 개폐기, 차단기로 나눌 수 있다.

① 단로기(DS, Disconnecting Switch)

  ㉠ 개폐기의 일종으로서 기기의 보수, 점검 또는 선로로부터 기기를 분리 등 회로를 변경할 때 사용하는 개폐장치

  ㉡ 용도는 전로나 기기의 점검작업 또는 사고 시에 정상계통에서 분리하여 작업의 안전 확보를 목적으로 사용

  ㉢ 종류는 유중단로기, 기중단로기, 가스단로기 등

  ㉣ 단로기는 구조상 눈으로 회로의 개방상태를 확인할 수 있으나, 차단기는 구조상 완전한 전기적인 분리를 확인하기 어려움

② 개폐기

  ㉠ 개폐기는 부하 시에 개폐 가능하지만 고장전류는 차단할 수 없음

  ㉡ LS(Line Switch)는 선로개폐기이며, 과부하 시 개폐할 수 있음

  ㉢ 유입개폐기(OS), 부하개폐기(LS, LBS), 자동구분개폐기(ASS) 등이 있음

(2) 차단기

차단기는 정상상태인 전로 외에 이상상태, 특히 단락상태에서의 전로도 개폐할 수 있는 장치이다.

① 차단기 종류

  ㉠ OCB(유입차단기) : 소호매질로 절연유를 사용하며 고압차단기로 사용

  ㉡ VCB(진공차단기) : 진공상태에서 전로를 차단하며 현재 고압차단기로 가장 많이 사용

  ㉢ GCB(가스차단기) : 소호매질로 SF6가스를 사용하며 초고압차단기로 사용

  ㉣ ABB(공기차단기) : 소호매질이 압축공기

  ㉤ MBB(자기차단기) : 소호매질이 자기력이다. 고압차단기로 사용

  ㉥ ACB(기중차단기) : 공기로 소호되며 저압차단기로 많이 사용

  ㉦ DS(단로기) : 무부하 시 회로 개폐 가능하며 차단기와 반드시 인터로크 기능이 있어야 함

② 차단기의 역할

  ㉠ 평상시에는 부하전류, 선로의 충전전류, 변압기의 여자전류 등을 개폐

  ㉡ 고장 시에는 보호계전기(Relay, 예를 들어 과전류계전기, 지락전류계전기 등)의 동작에 의해 발생하는 신호를 받아 단락전류, 지락전류, 고장전류 등을 차단하여 기기를 보호하는 역할

(3) 개폐기와 차단기의 기능 비교

구분	단로기	부하개폐기	퓨즈부하개폐기	차단기
부하전류 통전	○	○	○	○
회로분리(무부하)	○	○	○	○
부하전류 개폐	×	○	○	○
단락전류 차단	×	×	○	○

(4) 절연저항

공칭회로전압(V)	시험전압/직류(V)	절연저항(MΩ)
(SELV 및 PELV) > 100VA	250V	0.25MΩ 이상
≤ 500V (FELV 포함)	500V	0.5MΩ 이상
> 500V	1000V	1.0MΩ 이상

① SELV : 안전초저압(Safety Extra Low Voltage)

② PELV : 보호초저압(Protective Extra Low Voltage)

③ FELV : 기능초저압(Functional Extra Low Voltage)

핵심 유형 문제

1 차단기 종류 중 기호가 잘못된 것은?

① OCB(유입차단기) : 소호매질로 절연유를 사용하며 고압차단기로 사용

② VCB(진공차단기) : 진공상태에서 전로를 차단하며 현재 고압차단기로 가장 많이 사용

③ GCB(가스차단기) : 소호매질로 SF6가스를 사용하며 초고압차단기로 사용

④ ABB(수냉차단기) : 소호매질이 물

정답 ④

ABB(공기차단기) : 소호매질이 압축공기

3 승강기 구동 기계 기구 작동 및 원리

1. 직류전동기의 기본 이론 및 특성

(1) 원리

자극 N, S 사이에 코일을 놓고 직류전원과 코일에는 플레밍 왼손 법칙에 따라 회전하는 토크(torque)가 생기므로 코일 전체가 시계 방향으로 회전한다.

(2) 종류

① 타여자 전동기

㉠ 회전속도를 넓은 범위에 걸쳐 미세하게 조종할 수 있음

㉡ 압연기, 대형의 권상기, 크레인 등의 주 전동기로 사용

② 직권전동기

㉠ 기동 토크가 크며, 압력이 과대하게 되지 않음

㉡ 전차, 권상기, 크레인 등과 같이 기동횟수가 빈번하고, 토크의 변동도 심한 부하에 적당

③ 분권전동기

㉠ 부하의 변화에 대한 회전속도의 변동이 적음

㉡ 직류전원이 있는 선박의 펌프, 환기용 송풍기에 사용

④ 복권전동기

㉠ 가동복권 전동기

㉡ 차동복권 전동기

• 수하 특성을 가진 전동기

• 부하 변동에 대하여 속도 변동이 가장 적은 전동기

(3) 직류전동기 제동방법

① 발전제동 : 전동기 전기자를 전원에서 끊고 전동기를 발전기로 동작 전환

② 회생제동 : 전동기의 전원을 접속한 상태에서 전동기에 유기되는 역기전력을 단자전압보다 높게 하여 회전 운동에너지로 발생하는 전력을 전원 측에 반환하는 방식

③ 역상제동 : 전동기의 전원 접속을 바꾸어 반대 방향의 토크를 발생시켜 단자전압보다 역기전력을 크게 하여 제동하는 방법(플러깅)

(4) 직류전동기의 출력, 토크 특성

① 토크

$$\tau = 9.55 \frac{P}{N}[\text{N} \cdot \text{m}] = 0.975 \frac{P}{N}[\text{kg} \cdot \text{m}]$$

(τ : 토크, P : 출력[w], N : 회전수[rpm])

② 효율

　　㉠ $\eta = \dfrac{출력}{입력} \times 100\,[\%]$

　　㉡ 전동기의 규약 효율 : 전기적 에너지 기준

　　　$\eta_M = \dfrac{입력 - 손실}{입력} \times 100\,[\%]$

(5) 직류전동기 속도제어법

① 속도제어

　$N = K'\dfrac{E_C}{\phi} = K'\dfrac{V - I_a R_a}{\phi}$

　(N : 회전수[rpm], V : 단자전압[V], ϕ : 자속(wb), I_a : 전기자전류[A], R_a : 전기자저항[Ω])

속도제어방법	효율	특징
전압제어	좋다.	• 광범위한 속도제어가 가능 • 정토크제어가 가능 • 워드-레오나드 방식, 일그너 방식
계자제어	좋다.	• 세밀하고 안정된 속도제어가 가능 • 속도조정 범위가 좁음 • 정출력 구동방식
저항제어	나쁘다.	• 속도조정 범위가 좁음 • 운전효율이 떨어지고 속도가 불안정

② 속도변동률

　속도변동률 = (무부하속도 - 정격속도) / 정격속도

　속도변동률 $\epsilon = \dfrac{N_0 - N_n}{N_n} \times 100\,[\%]$

✎ **핵심 유형 문제**

1 **직류전동기에서 자속이 감소되면 회전수는 어떻게 되는가?**

　① 정지　　　　　　　　　② 감소

　③ 불변　　　　　　　　　④ 상승

정답 ④

직류전동기란 직류전원에 의해 회전하는 전동기를 말하며, 가변 속도로 큰 기동 토크를 필요로 하는 경우에 주로 사용. 회전 속도 변경 시 계자코일을 흐르는 여자전류를 바꾸거나 또는 전기자전압을 바꾸어 준다.
직류전동기 속도식은 다음과 같으며, 이때 자속이 감소하면 회전수는 증가하게 되는 반비례관계를 갖는다.

$N = K'\dfrac{V - I_a R_a}{\phi}$

여기서, (N : 회전수, I_a : 전기자전류, R_a : 전기자저항, ϕ : 자속, K : 비례상수)

2. 유도전동기의 기본 이론 및 특성

(1) 유도전동기의 종류

　① 단상 유도전동기

　　㉠ 분상 기동형(split-phase starting type)

　　　• 회전자속도가 동기 속도의 70~80% 정도가 되면, 원심력 개폐기가 동작하여 기동권선을 자동적으로 끊음

　　　• 연삭기에 사용

　　㉡ 콘덴서 기동형(condensor starting type)

　　　• 구조가 간단하고 역률이 좋음

　　　• 가정용 세탁기, 냉장고, 선풍기에 사용

　　㉢ 반발 기동형

　　　• 단상 유도전동기의 기동방법 중에서 가장 기동토크가 큼

　　　• 농사용 펌프 등에 사용

　　㉣ 셰이딩 코일형(shading coil type)

　　　• 회전 방향을 바꿀 수 있음

　　　• 기동토크가 작고, 운전 중에는 셰이딩 코일에 전류가 흐르므로 효율, 역률 등이 좋지 않음

　② 3상 유도전동기

　　㉠ 농형 유도전동기 기동법

　　　• 전전압 기동법 : 5kW 이하

　　　• Y-△ 기동법

　　　　– 기동전류로 $\frac{1}{3}$ 감소되고, 기동토크 $\frac{1}{3}$ 로 감소된다.

　　　　– 5~15kW의 전동기에 사용

　　　• 리액터 기동법

　　　• 기동 보상기법 : 15kW 이상, 3상 단권 변압기(탭 변압기)

　　㉡ 권선형 유도전동기

　　　• 기동법 : 2차 저항기동법(기동저항기법)

(2) 유도전동기의 구조

　① 고정자

　　㉠ 철심 두께 : 0.35~0.5mm

　　㉡ 권선법 : 2층·중권의 3상권선(분포, 단절권), 1극 1상의 홈수

　② 회전자

　　㉠ 권선형 회전자 : 효율은 농형에 비해 저하되나, 기동 및 제어는 좋은 기능을 가짐

      ⓒ 농형 회전자 : 구조가 간단하고 견고하며, 운전 중 성능은 좋으나 기동 때의 성능은 낮음

    ③ 공극 : 0.3~2.5mm(직류기는 3~8mm)

(3) 단상 유도전동기

    ① 정역운전 : 주코일이나 보조코일의 극성을 바꾼다.

    ② 콘덴서 기동형 단상 유도전동기 : 대용량의 전해 콘덴서를 보조권선과 직렬로 삽입(역률 개선)

    ③ 단상 유도전동기의 토크 관계

       기동토크가 대 → 소 관계 : 반발 기동형 → 반발 유도형 → 콘덴서 기동형 → 분상형 → 셰이딩 코일형

(4) 유도전동기의 슬립 범위

    ① 전동기 : $0 < s < 1$

    ② 발전기 : $s < 0$

    ③ 제동기 : $s > 1$

(5) 유도전동기의 출력, 토크 특성

    ① 출력(단상 전동기, 3상 전동기)

       단상 : $P = VI\cos\theta\,[\mathrm{W}]$

       3상 : $P = \sqrt{3}\,VI\cos\theta\,[\mathrm{W}]$

    ② 토크

$$\text{토크} : r = 9.55\frac{P}{N} \times \frac{1}{9.8} = 0.975\frac{P}{N}\,[\mathrm{kg \cdot m}]$$

       (P : 출력, N : 분당 회전수)

(6) 유도전동기 속도제어 및 동기속도

    ① 속도제어법

       ⓐ 전압제어

       ⓑ 계자제어

       ⓒ 저항제어

    ② 속도제어

       ⓐ 유도전동기의 속도제어

$$N = (1-s)N_s = (1-s)\frac{120f}{p}\,[\mathrm{rpm}]$$

       • 농형 전동기 : 극수변환법, 주파수제어법, 전압제어법

       • 권선형 전동기 : 2차 저항제어법(슬립제어), 2차 여자제어법(슬립제어)

       ⓑ 유도전동기 이상현상

       • 크로우닝 현상 : 전동기가 정격속도에 이르지 못하고 정격속도 이전의 낮은 속도에서 안정되어 버리는 현상(소음 발생)

- 방지대책 : 사구(skewed slot) 채용

③ 동기속도

동기속도 : $N_s = \dfrac{120 \cdot f}{p}$ [rpm]

(p : 유도전동기의 극수, f : 주파수)

 핵심 유형 문제

1 유도전동기에서 슬립이 1이란 전동기의 어느 상태인가?

① 유도제동기의 역할을 한다.

② 유도전동기가 전부하 운전상태이다.

③ 유도전동기가 정지상태이다.

④ 유도전동기가 동기속도로 회전한다.

정답 ③

유도전동기의 속도(N)

$N = (1-s)N_s = (1-s)\dfrac{120f}{p}$

N : 회전자속도, N_s : 동기속도, s : 슬립, f : 주파수, p : 극수로 나타낼 수 있으며, 여기서 슬립 s의 범위는 0(회전 상태) $< s <$ 1(정지 상태)

3. 동기전동기

- 3상 유도전동기의 회전 방향을 바꾸기 위한 방법 : 3상 유도 또는 동기전동기를 역전시키려면 3가닥선 중에서 임의의 2가닥선의 접속을 바꾸어 접속한다. 이렇게 하면 회전자기장의 방향이 반대로 되고 회전자도 반대 방향으로 회전한다.

 핵심 유형 문제

1 3상 유도전동기의 회전방향을 바꾸기 위한 방법은?

① 3상에 연결된 3선을 순차적으로 전부 바꾸어 주어야 한다.

② 2차 저항을 증가시켜 준다.

③ 1상에 SCR을 연결하여 SCR에 전류를 흐르게 한다.

④ 3상에 연결된 임의의 2선을 바꾸어 결선한다.

정답 ④

3상 유도 또는 동기전동기를 역전시키려면 3가닥선 중에서 임의의 2가닥선의 접속을 바꾸어 접속한다. 이렇게 하면 회전자기장의 방향이 반대로 되고 회전자도 반대 방향으로 회전한다.

4 승강기 제어 및 제어시스템의 원리 및 구성

1. 제어의 개념

① 어떤 대상의 동작을 우리가 원하는 대로 변화시키는 것으로, 어떤 물리량의 상태를 원하는 목적에 맞는 상태로 바꾸는 것

    ㉠ 수동제어 : 제어동작이 사람의 손에 의해서 이루어지는 것

    ㉡ 자동제어 : 제어가 컴퓨터나 기계 등에 의해 자동으로 이루어지는 것

② 자동화의 구성요소

    ㉠ 감지기 : 액추에이터 및 외부의 정보를 감지하여 측정량을 전기적 신호로 변환시켜 제어기에 공급해 주는 입력요소

    ㉡ 제어기 : 센서 등으로부터 입력되는 제어정보를 처리하여 액추에이터에 제어명령을 내려주는 장치

    ㉢ 액추에이터 : 외부의 에너지를 공급받아 일을 하는 출력요소

2. 제어계의 요소 및 구성

① **목푯값** : 입력값으로 피드백 요소에 속하지 않는 신호

② **기준입력요소(설정부)** : 목푯값에 비례하는 기준 입력신호를 발생시키는 장치

③ **동작신호** : 폐루프에 직접 가해지는 입력으로 기준 입력과 주 피드백 신호와의 차로서, 제어동작을 일으키는 신호로 편차라고도 함

④ **제어요소** : 동작신호를 조작량으로 변환하는 요소(조절부+조작부)

⑤ **조절부** : 제어요소가 동작하는 데 필요한 신호를 만들어 조작부에 보내는 부분

⑥ **조작부** : 조절부로부터 받은 신호를 조작량으로 바꾸어 제어대상에 보내주는 부분

⑦ **조작량** : 제어요소가 제어대상에 가하는 제어신호로서 제어요소의 출력신호, 제어대상의 입력신호

⑧ **외란** : 제어량의 값을 교란시키려 하는 외부신호

⑨ **제어대상** : 제어활동을 갖지 않는 출력발생장치로 제어계에서 직접 제어를 받는 장치

⑩ **검출부** : 제어량을 검출하고 입력과 출력을 비교하는 비교부가 반드시 필요

⑪ **제어량** : 제어를 받는 제어계의 출력, 제어대상에 속하는 양

1 제어계의 구성도에서 개루프 제어계에는 없고 폐루프 제어계에만 있는 제어 구성요소는?

① 검출부   ② 조작량

③ 목푯값   ④ 제어대상

정답 ①

되먹임 제어계(피드백 제어계)
• 기본 구성요소 : 검출부, 조절부, 조작부

3. 시퀀스 제어

(1) 개요

① 어떤 동작을 하도록 만들어진 장치가 미리 정해진 순서나 시간 지연 등을 통해서 각 단계별로 순차적인 제어 동작을 하는 전체 시스템을 제어하는 방법

예 승강기 제어, 모터 on-off 제어, 세탁기 제어

② 무접점 소자를 이용한 제어회로에는 PLC 등의 전자회로를 사용한 것이 있고, 유접점 소자는 버튼스위치나 각종 계전기(relay)를 사용

③ 무접점 회로는 기계적 접점을 가지지 않는 반도체 스위칭 소자를 이용하여 구성하는 회로를 말하며, 보통 로직 시퀀스 회로라고도 함

④ 유접점 회로는 보통 릴레이 시퀀스 회로라고도 하며 임의의 시퀀스 제어회로를 계전기, 즉 릴레이, 타이머, 전자접촉기 등의 내부 접점을 이용하여 각각의 동작 사항을 구성하는 기계적 제어를 말함

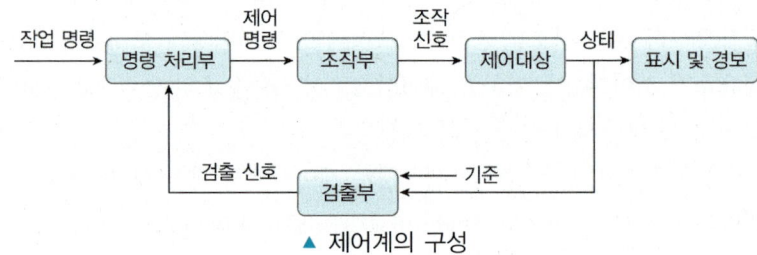

▲ 제어계의 구성

(2) 종류

① 릴레이 시퀀스 : 주위 온도나 서지전압에 대한 내력특성은 좋으나, 소비전력이 크고 접점 동작속도가 느리며, 진동 및 충격 등에 약하고 접점에 수명이 있어서 고장이 많음

② 무접점 시퀀스

㉠ 제어회로에 사용되는 소자(IC, Diode, Transistor, SCR 등)는 동작속도가 빠르고 정밀하며 수명이 긺

㉡ 진동, 충격에 강하고 장치가 소형화되지만, 주위온도에 민감하고 서지전압 발생 시 오작동의 우려가 있으며 동작확인이 어려움

③ PLC 시퀀스

㉠ PLC 시퀀스는 릴레이 시퀀스에서 사용하는 릴레이, 타이머, 카운터 등의 기능을 반도체를 사용하며 조립한 소형컴퓨터

㉡ 손쉽게 프로그램을 바꿀 수 있으며 공정단축 및 제어반의 소형화 등이 가능하나 내부회로에 접근하기 위해서는 전용 로더나 PC에 전용 소프트웨어를 설치해서 사용하기 때문에 보수유지에는 기능적인 것을 많이 요구

(3) 시퀀스 제어의 제어 요소

① 접점기구 – 전기회로의 개폐 스위치 기능

② 버튼스위치, 센서 등의 각종 스위치류의 입력기구는 접점기구

③ 릴레이, 논리소자 등의 보조기구는 접점을 이용하는 접점기구

④ 유접점 기구 : 릴레이 접점과 같이 기계적인 접점으로 눈에 보이는 접점기구

⑤ 무접점 기구 : 논리소자와 같이 접점이 눈에 보이지 않는 접점기구

⑥ 접점의 종류

㉠ a접점(메이크 접점, make contact) : 평상시에는 열려 있고 조작할 때 닫히는 접점으로, a접점(open)은 우(오른쪽), 상(위쪽)에서 접점이 붙음

㉡ b접점(브레이크 접점, brake contact) : 평상시에는 닫혀 있고 조작할 때 열리는 접점으로, b접점(close)은 좌(왼쪽), 하(아래쪽)에서 접점이 붙음

㉢ c접점(전환접점, change over) : a, b 전환접점으로 평시에는 b접점 상태이고, 조작하면 a접점으로 바뀜

수동조작 자동복귀 접점(a접점)	(a)	(b)
수동조작 자동복귀 접점(b접점)	(a)	(b)
기계적 접점 (리밋스위치, a접점)	(a)	(b)
기계적 접점 (리밋스위치, b접점)	(a)	(b)

(4) 시퀀스 제어계 기본회로

① AND gate(ⓧ = A · B) : 두 개의 접점 A, B가 모두 동작해야 출력되는 회로

② OR gate(ⓧ = A+B) : 두 개의 접점 중 하나만 동작해도 출력되는 회로

③ NOT gate : 주어진 입력신호에 대해서 반전된 출력신호를 보내는 회로

④ NAND gate : NAND gate는 AND gate에 NOT를 취한 것으로 AND의 부정

⑤ NOR gate : NOR gate는 OR gate에 NOT를 취한 것으로 OR의 부정

⑥ XOR gate : 두 입력신호 사이의 신호가 다를 때 1을 내보내는 회로 Exclusive OR gate라고도 함

⑦ XNOR gate : 입력 중 짝수 개의 1이 입력될 때 출력이 1이 되고, 그렇지 않은 경우에는 0이 되는 회로

✏️ 핵심 유형 문제

1 다음 그림의 리밋스위치의 접점 명칭은?

① 전기적 a접점   ② 전기적 b접점
③ 기계적 a접점   ④ 기계적 b접점

정답 ④

수동조작 자동복귀 접점(a접점)	(a)	(b)
수동조작 자동복귀 접점(b접점)	(a)	(b)
기계적 접점 (리밋스위치, a접점)	(a)	(b)
기계적 접점 (리밋스위치, b접점)	(a)	(b)

4. 전자회로 및 반도체

(1) 정류회로

다이오드의 정류작용을 이용하여 교류를 직류로 변환하는 회로이다.

① 반파 정류회로 : 입력 정현파의 양(+)에 해당하는 반주기만을 출력시키는 회로

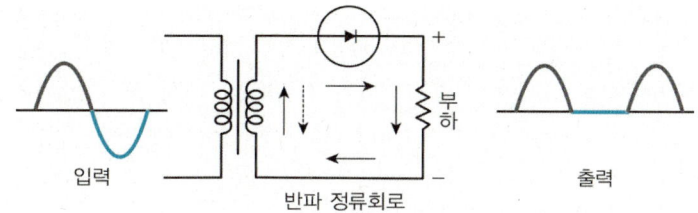

반파 정류회로

② 전파 정류회로 : 입력 정현파의 양(+)과 음(−)에 해당하는 반주기 모두를 출력시키는 회로

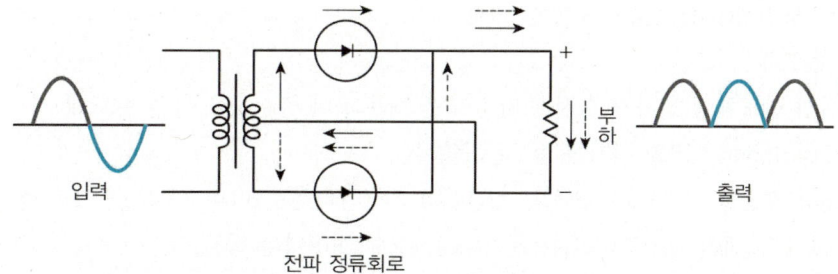

전파 정류회로

③ 브리지 정류회로 : 다이오드 4개를 이용하여 브리지 형태를 띰

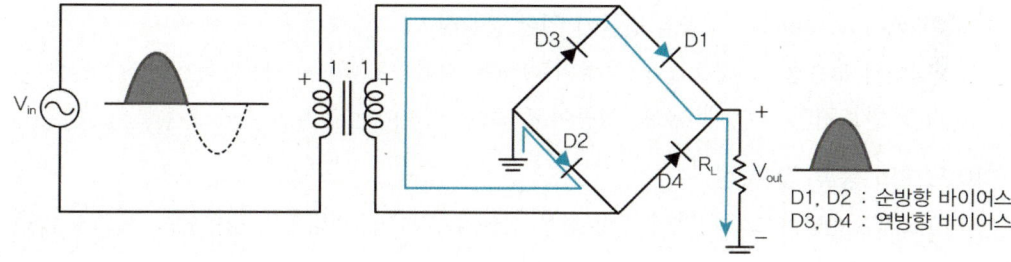

D1, D2 : 순방향 바이어스
D3, D4 : 역방향 바이어스

④ 전력변환장치
- 직류−교류 변환장치(인버터)
- 교류−직류 변환장치(제어정류기)
- 교류−교류 변환장치(사이클로컨버터)
- 직류−직류 변환장치(초퍼)

1 다음 중 직류–직류 변환장치는?

① 인버터   ② 제어정류기

③ 사이클로컨버터   ④ 초퍼

정답 ④

직류–직류 변환장치(초퍼)

(2) 반도체의 성질

반도체 종류로는 진성 반도체, 불순물 반도체가 있음

불순물 반도체(extrinsic semiconductor) : 진성 반도체의 단 결정에 미량의 불순물을 혼합한 반도체. 진성 반도체보다 도전성이 높음(n형, p형 반도체)

① n형 반도체

    ㉠ 진성 반도체에 원자가(가전자)가 5가 원소인 도너 불순물을 넣은 반도체

    ㉡ 도너(donor) : 과잉 전자를 만드는 불순물

    ㉢ 도너 불순물 : N(질소), P(인), As(비소), Sb(안티몬), Bi(비스무트) 등 5족 원소

    ㉣ n형 반도체의 다수 캐리어는 전자이고, 소수 캐리어는 정공

② p형 반도체

    ㉠ 진성 반도체에 원자가(가전자)가 3가 원소인 액셉터 불순물을 넣은 반도체

    ㉡ 액셉터(acceptor) : 정공을 만들기 위한 불순물

    ㉢ 액셉터 불순물 : B(붕소), Al(알루미늄), Ga(갈륨), In(인듐), Tl(탈륨) 등 3족 원소

    ㉣ p형 반도체의 다수 캐리어는 정공이고, 소수 캐리어는 전자

(3) 다이오드의 종류 및 특성

① 다이오드 : 순방향으로 전압이 걸릴 경우 전류가 흐르며, 역방향일 경우에는 흐르지 않음

    ㉠ 순방향 : 애노드(+), 캐소드(−)

    ㉡ 역방향 : 애노드(−), 캐소드(+)

② LED : 순방향으로 전압이 걸리면 빛을 발산한다.

③ 제너다이오드 : 정전압 다이오드

④ 트랜지스터 : 직류 스위칭 소자

⑤ SCR(실리콘 제어 정류기)

    ㉠ 용도 : 대전류, 고전압 교류 스위칭 소자

    ㉡ 게이트에 일정한 전류값 이상이 되었을 경우 양극과 음극 간이 턴온한다. 턴오프하기 위해서는 양극과 음극 간의 전류가 유지전류로 되어야 함

© 교류(+) 반주기만 제어가 가능하다(단방향 소자).

 **핵심 유형 문제**

1 다음 중 PNP형 트랜지스터의 기호로 알맞은 것은?

①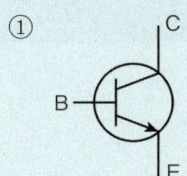

②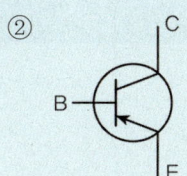

③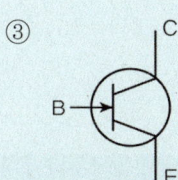

④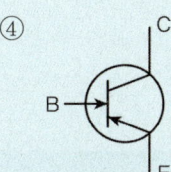

정답 ②

양극성 접합 트랜지스터(BJT ; Bipolar Junction Transistor)
• 2개의 p-n 접합을 가지는 반도체 소자(정공과 전자에 의해서 전류가 흐름)
• 구조 : npn형 또는 pnp형, 이미터(E), 베이스(B), 컬렉터(C)의 3개 단자
  ① NPN 트랜지스터

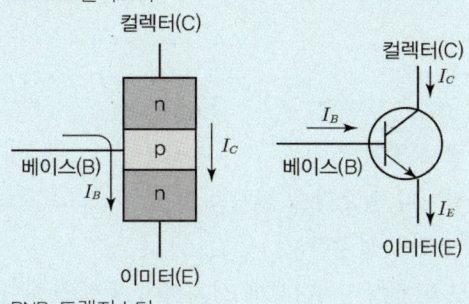

  ② PNP 트랜지스터

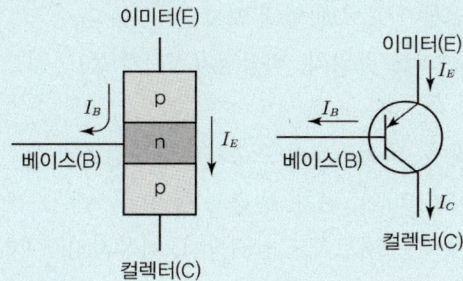

CHAPTER 03 에스컬레이터(무빙워크) 점검

1 구동부 점검하기

1. 구동기, 구동체인, 구동장치

2. 브레이크 시스템

2 안전장치 점검하기

1. 기계적, 전기적 안전장치

설비를 사용하는 작업자가 부상당하지 않기 위해 보호하는 것으로 기계기구 소유자가 일시적, 영구적으로 설치하는 안전장치이다.

(1) 동력전달 등의 방호
① 동력으로 작동되는 기계에 대한 방호조치
② 작동부분의 돌기부분은 묻힘형으로 하거나 덮개를 부착할 것
③ 동력전달부분 및 속도조절부분에는 덮개를 부착하거나 방호망을 설치할 것
④ 회전기계의 물림점(롤러·기어 등)에는 덮개 또는 울을 설치할 것
⑤ 리밋스위치 : 권상한계를 벗어나 계속 감기지 않도록 최상·최하부에 설치하여 동력을 차단
⑥ 회전체 보호커버 : 회전물체는 보호덮개로 방호(권상기 도르래 안전 보호덮개 등)
⑦ 동력차단장치 : 작업자가 위험할 경우 동력을 차단(피트 스위치, 비상정지스위치 등)
⑧ 승강기 종류별 방호장치
㉠ 로프식 승강기 : 도어 인터록, 파이널 리밋스위치, 과속조절기(조속기), 역상검출기 등
㉡ 유압식 승강기 : 체크밸브, 착상보정장치, 파이널 리밋스위치, 완충기 등
㉢ 에스컬레이터 : 구동체인 안전장치, 머신브레이크, 스커트가드 안전장치, 비상정지스위치, 손잡이(핸드레일), 인입구 안전장치 등

3 손잡이 점검하기

1. 손잡이 및 구성품

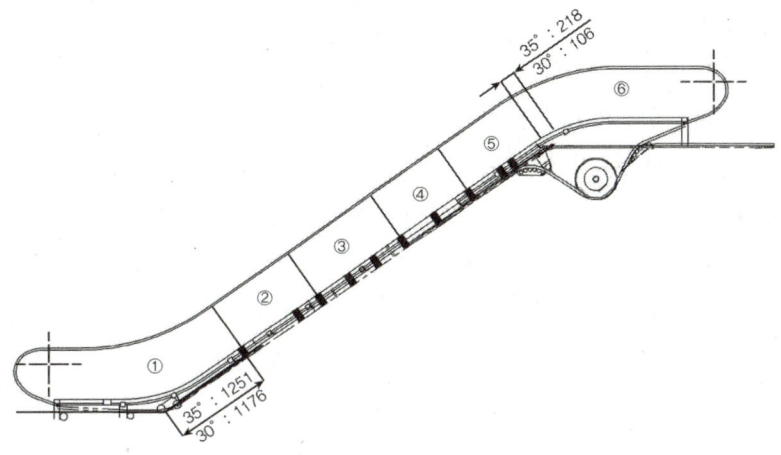

▲ 에스컬레이터의 구조

설치 시 상기 그림에 따라 좌우 양측을 동시에 진행해야 한다. 유리난간 설치 시 유리끼임 가이드에 받침패드를 끼우고 V형이 되도록 한다.

2. 디딤판과 손잡이 속도 측정

① 에스컬레이터와 무빙워크의 경사도와 속도

종류	경사도	속도
에스컬레이터	① 30° 이하(높이가 6m 이하이고 공칭속도가 30m/min(0.5m/s) 이하인 경우 : 경사도를 35°까지 가능) ② 현장 설치여건 등을 감안하여 최대 1°까지 초과 가능	① 30° 이하인 에스컬레이터는 45m/min(0.75m/s) 이하 ② 30°를 초과, 35° 이하인 에스컬레이터는 30m/min(0.5m/s) 이하 ③ 공칭주파수 및 공칭전압에서 ±5%를 초과할 수 없음
무빙워크	12° 이하	0.75m/s 이하

② 에스컬레이터 계단 폭은 0.58~1.1m 이하
③ 승강장 상하부에는 정지스위치가 잘 보이도록 설치

4 상부 기계실 점검하기

1. 디딤판, 트레드, 스커트가드

(1) 구동체인 안전장치
① 구동체인이 끊어지면 주 구동축에 브레이크가 걸려 구동장치를 세우는 장치
② 에스컬레이터의 상승 시와 하강 시에 유효하고 자체하중으로 미끄러지는 것을 예방

(2) 계단(디딤판)체인 안전장치
① 계단체인이 끊어지거나 과도하게 이완되면 계단과 계단 사이에 이격이 생겨 위험하기 때문에 이를 방지하기 위하여 전원을 차단하는 장치
② 스커트가 디딤판 측면에 위치한 경우 수평 틈새는 각 측면에서 4mm 이하이어야 함
③ 반대되는 두 지점의 양 측면에서 측정된 틈새의 합은 7mm 이하이어야 함

(3) 비상정지스위치
① 이용자의 끼임 사고, 넘어짐 사고 및 기타 위험한 상황 시 비상정지 기능
② 상하 승강장에 각각 설치되고 주행구간이 긴 경우에는 중간구간에도 설치
③ 비상정지스위치 제동거리 : 에스컬레이터 30m, 무빙워크 40m

(4) 스커트가드 스위치
① 고정되어 있는 스커트가드와 움직이는 계단 사이에 약간(몇 mm)의 틈이 있어 이물질(손, 발)이 끼면 위험하므로 이를 방지하기 위해 설치하는 장치
② 디딤판과 가드 사이에 이물질이 들어갔을 때 에스컬레이터를 정지시켜야 함
③ 스커트가드의 변화를 검출하는 스위치로 상하의 승강구 부근에 설치

2. 수전반, 제어반, 전기 배관 및 배선
① 수전반 주 개폐기는 안전하며 용이하게 조작할 수 있게 기계실 출입구 가까이에 설치
② 기타 제어장치의 설치는 견고하게 하며, 제어반 각종 스위치의 접점의 작동은 양호
③ 절연저항은 각 회로마다 측정하여 규정에 합격하여야 함

5 하부 기계실 점검하기

1. 디딤판 체인 상태

스커트와 디딤판(스텝) 또는 팔레트 사이 틈새

① 각 측면에서 4mm를 초과하는 것

② 양 측면의 합이 7mm를 초과하는 것

- 2개 디딤판(스텝) 또는 팔레트 사이 틈새 : 6mm를 초과하는 것

2. 콤

(1) 콤과 홈의 맞물림

① 콤의 빗살이 2개 이상 파손된 것

② 맞물림 깊이가 4mm를 초과하는 것

제 **3** 과목

안전관리

CHAPTER 01 승강기 안전관리

CHAPTER 02 승강기 안전검사 수검

CHAPTER 01 승강기 안전관리

1 안전관리 장구 준비하기

1. 안전장비, 장구, 용품

(1) 재해보호구

① **안전모** : 물체의 낙하 또는 비래(날아옴) 및 추락에 의한 위험을 방지 또는 경감시키고 머리부위 감전에 의한 위험을 방지하기 위한 보호구

② **보안경** : 물체가 날아 흩어질 위험이 있는 작업개소에서 사용

③ **보안면** : 용접 시 불꽃 또는 물체가 날아 흩어질 위험이 있는 작업에서 사용

④ **안전벨트** : 고소작업 또는 고속주행작업 기계를 사용할 때 작업자가 추락하는 사고를 방지하기 위한 안전기구

⑤ **보호장갑** : 절삭작업, 용접작업, 전기작업 등의 위험에 대해 손을 보호하기 위한 안전기구

⑥ **작업발판** : 추락 위험이 있는 장소 중 높이 2m 이상인 작업 장소에는 폭 40cm 이상으로 설치

⑦ **안전화** : 낙하물에서 발을 보호하는 목적으로 앞부리 부분에 금속 등의 보강재가 들어있음

(2) 안전모에 사용하는 재료의 성질

① 쉽게 부식하지 않을 것

② 피부에 해로운 영향을 주지 않을 것

③ 사용 목적에 따라 내열성, 내한성 및 내수성을 보유할 것

④ 모체의 표면은 밝고 선명한 색채로 할 것

(3) 사업주는 보호구를 공동사용하여 근로자에게 질병이 감염될 우려가 있는 경우 개인 전용 보호구를 지급하고 질병 감염을 예방하기 위한 조치를 하여야 한다.

예 마스크, 귀마개 등

(4) 안전대

① **1종** : U자걸이 전용

② **2종** : 1개걸이 전용

③ **3종** : 1개걸이, U자걸이 공용

④ **4종** : 안전블록

⑤ **5종** : 추락방지대

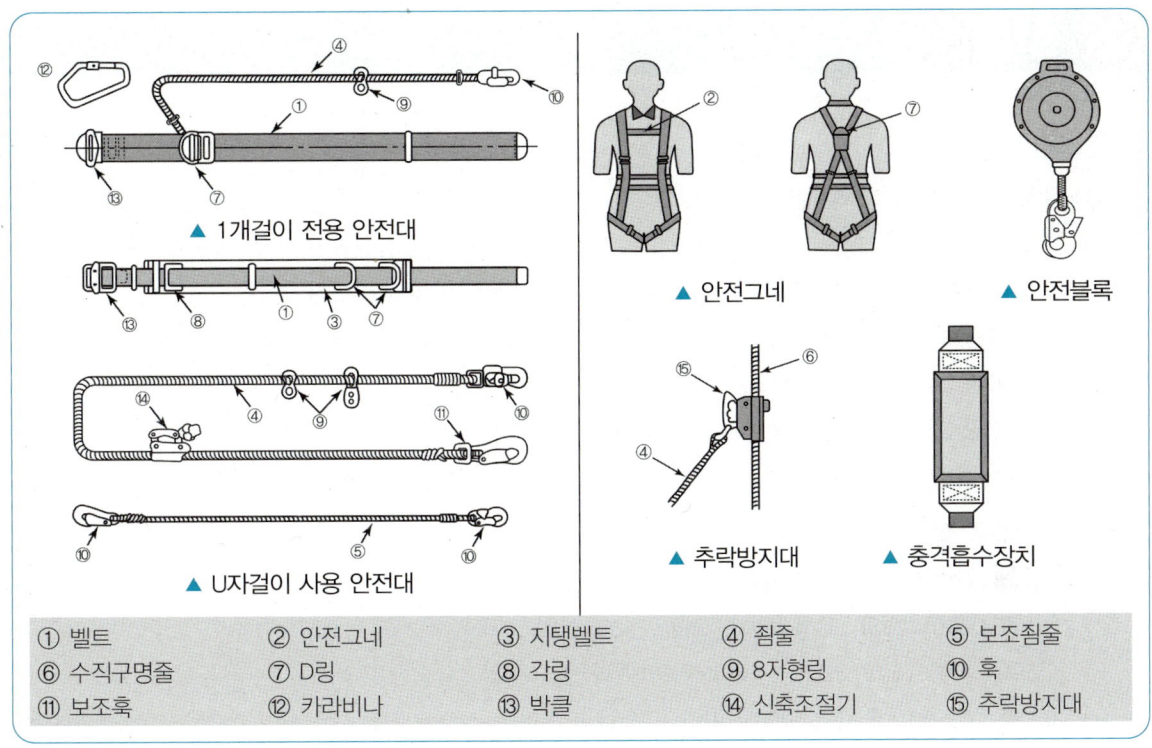

▲ 1개걸이 전용 안전대

▲ U자걸이 사용 안전대

▲ 안전그네

▲ 안전블록

▲ 추락방지대

▲ 충격흡수장치

① 벨트	② 안전그네	③ 지탱벨트	④ 죔줄	⑤ 보조죔줄
⑥ 수직구명줄	⑦ D링	⑧ 각링	⑨ 8자형링	⑩ 훅
⑪ 보조훅	⑫ 카라비나	⑬ 박클	⑭ 신축조절기	⑮ 추락방지대

 핵심 유형 문제

1 추락을 방지하기 위한 2종 안전대의 사용법은?

① U자걸이 전용　　　　　　　　② 1개걸이 전용

③ 1개걸이, U자걸이 겸용　　　　④ 2개걸이 전용

정답 ②

안전대의 사용

높이 또는 깊이 2m 이상의 추락할 위험이 있는 장소에서 작업 시 사용

• 1종 : U자걸이 전용
• 2종 : 1개걸이 전용
• 3종 : 1개걸이, U자걸이 공용
• 4종 : 안전블록
• 5종 : 추락방지대

2 전기안전 준수하기

1. 전기안전용품

(1) 절연화와 절연장화의 성능

① 절연화 : 60Hz, 14,000V의 전압에 1분간 견디어야 하고 충전전류가 5mA 이하이어야 한다.

② 절연장화 : 20,000V에 1분간 견디어야 하고 충전전류가 20mA 이하이어야 한다.

ㄱ A종 : 300V 초과, 교류 600V, 직류 750V 이하의 작업에 사용

ㄴ B종 : 직류 750V 초과, 3,500V 이하의 작업에 사용

ㄷ C종 : 3,500V 초과, 7,000V 이하의 작업에 사용

ㄹ 내전압성능은 60Hz, 20,000V 전압에 1분간 견디고, 충전전류가 20mA 이하

(2) 내전압용 절연장갑

고압, 감전방지 및 방수를 겸한다.

① A종 : 300V 초과, 교류 600V, 직류 750V 이하

② B종 : 직류 750V 초과, 3,500V 이하의 작업

③ C종 : 3,500V 초과, 7,000V 이하의 작업

3 환경관리하기

1. 환경검사 장비

- 산소농도 측정 및 작업환경에 관한 사항
- 사고 시의 응급처치 및 비상시 구출에 관한 사항
- 보호구 착용 및 보호장비 사용에 관한 사항
- 작업내용 · 안전작업 방법 및 절차에 관한 사항
- 장비 · 설비 및 시설 등의 안전점검에 관한 사항
- 그 밖에 안전 · 보건관리에 필요한 사항

2. 안전작업 절차

(1) 작업발판

기계 · 설비의 작업 또는 조작 부분이 그 작업에 종사하는 근로자의 키 등 신체조건에 비하여 지나치게 높거나 낮은 경우 안전하고 적당한 높이의 작업발판을 설치

(2) 안전대

추락할 위험이 있는 높이 2미터 이상의 장소에서 근로자에게 안전대를 착용시킨 경우 안전대를 안전하게 걸어 사용할 수 있는 설비 등을 설치

(3) 관리주체의 준수사항

① 자체점검

② 승강기 또는 승강기부품의 수리

③ 승강기부품의 교체

④ 승강기에 갇힌 이용자의 신속한 구출을 위한 활동

⑤ 청소 등 승강기의 청결상태 유지

⑥ 승강기 안전검사의 입회 및 보조 활동

⑦ 관리주체는 다음의 내용이 포함된 안내표지 또는 명판을 승강기 내부에 부착

　㉠ 승강기 이용자의 준수사항

　㉡ 비상통화장치 사용방법

⑧ 관리주체는 다음의 내용이 포함된 표지 또는 명판을 승강장 문 또는 승강장 주위에 부착

　㉠ 화재 등 비상시 승강기 탑승금지 및 피난계단 이용안내

　㉡ 엘리베이터의 종류(소방구조용 엘리베이터 및 피난용 엘리베이터만 해당)

　㉢ 손 끼임 주의

　㉣ 승강장 문 충돌 주의

(4) 운전자 준수사항

① 운전자가 질병, 피로 등을 느낄 때에는 관리주체에게 보고하고 운전하지 않음

② 술에 취한 채 또는 흡연하면서 운전하지 말 것

③ 정원 또는 적재하중 초과 금지

④ 운전 중 고장이나 정상적으로 운행되지 않을 경우 관리주체에게 보고하고 지시에 따름

⑤ 운전 종료 후 정지스위치를 내린 후 전용운전반함을 잠금

⑥ 비상용 기구류는 반드시 제어반 전원을 차단시킨 상태에서 사용

(5) 엘리베이터

① 엘리베이터 출입문에 충격을 가하지 않아야 함

② 엘리베이터 출입문에 손이나 발을 대지 않아야 함

③ 엘리베이터 출입문을 강제로 열지 않아야 함

④ 엘리베이터 출입문이 완전히 열린 후에 타거나 내려야 함

⑤ 엘리베이터에서는 뛰거나 장난치지 않아야 함

⑥ 정원 또는 정격하중을 준수하여 엘리베이터를 이용해야 함

⑦ 어린이나 노약자는 보호자와 함께 엘리베이터를 이용해야 함

⑧ 엘리베이터에 갇힌 경우에는 임의로 판단하여 탈출을 시도하지 않아야 함(비상통화장치를 통해 외부에 구출을 요청하고 차분히 기다려야 함)

⑨ 검사에 불합격하였거나 운행이 정지된 엘리베이터의 경우에는 임의로 이용하지 않아야 함

⑩ 화재 또는 지진 등 재난이 발생한 경우에는 엘리베이터를 이용하지 않아야 함(피난용 엘리베이터의 경우에는 승강기 안전관리자 등 통제자의 지시에 따라 이용할 수 있음)

⑪ 화물용 엘리베이터의 경우에는 화물 취급자 또는 조작자 한 명만 탑승해야 함

⑫ 소형화물용 엘리베이터의 경우에는 탑승하지 않아야 함

⑬ 자동차용 엘리베이터의 경우에는 출입문과 충돌하지 않도록 운전에 주의해야 함

⑭ 줄넘기, 애완동물의 목줄 등이 엘리베이터의 출입문에 끼이지 않도록 주의해야 함

⑮ 그 밖에 이물질을 버리거나 담배를 피우는 등 타인에 피해가 되는 행위를 하지 않아야 함

(6) 에스컬레이터 및 무빙워크

① 에스컬레이터 또는 무빙워크에서는 뛰지 않아야 함

② 에스컬레이터 또는 경사형 무빙워크에서는 걷지 않아야 함

③ 디딤판의 노란 안전선 안에 탑승하여 에스컬레이터 또는 무빙워크를 이용해야 함

④ 에스컬레이터 또는 경사형 무빙워크를 이용할 때에는 손잡이를 잡고 이용해야 함

⑤ 쇼핑카트를 가지고 무빙워크를 이용하는 경우에는 출구에서 힘껏 쇼핑카트를 밀어주어야 함

⑥ 에스컬레이터 또는 무빙워크 손잡이 난간 밖으로 몸을 내밀지 않아야 함

⑦ 에스컬레이터 또는 무빙워크 손잡이 난간에 몸을 기대지 않아야 함

⑧ 에스컬레이터 또는 무빙워크가 운행하는 반대 방향으로 탑승하지 않아야 함

⑨ 유모차 또는 수레 등을 가지고 에스컬레이터 또는 무빙워크에 탑승하지 않아야 함

⑩ 휠체어, 전동 스쿠터 등에 탑승한 사람은 에스컬레이터 및 무빙워크를 이용 금지

⑪ 검사에 불합격하였거나 운행이 정지된 에스컬레이터 또는 무빙워크의 경우에는 임의로 이용하지 않아야 함

⑫ 에스컬레이터 또는 무빙워크 비상정지 버튼을 임의로 누르지 않아야 함

⑬ 그 밖에 이물질을 버리거나 담배를 피우는 등 타인에 피해가 되는 행위를 하지 않아야 함

핵심 유형 문제

1 엘리베이터로 인하여 인명 사고가 발생했을 경우 안전관리자의 대처사항으로 부적합한 것은?

① 의약품, 들것, 사다리 등의 구급용구를 준비하고 장소를 명시한다.

② 구급을 위해 의료기관과의 비상연락체계를 확립한다.

③ 전문 기술자와의 비상연락체계를 확립한다.

④ 자체검사에 관한 사항을 숙지하고 기술적인 사고요인을 검사하여 고장요인을 제거한다.

정답 ④

사고 발생 시의 조치
- 의약품, 들것, 사다리 등 인명구조에 필요한 구급조치
- 승강기 검사기관 등 관계기관에 비상연락 및 피해자 가족에게 연락
- 관리주체는 승강기 사고가 발생하였을 경우에는 즉시 승강기 사고현황을 당해 승강기 검사기관에 보고하여야 한다.

제3과목 안전관리

CHAPTER 02 승강기 안전검사 수검

1 안전검사 수검

1. 승강기부품의 기능별 점검(전기, 제어, 기계)

(1) 충전부 전체를 절연한다.

① 덮개, 방호망 등으로 충전부를 방호

② 안전전압 이하의 기기를 사용

(2) 감전전류와 인체의 정도

감전전류(mA)	인체의 정도	감전전류(mA)	인체의 정도
1	전기를 느낄 정도	20	근육수축 심하고 행동 불능
5	상당한 고통을 느낌	50	위험 상태
10	견디기 어려운 고통	100	치명적 결과 초래

(3) 전압의 구분

구분	교류(AC)	직류(DC)
저압	1,000V 이하	1,500V 이하
고압	1,000V 초과 7kV 이하	1,500V 초과 7kV 이하
특별고압	7kV(7,000V) 초과	

① 동력으로 작동되는 기계에 대한 방호조치

② 작동부분의 돌기부분은 묻힘형으로 하거나 덮개를 부착할 것

③ 동력전달부분 및 속도조절부분에는 덮개를 부착하거나 방호망을 설치할 것

④ 회전기계의 물림점(롤러·기어 등)에는 덮개 또는 울을 설치할 것

⑤ 리밋스위치 : 권상한계를 벗어나 계속 감기지 않도록 최상·최하부에 설치하여 동력을 차단

⑥ 회전체 보호커버 : 회전물체는 보호덮개로 방호(권상기 도르래 안전 보호덮개 등)

⑦ 동력차단장치 : 작업자가 위험할 경우 동력을 차단(피트 스위치, 비상정지스위치 등)

⑧ 승강기 종류별 방호장치

　㉠ 로프식 승강기 : 도어 인터록, 파이널 리밋스위치, 과속조절기(조속기), 역상검출기 등

　㉡ 유압식 승강기 : 체크밸브, 착상보정장치, 파이널 리밋스위치, 완충기 등

　㉢ 에스컬레이터 : 구동체인 안전장치, 머신브레이크, 스커트가드 안전장치, 비상정지스위치, 손잡이(핸드레일), 인입구 안전장치 등

2. 오버밸런스(over balance)율

① 엘리베이터 카의 자중에 적재하중을 더하는 값(%)을 말함

- 약 40~50%를 더함(승용 : 45%, 화물용 : 50%)

② 균형추의 중량(G) = 카 자체하중 + L · F

- L : 정격적재량[kg], F : 오버밸런스율

(1) 카, 승강로, 기계실 등의 조명

① 카

ㄱ 카에는 카 조작반 및 카 벽에서 100mm 이상 떨어진 카 바닥 위로 1m 모든 지점에 200lx 이상으로 비추는 전기조명장치가 영구적으로 설치되어야 함

ㄴ 조명장치에는 2개 이상의 등(燈)이 병렬로 연결되어야 함

ㄷ 카는 문이 닫힌 채로 승강장에 정지하고 있을 때를 제외하고 계속 조명되어야 함

② 기계실 · 기계류 공간 및 풀리실에는 다음의 구분에 따른 조도 이상을 밝히는 영구적으로 설치된 전기조명이 있어야 함

ㄱ 작업공간의 바닥면 : 200lx

ㄴ 작업공간 간 이동공간의 바닥면 : 50lx

③ 패널 공급되는 전기조명은 구동기에 공급되는 전원과는 독립적이어야 함

④ 조명 스위치는 기계실 출입문 가까이에 적절한 높이로 설치되어야 함

(2) 비상등

① 카 내부에 있는 비상통화장치의 작동버튼 및 카 바닥 위 1m 지점의 카 중심부에서 측정하여 5lx 이상의 조도로 1시간 동안 전원이 공급되어야 함

② 비상등은 다음과 같은 장소에 조명되어야 하고, 정상 조명전원이 차단되면 즉시 자동으로 점등되어야 함

ㄱ 카 내부 및 카 지붕에 있는 비상통화장치의 작동 버튼

ㄴ 카 바닥 위 1m 지점의 카 중심부

ㄷ 카 지붕 바닥 위 1m 지점의 카 지붕 중심부

③ 비상등의 조명에 사용되는 비상전원 공급장치가 비상통화장치와 동시에 사용될 경우, 그 비상전원 공급장치는 충분한 용량이 확보되어야 함

(3) 비상 및 작동시험을 위한 운전

① 비상운전 및 작동시험을 위한 필요장치는 승강로 외부에서 모든 비상운전 및 엘리베이터의 필요한 작동시험을 수행하기 위해 적합한 패널에 있어야 함

② 패널에는 권한이 있는 사람만이 접근할 수 있어야 함

③ 비상운전 및 작동시험 장치가 구동기 캐비닛 내부에서 보호되지 못할 경우

ㄱ 승강로 내부 방향으로 열리지 않아야 함

      ⓛ 열쇠로 조작되는 잠금장치가 있어야 함

      ⓒ 열쇠 없이 다시 닫히고 잠길 수 있어야 함

④ 패널에는 다음 사항을 만족하는 장치 또는 설비가 있어야 함

      ㉠ 적합한 내부통화 시스템과 비상운전

      ⓛ 작동시험을 수행할 수 있는 제어설비

      ⓒ 아래와 같은 내용을 나타내는 구동기의 방향 감시 또는 표시장치

        • 카의 운행 방향

        • 잠금해제구간의 도착

        • 엘리베이터 카 속도

⑤ 패널에 있는 장치는 50lx 이상을 비출 수 있는 영구적으로 설치된 조명이 있어야 함

      • 패널 위 또는 근처에 설치된 스위치는 패널의 조명을 점멸할 수 있어야 함

Craftsman Elevator

8 개년

기출복원문제

2018년 제**1**회 ~ 제**2**회   기출복원문제

2019년 제**1**회 ~ 제**2**회   기출복원문제

2020년 제**1**회 ~ 제**2**회   기출복원문제

2021년 제**1**회 ~ 제**2**회   기출복원문제

2022년 제**1**회 ~ 제**2**회   기출복원문제

2023년 제**1**회 ~ 제**2**회   기출복원문제

2024년 제**1**회 ~ 제**2**회   기출복원문제

2025년 제**1**회   기출복원문제

2018년 제1회 기출복원문제

01 다음 중 에스컬레이터의 일반구조에 대한 설명으로 옳지 않은 것은?

① 일반적으로 경사도는 30° 이하로 하여야 한다.

② 핸드레일의 속도가 디딤바닥과 동일한 속도를 유지하도록 한다.

③ 디딤바닥의 정격속도는 0.5m/s 이상이어야 한다.

④ 물건이 에스컬레이터의 각 부분에 끼이거나 부딪치는 일이 없도록 안전한 구조이어야 한다.

해설		
종류	경사도	속도
에스 컬레 이터	(1) 30° 이하[높이가 6m 이하이고 공칭속도가 30m/min(0.5m/s) 이하인 경우 : 경사도를 35°까지 가능] (2) 현장 설치여건 등을 감안하여 최대 1°까지 초과 가능	(1) 30° 이하인 에스컬레이터는 45m/min(0.75 m/s) 이하 (2) 30°를 초과하고 35° 이하인 에스컬레이터는 30m/min(0.5m/s) 이하 (3) 공칭주파수 및 공칭전압에서 ±5%를 초과할 수 없음
무빙 워크	12° 이하	0.75m/s 이하

02 중앙 개폐방식 승강장 도어를 나타내는 기호는?

① 2S
② UP
③ CO
④ SO

해설		
도어 방식	도어 종류	용도
가로 열기	1S, 2S, 3S	화물용 및 병원(침대용) 엘리베이터
중앙 열기	2CO, 4CO	승용 엘리베이터
상하 열기	외짝문, 2짝문	자동차용, 대형화물전용 엘리베이터
스윙식	외짝식, 2짝식	
(숫자는 문짝의 수, S는 가로열기, CO는 중앙열기방식)		

03 카가 최하층에 정지하였을 때 균형추 상단과 기계실 하부와의 거리는 카 하부와 완충기와의 거리보다 어떤 상태이어야 하는가?

① 작아야 한다.

② 커야 한다.

③ 같아야 한다.

④ 크거나 작거나 관계없다.

> **해설** 카가 완충기에 충돌 전 균형추가 기계실 하부에 충돌하기 때문에 균형추 상단과 기계실 하부와의 거리가 카 하부와 완충기와의 거리보다 커야 함

04 승강기가 최하층을 통과했을 때 주전원을 차단시켜 승강기를 정지시키는 것은?

① 완충기
② 조속기
③ 비상정지장치
④ 파이널 리밋스위치

정답 **01** ③ **02** ③ **03** ② **04** ④

> **해설** **파이널 리밋스위치**(final limit switch)
> • 리밋스위치 미작동에 대비하여 최상층 또는 최하층을 현저하게 지나치지 않도록 함
> • 최하층 종점스위치의 작동 : 카가 완충기에 접촉하기 전 작동

05 에스컬레이터(무빙워크 포함)에서 6개월에 1회 점검하는 사항이 아닌 것은?

① 구동기의 베어링 점검
② 구동기의 감속기어 점검
③ 중간부의 스텝레일 점검
④ 핸드레일 시스템의 속도 점검

> **해설** 핸드레일의 속도 점검주기는 월 1회

06 트랙션권상기의 특징으로 틀린 것은?

① 소요동력이 작다.
② 행정거리의 제한이 없다.
③ 주로프 및 도르래의 마모가 일어나지 않는다.
④ 권과(지나치게 감기는 현상)를 일으키지 않는다.

> **해설** **트랙션식**
> • 한쪽에는 카, 다른 쪽에는 균형추를 매달아 권상기의 도르래에 걸어 구동하는 방식
> • 도르래와 도르래에 감긴 로프 사이에 마모가 발생함

07 권상도르래, 풀리 또는 드럼과 현수로프의 공칭직경 사이의 비는 스트랜드의 수와 관계없이 얼마 이상이어야 하는가?

① 10   ② 20
③ 30   ④ 40

> **해설** 로프(벨트)의 가닥수와 관계없이 40 이상이어야 함 다만, 주택용 엘리베이터의 경우 30 이상이어야 함

08 와이어로프 가공방법 중 효과가 가장 우수한 것은?

①
②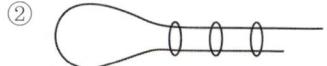
③
④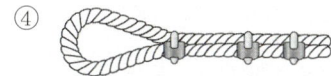

> **해설** **와이어로프의 단말가공 형태**

종류	형태	효율
소켓 (Socket)		100%
심블 (Thimble)		24mm : 95%
웨지 (Wedge)		26mm : 75~90%
아이 스플라이스 (Eye Splice)		• 6mm : 90% • 9mm : 88% • 12mm : 86% • 18mm : 82%
클립 (Clip)		75~80%

09 균형추의 중량을 결정하는 계산식은? (단, 여기서 L은 정격하중, F는 오버밸런스율이다)

① 균형추의 중량 = 카 자체하중 × (L · F)
② 균형추의 중량 = 카 자체하중 + (L + F)
③ 균형추의 중량 = 카 자체하중 + (L − F)
④ 균형추의 중량 = 카 자체하중 + (L · F)

> **해설** 균형추의 중량 = 카 자체하중 + (정격적재하중 × 오버밸런스율)

10 유도전동기에서 슬립이 1이란 전동기의 어느 상태인가?

① 유도제동기의 역할을 한다.
② 유도전동기가 전부하 운전상태이다.
③ 유도전동기가 정지상태이다.
④ 유도전동기가 동기속도로 회전한다.

> **해설** 유도전동기 슬립상태
> • 무부하 운전 시 : s=0
> • 정지 시 : s=1
> • 경부하, 정격부하 : 0 < s < 1

11 승강기에 설치할 방호장치가 아닌 것은?

① 가이드 레일
② 출입문 인터로크
③ 조속기
④ 파이널 리밋스위치

> **해설** 가이드 레일(주행안내 레일) : 승강로 안에 수직으로 설치한 T자형 레일로 방호장치 아님

12 전기식 엘리베이터 자체점검 중 카 위에서 하는 점검항목 장치가 아닌 것은?

① 비상구출구
② 도어잠금 및 잠금해제장치
③ 카 위 안전스위치
④ 문닫힘안전장치

> **해설** 문닫힘안전장치는 문닫힘 시 사람이 끼이면 문이 반전하여 열리도록 하는 것으로, 카 실내에서 확인
> **카 상부 점검사항**
> • 카 프레임 상태
> • 비상정지의 연결기구 상태
> • 과부하 방지장치의 동작상태
> • 비상구출구 스위치 동작상태

13 승객용 엘리베이터의 적재하중 및 최대정원을 계산할 때 1인당 하중의 기준은 몇 [kg]인가?

① 70   ② 75
③ 78   ④ 80

> **해설** 정원 $= \dfrac{\text{정격하중}}{75\text{kg}}$

14 조속기의 종류가 아닌 것은?

① 롤세이프티형 조속기
② 디스크형 조속기
③ 플렉시블형 조속기
④ 플라이볼형 조속기

정답 **09** ④ **10** ③ **11** ① **12** ④ **13** ② **14** ③

조속기의 종류

① 디스크형(Disk Governor : GD)

과속조절기 시브의 속도가 빨라지면 원심력에 의해 웨이트가 벌어지는데, 이때 과속조절기 스위치가 작동해 전원을 차단하고 브레이크가 걸림

– 저·중속 엘리베이터에 사용

② 플라이볼형(Fly ball Governor : GF)

시브의 회전을 종축으로 변환시켜 그 원심력으로 플라이 볼이 작동해 전원스위치와 추락방지안전장치를 작동시킴

– 고속 엘리베이터에 사용

③ 롤세이프티형(마찰정지형, GR)

과속 발생 시, 이를 검출하여 동력 전원회로를 차단하고, 전자 브레이크를 작동시켜서 과속조절기 도르래 홈과 로프 사이의 마찰력으로 비상정지시킴

– 저속 엘리베이터에 사용

해설 관성모멘트

• 회전축 중심으로 회전하는 물체가 계속해서 회전을 지속하려고 하는 성질의 크기

• 외부에서 힘이 작용하지 않는다면 회전부분의 관성모멘트가 클수록 각속도가 작아져 고빈도 단속 사용에 부적합

15 다음 중 카 실내에서 검사하는 사항이 아닌 것은?

① 전동기 주회로의 절연저항

② 승강장 출입구 바닥 앞부분과 카 바닥 앞부분과의 틈의 너비

③ 도어 스위치의 작동상태

④ 외부와 연결하는 통화장치의 작동상태

해설 전동기 주회로의 절연저항검사는 기계실 점검사항이다.

16 교류 엘리베이터의 전동기 특성으로 적당하지 않은 것은?

① 고빈도로 단속 사용하는 데 적합한 것이어야 한다.

② 가동토크가 커야 한다.

③ 기동전류가 작아야 한다.

④ 회전부분의 관성모멘트가 커야 한다.

17 직류전동기 회로에서 분류기의 위치로 옳은 것은?

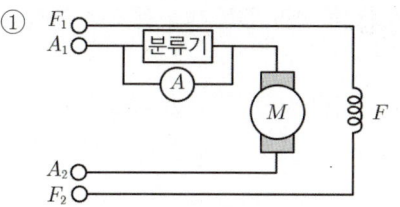

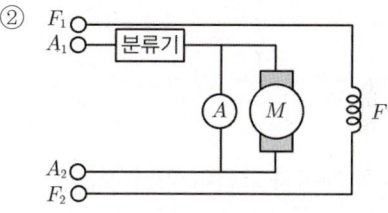

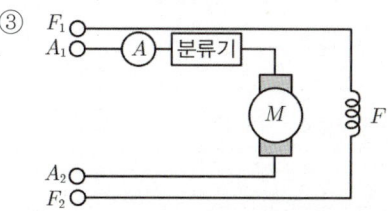

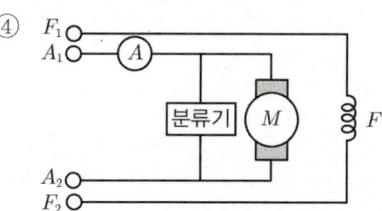

18 다음 중 직류직권 전동기의 용도로 가장 적합한 것은?

① 엘리베이터 　　② 컨베이어

③ 크레인 　　④ 에스컬레이터

19 재해 발생 과정의 요건이 아닌 것은?

① 사회적 환경과 유전적인 요소

② 개인적 결함

③ 사고

④ 안전한 행동

20 안전 작업모를 착용하는 목적에 있어서 안전관리와 관계가 없는 것은?

① 종업원의 표시

② 화상의 방지

③ 감전의 방지

④ 비산물로 인한 부상 방지

21 재해의 직접원인에 해당되는 것은?

① 안전지식의 부족

② 안전수칙의 오해

③ 작업기준의 불명확

④ 복장, 보호구의 결함

22 현장 내에 안전표지판을 부착하는 이유로 가장 적합한 것은?

① 작업방법을 표준화하기 위하여
② 작업환경을 표준화하기 위하여
③ 기계나 설비를 통제하기 위하여
④ 비능률적인 작업을 통제하기 위하여

> **해설** 안전표지판을 부착해 작업환경을 표준화하여 안전한 작업장 조성

23 안전사고의 발생요인으로 심리적인 요인에 해당되는 것은?

① 감정
② 극도의 피로감
③ 육체적 능력 초과
④ 신경계통의 이상

> **해설** ②, ③, ④는 생리적 요인
>
> 안전사고의 발생요인
> • 관리상 요인 : 작업지식 부족, 작업 미숙, 작업방법 불량
> • 생리적 요인 : 몸 건강, 체력 부족, 신체적 결함, 피로, 수면 부족, 신경계통의 결함 등
> • 심리적 요인 : 정신력 부족, 무기력, 경솔, 불만, 갈등, 감정 등

24 엘리베이터의 소유자나 안전(운행)관리자에 대한 교육내용이 아닌 것은?

① 엘리베이터에 관한 일반지식
② 엘리베이터에 관한 법령 등의 지식
③ 엘리베이터의 운행 및 취급에 관한 지식
④ 엘리베이터의 구입 및 가격에 관한 지식

> **해설** 엘리베이터의 구입비용에 관한 내용은 부적합

25 감전사고의 원인이 되는 것과 관계없는 것은?

① 기계기구의 빈번한 기동 및 정지
② 전기기계기구나 공구의 절연파괴
③ 콘덴서의 방전코일이 없는 상태
④ 정전작업 시 접지가 없어 유도전압이 발생

> **해설** 기계기구의 빈번한 기동 및 정지는 감전사고와 무관

26 승강장의 문이 열린 상태에서 모든 제약이 해제되면 자동적으로 닫히게 하여 문의 개방에서 생기는 2차 재해를 방지하는 것은?

① 도어 인터로크
② 도어 클로저
③ 도어 머신
④ 도어 행거

> **해설** 도어 클로저
> 도어가 열려 있으면 자동으로 닫히도록 하는 장치
> • 스프링식 : 스프링을 이용한 자동으로 닫힘, 고속용 엘리베이터
> • 중력식 : 와이어와 추를 이용한 중력으로 자동으로 닫힘, 중저속용 엘리베이터

27 카 도어로크가 설치되어 사람의 힘으로 열 수 없는 경우나 화물용 엘리베이터의 경우를 제외하고 엘리베이터의 카 문의 앞부분과 승강장 문과의 수평거리는 일반적인 경우 그 기준을 몇 [mm] 이하로 하도록 하고 있는가?

① 30
② 55
③ 100
④ 120

> **해설**
> • 출입구 바닥 앞부분과 카 바닥 앞부분의 틈새는 3.5cm 이하
> • 카 문과 승강장 문 사이의 수평거리 또는 문 사이의 접근거리는 0.12m 이하

28 균형로프(Compensating Rope)의 역할로 적합한 것은?

① 카의 낙하를 방지한다.
② 균형추의 이탈을 방지한다.
③ 주로프와 이동케이블의 이동으로 변화된 하중을 보상한다.
④ 주로프가 열화되지 않도록 한다.

> **해설** 균형로프, 균형체인은 카 위치에 따라 메인로프의 무게 불균형이 커질 때 보상하기 위한 로프 및 체인

29 엘리베이터가 급정지 시 균형로프가 튀어 오르는 것(관성에 의해)을 방지하기 위해 설치하는 장치는?

① 파킹스위치
② 슬로다운 스위치
③ 튀어오름방지장치
④ 각 층 강제 정지운전 스위치

> **해설** 카의 추락방지안전장치가 작동 시에 로크다운 추락방지안전장치를 동작시켜 균형추 로프 등이 관성으로 상승하는 것을 예방[속도 210m/min(3.5m/s) 이상의 엘리베이터에 필요한 장치]

30 에스컬레이터의 층고가 6m 이하일 때의 경사도는 몇° 이하로 할 수 있는가?

① 15°
② 25°
③ 35°
④ 45°

> **해설** 30°를 초과하면 안 된다.
> 다만, 층고가 6m 이하, 공칭속도가 0.5m/s 이하인 경우 경사도를 35°까지 증가시킬 수 있다.

31 방호장치 중 과도한 한계를 벗어나 계속적으로 작동하지 않도록 제한하는 장치는?

① 크레인
② 리밋스위치
③ 윈치
④ 호이스트

> **해설**
> • 리밋스위치 : 케이지가 최상층 또는 최하층을 지나치지 않도록 Cage를 감속·제어하여 정지시키는 장치
> • 윈치 : 원통형의 드럼에 와이어로프를 감아, 도르래를 이용해서 중량물을 높은 곳으로 들어 올리거나 끌어당기는 장치(권양기)
> • 호이스트 : 전동기, 감속장치, 와인딩드럼 등을 일체로 통합시킨 소형기계(권상기)

32 비상용 승강기에 대한 설명 중 틀린 것은?

① 예비전원을 설치하여야 한다.
② 외부와 연락할 수 있는 전화를 설치하여야 한다.
③ 정전 시에는 예비전원으로 작동할 수 있어야 한다.
④ 승강기의 운행속도는 90m/min 이상으로 해야 한다.

> **해설**
> • 높이가 31m를 초과하는 건축물에는 설치해야 함
> • 주로 화재 시 사용하므로 방화문을 설치하고 전원을 2시간 이상 공급할 수 있는 시설 필요
> • 운행속도는 60m/min 이상이며, 중앙관제실과 통화가 가능해야 함

33 화재 시 조치사항에 대한 설명 중 틀린 것은?

① 비상용 엘리베이터는 소화활동 등 목적에 맞게 동작시킨다.
② 빌딩 내에서 화재가 발생할 경우 반드시 엘리베이터를 이용해 비상탈출을 시켜야 한다.
③ 승강로에서의 화재 시 전선이나 레일의 윤활유가 탈 때 발생되는 매연에 질식되지 않도록 주의한다.
④ 기계실에서의 화재 시 카 내의 승객과 연락을 취하면서 주전원 스위치를 차단한다.

> **해설** 화재 시 엘리베이터는 전원차단으로 고립될 수 있고 질식의 우려가 있어 절대 사용하지 말고 계단을 이용해 대피한다.

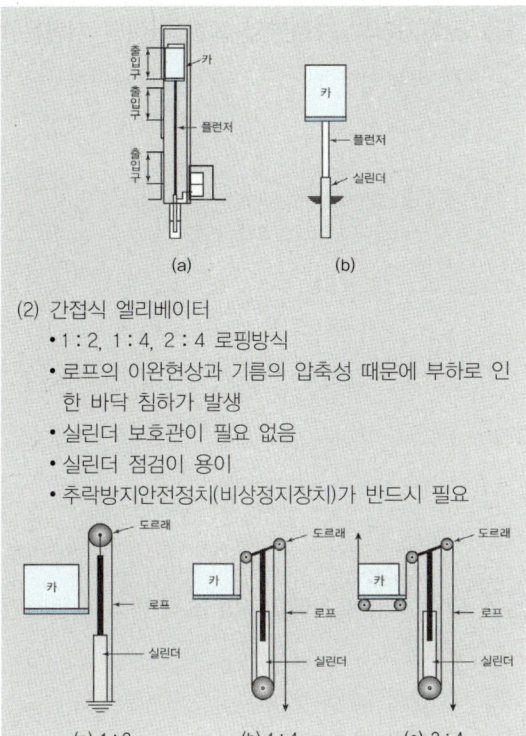

(2) 간접식 엘리베이터
- 1 : 2, 1 : 4, 2 : 4 로핑방식
- 로프의 이완현상과 기름의 압축성 때문에 부하로 인한 바닥 침하가 발생
- 실린더 보호관이 필요 없음
- 실린더 점검이 용이
- 추락방지안전장치(비상정지장치)가 반드시 필요

34 간접식 유압 엘리베이터의 특징이 아닌 것은?

① 부하에 의한 카 바닥의 빠짐이 비교적 작다.
② 비상정지장치가 필요하다.
③ 실린더 설치를 위한 보호관이 필요하지 않다.
④ 실린더의 점검이 용이하다.

> **해설**
> (1) 직접식 엘리베이터
> 램(실린더) 또는 플런저의 직상부에 카를 설치하는 방식
> - 1 : 1 로핑방식
> - 실린더 설치를 위한 보호관을 지하에 매설해야 되므로 설치가 어려움
> - 추락방지안전장치(비상정지장치)가 없어도 됨
> - 부하에 대한 카(케이지)의 응력이 작음
> - 승강로 평면이 작아도 되고 구조가 간단
> - 승강로 행정거리와 실린더의 길이가 동일

35 엘리베이터 전동기에 요구되는 특성으로 옳지 않은 것은?

① 충분한 제동력을 가져야 한다.
② 운전상태가 정숙하고 고진동이어야 한다.
③ 카의 정격속도를 만족하는 회전특성을 가져야 한다.
④ 높은 기동빈도에 의한 발열에 대응하여야 한다.

> **해설**
> - 기동빈도가 매우 높아(시간당 약 180~300회) 발열량을 고려해야 함
> - 기동전류가 작아야 함
> - 회전속도 오차는 +5~-10% 범위 이내
> - 전동기의 최소 필요 회전력은 +100~-70% 이상이어야 함

36 전기기기의 충전부와 외함 사이의 저항은?

① 절연저항　　　　② 접지저항

③ 고유저항　　　　④ 브리지저항

> **해설** 절연저항(Insulation Resistance)
> 절연저항 : '가압전압 / 누설전류'로서 그 크기가 클수록 좋음

37 단수(1대) 엘리베이터의 조작 방식과 관계가 없는 것은?

① 단식 자동식

② 하강승합 전자동식

③ 군 승합 자동식

④ 승합 전자동식

> **해설**
> ③ 군 승합 자동식
> • 2~3대의 엘리베이터가 병설되었을 때 주로 사용
> • 1대의 승강장 부름에 1대의 카만 응답(불필요한 운전을 줄임)
> ① 단식 자동식(single automalic type)
> • 승강장의 버튼은 오름 · 내림 공용임
> • 먼저 눌러진 호출에 응답하고, 운행 중에는 다른 호출에 응하지 않는 방식
> • 용도 : 자동차용, 화물용
> ② 하강승합 전자동식(down collective automatic type)
> • 2층 이상의 승강장에는 내림 방향의 버튼만 있음
> • 중간층에서 위 방향으로 갈 때는 1층까지 내려와서 올라가야만 하는 방식
> • 용도 : 사생활침해 방범용
> ④ 승합 전자동식
> • 누름 버튼이 상하 2개 있고 동시에 기억시킬 수 있다.
> • 카 진행 방향의 누름 버튼과 승강장의 누름 버튼에 응답하면서 오르내린다.

38 에스컬레이터의 안전장치에 관한 설명으로 틀린 것은?

① 승강장에서 디딤판의 승강기는 도어 인터로크를 설치한다.

② 사람이나 물건이 핸드레일 인입구에 꼈을 때 디딤판의 승강을 자동적으로 정지시키는 장치이다.

③ 상하 승강장에서 디딤판과 콤플레이트 사이에 사람이나 물건이 끼이지 않도록 하는 장치이다.

④ 디딤판체인이 절단되었을 때 디딤판의 승강을 수동으로 정지시키는 장치이다.

> **해설** 디딤판체인이 절단되었을 때 디딤판의 승강을 자동적으로 정지시키는 장치를 설치

39 유압승강기에 사용되는 안전밸브의 설명으로 옳은 것은?

① 승강기의 속도를 자동으로 조절하는 역할을 한다.

② 입력배관이 과열되었을 때 작동하여 카의 낙하를 방지한다.

③ 카가 최상층으로 상승할 때 더 이상 상승하지 못하게 하는 안전장치이다.

④ 작동유의 압력이 정격압력 이상이 되었을 때 작동하여 압력이 상승하지 않도록 한다.

> **해설** 릴리프밸브는 일종의 압력조정밸브로 회로의 입력이 설정값(140%)에 도달하면 밸브를 열어 기름을 탱크에 돌려보내(By Pass) 압력이 과도하게 높아지는 것을 방지

40 감기거나 말려들기 쉬운 동력전달장치가 아닌 것은?

① 기어

② 벤딩

③ 컨베이어

④ 체인

해설 기어, 컨베이어, 체인은 회전동력에 의해 구동되어 감기거나 말려들기 쉬우나, 벤딩은 굽힘작업이다.

41 플라이볼형 조속기의 구성요소에 해당되지 않는 것은?

① 플라이웨이트

② 로프캐치

③ 플라이볼

④ 베벨 기어

해설 플라이볼형 조속기 형태는 롤세이프티형, 디스크형 조속기 동작과 거의 같지만 플라이웨이트 대신 플라이 볼을 사용한다. 링크기구에 있어 로프캐치로 조속기 로프를 잡아 비상정지장치를 동작시키는 역할을 한다.

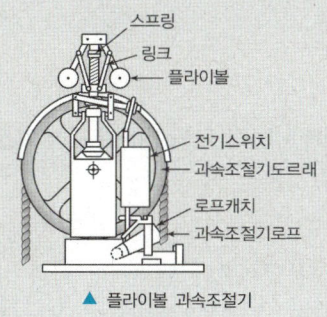

▲ 플라이볼 과속조절기

42 재해 발생의 원인 중 가장 높은 빈도를 차지하는 것은?

① 열량의 과잉 억제

② 설비의 배치 착오

③ 과부하

④ 작업자의 작업행동 부주의

해설
(1) 불안전한 상태
  • 불안전한 설계 및 구조
  • 불안전한 장비 및 물자
  • 불안전한 시설(조명 등)
  • 불안전한 복장
  • 위험한 배열 및 정돈상태
  • 경계구역 미설정
    (전체 재해 발생 원인의 10%)
(2) 불안전한 행동
  • 불안전한 자세
  • 불안전한 조작
  • 불안전한 배치
  • 안전장치의 기능 해제
  • 위험한 장소에 접근
  • 개인보호구 미착용
    (전체 재해 발생 원인의 88%)

43 승강장 문의 유효 출입구 폭은 카 출입구의 폭 이상으로 하되, 양쪽 측면 모두 카 출입구 측면의 폭보다 몇 [mm]를 초과하지 않아야 하는가?

① 50

② 60

③ 70

④ 80

해설 유효 출입구 폭은 카 출입구의 폭 이상으로 하되, 양쪽 측면 모두 카 출입구 측면의 폭보다 50mm를 초과하지 않아야 한다.

44 접지저항계를 이용한 접지저항 측정방법으로 틀린 것은?

① 전환스위치를 이용하여 내장 전지의 양부(+, −)를 확인한다.

② 전환스위치를 이용하여 E, P 간의 전압을 측정한다.

③ 전환스위치를 저항값에 두고 검류계의 밸런스를 잡는다.

④ 전환스위치를 이용하여 절연저항과 접지저항을 비교한다.

> **해설** 접지저항계를 사용하여 측정한다.

45 2대 이상의 엘리베이터가 동일 승강로에 설치되어 인접한 카에서 구출할 경우 서로 다른 카 사이의 수평거리는 몇 [m] 이하이어야 하는가?

① 0.35

② 0.5

③ 0.75

④ 0.9

> **해설** 2대 이상의 소형 엘리베이터가 동일 승강로에 설치되어 있어 인접한 카에서 구출할 수 있도록 카 벽에 비상구 출문을 설치될 수 있다. 다만, 다른 카 사이의 수평거리는 0.75m 이하이어야 한다. 이 비상구출문의 크기는 폭 0.35m 이상, 높이 1.8m 이상이어야 한다.

46 도어 인터로크 장치의 구조로 가장 옳은 것은?

① 도어 스위치가 확실히 걸린 후 도어 인터로크가 들어가야 한다.

② 도어 스위치가 확실히 열린 후 도어 인터로크가 들어가야 한다.

③ 도어로크 장치가 확실히 걸린 후 도어 스위치가 들어가야 한다.

④ 도어로크 장치가 확실히 열린 후 도어 스위치가 들어가야 한다.

> **해설** 도어로크 장치가 확실히 걸린 후 도어 스위치가 들어가고, 도어 스위치가 끊어진 후에 도어로크가 열리는 구조

47 변화하는 위치에 대한 제어에 적합한 제어방식은?

① 프로세스 제어

② 서보기구

③ 프로그램 제어

④ 자동조정

> **해설** **제어량의 종류에 따른 분류**
> • 서보기구 : 위치, 방위 등 기계적 변위를 조정
> • 프로세스 제어 : 목푯값의 변화가 미리 정해진 신호에 따른 동작으로 제어. 무인열차, 엘리베이터, 자판기 등에 적합
> • 자동조정 : 전압, 전류, 주파수 등 전기적 양을 제어
> • 프로그램 제어 : 목푯값이 미리 정해져 있는 프로그램을 시간적 변화에 따라 실행하는 제어

48 엘리베이터의 도어 인터로크에 대한 설명 중 옳지 않은 것은?

① 카가 정지하고 있지 않은 층계의 문은 반드시 전용열쇠로만 열려져야 한다.

② 문이 닫혀 있지 않으면 운전이 불가능하도록 하는 도어 스위치가 있어야 한다.

③ 시건장치 후에 도어 스위치가 ON되고, 도어 스위치가 OFF 후에 시건장치가 빠지는 구조로 되어야 한다.

④ 승강장에서는 비상시에 대비하여 자물쇠가 일반 공구로도 열려지게 설계되어야 한다.

> **해설** 인터로크 장치는 로크가 확실히 걸린 후 도어 스위치로 닫고, 반대로 도어 스위치가 확실히 열린 후가 아니면 로크는 해제되지 않아야 한다.

정답 45 ③ 46 ③ 47 ② 48 ④

49 다음에서 설명하는 명칭과 설명으로 바르게 묶인 것은?

> ㉠ 정치 제어 ㉡ 추치 제어
> ㉢ 프로그램 제어 ㉣ 시퀀스 제어

> a. 목푯값이 미리 정해져 있는 프로그램을 시간 변화에 따라 실행하는 제어
> b. 목푯값이 시간적으로 일정한 자동제어
> c. 목푯값이 시간의 경과에 따라 변화하는 경우의 자동제어
> d. 일정한 순서에 따라 제어의 각 단계를 순차 진행해 가는 자동제어

① ㉠ - b   ② ㉡ - a
③ ㉢ - c   ④ ㉣ - d

해설 ㉠-b, ㉡-c, ㉢-a

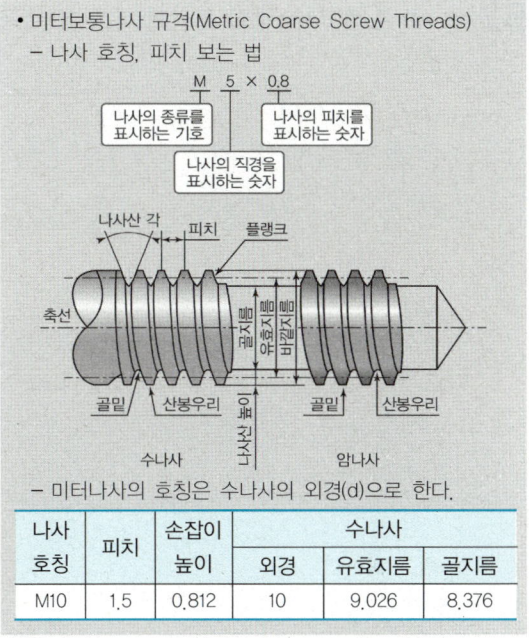

• 미터보통나사 규격(Metric Coarse Screw Threads)
 – 나사 호칭, 피치 보는 법

M 5 × 0.8

- 나사의 종류를 표시하는 기호 (M)
- 나사의 직경을 표시하는 숫자 (5)
- 나사의 피치를 표시하는 숫자 (0.8)

– 미터나사의 호칭은 수나사의 외경(d)으로 한다.

나사 호칭	피치	손잡이 높이	수나사		
			외경	유효지름	골지름
M10	1.5	0.812	10	9.026	8.376

50 다음 중 M10 나사에 대한 설명으로 옳은 것은?

① 나사의 외경이 10mm이다.
② 나사의 반지름이 10mm이다.
③ 나사의 피치가 1.0mm이다.
④ 나사의 길이가 1cm이다.

해설
• 체결용 나사에는 주로 삼각나사가 사용되며, 길이의 단위에 따라 미터계와 인치계로 나눈다.
 – 미터나사 : 나사산의 각도가 60°인 삼각나사로, 기호는 M으로 나타내고, 나사의 지름과 피치를 [mm]로 표시한다.
 – 유니파이나사 : 미국, 영국, 캐나다가 공통의 목적을 위하여 규격화한 것으로 나사의 호칭은 인치를 사용한다. 나사산의 각도는 60°이며 피치는 1인치 내의 나사산의 수로 표시한다.

51 아크용접기의 감전 방지를 위해서 부착하는 것은?

① 자동전격방지장치
② 중성점접지장치
③ 과전류계전장치
④ 리밋스위치

해설 자동전격방지장치는 감전 방지 기능을 한다.
• 교류아크용접기 : 용접작업 중에는 약 30V 정도의 낮은 전압이므로 감전의 위험이 없으나, 무부하 시에는 약 65~90V의 높은 전압이 2차측 홀더와 어스에 걸려 작업자에 대한 위험도가 높다.
이러한 용접기의 2차 무부하 전압을 단시간 내에 안전전압 25V 이하로 내려주는 전기적 방호장치가 자동전격방지장치이다.

52 18－8 스테인리스강의 특징에 대한 설명 중 틀린 것은?

① 내식성이 뛰어나다.

② 녹이 잘 슬지 않는다.

③ 자성체의 성질을 갖는다.

④ 크롬 18%와 니켈 8%를 함유한다.

> **해설** 스테인리스란 녹을 발생시키지 않는다는 뜻이다. 18% Cr－8% Ni인 18－8 스테인리스강이 대표적이다. 내식성, 내산화성, 내열성이 뛰어나며 또한 기계적 강도, 가공성, 용접성도 모두 양호하다. 화학용, 식품용, 건축용을 비롯해 가정용품에서부터 원자력공업, 우주산업에 이르기까지 폭넓게 사용되고 있다.

53 기계요소 설계 시 일반 체결용에 주로 사용되는 나사는?

① 삼각나사   ② 사각나사

③ 톱니나사   ④ 사다리꼴나사

> **해설** **나사의 종류**
> • 체결용 나사 : 체결용 나사에는 주로 삼각나사가 사용되며, 길이의 단위에 따라 미터계와 인치계가 있다.
> • 운동용 나사
>   － 사각나사 : 단면 모양이 정사각형에 가까운 나사로 축 방향의 큰 하중을 받는 곳에 적합하나 가공이 어려워 높은 정밀도를 요하는 곳에는 잘 사용되지 않는다. 나사 프레스나 선반의 리드 스크루 등에 사용된다.
>   － 사다리꼴나사 : 사각나사보다 제작이 쉽고 맞물림이 좋아 공작 기계의 이송나사로 많이 사용된다. 나사산의 각도는 미터계는 30°, 인치계는 29°이다.
>   － 톱니나사 : 축 방향의 하중이 한쪽 방향으로만 작용하는 경우에 사용되며 경사면의 각도는 30°이다. 바이스 및 압착기 등의 이송나사로 사용된다.
>   － 둥근나사 : 나사산과 골을 반지름이 같은 원호로 연결한 모양이며, 원형 나사라고도 한다. 나사산의 각도는 30°이며 백열전구의 나사부, 소켓 등과 같이 분해 결합이 쉬워야 하거나 먼지, 모래 등이 들어가기 쉬운 곳에 사용된다.

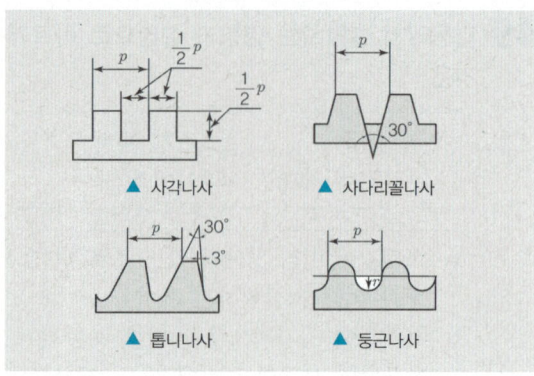

▲ 사각나사   ▲ 사다리꼴나사

▲ 톱니나사   ▲ 둥근나사

54 회전하는 축을 지지하고 원활한 회전을 유지하도록 하며, 축에 작용하는 하중 및 축의 자중에 의한 마찰저항을 가능한 적게 하도록 하는 기계요소는?

① 클러치   ② 베어링

③ 커플링   ④ 스프링

> **해설** 회전하고 있는 기계의 축(화)을 일정한 위치에 고정시키고 축의 자중과 축에 걸리는 하중을 지지하면서 축을 회전시키는 역할을 하는 기계요소
> • 베어링과 접촉하고 있는 축 부분을 저널(Journal)이라고 하며, 그 접촉 상태에 따라 미끄럼 베어링(Sliding Bearing)과 구름 베어링(Roling Bearing)의 두 종류로 분류한다.
> • 클러치(Clutch)는 엔진의 동력을 잠시 끊거나 이어주는 축이음 장치이다.

55 물체에 하중을 작용시키면 물체 내부에 저항력이 생긴다. 이때 생긴 단위면적에 대한 내부 저항력을 무엇이라 하는가?

① 보   ② 하중

③ 응력   ④ 안전율

> **해설** **응력(Stress)**
> 재료에 압축, 인장, 굽힘, 비틀림 등의 하중(외력)을 가했을 때, 그 크기에 대응하여 재료 내에 생기는 저항력

56 다음 그림과 같은 논리 회로는?

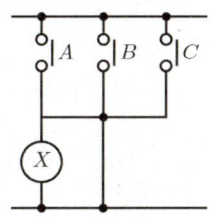

① AND회로　　　　② OR회로

③ NOT회로　　　　④ NAND회로

해설

회로 구분	시퀀스회로	진리표			논리회로 (논리식)
AND	(circuit diagram)	입력		출력	$X = A \cdot B$
		A	B	X	
		0	0	0	
		0	1	0	
		1	0	0	
		1	1	1	
OR	(circuit diagram)	입력		출력	$X = A + B$
		A	B	X	
		0	0	0	
		0	1	1	
		1	0	1	
		1	1	1	
NOT	(circuit diagram)	입력	출력		$X = \overline{A}$
		A	X		
		0	1		
		1	0		
NAND	(circuit diagram)	입력		출력	$X = \overline{(A \cdot B)}$ $= \overline{AB}$ $= \overline{A} + \overline{B}$ (드모르간 정리)
		A	B	X	
		0	0	1	
		0	1	1	
		1	0	1	
		1	1	0	

57 버니어캘리퍼스를 사용하여 측정이 가능한 것은?

① 길이　　　　　② 각도

③ 전류　　　　　④ 원동의 진원도

해설　버니어캘리퍼스(Vernier Calipers)
어미자에 아들자를 부착한 것으로 어미자와 아들자의 눈금을 조합하여 측정(바깥지름, 안지름, 깊이 등을 측정 가능)

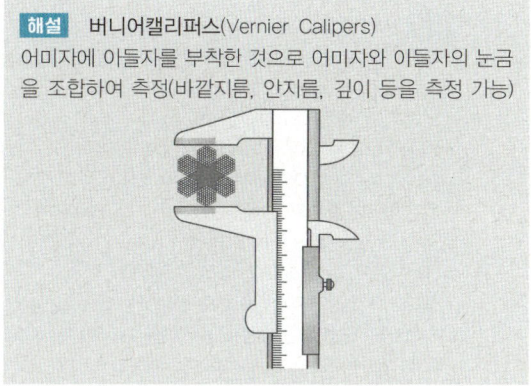

58 직류회로에서 저항 400Ω에 0.5A의 전류가 흘렀다면 이때의 전압은?

① 20　　　　　② 200

③ 80　　　　　④ 800

해설　V＝IR이므로, 0.5 × 400 ＝ 200V이다.

59 직류전동기의 속도제어방법이 아닌 것은?

① 저항제어법

② 계자제어법

③ 주파수제어법

④ 전기자 전압제어법

해설　직류전동기(DC－Imotor)는 주파수 성분이 있는 교류(AC)가 아닌 직류(DC)를 사용하므로, 주파수제어법을 사용 못한다.

60 변형률이 가장 큰 것은?

① 비례한도　　　　② 최대인장하중

③ 탄성한도　　　　④ 항복점

> **해설**　**최대인장하중**(Maximum Tensile Load)
> 최대인장하중이란 인장하중시험에서 시험편(쇠붙이)이 견딜 수 있는 최대하중으로서, 제시된 보기에서 변형률의 가장 큰 부분이다.
> • 비례한도 : 응력과 변형과의 사이에 직선관계가 성립하는 상한으로 이에 대한 응력도 또는 하중
> • 탄성한도 : 물체가 탄성을 나타내는 것은 재질에 따라 다르나 어떤 응력도 이하의 범위. 그 한도의 응력도 또는 응력 변형 곡선상의 그 한계점을 말한다.
> • 항복점(Yield Point) : 물체에 작용하는 외력을 늘려 응력이 탄성한도를 넘는 어떤 값에 이를 때, 외력은 거의 증가하지 않는데도 영구 변형이 급격히 늘어나기 시작한다. 이 탄성한도를 넘은 어떤 값을 항복점이라 한다.

2018년 제2회 기출복원문제

01 교류엘리베이터의 제어방식이 아닌 것은?

① 교류 1단 속도제어방식
② 교류 귀환 전압제어방식
③ 워드－레오나드방식
④ VVVF 제어방식

> **해설** 워드－레오나드 제어(Ward－leonard System)
> • 직류엘리베이터의 속도제어방식에서 발전기의 계자전류를 제어하는 방식
> • 가변 직류 전압 전원으로서 사이리스터를 이용하여 광범위한 속도제어

02 에스컬레이터의 경사도가 30° 이하일 경우에 공칭속도는?

① 0.75m/s 이하
② 0.80m/s 이하
③ 0.85m/s 이하
④ 0.90m/s 이하

> **해설** 에스컬레이터의 공칭속도
> • 경사도가 30° 이하인 에스컬레이터는 0.75m/s 이하
> • 경사도가 30° 초과하고 35° 이하인 에스컬레이터는 0.5m/s 이하

03 균형추의 중량을 결정하는 계산식은? (단, 여기서 L은 정격하중, F는 오버밸런스율이다)

① 균형추의 중량 = 카 자체하중 + (L·F)
② 균형추의 중량 = 카 자체히중 × (L·F)
③ 균형추의 중량 = 카 자체하중 + (L + F)
④ 균형추의 중량 = 카 자체하중 + (L − F)

> **해설** 균형추 무게 = 카의 자체하중 + (정격적재하중 × 오버밸런스율)

04 카가 어떤 원인으로 최하층을 통과하여 피트에 도달했을 때 카에 충격을 완화시켜 주는 장치는?

① 완충기
② 비상정지장치
③ 조속기
④ 리밋스위치

> **해설** 완충기 : 카나 균형추가 어떤 원인으로 최하층을 지나 피트로 추락할 때 충격을 완화시켜 주는 장치

05 전기식 엘리베이터 기계실의 실온범위는?

① 5~70℃
② 5~60℃
③ 5~50℃
④ 5~40℃

> **해설** 실온은 원칙적으로 5~40℃를 유지할 수 있도록 한다.

06 사람이 탑승하지 않으면서 적재용량이 300kg 이하인 것으로서 소형화물 운반에 적합하게 제작된 엘리베이터는?

① 덤웨이터
② 화물용 엘리베이터
③ 비상용 엘리베이터
④ 승객용 엘리베이터

> **해설** 소형화물용 엘리베이터(덤웨이터)
> • 사람 출입(탑승)이 제한됨 : 소형화물(서적, 음식물 등) 운반에 적합하게 제작된 엘리베이터
> • 적재용량이 300kg 이하, 정격속도가 1m/s 이하인 것
> • 바닥면적이 1m² 이하, 천장높이가 1.2m 이하인 소형 엘리베이터
> • 단, 바닥면적이 0.5m² 이하이고 높이가 0.6m 이하인 엘리베이터는 제외

정답 01 ③ 02 ① 03 ① 04 ① 05 ④ 06 ①

07 승강기에 사용하는 가이드 레일 1본의 길이는 몇 [m]로 정하고 있는가?

① 1   ② 3
③ 5   ④ 7

> **해설** 가이드 레일은 엘리베이터용으로 T형 레일로서 1본의 길이는 5m를 표준

08 직접식 유압엘리베이터의 장점이 되는 항목은?

① 실린더를 보호하기 위한 보호관을 설치할 필요가 없다.
② 승강로의 소요평면 치수가 크다.
③ 부하에 의한 카 바닥의 빠짐이 크다.
④ 비상정지장치가 필요하지 않다.

> **해설** 직접식과 간접식의 비교

직접식	간접식
추락방지안전장치(비상정지장치)가 필요 없다.	추락방지안전장치(비상정지장치)가 필요하다.
승강로의 크기가 작고 구조가 간단하다.	승강로가 실린더를 수용할 만큼 커진다.
실린더를 설치하기 위한 보호관을 땅속에 설치하여야 하므로 실린더의 점검이 곤란하다.	실린더 보호관이 필요 없어 점검이 용이하다.
부하에 의한 카 바닥의 빠짐이 작다.	로프의 늘어짐과 작동유의 점성 때문에 부하에 의한 카 바닥의 빠짐이 비교적 크다.

09 가변전압 가변주파수(VVVF) 제어방식에 관한 설명 중 틀린 것은?

① 고속의 승강기까지 적용 가능하다.
② 저속의 승강기에만 적용하여야 한다.
③ 직류전동기와 동등한 제어특성을 낼 수 있다.
④ 유도전동기의 전압과 주파수를 변환시킨다.

> **해설**
> • 유도전동기에 인가되는 전압과 주파수를 동시에 변화시켜 직류전동기와 동등한 제어성능을 가짐
> • 소비전력이 절감됨
> • 전원 용량이 줄어듦
> • 고속용 엘리베이터까지 적용이 가능함

10 비상정지장치의 작동으로 카가 정지할 때까지 레일이 죄는 힘이 처음에는 약하게 그리고 하강함에 따라 강해지다가 얼마 후 일정치로 도달하는 방식은?

① 순간식 비상정지장치
② 슬랙로프 세이프티
③ 플렉시블 가이드 방식
④ 플렉시블 웨지 클램프 방식

> **해설** 추락방지안전장치(비상정지장치)
> • 점진식 비상정지장치
>   – 플렉시블 가이드 클램프 : 동작 시부터 정지 시까지 일정한 힘으로 죄는 방식
>   – 플렉시블 웨지 클램프 : 처음에는 약하게 죄다가 하강함에 따라서 강해지고 얼마 후 일정치로 도달하는 방식
> • 순간식 비상정지장치 : 레일을 싸고 있는 모양의 클램프와 레일 사이에 강체와 롤러를 물려서 정지시키는 방식
>   – 슬랙로프 세이프티 : 소형 저속 엘리베이터로서 주로 로프에 걸리는 장력이 없어져 휘어짐이 생기는 즉시 운전회로를 열어서 비상정지장치를 작동시키는 방식

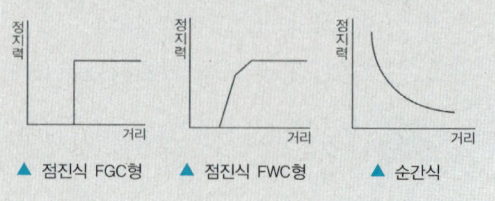

▲ 점진식 FGC형   ▲ 점진식 FWC형   ▲ 순간식

11 기계식 주차장치의 일반적 분류방법에 해당되지 않는 것은?

① 수직순환, 다층순환

② 다층순환, 수평순환

③ 수평순환, 엘리베이터방식

④ 곤돌라방식, 수직전환

> **해설** 기계식 주차장치의 분류방법
> - 수직순환식 주차장치 : 수직면 내에 수직으로 배열된 다수의 운반기가 순환 이동하는 구조로 자동차를 승입시키는 위치에 따라 하부 승입식, 중간 승입식, 상부 승입식 등으로 세분
> - 수평순환식 주차장치 : 다수의 운반기를 2열 또는 그 이상으로 배열하여 수평으로 순환 이동시키는 구조의 주차장치로 운반기의 이동 형태에 따라 원형 순환식, 각형 순환식 등으로 세분
> - 다층순환식 주차장치 : 다수의 운반기를 2층 또는 그 이상으로 배치하여 위·아래 또는 수평으로 순환 이동시키는 구조의 주차장치로 운반기의 이동 형태에 따라 원형 순환식, 각형 순환식 등으로 세분할 수 있다.
> - 2단식 주차장치 : 주차구획이 2단으로 배치되어 있고 출입구가 있는 층의 모든 부분을 주차장치 출입구로 사용할 수 있는 구조의 주차장치로 승강식, 승강횡행식 등으로 세분

12 조속기의 종류가 아닌 것은?

① 롤세이프티형 조속기

② 디스크형 조속기

③ 플렉시블형 조속기

④ 플라이볼형 조속기

> **해설** 과속조절기(조속기)의 종류
> - 롤세이프티형(Roll Safety Type, GR형)
> - 디스크형(Disk Type, GD형)
> - 플라이볼형(Fly Ball Type, GF형)

13 카 및 승강장 문의 유효 출입구의 높이[m]는 얼마 이상이어야 하는가?

① 1.8　　　　② 1.9

③ 2.0　　　　④ 2.1

> **해설** 승강기의 카 및 승강장 문의 유효높이는 2m 이상 (다만, 화물용 및 자동차용은 제외).
> 또한, 승강장 문의 유효 출입구 폭은 카 출입구의 폭 이상으로 하되, 양쪽 측면 모두 카 출입구 측면의 폭보다 50mm를 초과하지 않아야 한다.

14 다음 중 카 상부에서 하는 검사가 아닌 것은?

① 비상구출구 스위치의 작동상태

② 도어개폐장치의 설치상태

③ 조속기 로프의 설치상태

④ 조속기 로프 인장장치의 작동상태

> **해설** 카 상부 점검항목
> - 비상구출구
> - 문의 개폐장치, 전동기, 벨트체인, 도어기판
> - 도어잠금 및 잠금해제 장치
> - 카 위 안전스위치
> - 상부 도르래, 풀리, 스프로킷
> - 비상정지장치 스위치
> - 조속기 로프, 주로프 및 부착부
> - 카의 가이드 슈(롤러)
> - 과부하감지장치
> - 가이드 레일, 브래킷

15 레일의 규격을 나타낸 그림이다. 빈칸 ⓐ, ⓑ에 맞는 것은 몇 [kg]인가?

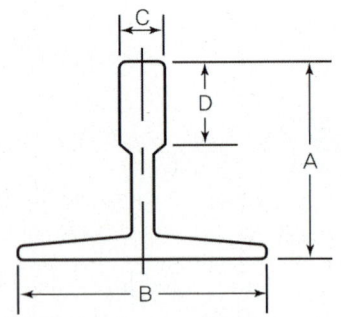

공칭 [mm]	8kg	ⓐ	18kg	ⓑ	30kg
A	56	62	89	89	108
B	78	89	114	127	140
C	10	16	16	16	19
D	26	32	38	50	51
E	6	7	8	12	13

① ⓐ 10, ⓑ 26 　　② ⓐ 12, ⓑ 22
③ ⓐ 13, ⓑ 24 　　④ ⓐ 15, ⓑ 27

> **해설** 엘리베이터 가이드 레일(T형)의 규격에는 8kg, 13kg, 18kg, 24kg, 30kg이 있다.

16 전기식 엘리베이터 주로프의 끝부분은 몇 가닥마다 로프소켓에 배빗 채움을 하거나 체결식 로프소켓을 사용하여 고정하여야 하는가?

① 1가닥 　　③ 2가닥
② 3가닥 　　④ 5가닥

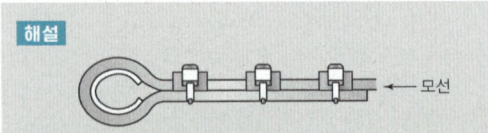

> **해설** 로프 1가닥을 기준으로 단말을 견고히 처리하거나 주로프가 배빗(Babbit Metal) 채움방식인 경우 끝부분은 각 가닥을 접어서 구부린 것이 명확하게 보이도록 체결

17 전기식 엘리베이터의 가이드 레일 설치에서 패킹(보강재)이 설치된 경우는?

① 가이드 레일이 짧게 설치되어 보강할 경우
② 가이드 레일 양 폭의 너비를 조정 작업할 경우
③ 레일 브래킷의 간격이 필요 이상 한계를 초과하여 레일의 뒷면에 강재를 붙여서 보강하는 경우
④ 레일 브래킷의 간격이 필요 이상 한계를 초과하여 레일의 앞면에 강재를 붙여서 보강하는 경우

> **해설**
>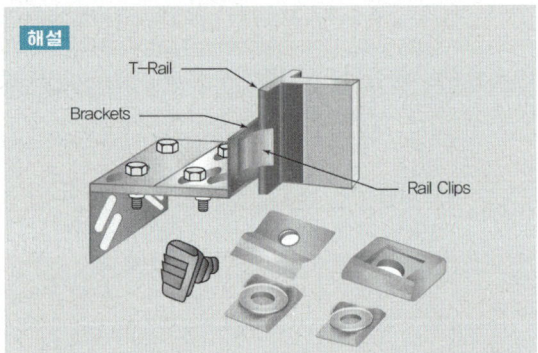
>
> 레일 설치 시 레일 브래킷은 진동에 대해서도 견딜 수 있도록 견고하게 설치를 해야 한다. 만일 레일 브래킷의 간격이 기준 이상 멀리 떨어져 있을 경우 레일의 뒷면에 패킹을 붙여 보강한다.

18 평면의 디딤판을 동력으로 오르내리게 한 것으로, 경사도가 12° 이하로 설계된 것은?

① 에스컬레이터 　　② 무빙워크
③ 경사형 리프트 　　④ 덤웨이터

> **해설** 무빙워크의 경사도는 12° 이하이어야 함

19 주차구획이 3층 이상으로 배치되어 있고 출입구가 있는 층의 모든 주차구획을 주차장치 출입구로 사용할 수 있는 구조로서 그 주차구획을 아래·위 또는 수평으로 이동하여 자동차를 주차하도록 설계한 주차장치는?

① 수평순환식
② 다층순환식
③ 다단식 주차장치
④ 승강기 슬라이드식

> **해설** **다단식 주차장치**
> 주차구획이 3단 이상으로 배치되어 있고 출입구가 있는 층의 모든 부분을 주차장치 출입구로 사용할 수 있는 구조의 주차장치

20 전기식 엘리베이터에서 기계실 출입문의 크기는?

① 폭 0.7m 이상, 높이 1.8m 이상
② 폭 0.7m 이상, 높이 1.9m 이상
③ 폭 0.6m 이상, 높이 1.8m 이상
④ 폭 0.6m 이상, 높이 1.9m 이상

> **해설** **기계실 내부의 출입문 치수**
> • 출입문은 폭 0.7m 이상, 높이 1.8m 이상의 금속제 문
> • 기계실 외부로 완전히 열리는 구조
> • 기계실 내부로는 열리지 않아야 한다.

21 비상용 엘리베이터의 정전 시 예비전원의 기능에 대한 설명으로 옳은 것은?

① 30초 이내에 엘리베이터 운행에 필요한 전력용량을 자동적으로 발생하여 1시간 이상 작동하여야 한다.
② 40초 이내에 엘리베이터 운행에 필요한 전력용량을 자동적으로 발생하여 1시간 이상 작동하여야 한다.
③ 60초 이내에 엘리베이터 운행에 필요한 전력용량을 자동적으로 발생하여 2시간 이상 작동하여야 한다.
④ 90초 이내에 엘리베이터 운행에 필요한 전력용량을 자동적으로 발생하여 2시간 이상 작동하여야 한다.

> **해설** 정전 시 예비전원은 60초 이내에 엘리베이터 운행에 필요한 전력용량을 자동적으로 발생하여 수동으로 전원을 작동할 수 있어야 하며, 2시간 이상 작동할 수 있어야 한다.

22 카 내에 갇힌 사람들이 외부와 연락할 수 있는 장치는?

① 차임벨　　　　　② 인터폰
③ 리밋스위치　　　④ 위치표시램프

> **해설** 승강기가 운행 중 갑자기 정지하여 카 내에 승객이 갇힐 경우 인터폰으로 구출을 요청하여야 하며, 임의로 판단해서 탈출을 시도하지 말아야 한다.

8 기개년 기출복원문제

23 기계실에는 바닥면에서 몇 [lx] 이상을 비출 수 있는 영구적 전기조명이 설치되어 있어야 하는가?

① 2
② 50
③ 100
④ 200

해설
- 작업공간의 바닥면 : 200lx
- 작업공간 간 이동공간의 바닥면 : 50lx

24 전기식 엘리베이터에서 권상기 도르래 홈의 언더컷의 잔여량은 몇 [mm] 미만일 때 도르래를 교체하여야 하는가?

① 1
② 2
③ 3
④ 4

해설 도르래 홈의 언더컷의 잔여량은 1mm 이상이어야 하고, 권상기 도르래에 감긴 주로프 가닥끼리의 높이차 또는 언더컷 잔여량의 차이는 2mm 이내이어야 한다.

25 작업의 특수성으로 인해 발생하는 직업병으로서 작업조건에 의하지 않은 것은?

① 먼지
② 유해가스
③ 소음
④ 작업자세

해설 작업의 자세는 각 작업의 특수성으로 인해 발생하는 직업병과 거리가 멀다.

26 승강기 안전관리자의 직무가 아닌 것은?

① 고장 및 수리에 관한 기록 유지
② 사고 발생에 대비한 비상연락망의 작성 및 관리
③ 사고 시의 사고 보고
④ 고장 시의 긴급 수리

해설 승강기 안전관리자의 직무범위
- 승강기 운행 및 관리에 관한 규정 작성
- 승강기 사고 또는 고장 발생에 대비한 비상연락망의 작성 및 관리
- 유지관리업자로 하여금 자체점검을 대행하게 한 경우 유지관리업자에 대한 관리·감독
- 중대한 사고 또는 중대한 고장의 통보

27 승강기 보수 작업 시 승강기의 카와 건물의 벽 사이에 작업자가 끼인 재해의 발생 형태에 의한 분류는?

① 협착
② 전도
③ 방심
④ 접촉

해설 재해 발생 형태
- 추락 : 사람이 건축물, 비계, 기계, 사다리, 계단, 경사면, 나무 등에서 떨어진 경우
- 전도 : 사람이 평면상으로 넘어졌을 때(과속, 미끄러짐 포함)
- 충돌 : 사람이 정지물에 부딪힌 경우
- 낙하, 비래 : 물건이 주체가 되어서 사람이 맞은 경우
- 협착 : 물건에 끼워진 상태나 말려든 상태

정답 **23** ④ **24** ① **25** ④ **26** ④ **27** ①

28 재해가 발생되었을 때의 조치순서로서 가장 알맞은 것은?

① 긴급처리 → 재해조사 → 원인강구 → 대책수립 → 실시 → 평가

② 긴급처리 → 원인강구 → 대책수립 → 실시 → 평가 → 재해조사

③ 긴급처리 → 재해조사 → 대책수립 → 실시 → 원인강구 → 평가

④ 긴급처리 → 재해조사 → 평가 → 대책수립 → 원인강구 → 실시

해설 재해 발생 시의 조치
- 사고 예방의 기본 4원칙 : 원인계기의 원칙, 대책선정의 원칙, 예방가능의 원칙, 손실우연의 원칙
- 재해 발생 시 조치순서 : 긴급처리 → 재해조사 → 원인강구 → 대책수립 → 실시 → 평가
- 이상 발견 시 취할 순서 : 발견 → 점검 → 조치 → 수리 → 확인
- 이상 발견 시 취해야 할 조치 : 정확한 파악, 해소대책강구, 보고, 철저한 원인규명
- 응급조치에 따른 승강기 작업순서 : 유지관리 내용 청취 → 현장정돈(응급처치) → 안전용구 착용 → 자재 반입 및 신호 → 작업 착수

29 승객용 엘리베이터에서 자동으로 동력에 의해 문을 닫는 방식에서의 문닫힘안전장치의 기준에 부적합한 것은?

① 문닫힘 동작 시 사람 또는 물건이 끼일 때 문이 반전하여 열려야 한다.

② 문닫힘안전장치 연결전선이 끊어지면 문이 반전하여 닫혀야 한다.

③ 문닫힘안전장치의 종류에는 세이프티 슈, 광전장치, 초음파장치 등이 있다.

④ 문닫힘안전장치는 카 문이나 승강장 문에 설치되어야 한다.

해설 문닫힘 시 사람 또는 물건이 끼이거나 문닫힘안전장치 연결전선이 끊어지면 문이 반전하여 열리도록 하는 문닫힘안전장치
(1) 세이프티 슈(safety shoe)
  문 앞 가장자리 쪽에 센서를 설치하여 물질이나 사람이 접촉하면 도어 닫힘이 중단됨
(2) 세이프티 레이(safety ray)
  - 투광기와 수광기로 구성
  - 도어의 양단에 빔(beam)의 차단이 발생할 때 도어의 닫힘이 중단되고 열림
(3) 초음파 도어 센서(ultra sonic sensor)
  - 초음파로 승강장 쪽의 물질이나 사람을 검출하여 도어의 닫힘을 중단하고 열리게 함
  - 도어의 양단에 빔(beam)의 차단이 발생할 때 도어의 닫힘이 중단되고 열림

30 카가 정지하고 있지 않는 층의 문이 열리지 않도록 하고, 각 층의 문이 닫혀 있지 않으면 운전을 불가능하게 하는 장치는?

① 도어 인터로크　　② 도어 세이프티
③ 도어 오픈　　　　④ 도어 클로저

해설 도어 인터로크(door interlock)
- 도어 록 : 승강기 문의 안전장치로, 전용 키(key)로만 열 수 있음
- 도어 스위치 : 문이 닫혀 있지 않으면 운전이 불가능

31 에스컬레이터(무빙워크 포함)의 비상정지스위치에 관한 설명으로 틀린 것은?

① 색상은 적색으로 하여야 한다.

② 상하 승강장이 잘 보이는 곳에 설치한다.

③ 버튼 또는 버튼 부근에는 '정지' 표시를 하여야 한다.

④ 장난 등에 의한 오조작 방지를 위하여 잠금장치를 설치하여야 한다.

해설
- 이용자의 끼임 사고, 넘어짐 사고 및 기타 위험한 상황 시 비상정지 기능
- 상하 승강장에 각각 설치되고, 주행구간이 긴 경우에는 중간 구간에도 설치
- 비상정지스위치 제동거리 : 에스컬레이터 30m, 무빙워크 40m

32 에스컬레이터의 핸드레일(Hand Rail)의 속도는 어떻게 하고 있는가?

① 30m/min 이하로 하고 있다.

② 45m/min 이하로 하고 있다.

③ 발판(Step) 속도와 2/3 정도로 하고 있다.

④ 발판(Step) 속도와 같게 하고 있다.

해설 손잡이(핸드레일)의 속도는 디딤판(Step)과 동일 속도로 한다.

33 스텝 폭 0.8m, 공칭속도 0.75m/s인 에스컬레이터로 수송할 수 있는 최대인원의 수는 시간당 몇 명인가?

① 3,600

② 4,800

③ 6,000

④ 6,600

해설 1시간당 에스컬레이터 또는 무빙워크로 수송할 수 있는 최대인원의 수(최대수용능력)

스텝·팰릿 폭[m]	공칭속도[m/s]		
	0.5	0.65	0.75
0.6	3,600명/h	4,400명/h	4,900명/h
0.8	4,800명/h	5,900명/h	6,600명/h
1	6,000명/h	7,300명/h	8,200명/h

34 이동식 핸드레일은 운행 중에 전 구간에서 디딤판과 핸드레일의 동일방향 속도공차는 몇 [%]인가?

① 0~2

② 3~4

③ 5~6

④ 7~8

해설 손잡이(핸드레일) 시스템
- 각 난간의 꼭대기에는 정상운행 조건하에서 스텝, 팔레트 또는 벨트의 실제 속도와 관련하여 동일 방향으로 -0%에서 +2%의 공차가 있는 속도로 움직이는 손잡이가 설치
- 손잡이는 정상운행 중 운행방향의 반대편에서 450N의 힘으로 당겨도 정지되지 않아야 함

35 승강장에서 스텝 뒤쪽 끝부분을 황색 등으로 표시하여 설치되는 것은?

① 스텝체인

② 테크보드

③ 데마케이션

④ 스커트가드

해설 데마케이션(Demarcation)
스텝과 스커트가드 사이의 틈새에 신체 또는 물건이 끼이는 것을 막기 위해 노란색 또는 붉은색으로 표시가 된 디딤판 경계틀

36 유압식 엘리베이터의 특징으로 틀린 것은?

① 기계실을 승강로와 떨어져 설치할 수 있다.

② 플런저에 스토퍼가 설치되어 있기 때문에 오버헤드가 작다.

③ 적재량이 크고 승강행정이 짧은 경우에 유압식이 적당하다.

④ 소비전력이 비교적 작다.

해설 유압식 엘리베이터는 작동유를 송출하여 소비전력이 큰 편

37 전기식 엘리베이터 자체점검 중 카 위에서 하는 점검항목 장치가 아닌 것은?

① 비상구출구
② 도어잠금 및 잠금해제장치
③ 카 위 안전스위치
④ 문닫힘안전장치

> **해설** 문닫힘 동작 시 사람이 끼이거나 연결전선이 끊어지면 문이 반전하여 열리도록 하는 것으로, 카 실내에서 확인

38 파워유닛을 보수·점검 또는 수리할 때 사용하면 불필요한 작동유의 유출을 방지할 수 있는 밸브는?

① 사일런스
② 체크밸브
③ 스톱밸브
④ 릴리프밸브

> **해설**
> • 유압 파워유닛 : 펌프, 유량제어밸브, 체크밸브, 안전밸브를 주된 구성요소로 하는 유닛
> • 스톱밸브(게이트밸브) : 유압 파워유닛에서 실린더로 통하는 압력배관 도중에 설치되는 수동밸브로 이것을 닫으면 실린더의 기름이 파워유닛으로 역류하는 것을 방지한다. 이 밸브는 유압장치의 보수·점검 또는 수리 등을 할 때에 사용되며, 게이트밸브(Gate Valve)라고도 함
> • 체크밸브 : 카의 운행 중 작동유의 압력이 떨어져 카가 역행하는 것을 방지하는 밸브
> • 릴리프밸브(안전밸브) : 압력조정밸브로 회로의 압력이 설정값에 도달하면 밸브를 열어 기름을 탱크에 돌려보내 압력이 과도하게 높아지는 것을 방지

39 작동유의 압력맥동을 흡수하여 진동, 소음을 감소시키는 것은?

① 펌프
② 필터
③ 사이렌서
④ 역류제지밸브

> **해설** 사이렌서
> • 소음과 진동을 흡수하기 위한 장치
> • 자동차의 머플러와 같은 기능

40 전기식 엘리베이터 기계실의 구조에서 구동기의 회전부품 위로 몇 [m] 이상의 유효수직거리가 있어야 하는가?

① 0.2
② 0.3
③ 0.4
④ 0.5

> **해설** 기계실의 구비요건
> • 출입문의 잠금장치가 있어야 함(단, 내부에서는 열쇠 없이 열려야 함)
> • 출입문은 폭 0.7m 이상, 높이 1.8m 이상의 금속제로 문이 외부로 열려야 함
> • 구동기의 회전부품 위로 0.3m 이상의 유효수직거리가 있어야 함
> • 기계실 바닥에 0.5m 초과의 단차가 있을 때에는 보호난간이 있는 계단(발판) 설치
> • 기계실 내부 온도는 5℃ 이상 40℃ 이하로 유지
> • 기계실 바닥면 조도는 200lx 이상
> • 유효공간으로 접근하는 통로의 폭은 0.5m 이상(단, 움직이는 부품이 없는 경우 0.4m)
> • 작업구역에서 유효높이는 2.1m 이상
> • 기계실의 면적은 승강로 면적의 2배 이상
> • 1개 이상의 콘센트 설비가 갖춰 있어야 함
> • 작업구역 및 작업구역 간 이동통로 바닥에 깊이 0.05m 이상, 폭 0.05m에서 0.5m 사이의 함몰이 있거나 덕트가 있는 경우, 그 함몰부분 및 덕트는 덮개 등으로 보호

41 유압장치의 보수, 점검 또는 수리 등을 할 때에 사용되는 것은?

① 안전밸브
② 유량제어밸브
③ 스톱밸브
④ 필터

> **해설** 스톱밸브
> • 유압장치의 점검 및 수리 시에 사용
> • 게이트밸브(gate valve)라고도 함

42 감전의 위험이 있는 장소의 전기를 차단하여 수신, 점검 등의 작업을 할 때에는 작업 중 스위치에 어떤 장치를 하여야 하는가?

① 접지장치　　② 복개장치
③ 시건장치　　④ 통전장치

> 해설　위험한 전기설비에는 시건장치(잠금장치)를 설치하여 접근을 차단 및 제한
> ① 접지장치 : 전기의 접촉으로 인한 사람이나 장비를 보호하기 위한 장치
> ② 복개장치 : 설비 보호를 위한 덮개를 설치한 장치
> ④ 통전장치 : 전기의 흐름을 공급 또는 확인하는 장치

43 승강장의 문이 열린 상태에서 모든 제약이 해제되면 자동적으로 닫히게 하여 문의 개방상태에서 생기는 2차 재해를 방지하는 문의 안전장치는?

① 시그널 컨트롤　　② 도어 컨트롤
③ 도어 클로저　　④ 도어 인터로크

> 해설　도어 클로저
> 도어가 열려 있으면 자동으로 닫히도록 하는 장치
> • 스프링식 : 스프링을 이용한 자동으로 닫힘. 고속용 엘리베이터
> • 중력식 : 와이어와 추를 이용한 중력으로 자동으로 닫힘. 중저속용 엘리베이터

44 아파트 등에서 주로 야간에 카 내의 범죄활동 방지를 위해 설치하는 것은?

① 파킹스위치
② 슬로다운 스위치
③ 록다운 비상정지장치
④ 각 층 강제정지운전 스위치

> 해설　각 층 강제정지운전(forced-each-floor-stop operation)
> 카 안의 범죄활동을 방지하기 위하여 스위치를 ON 시키면, 각 층을 정지하면서 목적층까지 가는 기능

45 기어의 언더컷에 관한 설명으로 틀린 것은?

① 이의 간섭현상이다.
② 접촉면적이 넓어진다.
③ 원활한 회전이 어렵다.
④ 압력각을 크게 하여 방지한다.

> 해설
> • 치형간섭 : 기어의 이와 이가 서로 조합할 때 서로 다른쪽을 침범하는 것
> • 언더컷 : 랙(Rack) 공구 또는 호브(Hob)로 기어 절삭을 할 때 이의 수가 적으면 이의 간섭이 일어나 이뿌리가 깎이는 것

46 안전율의 정의로 옳은 것은?

① $\dfrac{허용응력}{극한강도}$　　② $\dfrac{극한강도}{허용응력}$

③ $\dfrac{허용응력}{탄성한도}$　　④ $\dfrac{탄성한도}{허용응력}$

> 해설　안전율(안전계수) $= \dfrac{인장강도}{허용응력} = \dfrac{극한(파괴)강도}{허용강도}$

47 파괴검사방법이 아닌 것은?

① 인장검사　　② 굽힘검사
③ 육안검사　　④ 경도검사

> 해설
> • 육안검사 : 육안의 관찰에 의하여 좋고 나쁨을 판별하는 검사로 비파괴검사에 속한다.
> • 인장검사(재료에 가하는 하중에 따라 변형률을 측정), 굽힘검사(재료에 하중을 가해 대상체가 굽혀지는 정도를 측정), 경도검사(단단한 정도를 재료에 하중을 가하여 변형되는 양을 측정) 등은 파괴검사에 속한다.
> • 비파괴검사에는 자기탐상시험, 침투탐상시험, 초음파탐상시험 등이 있다.

정답　42 ③　43 ③　44 ④　45 ②　46 ②　47 ③

48 공작물을 제작할 때 공차범위라고 하는 것은?

① 영점과 최대허용치수와의 차이

② 영점과 최소허용치수와의 차이

③ 오차가 전혀 없는 정확한 치수

④ 최대허용치수와 최소허용치수와의 차이

> **해설** 공차(Tolerance)
> 어느 기준값에 대해 규정된 최댓값과 최솟값의 차이
> 기계부품을 제작할 때 설계상 정해진 치수에 대해 실용상 허용되는 범위의 오차
> 가공한 뒤 다듬질을 마친 후의 치수가 공차에 들어있을 때 공작이 쉬워지며, 공차는 끼워맞추기의 종류(부품의 사용 목적에 따라 단단한 끼워맞춤 또는 헐거운 끼워맞춤)에 따라 달라진다.

49 유도기전력의 크기는 코일의 권수와 코일을 관통하는 자속의 시간적인 변화율과의 곱에 비례한다는 법칙은 무엇 인가?

① 패러데이의 전자유도법칙

② 앙페르의 주회적분의 법칙

③ 전자력에 관한 플레밍의 법칙

④ 유도기전력에 관한 렌츠의 법칙

> **해설** 패러데이의 전자유도법칙 : 자속 변화에 의한 유도기전력의 크기를 결정하는 법칙
> 유도기전력의 크기 : $e = -N\dfrac{\Delta\phi}{\Delta t}$[V]
> (e : 유도기전력[V], Δt : 시간의 변화량[s], N : 코일권수, $\Delta\phi$: 자속의 변화량[Wb])
> 음(−)의 부호 : 유도기전력이 발생하는 방향

50 시퀀스회로에서 일종의 기억회로라고 할 수 있는 것은?

① AND회로 ② OR회로

③ NOT회로 ④ 자기유지회로

> **해설** 시퀀스 제어와 기본회로
> • 논리회로 : AND회로, OR회로, NOT회로, NAND회로, NOR회로
> • 자기유지회로 : 입력신호가 소멸하여도 연속적으로 출력 신호가 얻어지기 때문에 기억회로라고도 불림
> • 인터로크회로 : 기기의 보호나 조작자의 안전을 위해 기기의 동작상태를 나타내는 접점을 사용하여 관련된 기기의 동작을 금지하는 회로

51 평행판 콘덴서에 있어서 판의 면적을 동일하게 하고 정전용량은 반으로 줄이려면 판 사이의 거리는 어떻게 하여야 하는가?

① 1/4로 줄인다.

② 반으로 줄인다.

③ 2배로 늘린다.

④ 4배로 늘린다.

> **해설** 정전용량
> $C = \dfrac{Q}{V} = \dfrac{\epsilon S}{d}$[F]
> • C : 정전용량[P]
> • ϵ : 유전율[F/m]
> • Q : 전하량[C]
> • S : 극판의 면적[m]
> • V : 전압[V]
> • d : 극판의 간격[m]
> S를 동일하게 하고 용량을 반으로 줄이려면, d는 2배로 늘려야 한다.

52 엘리베이터 전동기 주회로의 사용전압이 380V이면 절연저항은 몇 [MΩ] 이상이어야 하는가?

① 0.1 ② 0.2

③ 0.3 ④ 0.4

> **해설** ※ KEC(한국전기설비기준) 개정으로 맞지 않는 문제임

53 유도전동기에서 슬립이 1이란 전동기의 어느 상태인가?

① 유도제동기의 역할을 한다.

② 유도전동기가 전부하 운전상태이다.

③ 유도전동기가 정지상태이다.

④ 유도전동기가 동기속도로 회전한다.

> **해설** 유도전동기의 속도(N)
>
> $N = (1-s)N_s = (1-s)\dfrac{120f}{p}$
>
> N : 회전자속도, N_s : 동기속도, s : 슬립, f : 주파수, p : 극수, 0(회전 상태) $< s <$ 1(정지 상태)

54 전류의 흐름을 안전하게 하기 위하여 전선의 굵기를 결정하는 요인으로 다음 중 거리가 가장 먼 것은?

① 전압강하   ② 허용전류

③ 기계적 강도   ④ 외부온도

> **해설** 용량, (최대사용)전압, (최대사용)전류, 전압강하, 길이, 부하 특성에 따른 여유율, 기계적 강도 등이 고려됨.

55 100V를 인가하여 전기량 30C을 이동시키는 데 5초가 걸렸다. 이때의 전력[kW]은?

① 0.3   ② 0.6

③ 1.5   ④ 3

> **해설** 전력량 $Q = It$에서 $I = \dfrac{Q}{t}$[A]이므로,
>
> $I = \dfrac{30[C]}{5[sec]} = 6A$
>
> 따라서, 100V를 인가하였으므로, 전력 $P = VI = 100 \times 6$
> $= 600W = 0.6kW$

56 변형량과 원래 치수와의 비를 변형률이라 하는데 다음 중 변형률의 종류가 아닌 것은?

① 가로변형률   ② 세로변형률

③ 전단변형률   ④ 전체변형률

> **해설** 재료에 생긴 변형량과 원래의 치수와의 비
> - 세로변형률 : 재료의 길이 방향으로 변형이 일어나는 경우
>
> $\epsilon = \dfrac{l'-l}{l} = \dfrac{\lambda}{l}$ (l' : 늘어난 길이, l : 원래 길이)
> - 가로변형률 : 재료의 지름(가로 방향)에 변형이 일어나는 경우
>
> $\epsilon = \dfrac{d'-d}{d} = \dfrac{\delta}{d}$ (d' : 늘어난 길이, d : 원래 길이)
> - 전단변형률(미끄럼 변형률)
>
>   변형률$(e) = \dfrac{\text{변형된 길이}(\lambda)}{\text{원래의 길이}(l)}$

57 물체에 외력을 가해서 변형을 일으킬 때 탄성한계 내에서 변형의 크기는 외력에 대해 어떻게 나타나는가?

① 탄성한계 내에서 변형의 크기는 외력에 대하여 반비례한다.

② 탄성한계 내에서 변형의 크기는 외력에 대하여 비례한다.

③ 탄성한계 내에서 변형의 크기는 외력과 무관하다.

④ 탄성한계 내에서 변형의 크기는 일정하다.

> **해설** 외부의 힘을 받아 물체가 변형되면, 물체 내부에서는 본래 상태로 되돌아가려는 힘이 생긴다. 이때 외부의 힘이 탄성변형의 힘보다 작으면 외부의 힘과 이에 저항하는 응력은 비례하는데, 그 한계를 탄성한계라고 한다. 탄성한계를 넘어서 영구 변형된 상태를 소성변형이라고 한다.

정답   **53** ③   **54** ④   **55** ②   **56** ④   **57** ②

58 버니어캘리퍼스를 사용하여 와이어로프의 직경 측정방법으로 알맞은 것은?

①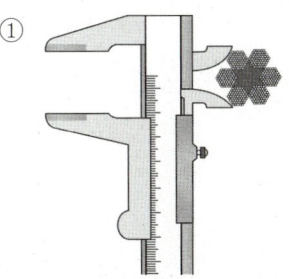

②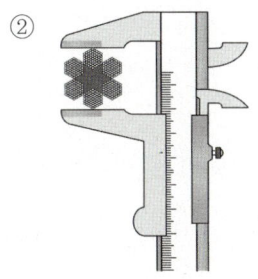

③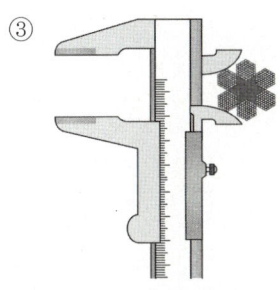

④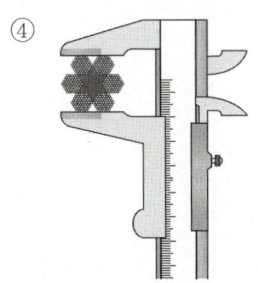

해설 모든 스트랜드를 포함하는 외접원의 지름을 측정

59 기계요소 설계 시 일반 체결용에 주로 사용되는 나사는?

① 삼각나사   ② 사각나사

③ 톱니나사   ④ 사다리꼴나사

해설 **나사의 종류**
- 체결용 나사 : 주로 삼각나사가 사용되며, 길이의 단위에 따라 미터계와 인치계가 있다.
- 운동용 나사
  - 사각나사 : 단면 모양이 정사각형에 가까운 나사로 축 방향의 큰 하중을 받는 곳에 적합하나 가공이 어려워 높은 정밀도를 요하는 곳에는 잘 사용되지 않는다. 나사 프레스나 선반의 리드 스크루 등에 사용
  - 사다리꼴나사 : 사각나사보다 제작이 쉽고 맞물림이 좋아 공작 기계의 이송나사로 많이 사용된다. 나사산의 각도는 미터계는 30°, 인치계는 29°이다.
  - 톱니나사 : 축 방향의 하중이 한쪽 방향으로만 작용하는 경우에 사용되며 경사면의 각도는 30°이다. 바이스 및 압착기 등의 이송나사로 사용
  - 둥근나사 : 나사산과 골을 반지름이 같은 원호로 연결한 모양이며, 원형 나사라고도 한다. 나사산의 각도는 30°이며 백열전구의 나사부, 소켓 등과 같이 분해 결합이 쉬워야 하거나 먼지, 모래 등이 들어가기 쉬운 곳에 사용

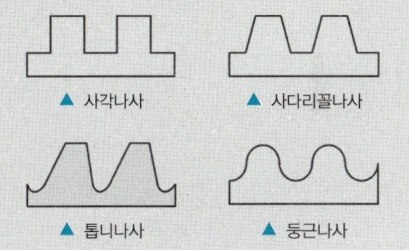

▲ 사각나사   ▲ 사다리꼴나사

▲ 톱니나사   ▲ 둥근나사

8 기출복원문제 8개년

60 그림은 마이크로미터로 어떤 치수를 측정한 것이다. 치수는 약 몇 [mm]인가?

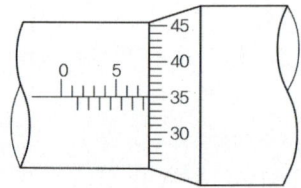

① 5.35   ② 5.85

③ 7.35   ④ 7.85

해설 마이크로미터는 나사의 원리를 이용한 측정기로 버니어캘리퍼스보다 정밀한 측정이 가능하다. 슬리브(가로)의 눈금 중 값이 '7'이고, 아래의 값이 '0.5', 슬리브의 가로 줄이 가리키는 심블(Thimble)의 눈금이 35이므로 '0.35'이다. 따라서, 측정한 치수는 7 + 0.5 + 0.35 = 7.85이다.

2019년 제1회 기출복원문제

01 기계실의 위치에 의한 엘리베이터 분류에서 기계실을 승강로의 아래쪽 방향에 설치하는 방식은?

① 기어드 방식
② 횡인구동 방식
③ 베이스먼트 방식
④ 사이드머신 방식

> **해설** 기계실 위치에 따른 구분
> • 사이드머신 타입(side machine type)
>   승강로 상부 측면에 설치
> • 베이스먼트 타입(basement type)
>   승강로 하부 측에 설치
> • 정상부 타입(over head machine type)
>   정상부에 설치

02 중앙 개폐방식의 승강장 도어를 나타내는 기호는?

① 2S   ② CO
③ UP   ④ SO

> **해설** 엘리베이터 도어의 개폐방식
> • 중앙 개폐방식(center opening) : 2CO, 4CO(숫자는 문짝 수)
> • 측면 개폐방식(side opening) : 1S, 2S, 3S(숫자는 문짝 수)
> • 상승 개폐방식(up opening) : 2UP, 3UP

03 승강기가 어떤 원인으로 피트에 떨어졌을 때 충격을 완화하기 위하여 설치하는 것은?

① 조속기   ② 비상정지장치
③ 완충기   ④ 제동기

> **해설** 완충기
> • 승강로 바닥에 설치하는 안전장치로 제어시스템 고장으로 엘리베이터가 최하층을 지나 승강로 바닥까지 떨어질 경우에 보호기능을 제공
> • 카가 승강로의 최상층을 초과하여 진행하는 것에 대비하여 균형추의 바로 아래에도 설치
> • 완충기의 요건은 완충기 유형에 따라 크게 두 가지로 구분(에너지축적형, 에너지분산형)
>   – 에너지축적형 완충기 : 충격 시 발생한 운동에너지를 변형에너지(Strain Energy) 형태로 저장(스프링 완충기 또는 우레탄 완충기)
>   – 에너지분산형 완충기 : 일반적으로 충격에너지를 열의 형태로 분산(유압완충기)

04 승강기 정밀안전 검사 시 과부하방지장치의 작동치는 정격적재하중의 몇 [%]를 권장치로 하는가?

① 90~100   ② 100~110
③ 110~120   ④ 120~130

> **해설** 과부하는 정격하중의 10%(최소 75kg)를 초과하기 전에 검출

05 와이어로프의 꼬임 방향에 의한 분류로 옳은 것은?

① Z꼬임, S꼬임   ② Z꼬임, T꼬임
③ S꼬임, T꼬임   ④ H꼬임, T꼬임

> **해설** 와이어로프의 꼬임의 종류
> • 꼬임의 방향에 따라
>   – Z꼬임 : 오른 꼬임
>   – S꼬임 : 왼 꼬임
> • 가닥과 로프의 꼬임 방향에 따라
>   – 보통꼬임 : 가닥과 로프의 꼬임 방향이 반대
>   – 랭꼬임 : 가닥과 로프의 꼬임 방향이 같음

정답 01 ③　02 ②　03 ③　04 ②　05 ①

06 균형로프(Compensating Rope)의 역할로 적합한 것은?

① 카의 낙하를 방지한다.

② 균형추의 이탈을 방지한다.

③ 주로프와 이동케이블의 이동으로 변화된 하중을 보상한다.

④ 주로프가 열화되지 않도록 한다.

> **해설** 카의 위치에 따라 메인로프의 무게 불균형이 커질 때 보상하기 위한 장치

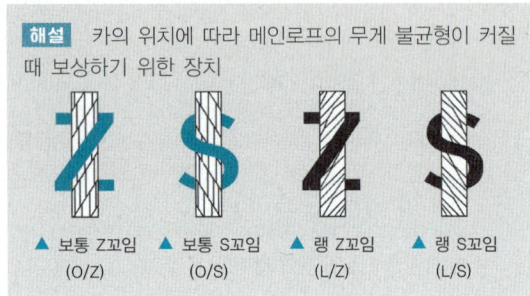

| ▲ 보통 Z꼬임 (O/Z) | ▲ 보통 S꼬임 (O/S) | ▲ 랭 Z꼬임 (L/Z) | ▲ 랭 S꼬임 (L/S) |

07 고속용 승강기에 가장 적합한 조속기(Governor)는?

① 롤세프티형(GR형)

② 디스크형(GD형)

③ 플라이볼형(GF형)

④ 플랙시블형(FGC형)

> **해설** 과속조절기(조속기, Governor)
> • 조속기는 카가 정격속도를 현저히 초과할 때 카의 속도를 검출하여 모터에 가해지는 전원을 차단하여 카를 정지시키는 장치
> • 조속기의 종류는 롤세이프티형(Roll Safely Type, GR형), 디스크형(Disk Type, GD형), 플라이볼형(Fly Ball Type, GF형) 조속기가 있다.
> ① 롤세이프티형 : 저속 엘리베이터에 적합
> ② 디스크형 : 중속도 이하의 엘리베이터에 적합
> ③ 플라이볼형 : 고속 엘리베이터에 적합

08 균형추의 중량을 결정하는 계산식은? (단, 여기서 L은 정격하중, F는 오버밸런스율이다)

① 균형추 중량 = 카 자체하중 × (L · F)

② 균형추 중량 = 카 자체하중 + (L · F)

③ 균형추 중량 = 카 자체하중 × (L − F)

④ 균형추 중량 = 카 자체하중 + (L + F)

> **해설** 균형추의 중량 = 카 자체하중 + (정격적재하중 × 오버밸런스율)

09 엘리베이터의 속도제어 중 VVVF 제어방식의 특징으로 잘못 설명된 것은?

① 소비전력을 줄일 수 있고 보수가 용이하다.

② 저속의 승강기에만 적용 가능하다.

③ 유도전동기의 전압과 주파수를 변환시킨다.

④ 직류전동기와 동등한 제어 특성을 낼 수 있다.

> **해설** VVVF 제어(Variable Voltage Variable Frequency Control)
> 저속, 중속, 고속, 초고속 등 속도에 관계없이 광범위하게 속도제어에 사용되는 방식

10 기계실의 크기에 대한 설명으로 옳은 것은?

① 작업구역의 유효높이는 2.0m 이상이어야 한다.

② 작업구역 간 이동통로의 유효높이는 1.8m 이상이어야 한다.

③ 보호되지 않은 회전부품 위로 0.5m 이상의 유효수직거리가 있어야 한다.

④ 제어반 및 캐비닛 깊이는 외함 표면에서 측정하여 0.5m 이상이어야 한다.

정답 **06** ③ **07** ③ **08** ② **09** ② **10** ②

- 작업구역 간 이동통로의 유효높이(바닥에서 천장의 가장 낮은 충돌 점 사이)는 1.8m 이상이어야 한다.
- 기계실은 설비의 작업이 쉽고 안전하도록 다음과 같이 충분한 크기이어야 하며, 특히 작업구역의 유효높이는 2.1m 이상이어야 한다.
- 제어반 및 캐비닛 깊이는 외함 표면에서 측정하여 0.7m 이상이어야 한다.
- 보호되지 않은 회전부품 위로 0.3m 이상의 유효수직거리가 있어야 한다.

11 엘리베이터의 비상운전 상황에서 요구되는 기계적, 전기적 수단으로 틀린 것은?

① 전원은 고장이 발생한 후 1시간 이내에 공급되어야 한다.

② 속도는 0.5m/s 이하이어야 한다.

③ 승강장으로 이동시키기 위해 요구되는 인력이 150N을 초과하지 않아야 한다.

④ 정격하중의 카를 인접한 승강장으로 이동시킬 수 있어야 한다.

해설
- 전원 공급은 고장이 발생한 후 1시간 이내에는 정격하중의 카를 인접한 승강장으로 이동시킬 수 있도록 충분한 용량을 가져야 한다.
- 속도는 0.3m/s 이하이어야 한다.

12 에스컬레이터의 경사도가 30° 이하일 경우에 공칭 속도는?

① 0.75m/s 이하　　② 0.80m/s 이하

③ 0.85m/s 이하　　④ 0.90m/s 이하

해설
- 경사도가 30° 이하인 에스컬레이터는 0.75m/s 이하
- 경사도가 30° 초과하고 35° 이하인 에스컬레이터는 0.50m/s 이하

13 유압식 엘리베이터의 유압 파워유닛(Power Unit)의 구성요소가 아닌 것은?

① 펌프　　　　　② 유압실린더

③ 유량제어밸브　④ 체크밸브

해설 유압 파워유닛 : 펌프, 유량제어밸브, 체크밸브, 안전밸브 및 주전동기

14 승강기가 최하층을 통과했을 때 주전원을 차단시켜 승강기를 정지시키는 것은?

① 완충기

② 조속기

③ 비상정지장치

④ 파이널 리밋스위치

해설
- 승강기의 카가 승강로의 상부에 있는 경우 천장에 충돌하는 것을 방지
- 리밋스위치가 작동하지 않을 경우 최상층 또는 최하층을 지나치지 않도록 하기 위해 설치
- Final Limit Switch의 작동 : 카가 완충기에 접촉하기 전에 작동해야 함

15 레일의 규격호칭은 소재 1m 길이당 중량을 라운드 번호로 하여 레일에 붙여 쓰고 있다. 일반적으로 쓰이고 있는 T형 레일의 공칭이 아닌 것은?

① 8K 레일　　　　② 13K 레일

③ 16K 레일　　　　④ 24K 레일

해설

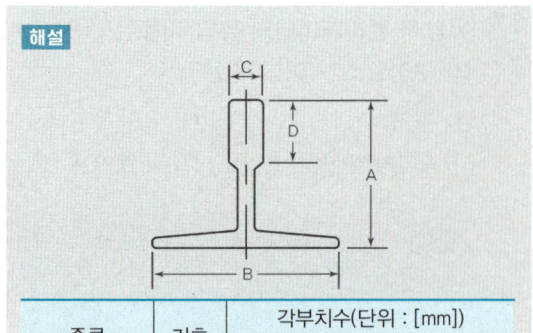

종류	기호	각부치수(단위 : [mm])			
		A	B	C	D
8kgf 레일	8K	56	78	10	26
13kgf 레일	13K	62	89	16	32
18kgf 레일	18K	89	114	16	38
24kgf 레일	24K	89	127	16	50
30kgf 레일	30K	108	140	19	51

16 에스컬레이터 각 난간의 꼭대기에는 정상운행 조건하에서 스텝, 팰릿 또는 벨트의 실제 속도와 관련하여 동일 방향으로 몇 [%]의 공차가 있는 속도로 움직이는 핸드레일이 설치되어야 하는가?

① 0~2　　　　　② 4~5
③ 7~9　　　　　④ 10~12

해설
- 핸드레일의 폭은 70~100mm 이내
- 핸드레일은 계단 표면에서 수직 방향으로 높이 0.9~1.1m 지점에 설치
- 핸드레일은 하강 운전 중 약 15kgf로 잡아당겨도 멈추지 않아야 함
- 디딤판의 속도와 −0%에서 +2%의 허용오차로 같은 방향과 속도로 움직이는 손잡이가 설치
- 정상운행 중 운행 방향의 반대편에서 450N의 힘으로 당겨도 정지되지 않아야 함
- 손잡이의 속도감시장치 또는 입구에 이물질이 끼면 작동하는 안전장치를 설치해야 함

17 안전점검 및 진단순서가 맞는 것은?

① 실태파악 → 결함발견 → 대책결정 → 대책실시
② 실태파악 → 대책결정 → 결함발견 → 대책실시
③ 결함발견 → 실태파악 → 대책실시 → 대책결정
④ 결함발견 → 실태파악 → 대책결정 → 대책실시

해설 안전점검 4대 순환과정
실태파악 → 결함발견 → 대책결정 → 대책실시

18 안전점검 중에서 5S 활동 생활화로 틀린 것은?

① 정리　　　　　② 정돈
③ 청소　　　　　④ 불결

해설 5S(일본식 발음의 영어 표기화)
- 정리(seiri) : 필요와 불필요를 구분하여 불필요한 것을 없애는 것
- 정돈(seiton) : 사용자가 찾기 쉽도록 구분하여 놓는 것
- 청소(seiso) : 처음 모습 그대로 깨끗하게 청소하는 것
- 청결화(seiketsu) : 언제, 누가 사용하더라도 깨끗하게 사용할 수 있도록 하는 것
- 습관화(shitsuke) : 상기 4S를 지속적으로 활동함으로써 자신도 모르게 반복 행동하는 것

3정(定)
- 정량 : 최소량과 최량을 항상 일정하게 유지하는 것
- 정품 : 제품을 규격화하여 일정 규격을 유지하는 것(정용기)
- 정위치 : 필요 제품의 위치를 표시하여 제품이 항상 일정한 장소에 위치하는 것

19 작업의 특수성으로 인해 발생하는 직업병으로서 작업 조건에 의하지 않는 것은?

① 먼지　　　　　② 유해가스
③ 소음　　　　　④ 작업 자세

해설 작업의 자세는 작업 조건의 특수성으로 인해 발생하는 직업병이라고 보기 어렵다.

20 재해의 발생 순서로 옳은 것은?

① 이상상태 – 불안전 행동 및 상태 – 사고 – 재해
② 이상상태 – 사고 – 불안전 행동 및 상태 – 재해
③ 이상상태 – 재해 – 사고 – 불안전 행동 및 상태
④ 재해 – 이상상태 – 사고 – 불안전 행동 및 상태

> **해설** 안전사고 발생 과정
> • 미국의 안전전문가인 하인리히(H.w.Heinrich)의 도미노(Domino)이론에 따르면 사고의 원인에서 발생에 이르는 과정의 각 요소는 상호 밀접한 관련을 가지고 일렬로 나란히 서기 때문에 한쪽에서 쓰러지게 되면 연쇄적으로 모두 쓰러지는 것과 같이 사고 발생은 선행요인에 의해서 일어나고 이들 요인이 겹쳐서 연쇄적으로 생기게 된다.
> • 사고의 원인에서 발생에 이르는 과정
> 사회적 환경 및 유전적 요인 → 인적 결함(개성) → 불안전한 행동과 불안전한 상태 → 사고 → 재해

21 산업재해의 발생 원인 중 불안전한 행동이 많은 사고의 원인이 되고 있다. 이에 해당되지 않는 것은?

① 위험장소 접근
② 작업장소 불량
③ 안전장치 기능 제거
④ 복장 보호구 잘못 사용

> **해설** 작업장소의 불량은 불안전한 상태를 말한다.
> **산업재해의 발생 원인**
> • 기본적 원인 : 교육적・기술적 작업 관리상 원인
> • 직접적 원인 : 근로자의 불안전한 행동(인적 원인)과 시설의 불안전한 상태(물적 원인)
> **불안전한 상태와 불안전한 행동**
> • 불안전한 상태 : 재해의 물적 원인으로, 사고를 일으키게 하는 상태 또는 사고의 요인을 만들어 내고 있는 것과 같은 상태를 말한다(전체 재해 발생 원인의 10% 정도).
> • 불안전한 행동 : 재해의 인적 원인으로, 재해의 요인으로 된 사람의 불안전한 행동을 말한다(전체 재해 발생 원인의 88% 정도).

22 다음 장치들 중 보조안전스위치(장치) 설치와 무관한 것은?

① 균형추
② 유입완충기
③ 조속기 로프 인장장치
④ 균형로프 도르래

> **해설** 균형추는 권상을 보상하는 무게(Weight)로서 안전장치로 거리가 멀다.

23 카 실(Cage)의 구조에 관한 설명 중 옳지 않은 것은?

① 구조상 경미한 부분을 제외하고는 불연재료를 사용하여야 한다.
② 카 천장에 비상구출구를 설치하여야 한다.
③ 승객용 카의 출입구에는 정전기 장애가 없도록 방전코일을 설치하여야 한다.
④ 승객용은 한 개의 카에 두 개의 출입구를 설치할 수 있는 경우도 있다.

> **해설** 방전코일은 고압용 전력설비의 개폐 시 발생하는 잔류전하를 방전시키기 위해 설치하는 장치이다.

24 전동 덤웨이터의 안전장치에 대한 설명 중 옳은 것은?

① 도어 인터로크 장치는 설치하지 않아도 된다.
② 승강로의 모든 출입구 문이 닫혀야만 카를 승강시킬 수 있다.
③ 출입구 문에 사람의 탑승금지 등의 주의사항은 부착하지 않아도 된다.
④ 로프는 일반 승강기와 같이 와이어로프 소켓을 이용한 체결을 하여야만 한다.

해설 전동 덤웨이터에서도 일반 엘리베이터와 같이 승강로의 모든 출입구의 문이 닫힌 상태에서만 카를 승강할 수 있도록 안전장치가 설치되어 있다. 또한 출입구 문의 도어로크, 기타의 안전장치 또는 적재하중, 사람의 탑승 금지 등의 주의사항을 명시한 표시판을 설치해야 함

해설

구분		특징
접촉식 보호 장치		접촉식 감지기 : 감지기와 물리적인 접촉을 통하여 동작하는 스위치
		예 조속기 스위치, 도어 스위치, 파이널 리밋스위치
	문닫힘안전장치 (세이프티 슈)	이물체 검출을 위해 카 도어 가장자리 끝단에 가동슈를 부착하여 이물체나 사람 접촉 시 닫힘을 증지하고 도어를 반전시키는 접촉식 안전장치
비 접촉식 보호 장치		비접촉식 감지기 : 자기의 변화, 정전용량의 변화 등을 통하여 감지기가 동작하는 스위치
		예 인덕터 스위치, 광 감지기, 근접 감지기
	광전장치	광전빔을 발생시키는 투광기와 센서인 수광기로 구성되어 있으며 광전빔이 차단될 때 도어를 반전시키는 비접촉식 안전장치
	초음파장치	초음파의 감지각도를 조정하여 승강장 또는 카 측의 이물체나 사람을 검출하여 도어를 반전시키는 안전장치

25 균형추의 전체 무게를 산정하는 방법으로 옳은 것은?

① 카의 전 중량에 정격적재량의 40~50%를 더한 무게로 한다.

② 카의 전 중량에 정격적재량을 더한 무게로 한다.

③ 카의 전 중량과 같은 무게로 한다.

④ 카의 전 중량에 정격적재량의 110%를 더한 무게로 한다.

해설 권상 구동식 엘리베이터는 50%의 하중을 카에 적재하고 정격속도로 상승할 때와 하강할 때의 전류 차이가 정격하중의 균형량(오버밸런스율)에 따른 설계치의 범위 이내가 되도록 설치해야 함

27 에스컬레이터의 계단(디딤판)에 대한 설명 중 옳지 않은 것은?

① 디딤판 윗면은 수평으로 설치되어야 한다.

② 디딤판의 주행방향의 길이는 400mm 이상이다.

③ 발판 사이의 높이는 215mm 이하이다.

④ 디딤판 상호 간 틈새는 8mm 이하이다.

해설
• 디딤판 상호간의 틈새는 승강로의 총길이에 걸쳐서 6mm 이하
• 스커트가드와 디딤판과의 틈새는 승강로의 총길이에 걸쳐서 한쪽이 4mm 이하 양쪽을 합쳐서 7mm 이하이어야 함

26 엘리베이터의 문닫힘안전장치 중에서 카 도어의 끝단에 설치하여 이물체가 접촉되면 도어의 닫힘이 중단되는 안전장치는?

① 광전장치   ② 초음파장치

③ 세이프티 슈   ④ 가이드 슈

정답 25 ① 26 ③ 27 ④

28 휠체어리프트 이용자가 승강기의 안전운행과 사고방지를 위하여 준수해야 할 사항과 거리가 먼 것은?

① 전동체어 등을 이용할 경우에는 운전자가 직접 이용할 수 있다.

② 정원 및 적재하중의 초과는 고장이나 사고의 원인이 되므로 엄수하여야 한다.

③ 휠체어 사용자 전용이므로 보조자 이외의 일반인은 탑승하여서는 안 된다.

④ 조작반의 비상정지스위치 등을 불필요하게 조작하지 말아야 한다.

> **해설** 휠체어리프트 이용자의 준수사항
> • 수직형 휠체어리프트 출입문에 충격을 가하지 않아야 한다.
> • 수직형 휠체어리프트 출입문에 손이나 발을 대지 않아야 한다.
> • 수직형 휠체어리프트 출입문 또는 경사형 휠체어리프트 보호대를 강제로 열지 않아야 한다.
> • 정격속도는 0.15m/s 이하
> • 승강행정에 따라 4m 이하 및 4m 초과 12m 이하로 구분
> • 주행선의 경사도는 수직에서 15°이하, 정격하중은 250kg 이상이어야 함

29 기계설비의 위험방지를 위해 보전성을 개선하기 위한 사항과 거리가 먼 것은?

① 안전사고 예방을 위해 주기적인 점검을 해야 한다.

② 고가의 부품인 경우는 고장발생 직후에 교환한다.

③ 가동률을 높이고 신뢰성을 향상시키기 위해 안전모니터링 시스템을 도입하는 것은 바람직하다.

④ 보전용 통로나 작업장의 안전 확보는 필요하다.

> **해설** 고장이 발생하기 전에 부품교체, 청소 및 수리 등을 함으로써 기계 고장을 미리 방지하는 예방보전으로 일상보전, 장비점검, 예방수리 등이 있다.

30 승강기의 파이널 리밋스위치(Final Limit Switch)의 요건 중 틀린 것은?

① 반드시 기계적으로 조작되는 것이어야 한다.

② 작동 캠(CAM)은 금속으로 만든 것이어야 한다.

③ 이 스위치가 동작하게 되면 권상전동기 및 브레이크 전원이 차단되어야 한다.

④ 이 스위치는 카가 승강로의 완충기에 충돌된 후에 작동되어야 한다.

> **해설** 카 완충기(Buffer)는 승강기가 하부 파이널 리밋스위치를 지나쳐서 피트에 충돌할 때에 탑승자의 충격을 완화시키는 장치

31 유압엘리베이터의 역저지(체크)밸브에 대한 설명으로 옳은 것은?

① 작동유의 압력이 150%를 넘지 않도록 하는 밸브

② 수동으로 카를 하강시키기 위한 밸브

③ 카의 정지 중이나 운행 중 작동유의 압력이 떨어져 카가 역행하는 것을 방지하는 밸브

④ 안전밸브와 역저지밸브 사이에 설치

> **해설** 한쪽 방향으로만 오일이 흐르도록 하는 밸브로 카의 정지 중이거나 운행 중에 작동유의 압력이 떨어져서 카가 역행(자연하강)하는 것을 방지

32 로프식 엘리베이터에서 도르래의 직경은 로프 직경의 얼마 이상으로 하여야 하는가?

① 25　　　　　　　② 30

③ 35　　　　　　　④ 40

> **해설** 권상 도르래·풀리 또는 드럼의 피치직경과 로프(벨트)의 공칭직경 사이의 비율은 로프(벨트)의 가닥수와 관계없이 40 이상
> 다만, 주택용 엘리베이터의 경우 30 이상

33 기계실에 대한 설명으로 틀린 것은?

① 출입구 자물쇠의 잠금장치는 없어도 된다.

② 관리 및 검사에 지장이 없도록 조명 및 환기는 적절해야 한다.

③ 주로프, 조속기 로프 등은 기계실 바닥의 관통부분과 접촉이 없어야 한다.

④ 권상기 및 제어반은 기둥 및 벽에서 보수관리에 지장이 없어야 한다.

> **해설** 기계실에는 관계자 이외 출입을 제한하기 위해 출입구 등에 잠금(시건)장치를 설치한다.

34 기계실에서 점검할 항목이 아닌 것은?

① 수전반 및 주개폐기

② 가이드 롤러

③ 절연저항

④ 제동기

> **해설** 가이드 롤러는 카 상부에서 점검
> 기계실에서 점검할 항목검사
> • 권상기, 전동기, 제어반의 이격거리
> • 기계실 바닥, 높이, 구획, 마감, 소요설비, 누수상태, 통로
> • 양중용 고리, 시건장치, 수전반, 주개폐기, 지지보, 방수조치, 조명, 환기장치

35 유압식 엘리베이터의 속도제어에서 주회로에 유량제어밸브를 삽입하여 유량을 직접 제어하는 회로는?

① 미터오프 회로　　② 미터인 회로

③ 블리드오프 회로　　④ 블리드인 회로

> **해설** 유압회로(속도제어 회로)
> • 미터인 회로 : 실린더로 들어가는 유체의 양을 조절하여 속도를 제어하는 회로
> • 미터아웃 회로 : 실린더에서 배기되는 유체의 양을 조절하여 속도를 제어하는 회로
> • 블리드오프 회로 : 실린더의 입구 측에 불필요한 압유를 배출시켜 작동효율을 증진시킨 회로

36 카 상부에 탑승하여 작업할 때 지켜야 할 사항으로 옳지 않은 것은?

① 정전스위치를 차단한다.

② 카 상부에 탑승하기 전 작업등을 점등한다.

③ 탑승 후에는 외부 문부터 닫는다.

④ 자동스위치를 점검 쪽으로 전환한 후 작업한다.

> **해설** 카 상부 작업 시 주의사항
> • 스톱스위치를 차단하고, 승강장 측 신호계통을 분리
> • 자동스위치를 점검 쪽으로 전환(운전스위치 수동전환)
> • 카 상부에 탑승하기 전에 작업등을 점등하며 이동 중에는 로프를 손으로 잡아서는 안 된다.
> • 올라설 곳은 견고한지 확인하고 장애물 등에 주의하며, 탑승 후에는 외부 문부터 닫는다.
> • 도어를 열어 카의 위치를 확인한 후 비상정지스위치를 0 상태로 전환

정답 32 ④　33 ①　34 ②　35 ②　36 ①

37 로프식 엘리베이터의 카 상부에서 실시하는 검사가 아닌 것은?

① 레일 클립의 조임상태
② 카 도어 스위치 동작상태
③ 조속기의 작동상태
④ 비상구출구 스위치 동작상태

> **해설** 조속기의 작동상태는 기계실에서 하는 검사

38 엘리베이터 사용자의 안전을 위하여 400V 미만의 전압이 인가된 저압용 기기의 외함에는 제 몇 종 접지공사를 하여야 하는가?

① 제1종
② 제2종
③ 제3종
④ 특별 제3종

> **해설** ※ KEC(한국전기설비기준) 개정으로 맞지 않는 문제임

39 엘리베이터 카 도어 머신에 요구되는 성능이 아닌 것은?

① 작동이 원활하고 정숙할 것
② 카 상부에 설치하기 위해 소형 경량일 것
③ 동작횟수가 엘리베이터 기동횟수의 2배이므로 보수가 용이할 것
④ 어떠한 경우라도 수동으로 카 도어가 열려서는 안 될 것

> **해설**
> • 작동이 원활하고 정숙할 것
> • 소형 경량일 것(카 상부에 설치)
> • 보수가 용이할 것(동작횟수가 엘리베이터 기동횟수의 2배)
> • 가격이 저렴할 것
> • 비상시 수동조작에 의해 카 도어의 개폐가 가능할 것

40 간접식 유압엘리베이터의 특징이 아닌 것은?

① 부하에 의한 카의 빠짐이 비교적 작다.
② 실린더 점검이 용이하다.
③ 승강로는 실린더를 수용할 부분만금 더 커지게 된다.
④ 비상정지장치가 필요하다.

> **해설** 유압엘리베이터의 동작방식에 따른 분류
>
> | 직접식 | 간접식 |
> |---|---|
> | 부하에 의한 카 바닥의 빠짐이 작다. | 로프의 늘어짐과 작동유의 점성 때문에 부하에 의한 카 바닥의 빠짐이 비교적 크다. |
> | 비상정지장치가 필요치 않다. | 비상정지장치가 필요하다. |
> | 실린더를 설치하기 위한 보호관을 땅속에 설치해야 하므로 실린더의 점검이 곤란하다. | 승강로가 실린더를 수용할 만큼 커진다. |

41 카가 최하층에 수평으로 정지되어 있는 경우 카와 완충기의 거리에 완충기의 행정을 더한 수치는?

① 균형추의 꼭대기 틈새보다 작아야 한다.
② 균형추의 꼭대기 틈새의 2배이어야 한다.
③ 균형추의 꼭대기 틈새와 같아야 한다.
④ 균형추의 꼭대기 틈새의 3배이어야 한다.

> **해설** 카가 최하층에 수평으로 정지되어 있는 경우에 카와 완충기의 거리에 완충기의 충격 정도를 더한 수치는 균형추의 꼭대기 틈새보다 작아야 한다.

42 유압승강기의 안전장치에 대한 설명으로 옳지 않은 것은?

① 플런저 리밋스위치는 플런저의 상한행정을 제한하는 안전장치이다.

② 플런저 리밋스위치 작동 시 상승 방향의 전력을 차단하며, 반대 방향으로 주행이 가능하도록 회로가 구성되어야 한다.

③ 작동유 온도검출스위치는 기름탱크의 온도 규정치 80℃를 초과하면 이를 감지하여 카 운행을 중지시키는 장치이다.

④ 전동기공전 방지장치는 타이머에 설정된 시간을 초과하면 전동기를 정지시키는 장치이다.

> **해설** 온도범위는 45~55℃
> 부가적인 장치(오일히터, 오일쿨러) 설치에 따라 사용 가능한 오일의 온도범위는 5~60℃ 유온이 설정치를 초과하면 이를 감지하여 카 운행을 중지시키는 장치가 설치되어야 한다.

43 승객의 구출 및 구조를 위한 카 천장의 비상구출문 크기는 얼마 이상이어야 하는가?

① 0.2m × 0.2m ② 0.4m × 0.5m
③ 0.5m × 0.5m ④ 0.25m × 0.3m

> **해설** 카 천장의 비상구출문 크기
> 유효개구부의 크기는 0.4m × 0.5m 이상(면적은 0.2m² 이상)

44 에스컬레이터 구동장치 보수점검사항에 해당되지 않는 것은?

① 구동체인의 이완 여부
② 브레이크 작동상태
③ 스텝과 핸드레일 속도 차이
④ 각 부의 볼트 및 너트의 풀림 상태

> **해설** 스텝과 핸드레일 속도 차이는 에스컬레이터 상부 승강장의 핸드레일 시스템 점검사항임

45 길이 1m의 봉이 인장력을 받고 0.2mm만큼 늘어났다. 인장변형률을 얼마인가?

① 0.0001 ② 0.0002
③ 0.0004 ④ 0.0005

> **해설** 변형된 길이
> $$인장변형률 = \frac{변형된 길이}{원래의 길이} = \frac{0.2mm}{1,000mm} = 0.0002$$

46 다음 중 4절 링크기구를 구성하고 있는 요소로 알맞은 것은?

① 고정링크, 크랭크, 레버, 슬라이더
② 가변링크, 크랭크, 기어, 클러치
③ 고정링크, 크랭크, 고정레버, 클러치
④ 가변링크, 크랭크, 기어, 슬라이더

> **해설** 링크(Link)기구
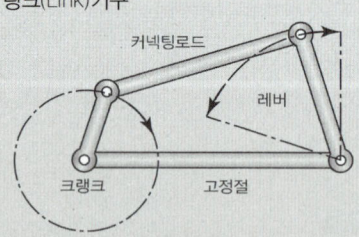
> • 개념 : 서로 길이가 다른 막대를 연결하여 한쪽 막대를 회전시키면 다른 쪽 막대는 다른 운동을 하도록 하여 동력을 전달시키는 기구(최소 4절)
> • 구성요소 : 고정절(고정링크), 크랭크, 커넥팅로드(슬라이더), 레버

47 공작물을 제작할 때 공차범위라고 하는 것은?

① 영점과 최대허용치수와의 차이
② 영점과 최소허용치수와의 차이
③ 오차가 전혀 없는 정확한 치수
④ 최대허용치수와 최소허용치수와의 차이

> **해설** 공차(Tolerance)
> 어느 기준값에 대해 규정된 최댓값과 최솟값의 차이

48 파괴검사방법이 아닌 것은?

① 인장검사　② 굽힘검사
③ 견고도검사　④ 육안검사

> **해설** 육안검사는 비파괴검사이다.
> • 파괴검사 : 시험편이 파괴되기까지 하중, 열, 전류, 전압 등을 가한다든지, 화학 분석 등을 해서 그 특성을 구하는 검사
> • 재료시험 중 인장시험, 압축시험, 굽힘시험, 비틀림시험, 층밀리기 시험, 충격시험, 크리프시험, 피로시험 등

49 웜(Worm) 기어의 특징이 아닌 것은?

① 효율이 좋다.
② 부하용량이 크다.
③ 소음과 진동이 적다.
④ 큰 감속비를 얻을 수 있다.

> **해설** 웜 및 웜 기어의 특징
> • 작은 공간에서 큰 감속비(1/8~1/40)
> • 주로 웜이 구동, 웜휠은 종동
> • 헬리컬 기어에 비해 기어의 효율이 낮음

50 회전축에서 베어링과 접촉하고 있는 부분을 무엇이라고 하는가?

① 저널　② 체인
③ 베어링　④ 핀

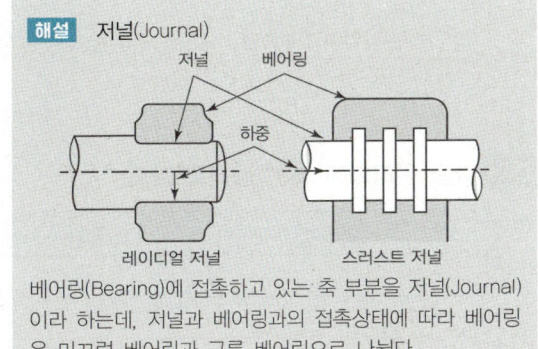

> **해설** 저널(Journal)
> 베어링(Bearing)에 접촉하고 있는 축 부분을 저널(Journal)이라 하는데, 저널과 베어링과의 접촉상태에 따라 베어링은 미끄럼 베어링과 구름 베어링으로 나뉜다.

51 측정계기의 오차의 원인으로서 장시간의 통전 등에 의한 스프링의 탄성피로에 의하여 생기는 오차를 보정하는 방법으로 가장 알맞은 것은?

① 정전기 제거　② 자기 가열
③ 저항 접속　④ 영점 조정

> **해설** 계측기의 오차 등을 근사치로 보정하기 위하여 실시하는 것

52 되먹임 제어에서 가장 필요한 장치는?

① 입력과 출력을 비교하는 장치
② 응답속도를 느리게 하는 장치
③ 응답속도를 빠르게 하는 장치
④ 안정도를 좋게 하는 장치

해설 **되먹임 제어계**(피드백 제어계)
• 기본 구성요소 : 검출부, 조절부, 조작부
• 피드백 제어계의 특징
 – 정확성이 증가한다.
 – 계의 특성 변화에 입력 출력비의 감도가 감소한다.
 – 발진을 일으키고 불안정한 상태로 되어가는 경향성이 있다.
 – 반드시 입력과 출력을 비교하는 장치가 있어야 한다.

53 다음 진리표에 맞는 논리회로는?

입력		출력
0	0	1
0	1	0
1	0	0
1	1	0

① OR
② NOR
③ AND
④ NAND

해설

입력		출력			
A	B	OR	NOR	AND	NAND
0	0	0	1	0	1
0	1	1	0	0	1
1	0	1	0	0	1
1	1	1	0	1	0

54 다음 논리회로의 출력값 표는?

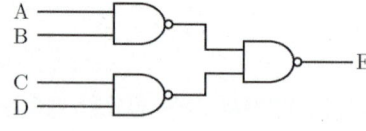

① $\overline{A \cdot B} + \overline{C \cdot D}$
② $(A \cdot B) + (C \cdot D)$
③ $A \cdot B \cdot C \cdot D$
④ $(A \cdot B) \cdot (C \cdot D)$

해설

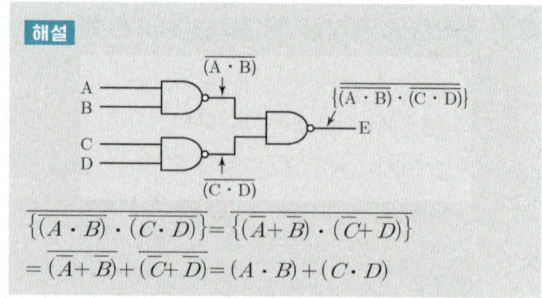

$$\overline{\{\overline{(A \cdot B)} \cdot \overline{(C \cdot D)}\}} = \overline{\{(\overline{A} + \overline{B}) \cdot (\overline{C} + \overline{D})\}}$$
$$= \overline{(\overline{A} + \overline{B})} + \overline{(\overline{C} + \overline{D})} = (A \cdot B) + (C \cdot D)$$

55 시퀀스회로에서 일종의 기억회로라고 할 수 있는 것은?

① AND회로
② OR회로
③ 자기유지회로
④ NOT회로

해설 **시퀀스 제어와 기본회로**
• 논리회로 : AND회로, OR회로, NOT회로, NAND회로, NOR회로
• 자기유지회로 : 입력신호가 소멸하여도 연속적으로 출력신호가 얻어지기 때문에 기억회로라고도 불림
• 인터로크회로 : 기기의 보호나 조작자의 안전을 위해 기기의 동작상태를 나타내는 접점을 사용하여 관련된 기기의 동작을 금지하는 회로

56 2단자 반도체 소자로 서지전압에 대한 회로 보호용으로 사용되는 것은?

① 터널 다이오드
② 서미스터
③ 바리스터
④ 바렉터 다이오드

해설 바리스터의 용도는 전기접점의 불꽃을 소거하거나 반도체정류기·트랜지스터 등의 서지전압(surge voltage)으로부터의 보호에 사용한다.

57 직류전동기에서 자속이 감소되면 회전수는 어떻게 되는가?

① 정지   ② 감소
③ 불변   ④ 상승

> **해설** 직류전동기란 직류전원에 의해 회전하는 전동기를 말하며, 가변속도로 큰 기동토크를 필요로 하는 경우에 주로 사용. 회전속도 변경 시 계자 코일을 흐르는 여자 전류를 바꾸거나 또는 전기자 전압을 바꾸어 준다.
> 직류전동기 속도식은 다음과 같으며, 이때 자속이 감소하면 회전수는 증가하게 되는 반비례관계를 갖는다.
>
> $$N = K' \frac{V - I_a R_a}{\phi}$$
>
> 여기서, (N : 회전수, I_a : 전기자전류, R_a : 전기자저항, ϕ : 자속, K : 비례상수)

58 RLC 소자의 교류회로에 대한 설명 중 틀린 것은?

① R만의 회로에서 전압과 전류의 위상은 동상이다.
② L만의 회로에서 저항성분을 유도성 리액턴스 X_L이라 한다.
③ C만의 회로에서 전류는 전압보다 위상이 90° 앞선다.
④ 유도성 리액턴스 $X_L = 1/\omega L$이다.

> **해설** RLC 소자의 유도 리액턴스 $X_L = \omega L = 2\pi f L$
> (ω : 각속도)

59 크레인, 엘리베이터, 공작기계, 공기압축기 등의 운전에 가장 적합한 전동기는?

① 직권전동기   ② 분권전동기
③ 차동복권전동기   ④ 가동복권전동기

> **해설**
> • 가동복권전동기는 분권기보다 기동토크가 크고, 무부하 시에 직권과 같이 위험속도에 이르지 않는 중간 특성을 가지고 있다.
> • 직류가동복권전동기는 엘리베이터, 크레인, 공기압축기, 공작기계 등의 용도로 쓰이고, 직류직권전동기는 가변속이며 권상기, 전차, 크레인과 같이 가동횟수가 빈번하고 토크의 변동도 심한 부하에 쓰인다.

60 저항 100Ω에 5A의 전류를 흐르게 하는 데 필요한 전압은?

① 220V   ② 300V
③ 400V   ④ 500V

> **해설** $V = IR = 5 \times 100 = 500V$

2019년 제2회 기출복원문제

01 가장 먼저 누른 호출버튼에 응답하고 운전이 완료될 때까지 다른 호출에 응답하지 않는 운전방식은?

① 승합 전자동식
② 단식 자동방식
③ 카 스위치 방식
④ 하강승합 전자동식

> **해설**
> • 무운전원 방식(전자동식)
> – 단식 자동운전, 승합 전자동식, 하강승합 자동방식
> • 운전원 방식
> – 카 스위치 방식, 시그널 컨트롤 방식, 레코드 컨트롤 방식

02 균형로프(Compensating Rope)의 역할로 적합한 것은?

① 카의 낙하를 방지한다.
② 균형추의 이탈을 방지한다.
③ 주로프와 이동케이블의 이동으로 변화된 하중을 보상한다.
④ 주로프가 열화되지 않도록 한다.

> **해설** 균형로프
> • 카의 위치 변화에 따른 주로프의 무게에 의한 권상비 보상을 위해 사용
> • 로프가 서로 엉키는 것을 방지하기 위하여 인장 시브를 설치
> • 고속 엘리베이터에 사용

03 2단으로 배열된 운반기 중 임의의 상단의 자동차를 출고시키고자 하는 경우 하단의 운반기를 수평 이동시켜 상단의 운반기가 하강이 가능하도록 한 입체 주차설비는?

① 평면왕복식 주차장치
② 승강기식 주차장치
③ 2단식 주차장치
④ 수직순환식 주차장치

> **해설** 기계식 주차장치의 구분
> (1) 수직순환식 주차장치 : 주차구획에 자동차를 넣고, 그 주차구획을 수직으로 순환 이동하여 주차시킴
> • 설치장소에 의한 분류 : 건물 내장형, 독립 철탑형
> • 입출고 출입문 위치에 의한 분류 : 상부 승입식, 중간 승입식, 하부 승입식
> (2) 수평순환식 주차장치 : 주차구획에 자동차를 넣고, 그 주차구획을 수평으로 순환 이동하여 주차시킴
> • 원형 순환방식
>   주차장치의 양 끝에서 운반기로 회전시켜 주차하는 방식으로 상부 승입식, 중간 승입식, 하부 승입식이 있음
>   – 다층순환식 주차장치 : 다수의 운반기를 1열, 2층 또는 그 이상으로 배열하고 두 층의 양쪽에서 운반기를 올리고 내려 순환 이동시키는 방식으로 좁고 긴 토지나 빌딩에 적합
>   – 2단식 주차장치 : 주차구획이 2단으로 배치되어 있고 출입구가 있는 층의 모든 부분을 주차장치 출입구로 사용할 수 있는 구조의 주차장치. 승강식, 승강횡행식 등으로 세분할 수 있다.

04 에스컬레이터 스텝체인의 안전율은 얼마 이상이어야 하는가?

① 5 ② 10

③ 15 ④ 20

해설	에스컬레이터의 각 부품의 안전율	

에스컬레이터의 각 부분	안전율
트러스 및 빔	5 이상
스텝체인 및 구동체인	10 이상
벨트식 디딤판 및 연결부재	5 이상

05 간접식 유압엘리베이터의 특징이 아닌 것은?

① 실린더를 설치하기 위한 보호관이 필요하지 않다.

② 실린더 점검이 용이하다.

③ 비상정지장치가 필요하다.

④ 로프의 늘어짐과 작동유의 압축성 때문에 부하에 의한 카 바닥의 빠짐이 비교적 작다.

해설	유압엘리베이터의 특징

직접식	간접식
부하에 의한 카 바닥의 빠짐이 작다.	로프의 늘어짐과 작동유의 점성 때문에 부하에 의한 카 바닥의 빠짐이 비교적 크다.
비상정지장치가 필요치 않다.	비상정지장치가 필요하다.
실린더를 설치하기 위한 보호관을 땅속에 설치하여야 하므로 실린더의 점검이 곤란하다.	승강로가 실린더를 수용할 만큼 커진다.

06 군 관리방식에 대한 설명으로 틀린 것은?

① 특정 층의 혼잡 등을 자동적으로 판단한다.

② 카를 불필요한 동작 없이 합리적으로 운행·관리한다.

③ 교통 수요의 변화에 따라 카의 운전 내용을 변화시킨다.

④ 승강장 버튼의 부름에 대하여 항상 가장 가까운 카가 응답한다.

해설	복수 엘리베이터의 조작방식

군 관리방식(Supervisory Control)
- 군 관리방식(복수 엘리베이터 조작방식)
  - 3~8대의 엘리베이터가 병설될 때 합리적으로 운행·관리하는 방식
  - 특정층의 혼잡을 자동 판단하여 교통 수요의 변화에 따라 적절히 배치
- 군 관리방식의 장점
  - 승객의 대기시간이 단축
  - 대기시간이 항상 비슷함
  - 엘리베이터의 사용수명이 길어짐
  - 인건비가 절약됨

07 도어 인터로크에 대한 설명으로 틀린 것은?

① 모든 승강장 문에는 전용 열쇠를 사용하지 않으면 열리지 않도록 하여야 한다.

② 도어가 닫혀 있지 않으면 운전이 불가능하여야 한다.

③ 닫힘 동작 시 도어 스위치가 들어간 다음 도어 로크가 확실히 걸리는 구조이어야 한다.

④ 도어로크를 열기 위한 열쇠는 특수한 전용키이어야 한다.

해설	기계적인 시건장치가 먼저 걸린 후에 도어 스위치가 들어가야 함

08 기계실의 작업구역에서 유효높이는 몇 [m] 이상으로 하여야 하는가?

① 1.8   ② 2.1
③ 2.5   ④ 3

> **해설** 기계실은 작업구역의 유효높이가 2.1m 이상이고 설비의 작업이 쉽고 안전해야 함

09 직류 가변전압식 엘리베이터에서는 권상전동기에 직류전원을 공급한다. 필요한 발전기 용량은? (단, 권상전동기의 효율은 80%, 1시간 정격은 연속정격의 56%, 엘리베이터용 전동기의 출력은 20kW이다)

① 약 11kW   ② 약 14kW
③ 약 17kW   ④ 약 20kW

> **해설** $P_2 = \dfrac{P_1}{y_2} \times C[\text{kW}]$
>
> P_1 : 권상용 전동기의 용량[kW]
> P_2 : 직류발전기의 용량[kW]
> y_2 : 권상용 전동기의 효율(80%)
> C : 한 시간 동안의 정격(연속정격의 55~60%)
>
> $P_2 = \dfrac{20\text{kW}}{80\%} \times 56\% = 14\text{kW}$

10 권상도르래, 풀리 또는 드럼과 현수로프의 공칭직경 사이의 비는 스트랜드의 수와 관계없이 얼마 이상이어야 하는가?

① 10   ② 20
③ 30   ④ 40

> **해설** 권상도르래·풀리 또는 드럼의 피치직경과 로프(벨트)의 공칭 직경 사이의 비율은 로프(벨트)의 가닥수와 관계없이 40 이상
> 다만, 주택용 엘리베이터의 경우 30 이상

11 엘리베이터 완충기에 대한 설명으로 적합하지 않은 것은?

① 정격속도 1m/s 이하의 엘리베이터에 스프링 완충기를 사용하였다.
② 정격속도 1m/s 초과의 엘리베이터에 유입완충기를 사용하였다.
③ 유입완충기의 플런저 복구시험은 완전히 압축한 상태에서 완전 복귀할 때까지의 시간은 120초 이하이다.
④ 유입완충기에서 최소적용중량은 카 자중 + 적재하중으로 한다.

> **해설**
> ① 정격속도 1m/s 이하 엘리베이터에는 스프링 완충기가 일반적으로 사용된다.
> ② 정격속도 1m/s 초과 엘리베이터에는 유입완충기가 일반적으로 사용된다.
> ③ 유입완충기의 플런저 복구시험 기준은 120초 이하이다.
> ④ 유입완충기의 최소적용중량은 카 자중만을 기준으로 하고 적재하중은 고려하지 않는다.

12 조속기의 캐치가 작동되었을 때 로프의 인장력에 대한 설명으로 적합한 것은?

① 300N 이상과 비상정지장치를 거는 데 필요한 힘의 1.5배를 비교하여 큰 값 이상
② 300N 이상과 비상정지장치를 거는 데 필요한 힘의 2배를 비교하여 큰 값 이상
③ 400N 이상과 비상정지장치를 거는 데 필요한 힘의 1.5배를 비교하여 큰 값 이상
④ 400N 이상과 비상정지장치를 거는 데 필요한 힘의 2배를 비교하여 큰 값 이상

> **해설** 조속기에 의해 생성되는 조속기 로프의 인장력은 다음 두 값 중 큰 값 이상이어야 한다.
> • 최소한 추락방지안전장치(비상정지장치)가 물리는 데 필요한 값의 2배
> • 300N

정답 08 ② 09 ② 10 ④ 11 ④ 12 ②

13 3상 교류의 단속도 전동기에 전원을 공급하는 것으로 기동과 정속운전을 하고 정지는 전원을 차단한 후 제동기에 의해 기계적으로 브레이크를 거는 제어방식은?

① 교류 1단 속도제어
② 교류 2단 속도제어
③ VVVF 제어
④ 교류 귀환 전압제어

> **해설**
> ② 교류 2단 속도제어 : 교류 1단 속도제어에서는 착상오차를 감소시키기 위해 2단 속도 모터를 사용하여 기동과 주행은 고속권선으로 하고, 감속과 착상을 저속권선으로 행하는 카의 제어
> ③ VVVF 제어 : 인버터 제어라고도 불리며, 유도전동기에 인가되는 전압과 주파수를 동시에 변환시켜 직류전동기와 동등한 제어성능을 얻을 수 있는 방식
> ④ 교류 귀환 전압제어 : 카의 실속도와 지령속도를 비교하여 사이리스터의 점호각을 바꿔 유도전동기의 속도를 제어하는 방식

14 엘리베이터용 전동기의 구비조건이 아닌 것은?

① 전력소비가 클 것
② 충분한 기동력을 갖출 것
③ 운전상태가 정숙하고 저진동일 것
④ 고기동 빈도에 의한 발열에 충분히 견딜 것

> **해설** 엘리베이터용 전동기의 구비조건
> • 기동 빈도가 매우 높아 (시간당 약 180~300회) 발열량을 고려해야 함
> • 기동전류가 작아야 함
> • 회전속도 오차는 +5~−10% 범위 이내
> • 전동기의 최소 필요 회전력은 +100~−70% 이상이어야 함

15 비상용 엘리베이터의 정전 시 예비전원의 기능에 대한 설명으로 옳은 것은?

① 30초 이내에 엘리베이터 운행에 필요한 전력 용량을 자동적으로 발생하여 1시간 이상 작동하여야 한다.
② 40초 이내에 엘리베이터 운행에 필요한 전력 용량을 자동적으로 발생하여 1시간 이상 작동하여야 한다.
③ 60초 이내에 엘리베이터 운행에 필요한 전력 용량을 자동적으로 발생하여 2시간 이상 작동하여야 한다.
④ 90초 이내에 엘리베이터 운행에 필요한 전력 용량을 자동적으로 발생하여 2시간 이상 작동하여야 한다.

> **해설** 예비전원
> • 높이가 31m를 초과하는 건축물에는 설치해야 함
> • 주로 화재 시 사용하므로 방화문을 설치하고 전원을 2시간 이상 공급할 수 있는 시설 필요
> • 운행속도는 60m/min 이상이며, 중앙관제실과 통화가 가능해야 함
> • 소방구조용(비상용) 엘리베이터는 소방관 접근 지정층에서 소방관이 조작하여 엘리베이터 문이 닫힌 이후부터 60초 이내에 가장 먼 층에 도착되어야 한다. 다만, 운행속도는 1m/s 이상이어야 한다.

8 기개년 복원 문제

정답 13 ① 14 ① 15 ③

16 엘리베이터의 안정된 사용 및 정지를 위하여 승강
장·중앙관리실 또는 경비실 등에 설치되어 카 이
외의 장소에서 엘리베이터 운행의 정지조작과 재
개조작이 가능한 안전장치는?

① 자동/수동 전환스위치

② 도어 안전장치

③ 파킹스위치

④ 카 운행정지스위치

> **해설** 파킹스위치
> • 카를 휴지시킬 수 있게 설치된 스위치
> 주로 기준층의 승강장에 스위치를 설치하며, 이 스위치를
> 사용하여 카를 휴지 또는 재가동할 수 있다.
> • 엘리베이터의 안정된 사용 및 정지를 위하여 파킹스위치
> 를 설치. 다만, 공동주택, 숙박시설, 의료시설은 제외할 수
> 있다.

17 유압 엘리베이터의 유압 파워유닛과 압력배관에
설치되며, 이것을 닫으면 실린더의 기름이 파워
유닛으로 역류되는 것을 방지하는 밸브는?

① 스톱밸브   ② 럽처밸브

③ 체크밸브   ④ 릴리프밸브

> **해설**
> • 유압 파워유닛 : 펌프, 유량제어밸브, 체크밸브, 안전밸브
> 및 주전동기를 주된 구성요소로 하는 유닛
> • 스톱밸브(게이트밸브) : 유압 파워유닛에서 실린더로 통
> 하는 압력배관 도중에 설치되는 수동밸브로서 밸브를 닫
> 으면 실린더의 기름이 파워유닛으로 역류하는 것을 방지.
> 이 밸브는 유압장치의 보수·점검 또는 수리 등을 할 때
> 에 사용되며 게이트밸브(Gate Valve)라고도 함
> • 체크밸브 : 카의 정지 중이나 운행 중 작동유의 압력이 떨
> 어져 카가 역행하는 것을 방지하기 위한 밸브
> • 릴리프밸브(안전밸브) : 일종의 압력조정밸브로 회로의
> 압력이 설정값에 도달하면 밸브를 열어 기름을 탱크에 돌
> 려보냄으로써 압력이 과도하게 높아지는 것을 방지하는
> 작용을 함

18 추락을 방지하기 위한 2종 안전대의 사용법은?

① U자걸이 전용

② 1개걸이 전용

③ 1개걸이, U자걸이 겸용

④ 2개걸이 전용

> **해설** 안전대의 사용
> 높이 또는 깊이 2m 이상의 추락할 위험이 있는 장소에서의
> 작업 시 사용
> • 1종 : U자걸이 전용
> • 2종 : 1개걸이 전용
> • 3종 : 1개걸이, U자걸이 공용
> • 4종 : 안전블록
> • 5종 : 추락방지대

19 사고예방대책 기본원리 5단계 중 3E를 적용하는
단계는?

① 1단계   ② 2단계

③ 3단계   ④ 5단계

> **해설** 안전사고방지의 기본원리
> • 제1단계(안전관리조직) : 안전관리조직을 구성한다. 안전
> 활동방침 및 계획을 수립하고 전문적으로 기술을 가진 조
> 직을 통한 안전활동을 전개하여 전 종업원이 자주적으로
> 참여하여 집단의 목표를 달성하도록 한다.
> • 제2단계(사실의 발견) : 사업장의 특성에 적합한 조직을
> 통해 사고 및 활동 기록의 검토, 작업분석, 점검 및 검사,
> 사고조사, 각종 안전회의 및 토의, 근로자의 제안 및 여론
> 조사, 관찰 및 보고서의 연구 등을 통하여 불안전 요소를
> 발견한다.
> • 제3단계(분석 평가) : 제2단계에서 나타난 불안전 요소를
> 통하여 사고보고서 및 현장조사분석, 사고기록 및 관계자
> 료분석. 인적·물적 환경조건분석, 작업공정분석, 교육
> 및 훈련분석, 배치사항분석, 안전수칙 및 작업표준분석,
> 보호 장비의 적부 등의 분석을 통하여 사고의 직접원인과
> 간접원인을 찾아낸다.
> • 제4단계(시정방법의 선정) : 분석을 통하여 색출된 원인
> 을 토대로 기술적 개선, 배치 조정, 교육 및 훈련 개선, 안
> 전행정의 개선, 규정 및 수칙·작업표준·제도개선, 안전
> 운동 전개 등의 효과적인 개선방법을 선정한다.
> • 제5단계(시정책의 적용) : 시정책에는 하베이가 제창한 3
> 대책(기술, 교육, 규제)이 있다.

20 안전점검을 할 때 어떤 일정 기간을 두고서 행하는 점검은?

① 수시점검　　② 임시점검
③ 특별점검　　④ 정기검점

> **해설** 안전점검의 종류
> • 일상점검(수시점검) : 사업장, 가정 등에서 활동을 시작하기 전 또는 종료 시에 수시로 점검
> • 정기점검 : 일정한 기간을 정하여 각 분야별 유해·위험 요소에 대하여 점검을 하는 것으로 주간점검, 월간점검 및 연간점검 등으로 구분
> • 특별점검 : 태풍이나 폭우 등 천재지변이 발생한 경우 등 분야별로 특별히 점검을 받아야 되는 경우에 점검

21 재해가 발생되었을 때의 조치 순서로서 가장 알맞은 것은?

① 긴급처리 → 재해조사 → 원인강구 → 대책수립 → 실시 → 평가
② 긴급처리 → 원인강구 → 대책수립 → 실시 → 평가 → 재해조사
③ 긴급처리 → 재해조사 → 대책수립 → 실시 → 원인강구 → 평가
④ 긴급처리 → 재해조사 → 평가 → 대책수립 → 원인강구 → 실시

> **해설** 재해 발생 시의 조치
> • 사고예방의 기본 4원칙 : 원인계기의 원칙, 대책선정의 원칙, 예방가능의 원칙, 손실우연의 원칙
> • 재해발생 시 조치순서 : 긴급처리 → 재해조사 → 원인강구 → 대책수립 → 실시 → 평가
> • 이상 발견 시 취할 순서 : 발견 → 점검 → 조치 → 수리 → 확인
> • 이상 발견 시 취해야 할 조치 : 정확한 파악, 해소대책강구, 보고, 철저한 원인규명
> • 응급조치에 따른 승강기 작업 순서 : 유지관리내용 청취 → 현장정돈(응급처치) → 안전용구 착용 → 자재반입 및 신호 → 작업 착수

22 재해의 직접원인 중 작업환경의 결함에 해당되는 것은?

① 위험장소 접근
② 작업순서의 잘못
③ 과다한 소음 발산
④ 기술적, 육체적 무리

> **해설** 과도한 소음 발생은 재해의 직접원인 중 물적 요인으로 작업환경 결함에 속함

23 1 : 1 로핑방식에 비해 2 : 1, 3 : 1, 4 : 1 로핑방식의 설명 중 옳지 않은 것은?

① 와이어로프의 수명이 짧다.
② 와이어로프의 총길이가 길다.
③ 승강기의 속도가 빠르다.
④ 종합효율이 저하된다.

> **해설**
> • 1 : 1 로핑 : 일반적인 승객용에 사용되며 로프의 장력은 부하 측과의 중력과 동일
> • 2 : 1 로핑 : 1 : 1 로핑에 비하여 장력과 부하가 1/2, 카의 정격속도의 2배의 속도로 로프를 구동하여야 함
> • 3 : 1, 4 : 1, 6 : 1 로핑 : 대용량의 저속화물용 엘리베이터에 사용, 로프의 총길이가 길고 수명이 짧으며 종합효율이 낮다.

24 균형추를 사용한 승객용 엘리베이터에서 제동기(Brake)의 제동력은 적재하중의 몇 [%]까지는 위험 없이 정지가 가능하여야 하는가?

① 100%　　② 110%
③ 120%　　④ 125%

> **해설** 엘리베이터 승객용은 125%, 화물용은 120%의 적재하중을 싣고, 정격속도 하강 시 안전하게 정지

25 승강기 완성검사 시 전기식 엘리베이터의 카 문 문턱과 승강장 문 문턱 사이의 수평거리는 몇 [mm] 이하이어야 하는가?

① 35 ② 45
③ 55 ④ 65

> **해설** 카 문의 문턱과 승강장 문의 문턱 사이의 수평거리는 35mm 이하

26 승강기 완성검사 시 전기식 엘리베이터에서 기계실의 조도는 기기가 배치된 바닥면에서 몇 [lx] 이상인가?

① 50 ② 100
③ 150 ④ 200

> **해설**
> • 작업공간의 바닥면 : 200lx
> • 작업공간 간 이동공간의 바닥면 : 50lx

27 산업재해 중에서 다음에 해당하는 경우를 재해 형태별로 분류하면 무엇인가?

> 전기접촉이나 방전에 의해 사람이 충격을 받은 경우

① 감전 ② 전도
③ 추락 ④ 화재

> **해설** 재해 형태별 종류
> • 추락 : 사람이 건축물, 비계, 기계, 사다리, 계단, 경사면, 나무 등에서 떨어진 경우
> • 전도 : 사람이 평면상으로 넘어졌을 때(과속, 미끄러짐 포함)
> • 충돌 : 사람이 정지되어 있는 물체에 부딪힌 경우
> • 낙하, 비래 : 물건이 떨어지거나 날아가서 사람이 맞은 경우
> • 협착 : 물건에 끼워진 상태나 말려든 상태(승강기 유지관리자가 승강기 카와 건물 벽 사이에 끼었을 경우 등)
> • 감전 : 전기접촉이나 방전에 의해 사람이 충격을 받은 경우

28 에스컬레이터의 절연저항에 관한 설명이다. 다음 중 가장 알맞은 것은?

① 전동기 주회로의 300V 이하의 것은 0.2MΩ 이상
② 전동기 주회로의 400V를 초과하는 것은 0.3MΩ 이상
③ 승강로 내 안전회로의 150V 이하의 것은 0.2MΩ 이상
④ 승강로 내 안전회로의 150V 초과 300V 이하의 것 은 0.3MΩ 이상

> **해설** ※ KEC(한국전기설비기준) 개정으로 맞지 않는 문제임

29 카 내에 갇힌 사람이 외부와 연락할 수 있는 장치는?

① 차임벨 ② 인터폰
③ 위치표시램프 ④ 리밋스위치

> **해설** 카 내에 갇힌 사람이 외부와 연락할 수 있는 장치 (인터폰 회로는 운전용 회로와 동일한 케이블에 수용하지 않는다)

30 비상용 승강기에 대한 설명 중 틀린 것은?

① 예비전원을 설치하여야 하다.
② 외부와 연락할 수 있는 전화를 설치하여야 한다.
③ 정전 시에는 예비전원으로 작동할 수 있어야 한다.
④ 승강기의 운행속도는 90m/min 이상으로 해야 한다.

> **해설** 화재 발생 시 소방관의 직접 조작하에 사용되며 소방운전 시 모든 승강장에 정지할 수 있어야 한다. 문이 닫힌 후 60초 이내에 가장 먼 층에 도착하여야 하며, 운행속도는 1m/s＝(60m/min) 이상이다.

정답 25 ① 26 ④ 27 ① 28 정답 없음 29 ② 30 ④

31 인체에 통전되는 전류가 더욱 증가되면 전류의 일부가 심장 부분을 흐르게 된다. 이때 심장이 정상적인 맥동을 못하며 불규칙적으로 서동을 하게 되어 결국 혈액의 순환에 큰 장애를 일으키게 되는 현상을 무엇이라 하는가?

① 심실세동전류　　　② 고통한계전류
③ 가수전류　　　　　④ 불수전류

> **해설** 통전전류가 증가하여 심장에 흐르는 전류가 일정 값에 도달하면, 심장이 경련을 일으킨다. 이때 정상맥동이 뛰지 않게 되어 혈액을 내보내는 심실이 세동을 일으키게 된다. 이 전류를 심실세동전류라고 하며, 이 상태는 대단히 위험해서 사망하는 일이 많다.

32 가요성 호스 및 실린더와 체크밸브 또는 하강밸브 사이의 가요성 호스 연결장치는 전 부하 압력의 몇 배의 압력을 손상 없이 견뎌야 하는가?

① 2　　　　　　　　② 3
③ 4　　　　　　　　④ 5

> **해설** 가요성 호스 연결장치는 전 부하 압력의 5배의 압력을 손상 없이 견뎌야 한다.

33 유압엘리베이터의 파워유닛(Power Unit)의 점검 사항으로 적당하지 않은 것은?

① 기름의 유출 유무
② 작동유(Oil)의 온도 상승 상태
③ 과전류계전기의 이상 유무
④ 전동기와 펌프의 이상음 발생 유무

> **해설**
> • 유압 파워유닛 : 펌프, 유량제어밸브, 체크밸브, 안전밸브 및 주전동기를 주된 구성요소로 하는 장치
> • 과전류계전기의 이상 유무는 기계실 전기 제어반의 점검 사항

34 레일에 녹 발생을 방지하고 카 이동 시 마찰저항을 최소화하기 위하여 설치하는 기름통의 위치는?

① 레일 상부　　　　② 카 상부프레임 중간
③ 중간 스토퍼　　　④ 카의 상하좌우

> **해설** 주행안내 레일(가이드 레일)에 발생하는 발청(녹)을 방지하기 위해 카의 위, 아래와 좌, 우측에 기름통을 위치하여 방청(녹 방지)과 윤활을 함

35 스프링 완충기를 사용한 경우 카가 최상층에 수평으로 정지되어 있을 때 균형추와 완충기와의 최대 거리는?

① 300mm　　　　　② 600mm
③ 900mm　　　　　④ 1,200mm

> **해설** 완충기의 최대거리
> • 균형추 측 : 900mm
> • 카 측 : 600mm

36 고장 및 정전 시 카 내의 승객을 구출하기 위한 비상 천장 구출구에 대한 설명으로 옳지 않은 것은?

① 카 안에서는 열 수 없도록 잠금장치를 하여야 한다.
② 카 위에서는 공구 등을 사용하지 않고 간단한 조작에 의해 용이하게 열 수 있어야 한다.
③ 승객의 구조활동에 장애가 없도록 충분한 공간이 확보되는 위치에 설치한다.
④ 구출구의 크기는 최소 폭 0.3m, 면적 0.1m^2 이상이어야 한다

> **해설** 유효개구부의 크기는 0.4m × 0.5m 이상, 면적은 0.2m^2 이상. 다만, 공간이 허용된다면, 유효개구부의 크기는 0.5m × 0.7m가 바람직

37 유압식 엘리베이터 자체점검 시 피트에서 하는 점검항목장치가 아닌 것은?

① 체크밸브
② 램(플런저)
③ 이동케이블 및 부착부
④ 하부 파이널 리밋스위치

> **해설** 체크밸브 : 펌프와 차단밸브 사이의 회로에 설치하는 부품, 기계실의 파워유닛에 안에 설치되어 있다.

38 핸드레일이 난간 하부로 들어가는 곳에 물체가 끼인 경우에 에스컬레이터를 정지할 목적으로 핸드레일 인입구에 설치하는 안전장치는?

① 인렛 스위치
② 스커트가드 안전스위치
③ 구동체인 안전장치
④ 스텝이상 검출장치

> **해설**
> • 인렛 스위치 : 핸드레일이 난간 아래로 되들어가는 구멍에 설치하여 이물체 감지 시 운행을 정지
> • 스텝체인 안전스위치 : 팰릿식에서 스텝을 연결하는 체인이 절단되었을 때 운전을 정지하는 스위치
> • 스커트가드 안전장치 : 스텝과 스커트가드 사이에 옷이나 신발이 끼어 말려들어가는 것을 방지하는 장치
> • 구동체인 안전장치 : 구동기와 구동장치에 연결된 구동체인이 절단되거나 과다하게 늘어난 경우 발생하는 하강 위험을 방지(래칫)기어에 의해 기계적으로 정지

39 승강로에 관한 설명 중 틀린 것은?

① 승강로는 안전한 벽 또는 울타리에 의하여 외부공간과 격리되어야 한다.
② 승강로는 화재 시 승강로를 거쳐서 다른 층으로 연소될 수 있도록 한다.
③ 엘리베이터에 필요한 배관설비 외의 설비는 승강로 내에 설치하여서는 안 된다.
④ 승강로 피트 하부를 사무실이나 통로로 사용할 경우 균형추에 비상정지장치를 설치한다.

> **해설** 승강로는 화재 시 불길의 통로가 될 염려가 있어 다른 층으로 연소되지 않도록 해야 함

40 유압승강기의 안전장치에 대한 설명으로 옳지 않은 것은?

① 플런저 리밋스위치는 플런저의 상한행정을 제한하는 안전장치이다.
② 플런저 리밋스위치 작동 시 상승 방향의 전력을 차단하며, 반대 방향으로 주행이 가능토록 회로가 구성되어야 한다.
③ 작동유 온도검출 스위치는 기름탱크의 온도 규정치 80℃를 초과하면 이를 감지하여 카 운행을 중지시키는 장치이다.
④ 전동기공전 방지장치는 타이머에 설정된 시간을 초과하면 전동기를 정지시키는 장치이다.

> **해설** 온도범위 : 45~55℃
> 부가적인 장치 (오일히터, 오일쿨러) 설치에 따라 사용 가능한 오일의 온도범위 : 5~60℃ 유온이 설정치를 초과하면 감지하여 운행을 중지시키는 장치가 필요

정답 **37** ① **38** ① **39** ② **40** ③

41 유압식 엘리베이터의 부품 및 특징에 대한 설명으로 옳지 않은 것은?

① 역저지밸브 : 정전이나 그 외의 원인으로 펌프의 토출압력이 떨어져 실린더의 기름이 역류하여 카가 자유낙하하는 것을 방지하는 역할을 한다.

② 스톱밸브 : 유압 파워유닛과 실린더 사이의 압력배관에 설치되며 이것을 닫으면 실린더의 기름이 파워유닛으로 역류하는 것을 방지한다.

③ 스트레이너 : 역할은 필터와 같으나 일반적으로 펌프 출구 쪽에 붙인 것을 말한다.

④ 사이렌서 : 자동차의 머플러와 같이 작동유의 압력 맥동을 흡수하여 진동, 소음을 감소시키는 역할을 한다.

> **해설** 스트레이너는 흡입 시 이물질을 제거하는 장치로 펌프의 흡입 측에 설치

42 와이어로프 클립(Wire Rope Clip)의 체결방법으로 가장 적합한 것은?

①

②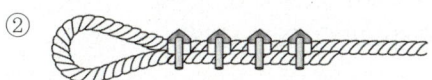

③

④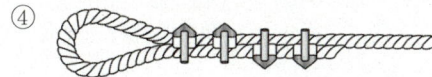

> **해설** 체결 순서
> • 첫 클립의 장치방법 : 겹쳐진 상태에서 로프 끝부분에 U 볼트를 체결하는데 안장(Saddle)의 로프 모선에 오도록 장치한다.
>
> 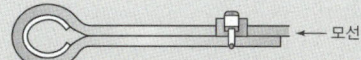 ← 모선
>
> • 두 번째 클립의 장치방법 : 가능한 한 로프에 붙여서 설치하고 너트는 꽉 죄지 않는다.
>
>  ← 모선
>
> • 세 번째 클립의 장치방법 : 양쪽 클립 사이에 똑같은 간격으로 설치한 후 나머지 클립들을 완전히 체결한다.
>
> 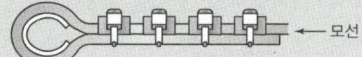 ← 모선

43 다음 중 에스컬레이터의 일반구조에 대한 설명으로 옳지 않은 것은?

① 일반적으로 경사도는 30° 이하로 하여야 하다

② 핸드레일의 속도가 디딤바닥과 동일한 속도를 유지하도록 한다.

③ 디딤바닥의 정격속도는 0.5m/s 이상이어야 한다.

④ 물건이 에스컬레이터의 각 부분에 끼이거나 부딪치는 일이 없도록 안전한 구조이어야 한다.

> **해설**
> • 경사도는 30°를 초과하지 않아야 한다. 다만, 층고가 6m 이하이고 공칭속도가 0.5m/s 이하인 경우에는 경사도를 35°까지 증가시킬 수 있다.
> • 경사도가 30° 이하 : 0.75m/s 이하
> • 경사도가 30°를 초과하고 35° 이하 : 0.5m/s 이하

44 다음 중 도어 사이에 이물질이 있을 경우 반전시키는 보호장치가 아닌 것은?

① 세이프티 슈
② 비상정지장치
③ 광전장치
④ 초음파장치

해설	문닫힘안전장치의 종류	
구분	**특징**	
접촉식 보호 장치	접촉식 감지기 : 감지기와 물리적인 접촉을 통하여 동작하는 스위치 **예** 조속기 스위치, 도어 스위치, 파이널 리밋스위치	
	문닫힘안전장치 (세이프티 슈)	이물체 검출을 위해 카 도어 가장자리 끝단에 가동 슈를 부착하여 이물체나 사람 접촉 시 닫힘을 증지하고 도어를 반전시키는 접촉식 안전장치
비 접촉식 보호 장치	비접촉식 감지기 : 자기의 변화, 정전용량의 변화 등을 통하여 감지기가 동작하는 스위치 **예** 인덕터 스위치, 광 감지기, 근접 감지기	
	광전장치	광전빔을 발생시키는 투광기와 센서인 수광기로 구성되어 있으며 광전빔이 차단될 때 도어를 반전시키는 비접촉식 안전장치
	초음파장치	초음파의 감지각도를 조정하여 승강장 또는 카 측의 이물체나 사람을 검출하여 도어를 반전시키는 안전장치

45 엘리베이터 제어반 등의 회로 절연에 있어서 절연저항이 가장 커야 할 곳은?

① 전동기 주회로
② 승강로 내 안전회로
③ 승강로 내 신호회로
④ 승강로 내 조명회로

해설 전동기 주회로는 부하에 전원을 공급하기 위한 동력이다. 따라서 회로에 사용하는 절연저항의 크기가 가장 커야 한다.

46 비상정지장치가 작동한 경우에 검사하여야 할 사항과 거리가 먼 것은?

① 조속기 로프의 연결부위 손상 유무
② 조속기의 손상 유무
③ 가이드 레일의 손상 유무
④ 메인 로프의 연결부위 손상 유무

해설
• 카의 하중 중 조속기(catch)를 손으로 움직여서 카를 일단 정지시킨 다음 다시 카가 하강하도록 권상기를 조작
• 시브(sheave)가 회전하여도 카가 하강하지 않게 됨으로써 비상정지장치가 작동된 것을 확인
• 균형추의 비상정지장치는 카 또는 균형추를 각기 균형추 또는 카로 바꾸어 검사
• 비상정지장치가 작동된 상태에서 다음에 대하여 검사
  – 기계장치 및 조속기(governor) 로프에는 어떠한 손상도 없어야 함
  – 비상정지장치는 좌·우 양측 다 같이 균등하게 작용하고, 카 바닥의 수평도를 수준기로 측정하였을 경우 어느 부분에서나 1/30 이내이어야 함
  – 비상정지장치는 작동 시부터 완전 정지할 때까지의 거리를 측정

47 제어계에 사용하는 비접촉식 입력요소로만 짝지어진 것은?

① 누름버튼스위치, 광전스위치
② 근접스위치, 리밋스위치
③ 리밋스위치, 광전스위치
④ 근접스위치, 광전스위치

해설
• 접촉식 감지기 : 감지기와 물리적인 접촉을 통하여 동작하는 스위치. 조속기 스위치, 도어 스위치, 파이널 리밋스위치 등
• 비접촉식 감지기 : 자기의 변화, 정전용량의 변화 등을 통하여 감지기가 동작하는 스위치. 인덕터 스위치, 광전 스위치, 근접 스위치 등

48 다음 중 카 상부에서 하는 검사가 아닌 것은?

① 비상구출구 스위치의 작동상태

② 도어개폐장치의 설치상태

③ 조속기 로프의 설치상태

④ 조속기 로프 인장장치의 작동상태

> **해설** 조속기 로프 인장장치는 조속기의 로프가 장력을 유지하도록 하는 장치로 피트 내에 있다.
>
> **카 상부 점검사항**
> • 비상구출구 스위치 동작상태
> • 주로프와 조속기 로프의 마모상태
> • 레일 및 브래킷의 설치 및 마모상태
> • 카 프레임 조립상태
> • 승강문의 도어 슈, 도어 행거상태

49 베어링의 구비조건이 아닌 것은?

① 마찰저항이 적을 것

② 강도가 클 것

③ 가공수리가 쉬울 것

④ 열전도도가 적을 것

> **해설** 베어링(Bearing) : 축이 마찰 없이 잘 돌 수 있도록 축을 받침, 회전하는 축의 마찰저항을 적게 하여 축이 잘 돌게 하는 역할을 한다.
>
> **베어링의 구비조건**
> • 마모가 작고 내구성이 클 것
> • 충격하중에 강할 것
> • 강도와 강성이 클 것
> • 내식성이 좋을 것
> • 가공이 쉬울 것
> • 열변형이 작고 열전도율이 좋을 것

50 입체(실체) 캠이 아닌 것은?

① 원통 캠

② 경사판 캠

③ 판 캠

④ 구면 캠

> **해설** 캠(Cam) 기구
> • 특수한 모양의 원동절을 회전운동이나 직선운동을 시켜서 종동절(캠)이 복잡한 왕복 직선운동이나 왕복 각운동을 하도록 한 기구
> • 평면 캠

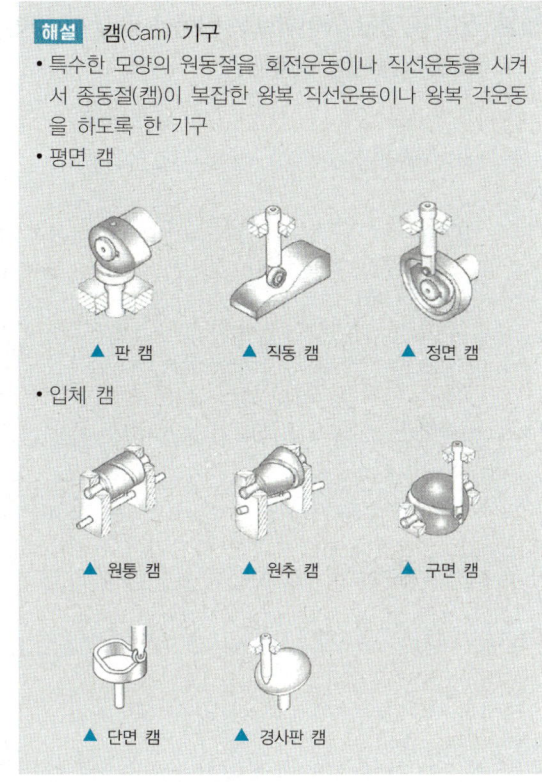

> ▲ 판 캠   ▲ 직동 캠   ▲ 정면 캠
>
> • 입체 캠
>
> ▲ 원통 캠   ▲ 원추 캠   ▲ 구면 캠
>
> ▲ 단면 캠   ▲ 경사판 캠

51 기계 부품 측정 시 각도를 측정할 수 있는 기기는?

① 사인바

② 옵티컬플랫

③ 다이얼게이지

④ 마이크로미터

> **해설** 사인바(Sine-Bar)
> 직각삼각형의 삼각함수인 사인을 이용하여 임의의 각도를 설정하거나 측정하는 데 사용

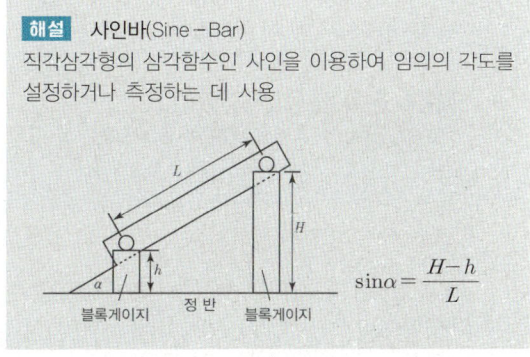

$$\sin\alpha = \frac{H-h}{L}$$

블록게이지   정반   블록게이지

52 끝이 고정된 와이어로프 한쪽을 당길 때 와이어로프에 작용하는 하중은?

① 인장하중　　　② 압축하중

③ 반복하중　　　④ 충격하중

> **해설**
> ② 압축하중 : 기계 몸체를 받쳐주는 기둥의 단면에 발생하는 하중
> ③ 반복하중 : 방향이 변화하지 않고 일정한 방향에 반복적으로 연속하여 작용하는 하중
> ④ 충격하중 : 순간적인 짧은 시간에 갑자기 격렬하게 작용하는 하중

53 다음 응력에 대한 설명 중 옳은 것은?

① 단면적이 일정한 상태에서 외력이 증가하면 응력은 작아진다.

② 단면적이 일정한 상태에서 하중이 증가하면 응력은 증가한다.

③ 외력이 일정한 상태에서 단면적이 작아지면 응력은 작아진다.

④ 외력이 증가하고 단면적이 커지면 응력은 증가한다.

> **해설** 응력(Stress)
> 재료에 압축, 인장, 굽힘, 비틀림 등의 하중(외력)을 가했을 때 그 크기에 응하여 재료 내에 생기는 저항력을 응력이라 한다.
> 응력(σ) = $\dfrac{외력[N]}{외력\ 방향에\ 대한\ 수직단면적[m^2]}$ = $\dfrac{F}{A}$[Pa] 이므로 단면적이 일정할 때 하중(외력)이 증가하면 응력도 증가한다.

54 다음 중 PNP형 트랜지스터의 기호로 알맞은 것은?

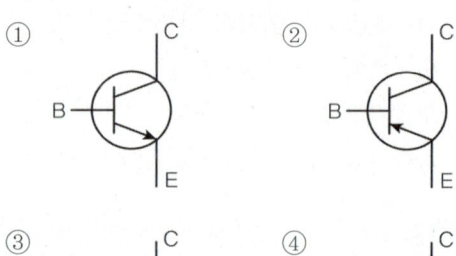

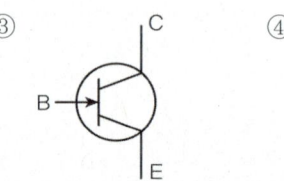
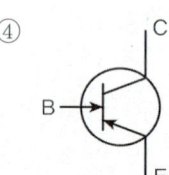

> **해설** 양극성 접합 트랜지스터(BJT ; Bipolar Junction Transistor)
> • 2개의 p-n 접합을 가지는 반도체 소자(정공과 전자에 의해서 전류가 흐름)
> • 구조 : npn형 또는 pnp형, 이미터(E), 베이스(B), 컬렉터(C)의 3개 단자
> ① NPN 트랜지스터
> ② PNP 트랜지스터

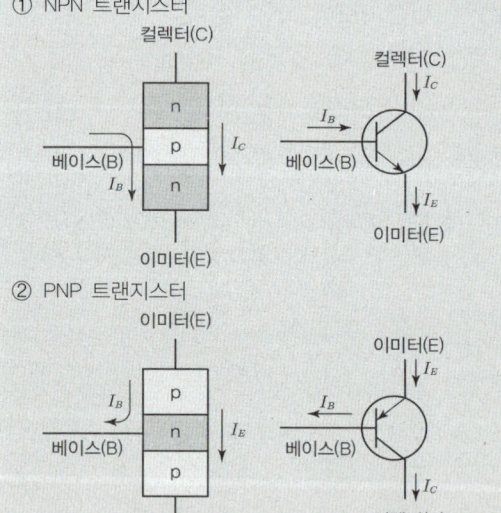

55 다음 회로에서 A. B 간의 합성용량은 몇 [μF]인가?

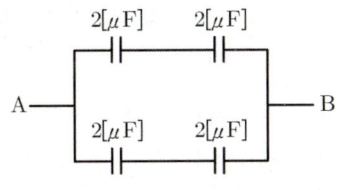

① 1 ② 2

③ 4 ④ 8

• 직렬접속 $C = \dfrac{C_1 C_2}{C_1 + C_2}$

• 병렬접속 $C = C_1 + C_2$

$C = \dfrac{2 \times 2}{2 + 2} = 1 \mu F$

최종 합성용량 $C_0 = 1 + 1 = 2 \mu F$

56 전류의 열작용과 관계있는 법칙은?

① 옴의 법칙

② 줄의 법칙

③ 플레밍의 법칙

④ 키르히호프의 법칙

해설 도체 내에 흐르는 정상 전류에 의하여 일정한 시간에 발생하는 줄열의 양은 전류의 제곱과 도체의 저항에 비례한다는 법칙

57 유도전동기의 속도제어법이 아닌 것은?

① 2차 여자제어법

② 1차 계자제어법

③ 2차 저항제어법

④ 1차 주파수제어법

해설

• 1차 주파수제어 : 가변주파수 전원을 이용하여 속도를 제어하는 방법
  Inverter(전압형, 전류형)나 Cycle Converter 등이 있다.

• 극수 변환
  – 1차 권선(고정자 권선)의 접속변경(단자대 내의 결선변경)에 의해 극수를 1 : 2로 전환하여 2단계의 속도를 얻는 방법
  – 1차 권선(고정자 권선)에 2조의 극수가 다른 권선을 만들어 2단계 또는 3단계의 속도를 얻는 방법

• 1차 전압제어 : 유도전동기의 발생 토크는 1차 전압(고정자 권선)의 제곱에 비례한다. Thyristor(사이리스터)회로 등을 이용해서 1차 전압을 증감시키면 토크가 변화하는 것을 이용해 슬립을 변화시켜 속도를 제어하는 방법

• 2차 저항제어 : 권선형 유도전동기에만 적용할 수 있는 방법으로서 비례추이의 원리를 이용하여 권선형 유도전동기의 2차축에 접속한 외부 저항값을 조정하여 슬립을 변화시킴으로써 속도를 제어하는 방법

• 2차 여자제어 : 2차 저항제어방식에서 저항값을 조정하는 대신에 슬립 주파수의 2차 여자전압을 제어하여 속도를 제어하는 방법

8 기출복원문제 개념

58 다음 그림과 같은 제어계의 전체 전달함수는?
(단, $H(s) = 1$이다)

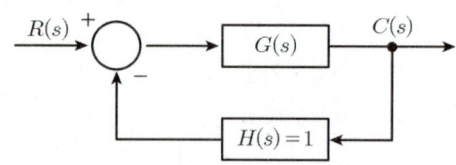

① $\dfrac{1}{G(s)}$

② $\dfrac{1}{1 + G(s)}$

③ $\dfrac{G(s)}{1 + G(s)}$

④ $\dfrac{G(s)}{1 - G(s)}$

해설 전달함수(Transfer Function)
- 선형 특성을 갖는 대상의 입력과 출력 사이의 관계를 나타내는 함수로서 위 제어계와 같이 블록 단위로 표현하여 입력과 출력 사이의 관계를 보기 쉽게 나타낸 경우를 말함
- 블록선도

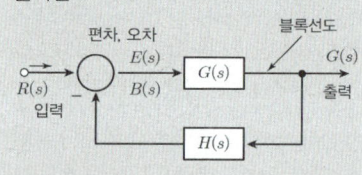

$$\begin{cases} C(s) = E(s) \cdot G(s) \\ B(s) = C(s) \cdot H(s) \\ E(s) = R(s) - B(s) \end{cases}$$

$E = R - CH$

$C = (R - CH)G$

$C = RG - CGH$

$C + CGH = RG$

$C(1 + GH) = RG$

$\dfrac{C(s)}{R(s)} = \dfrac{G(s)}{1 + G(s)H(s)} = T(s)$

$H(s) = 1$인 경우

$\dfrac{C(s)}{R(s)} = \dfrac{G(s)}{1 + G(s)}$

여기서, $G(s)$: 순방향 전달함수

$\quad\quad G(s)H(s)$: 개루프 전달함수

$\quad\quad T(s)$: 폐루프 전달함수

59 그림과 같은 논리기호의 논리식은?

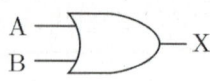

① $X = \overline{A} + \overline{B}$

② $X = \overline{A} \cdot \overline{B}$

③ $X = A \cdot B$

④ $X = A + B$

해설

회로구분	시퀀스회로	진리표			논리회로 (논리식)
		입력		출력	
		A	B	X	
OR		0	0	0	$X = A + B$
		0	1	1	
		1	0	1	
		1	1	1	

60 유도전동기에서 슬립이 1이란 전동기의 어느 상태인가?

① 유도제동기의 역할을 한다.

② 유도전동기가 전부하 운전상태이다.

③ 유도전동기가 정지상태이다.

④ 유도전동기가 동기속도로 회전한다.

해설 유도전동기 슬립상태
- 무부하 운전 시 : s = 0
- 정지 시 : s = 1
- 경부하, 정격부하 : 0 < s < 1

2020년 제1회 기출복원문제

01 무빙워크의 경사도는 몇 ° 이하이어야 하는가?

① 30° ② 20°
③ 15° ④ 12°

> **해설** 무빙워크의 경사도는 12° 이하이어야 함

02 에스컬레이터의 경사도는 주로 몇 ° 이하로 설치되고 있는가?

① 15 ② 25
③ 30 ④ 45

> **해설** 30°를 초과하지 않아야 함
> 다만, 층고가 6m 이하이고, 공칭속도가 0.5m/s 이하인 경우에는 경사도를 35°까지 증가시킬 수 있음

03 과속조절기(조속기) 로프의 최소 안전율은?

① 4 이상 ② 6 이상
③ 7 이상 ④ 8 이상

> **해설** 로프의 안전율
> • 과속조절기(조속기) : 8 이상
> • 매다는 장치(현수 장치)의 안전율
>   – 3가닥 이상의 로프(벨트)에 의해 구동되는 권상 구동 엘리베이터의 경우 : 12 이상
>   – 3가닥 이상의 6mm 이상 8mm 미만의 로프에 의해 구동되는 권상 구동 엘리베이터의 경우 : 16 이상
>   – 2가닥 이상의 로프(벨트)에 의해 구동되는 권상 구동 엘리베이터의 경우 : 16 이상
>   – 로프가 있는 드럼 구동 및 유압식 엘리베이터의 경우 : 12 이상
>   – 체인에 의해 구동되는 엘리베이터의 경우 : 10 이상

04 균형추의 중량을 결정하는 계산식은? (단, 여기서 L은 정격하중, F는 오버밸런스율이다)

① 균형추 중량 = 카 자체하중 × (L·F)
② 균형추 중량 = 카 자체하중 + (L·F)
③ 균형추 중량 = 카 자체하중 ÷ (L·F)
④ 균형추 중량 = 카 자체하중 − (L·F)

> **해설** 균형추의 중량 = 카 자체하중 + (정격적재하중 × 오버밸런스율)

05 블리드오프 유압회로 방식의 특징이 아닌 것은?

① 카의 기동 시 유량조정이 어렵다.
② 상승운전 시의 효율이 높다.
③ 작동유의 온도(점도) 변화 및 압력 변화 등의 영향을 받기 쉽다.
④ 기동·정지 시 효과가 적다.

> **해설** 블리드오프 회로 : 유량제어밸브를 주회로에서 분기된 바이패스(By-Pass) 회로에 삽입한 방식
> • 정확한 속도제어가 어렵다.
> • 고효율
> • 기동·정지 시 쇼크가 작다.
> • 작동유 온도, 압력의 변화에 영향을 받기 쉽다.

정답 01 ④ 02 ③ 03 ④ 04 ② 05 ①

06 여러 층으로 배치되어 있는 고정된 주차구획에 아래·위로 이동할 수 있는 운반기에 의하여 자동차를 자동으로 운반 이동하여 주차하도록 설계한 주차장치는?

① 2단식　　　　　② 승강기식
③ 수직순환식　　　④ 승강기슬라이드식

> **해설** 승강기식 주차장치
> 여러 층으로 배치되어 있는 고정된 주차구획에 자동차용 승강기를 운반기로 조합한 주차장치로 주차구획의 배치 위치에 따라 종식, 횡식 등으로 세분하기도 한다.
>
>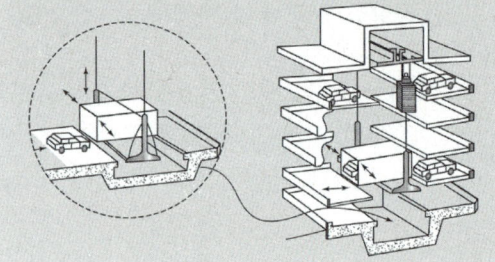

07 에스컬레이터의 특징으로 틀린 것은?

① 하중이 건축물의 각 층에 분담되어 있다.
② 기다림 없이 연속적으로 승객 수송이 가능하다.
③ 일반적으로 엘리베이터에 비해 수송능력이 7~10배이다.
④ 사용전력량이 많지만, 전동기의 구동횟수는 엘리베이터에 비해 극히 적다.

> **해설** 연속적인 승객 이동을 제공하기 때문에 승객의 호출에 의해 동작하는 엘리베이터에 비해 구동횟수가 많음

08 카 바닥 앞부분과 승강로 벽과의 수평거리는 일반적으로 몇 [mm] 이하이어야 하는가?

① 125mm　　　　② 150mm
③ 175mm　　　　④ 200mm

> **해설**
> • 카의 문턱과 승강장 벽과의 간격은 0.15m 이하
> • 초과 시에는 금속제 보호판을 설치해야 함

09 에스컬레이터 이용자의 준수사항과 관련이 없는 것은?

① 옷이나 물건 등이 틈새에 끼이지 않도록 주의하여야 한다.
② 화물은 디딤판 위에 반드시 올려놓고 타야 한다.
③ 디딤판 가장자리에 표시된 황색 안전선 밖으로 발이 벗어나지 않도록 하여야 한다.
④ 핸드레일을 잡고 있어야 한다.

> **해설** 에스컬레이터에 이용자의 준수사항
> • 비상시 사용금지
> • 역방향 탑승 금지
> • 손잡이 꼭 잡고 탑승하고, 인입구 주의
> • 유모차 탑승 금지

10 승객용 엘리베이터에서 자동으로 동력에 의해 문을 닫는 방식에서의 문닫힘안전장치의 기준에 부적합한 것은?

① 문닫힘 동작 시 사람 또는 물건이 끼일 때 문이 반전하여 열려야 한다.
② 문닫힘안전장치 연결전선이 끊어지면 문이 반전하여 닫혀야 한다.
③ 문닫힘안전장치의 종류에는 세이프티 슈, 광전장치, 초음파장치 등이 있다.
④ 문닫힘안전장치는 카 문이나 승강장 문에 설치되어야 한다.

> **해설** 문닫힘안전장치는 승객이 탑승 중에 카 문이 닫히는 경우 탑승자가 카 문 사이에 끼이는 것을 방지하기 위한 것으로, 탑승자에 의해 접촉봉이 눌리거나(마이크로스위치 작동) 하면 센서 빔이 차단되어 닫히던 카 문이 즉시 정지하고 다시 열려 승객을 보호하게 된다.

11 엘리베이터용 주로프는 일반 와이어로프에서 볼 수 없는 몇 가지 특징이 있다. 이에 해당되지 않는 것은?

① 반복적인 벤딩에 소선이 끊어지지 않을 것
② 유연성이 클 것
③ 파단강도가 높을 것
④ 마모에 견딜 수 있도록 탄소량을 많게 할 것

> **해설** 소선은 11% 정도의 탄소를 함유한 고탄소강으로 시브의 마모를 고려하여 로프의 내마모성을 결정해야 하므로 무조건 로프의 내마모성을 높이기 위해 로프의 탄소함유량을 높일 수 없다.

12 도어가 열리면 엘리베이터의 운행이 중지되게 하는 스위치는?

① 파이널 리밋스위치
② 비상정지스위치
③ 도어 스위치
④ 조속기스위치

> **해설** 도어 스위치 : 도어는 도어 머신, 도어 인터로크, 도어 클로저, 도어 보호장치 등으로 구성
> • 도어 머신 : 도어용 전동기의 회전을 감속하고 암(arm) 또는 체인(chain)을 구동하여 도어를 개폐시키는 장치
> • 도어 인터로크 : 도어의 안전장치 중 하나로, 문이 열린 채로 운행하는 것을 막아주는 장치
> • 도어 클로저 : 도어가 열린 상태에서 모든 제약이 풀리면 자동적으로 도어가 닫히도록 하는 장치
> • 도어 보호장치 : 도어가 닫히는 순간 출입 시 도어에 끼거나 하는 사고가 발생할 수 있으므로 도어 상부에 이물질 검출장치를 설치하여 문을 멈추게 하거나 반전시키는 장치

13 3상 유도전동기의 회전 방향을 바꾸는 방법으로 옳은 것은?

① 3상 전원의 주파수를 바꾼다.
② 3상 전원 중 1상을 단선시킨다.
③ 3상 전원 중 2상을 단락시킨다.
④ 3상 전원 중 임의의 2상의 접속을 바꾼다.

> **해설** 3상 유도전동기
> 교류전동기 종류 중 하나이며, 고정자와 회전자로 구성되어 있다.
> 고정자에는 코일이 감겨져 있으며, 3상(a-a, b-b, c-c) 코일을 한 고정자 안쪽에 회전자를 둔 다음 전기를 보내주면 고정자에 회전 자기장이 발생하고 회전자는 고정자의 회전 자기장 속도로 시계 방향으로 회전한다. 이 중 임의의 2개 상을 서로 바꾸어 접속할 경우 이전과 반대 방향으로 회전하게 된다.

14 승강기가 어떤 원인으로 피트에 떨어졌을 때 충격을 완화하기 위하여 설치하는 것은?

① 조속기   ② 비상정지장치
③ 완충기   ④ 제동기

> **해설**
> • 완충기(buffer) : 유체 또는 스프링 등을 사용하여 주행의 종점에서 충격의 흡수를 위해 사용되는 제동수단
> • 엘리베이터의 완충기 종류
> – 에너지분산형 완충기(유입형 완충기) : 정격속도에 상관없이 사용
> – 에너지축적형 완충기(스프링형 완충기) : 정격속도 1.0m/s 초과 금지
> – 완충된 복귀운동을 갖는 에너지축적형 완충기(스프링형 완충기) : 정격속도 1.6m/s 초과 금지

15 고속 엘리베이터에 많이 사용되는 조속기는?

① 점차작동형 조속기

② 롤세이프티형 조속기

③ 디스크형 조속기

④ 플라이볼형 조속기

> **해설**
> • 롤세이프티형 : 저속 엘리베이터에 적합
> • 디스크형 : 중속도 이하의 엘리베이터에 적합
> • 플라이볼형 : 고속 엘리베이터에 적합

16 승강기의 파이널 리밋스위치(final limit switch)의 요건 중 틀린 것은?

① 반드시 기계적으로 조작되는 것이어야 한다.

② 작동 캠(CAM)은 금속으로 만든 것이어야 한다.

③ 이 스위치가 동작하게 되면 권상전동기 및 브레이크 전원이 차단되어야 한다.

④ 이 스위치는 카가 승강로의 완충기에 충돌된 후에 작동되어야 한다.

> **해설** 카 완충기(buffer)는 승강기가 하부 파이널 리밋스위치를 지나쳐서 피트에 충돌할 때에 탑승자의 충격을 완화시키는 장치로 피트 내에 설치

17 재해가 발생되었을 때의 조치 순서로서 가장 알맞은 것은?

① 긴급처리 → 재해조사 → 원인강구 → 대책수립 → 실시 → 평가

② 긴급처리 → 원인강구 → 대책수립 → 실시 → 평가 → 재해조사

③ 긴급처리 → 재해조사 → 대책수립 → 실시 → 원인강구 → 평가

④ 긴급처리 → 재해조사 → 평가 → 대책수립 → 원인강구 → 실시

> **해설** 재해 발생 시의 조치
> • 사고예방의 기본 4원칙 : 원인계기의 원칙, 대책선정의 원칙, 예방가능의 원칙, 손실우연의 원칙
> • 재해 발생 시 조치 순서 : 긴급처리 → 재해조사 → 원인강구 → 대책수립 → 실시 → 평가
> • 이상 발견 시 취할 순서 : 발견 → 점검 → 조치 → 수리 → 확인
> • 이상 발견 시 취해야 할 조치 : 정확한 파악, 해소대책강구, 보고, 철저한 원인규명
> • 응급조치에 따른 승강기 작업 순서 : 유지관리내용 청취 → 현장정돈(응급처치) → 안전용구 착용 → 자재반입 및 신호 → 작업 착수

18 안전사고의 요인 중 심리적 요인에 해당하는 것은?

① 감정

② 극도의 피로감

③ 육체적 능력 초과

④ 신경계통의 이상

> **해설** ②, ③, ④는 생리적 요인에 속함
>
> 안전사고의 발생요인
> • 관리상 요인 : 작업지식 부족, 작업 미숙, 작업방법 불량 등
> • 생리적 요인 : 체력 부족, 신체적 결함, 피로, 수면 부족 등
> • 심리적 요인 : 무기력, 경솔, 불만, 갈등, 감정 등

19 작업자의 재해예방에 대한 일반적인 대책으로 맞지 않는 것은?

① 계획의 작성

② 엄격한 작업감독

③ 위험요인의 발굴 대처

④ 작업지시에 대한 위험예지의 실시

해설
- 안전, 보건교육 실시
- 안전, 보건관리 계획 수립
- 작업표준 준수
- 안전점검 및 순찰
- 기계, 장비 및 설비의 위험성 평가
- 안전작업표준서 작성

20 재해의 발생 순서로 옳은 것은?

① 이상상태 – 불안전 행동 및 상태 – 사고 – 재해
② 이상상태 – 사고 – 불안전 행동 및 상태 – 재해
③ 이상상태 – 재해 – 사고 – 불안전 행동 및 상태
④ 재해 – 이상상태 – 사고 – 불안전 행동 및 상태

해설 안전사고 발생 과정
- 미국의 안전전문가인 하인리히(H. W. Heinrich)의 도미노 (domino) 이론에 따르면 사고의 원인에서 발생에 이르는 과정의 각 요소는 상호 밀접한 관련을 가지고 일렬로 나란히 서기 때문에 한쪽에서 쓰러지게 되면 연쇄적으로 모두 쓰러지는 것과 같이 사고 발생은 선행요인에 의해서 일어나고 이들 요인이 겹쳐서 연쇄적으로 생기게 된다.
- 사고의 원인에서 발생에 이르는 과정
  사회적 환경 → 인간의 결함(이상상태) → 불안전한 행동 → 사고 → 재해

21 경고나 주의를 표시할 때 사용하는 색채로 가장 알맞은 것은?

① 파랑　　　　② 보라
③ 노랑　　　　④ 녹색

해설
① 파랑 – 지시
② 보라 – 방사능
③ 노랑 – 경고
④ 녹색 – 안내.

22 안전모의 목적과 거리가 먼 것은?

① 감전의 방지
② 추락에 의한 부상 방지
③ 종업원의 표시
④ 비산물로 인한 부상 방지

해설 안전모를 착용하는 목적
- 낙하물에 의한 피해 방지
- 화상 방지
- 감전 방지
- 충격 방지
- 직사광선 방지
- 기타 안전을 위해

23 안전관리자의 직무가 아닌 것은?

① 안전보건관리규정에서 정한 직무
② 산업재해 발생의 원인 조사 및 대책
③ 안전교육계획의 수립 및 조사
④ 근로환경보건에 관한 연구 및 조사

해설 안전관리자의 직무
- 해당 사업장의 안전보건관리규정 및 취업규칙에서 정한 업무
- 자율 안전 확인 대상 기계 · 기구 등 구입 시 적격품의 선정에 관한 보좌 및 조언 · 지도
- 해당 사업장 안전교육계획의 수립 및 안전교육 실시에 관한 보좌 및 조언 · 지도
- 사업장 순회점검 · 지도 및 조치의 건의
- 산업재해 발생의 원인 조사 · 분석 및 재발 방지를 위한 기술적 보좌 및 조언 · 지도
- 산업재해에 관한 통계의 유지 · 관리분석을 위한 보좌 및 조언 · 지도
- 법 또는 법에 따른 명령으로 정한 안전에 관한 사항의 이행에 관한 보좌 및 조언 · 지도
- 업무수행 내용의 기록 · 유지

24 엘리베이터에서 사고가 발생하였을 때의 조치사항이 아닌 것은?

① 응급조치 등의 필요한 조치
② 소방서 및 의료기관 등에 연락
③ 피해자의 동료에게 연락
④ 전문기술자에게 연락

> **해설**
> • 관리주체는 승강기로 인한 인명사고 등 긴급상황에 대비하여 비상연락을 할 수 있는 비상연락전화번호를 승강기의 내부에 부착해야 하고, 사고 발생 시 신속히 다음의 조치를 취하여야 한다.
>   – 의약품, 들것, 사다리 등 인명구조에 필요한 구급조치
>   – 규정에 의한 승강기 검사기관 등 관계기관에 비상연락 및 피해자 가족에게 연락
> • 관리주체는 승강기 사고가 발생하였을 경우에는 즉시 서식의 승강기 사고현황을 당해 승강기 검사기관에 보고

25 휠체어리프트 이용자가 승강기의 안전운행과 사고방지를 위하여 준수해야 할 사항과 거리가 먼 것은?

① 전동휠체어 등을 이용할 경우에는 운전자가 직접 이용할 수 있다.
② 정원 및 적재하중의 초과는 고장이나 사고의 원인이 되므로 엄수하여야 한다.
③ 휠체어 사용자 전용이므로 보조자 이외의 일반인은 탑승하여서는 안 된다.
④ 조작반의 비상정지스위치 등을 불필요하게 조작하지 말아야 한다.

> **해설** 이용자가 안전운행과 사고방지를 위하여 휠체어리프트를 이용할 경우 보호자나 안전관리자의 협조를 받아야 한다.

26 안전점검 시의 유의사항으로 틀린 것은?

① 여러 가지의 점검방법을 병용하여 점검한다.
② 과거의 재해 발생 부분은 고려할 필요 없이 점검한다.
③ 불량 부분이 발견되면 다른 동종의 설비도 점검한다.
④ 발견된 불량 부분은 원인을 조사하고 필요한 대책을 강구한다.

> **해설** 안전점검 시의 유의사항
> • 형식 및 내용에 변화를 부여하여 몇 가지 점검방법을 병용한다.
> • 점검자의 능력을 감안하여 이에 따른 점검을 실시한다.
> • 과거에 재해가 발생하였던 곳은 그 원인이 완전히 제거되어 있는지 확인한다.
> • 불량한 곳이 발견되었을 경우는 다른 동종 설비에 대해서도 점검한다.

27 다음 중 카 상부에서 하는 검사가 아닌 것은?

① 비상구출구 스위치의 작동상태
② 도어개폐장치의 설치상태
③ 조속기 로프의 설치상태
④ 조속기 로프 인장장치의 작동상태

> **해설** 카 상부 점검 항목
> • 안전스위치 작동상태
> • 조속기 로프의 설치상태
> • 비상정지의 연결기구 상태
> • 과부하방지장치의 동작상태

정답 **24** ③ **25** ① **26** ② **27** ④

28 사업장에 승강기의 조립 또는 해체작업을 할 때 조치하여야 할 사항과 거리가 먼 것은?

① 작업을 지휘하는 자를 선임하여 지휘자의 책임 하에 작업을 실시할 것

② 작업할 구역에는 관계근로자 외의 자의 출입을 금지시킬 것

③ 기상상태의 불안정으로 인하여 날씨가 몹시 나쁠 때에는 그 작업을 중지시킬 것

④ 사용자의 편의를 위하여 야간작업을 하도록 할 것

> **해설** 사업주는 사업장에 승강기의 설치·조립·수리·점검 또는 해체 작업을 하는 경우 다음의 조치를 하여야 한다.
> • 작업을 지휘하는 사람을 선임하여 그 자의 지휘하에 작업을 실시할 것
> • 작업을 할 구역에 관계근로자 아닌 사람의 출입을 금지하고 그 취지를 보기 쉬운 장소에 표시할 것
> • 비·눈 그 밖의 기상상태의 불안정으로 날씨가 몹시 나쁜 경우에는 그 작업을 중지시킬 것

29 스텝체인 안전장치에 대한 설명으로 알맞은 것은?

① 스커트가드 판과 스텝 사이에 이물질의 끼임을 감지하는 장치이다.

② 스텝체인의 늘어남 또는 파단을 감지하는 장치이다.

③ 스텝과 레일 사이에 이물질의 끼임을 감지하는 장치이다.

④ 상부 기계실 내 작업 시에 전원이 투입되지 않도록 하는 장치이다.

> **해설** 스텝체인 안전장치 : 스텝체인이 파단되거나 과도하게 늘어날 때 즉시 작동하여 에스컬레이터를 정지시키는 장치

30 승강장 문, 카 문 표면에 인테리어용으로 유리를 덧붙이는 경우에 사용하는 유리로 적합한 것은?

① 강화유리

② 접합유리

③ 비산방지필름이 부착된 강화유리

④ 비산방지필름이 부착된 접합유리

> **해설**
> • 카 벽 전체 또는 일부에 사용되는 유리는 접합유리 및 강화접합유리이어야 한다.
> • 카 지붕에 사용된 유리는 접합유리이어야 한다.
> • 평면·성형 유리판은 접합유리로 만들어져야 한다.
> • 승강장 문, 카 문 표면에 인테리어용으로 유리를 덧붙이는 경우에는 강화유리가 사용되고, 비산방지필름 등이 부착되어야 한다.
> • 유리가 있는 문/문틀은 접합유리가 사용되어야 한다.

31 정전 시 비상전원장치의 비상조명의 점등조건은?

① 정전 시에 자동으로 점등

② 고장 시 카가 급정지하면 점등

③ 정전 시 비상등스위치를 켜야 점등

④ 항상 점등

> **해설** 정상 조명전원이 차단되면 자동으로 즉시 점등되어야 한다.

32 엘리베이터의 완충기에 대한 설명 중 옳지 않은 것은?

① 엘리베이터 피트 부분에 설치한다.

② 케이지나 균형추의 자유낙하를 완충한다.

③ 스프링 완충기와 유입 완충기가 가장 많이 사용된다.

④ 스프링 완충기는 엘리베이터의 속도가 낮은 경우에 주로 사용된다.

8 기개년 출복원문제

완충기는 카가 어떤 원인으로 최하층을 통과하여 피트로 떨어질 때 충격을 완화시켜주는 장치로 엘리베이터 피트 부분에 설치
케이지나 균형추의 자유낙하를 완충하기 위한 것은 아님

33 피트 내에서 행하는 검사가 아닌 것은?

① 피트 스위치 동작 여부
② 하부 파이널 리밋스위치 동작 여부
③ 완충기 취부상태 양호 여부
④ 상부 파이널 리밋스위치 동작 여부

해설 피트에는 피트 스위치, 하부 파이널 리밋스위치, 완충기 등이 설치

34 카 내에 갇힌 사람들이 외부와 연락할 수 있는 장치는?

① 차임벨　　② 인터폰
③ 리밋스위치　　④ 위치표시램프

해설 승강기가 운행 중 갑자기 정지하여 갇힐 경우 인터폰으로 구출을 요청

35 유도전동기의 속도제어법이 아닌 것은?

① 2차 여자제어법
② 1차 계자제어법
③ 2차 저항제어법
④ 1차 주파수제어법

해설
• 2차 여자제어 : 2차 저항제어방식에서 저항값을 조정하는 대신에 슬립 주파수의 2차 여자전압을 제어하여 속도를 제어하는 방법이다.
• 1차 주파수제어 : 가변 주파수 전원을 이용하여 속도를 제어하는 방법으로 Inverter(전압형, 전류형)나 Cycle Converter 등이 있다.
• 극수 변환
　– 1차 권선(고정자 권선)의 접속변경(단자대 내의 결선변경)에 의해 극수를 1:2로 전환하여 2단계의 속도를 얻는 방법
　– 1차 권선(고정자 권선)에 2조의 극수가 다른 권선을 만들어 2단계 또는 3단계의 속도를 얻는 방법이다.
• 1차 전압제어 : 유도전동기의 발생 토크는 1차 전압(고정자 권선전압)의 2승에 비례한다. Thyristor(사이리스터)회로 등을 이용해서 1차 전압을 증감시키면 토크가 변화하는 것을 이용해 슬립을 변화시켜 속도를 제어하는 방법이다.
• 2차 저항제어 : 권선형 유도전동기에만 적용할 수 있는 방법으로서, 비례추이의 원리를 이용하여 권선형 유도전동기의 2차 축에 접속한 외부 저항값을 조정하여 슬립을 변화시킴으로써 속도를 제어하는 방법이다.

36 카 천장에 비상구출문이 설치된 경우. 유효개구부의 크기는 얼마 이상이어야 하는가?

① 0.2m × 0.3m　　② 0.3m × 0.4m
③ 0.4m × 0.5m　　④ 0.5m × 0.6m

해설 유효개구부의 크기는 0.4m × 0.5m 이상

37 균형추를 사용한 승객용 엘리베이터에서 제동기(Brake)의 제동력은 적재하중의 몇 [%]까지는 위험 없이 정지가 가능하여야 하는가?

① 100%　　② 110%
③ 120%　　④ 125%

해설 승객용은 125%, 화물용은 120%의 적재하중을 싣고, 정격속도 하강 시 안전하게 감속. 정지

38 가이드 레일의 사용목적으로 틀린 것은?

① 집중하중 작용 시 수평하중을 유지

② 비상정지장치 작동 시 수직하중을 유지

③ 카와 균형추의 승강로 평면 내의 위치 규제

④ 카의 자중이나 화물에 의한 카의 기울어짐 방지

> **해설** 주행안내 레일(가이드 레일, Guide Rail)의 역할
> • 카, 균형추 또는 플런저 등을 안내하는 궤도로 승강로 평면 내의 위치를 규제
> • 차체의 자중이나 하중 편향 발생 시 기울어짐을 막아줌
> • 비상정지장치(추락방지안전장치) 작동 시 수직하중을 유지

39 화재 시 조치사항에 대한 설명 중 틀린 것은?

① 비상용 엘리베이터는 소화활동 등 목적에 맞게 동작시킨다.

② 빌딩 내에서 화재가 발생할 경우 반드시 엘리베이터를 이용해 비상탈출을 시켜야 한다.

③ 승강로에서의 화재 시 전선이나 레일의 윤활유가 탈 때 발생되는 매연에 질식되지 않도록 주의한다.

④ 기계실에서의 화재 시 카 내의 승객과 연락을 취하면서 주전원스위치를 차단한다.

> **해설** 화재 시 엘리베이터는 전원차단 등으로 고립될 수 있고 질식의 우려가 있어 절대 사용하지 말고 계단을 이용해 대피해야 한다.

40 에스컬레이터의 스커트가드판과 스텝 사이에 인체의 일부나 옷, 신발 등이 끼었을 때 동작하여 에스컬레이터를 정지시키는 안전장치는?

① 스텝체인 안전장치

② 구동체인 안전장치

③ 핸드레일 안전장치

④ 스커트가드 안전장치

> **해설**
>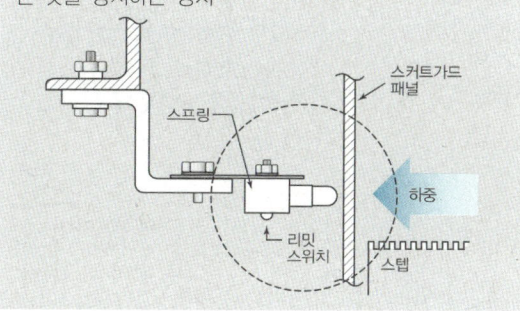
> 에스컬레이터나 수평보행기의 내측판 하부에 있으며 발판의 측면과 작은 틈새를 보호하는 패널로 옷이나 신발이 끼는 것을 방지하는 장치

41 그림은 마이크로미터로 어떤 치수를 측정한 것이다. 치수는 약 몇 [mm]인가?

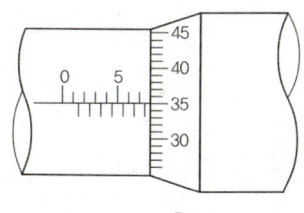

① 5.35　　　　　② 5.85

③ 7.35　　　　　④ 7.85

> **해설**
>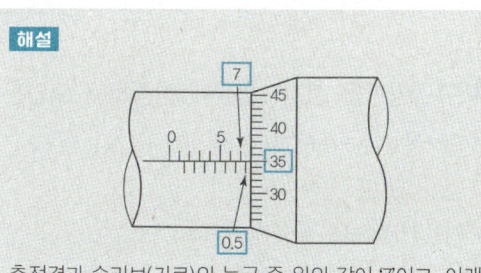
> 측정결과 슬리브(가로)의 눈금 중 위의 값이 '7'이고, 아래의 값이 '0.5'이며, 슬리브의 가로줄이 가리키는 심블의 눈금이 35이므로 '0.35'이다.
> 따라서 위의 마이크로미터로 측정한 치수는 7 + 0.5 + 0.35 = 7.85이다.

42 다음 그림과 같은 기어는?

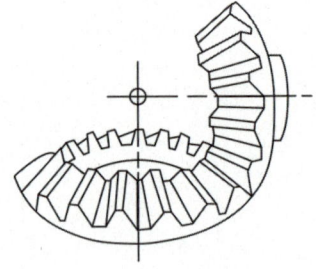

① 랙과 피니언   ② 베벨 기어
③ 스퍼 기어   ④ 헬리컬 기어

> **해설** 베벨 기어 : 두 축이 직각 교차하는 기어
> • 교차되는 두 축 간에 운동을 전달하는 원추형 기어
> • 일반적으로 직각 방향의 동력 전달

43 슬라이딩 베어링은 무슨 접촉인가?

① 면 접촉   ② 선 접촉
③ 점 접촉   ④ 기어 접촉

> **해설** 운동을 전달하기 위해서는 두 개의 부분이 접촉하여 상대 운동이 이루어지는데, 서로 접촉하여 힘을 주고받는 한 쌍의 조합을 짝(Pair)이라고 한다.
> • 면 접촉 : 회전짝(축과 미끄럼 베어링), 미끄럼짝(피스톤과 실린더, 공작 기계의 베드와 테이블), 나사(볼트와 너트), 구면짝(구면 저널과 베어링)
> • 점 접촉 : 점짝(캠과 태핏, 베어링의 볼과 내·외륜)
> • 선 접촉 : 선짝(스퍼 기어, 랙과 피니언)

44 규소강판을 전기자철심에 성층하는 요인은?

① 동손을 줄이기 위해
② 철손을 줄이기 위해
③ 기계손을 줄이기 위해
④ 가공하기 용이하므로

> **해설** 직류발전기의 철심은 맴돌이 전류와 히스테리시스 현상에 의한 철손을 줄이기 위해 0.35~0.5mm 규소강판을 성층하여 만든다.

45 안전율의 정의로 옳은 것은?

① $\dfrac{\text{허용응력}}{\text{극한강도}}$ ② $\dfrac{\text{극한강도}}{\text{허용응력}}$

③ $\dfrac{\text{허용응력}}{\text{탄성한도}}$ ④ $\dfrac{\text{탄성한도}}{\text{허용응력}}$

> **해설**
> $$\text{안전율(안전계수)} = \dfrac{\text{인장강도}}{\text{허용응력}} = \dfrac{\text{극한(파괴)강도}}{\text{허용강도}}$$

46 유도전동기에서 슬립이 1이란 전동기의 어느 상태인가?

① 유도제동기의 역할을 한다.
② 유도전동기가 전부하 운전상태이다.
③ 유도전동기가 정지상태이다.
④ 유도전동기가 동기속도로 회전한다.

> **해설** 유도전동기의 속도(N)
> $$N=(1-s)N_s=(1-s)\dfrac{120f}{p}$$
> N : 회전자속도, N_s : 동기속도, s : 슬립, f : 주파수, p : 극수, 여기서 슬립 s의 범위는 0(회전 상태) $< s <$ 1(정지 상태)이다.

47 시퀀스회로에서 일종의 기억회로라고 할 수 있는 것은?

① AND회로   ② OR회로
③ 자기유지회로   ④ NOT회로

> **해설** 시퀀스 제어와 기본회로
> • 논리회로 : AND회로, OR회로, NOT회로, NAND로, NOR회로
> • 자기유지회로 : 입력신호가 소멸하여도 연속적으로 출력 신호가 얻어지기 때문에 기억회로라고도 불림
> • 인터로크회로 : 기기의 보호나 조작자의 안전을 위해 기기의 동작상태를 나타내는 접점을 사용하여 관련된 기기의 동작을 금지하는 회로

정답   42 ②   43 ①   44 ②   45 ②   46 ③   47 ③

48 직류엘리베이터의 속도제어방식에서 발전기의 계자전류를 제어하는 방식은?

① 워드-레오나드 방식

② 정지 레오나드 방식

③ 귀환 전압제어 방식

④ VVVF 제어 방식

> **해설** 워드-레오나드 방식
> - 직류발전기의 출력단을 직접 직류전동기의 전기자에 연결시키고 발전기의 계자전류를 조정하여 발전전압을 엘리베이터 속도에 대응하여 연속적으로 공급시키는 방식
> - 직류발전기를 사용하여 직류전동기의 속도를 제어
> - 2단 속도에 비해 승차감이 양호하며 착상시간이 짧음

49 엘리베이터 사용자의 안전을 위하여 400V 미만의 전압이 인가된 저압용 기기의 외함에는 제 몇 종 접지공사를 하여야 하는가?

① 제1종   ② 제2종

③ 제3종   ④ 특별 제3종

> **해설** ※ KEC(한국전기설비기준) 개정으로 맞지 않는 문제임

50 직렬로 접속되어 있는 2개 코일의 자기 인덕턴스가 각각 L_1, L_2이며, 상호 인덕턴스가 M, 2개의 코일이 만드는 자속의 방향이 동일할 경우 합성 인덕턴스 L은?

① $L = L_1 + L_2 + M$

② $L = L_1 + L_2 + 2M$

③ $L = L_1 + L_2 - M$

④ $L = L_1 + L_2 - 2M$

> **해설** 인덕턴스의 접속
> - 가동 접속 : $L_P = L_1 + L_2 + 2M[\text{H}]$
> - 차동 접속 : $L_S = L_1 + L_2 - 2M[\text{H}]$
> ∴ 합성 인덕턴스 : $L = L_1 + L_2 + 2M[\text{H}]$

51 에스컬레이터의 절연저항에 관한 설명이다. 다음 중 가장 알맞은 것은?

① 전동기 주회로의 300V 이하의 것은 0.2MΩ 이상

② 전동기 주회로의 400V를 초과하는 것은 0.3MΩ 이상

③ 승강로 내 안전회로의 150V 이하의 것은 0.2MΩ 이상

④ 승강로 내 안전회로의 150V 초과 300V 이하의 것은 0.3MΩ 이상

> **해설** ※ KEC(한국전기설비기준) 개정으로 맞지 않는 문제임

52 회로망의 임의의 접속점에 유입되는 전류는 $\Sigma I = 0$ 이라는 법칙은?

① 쿨롱의 법칙

② 패러데이의 법칙

③ 키르히호프의 제1법칙

④ 키르히호프의 제2법칙

> **해설** 키르히호프의 법칙(Kirchhoff's Law)
> - 제1법칙(전류의 법칙, KCL) : 회로의 한 점에서 볼 때 유입전류의 총합은 유출되는 전류의 총합과 같다(Σ유입전류 = Σ유출전류).
> - 제2법칙(전압의 법칙, KVL) : 임의의 폐회로에서의 기전력 총합은 회로소자에서 발생하는 전압강하의 총합과 같다(Σ기전력 = Σ전압강하).

53 감전사고로 의식불명이 된 환자가 물을 요구할 때의 방법으로 적당한 것은?

① 냉수를 주도록 한다.

② 온수를 주도록 한다.

③ 설탕물을 주도록 한다.

④ 물을 천에 묻혀 입술에 적시어만 준다.

> **해설** 감전사고가 일어난 경우의 조치
> • 즉시 전원스위치를 내리고 가까운 곳에 스위치가 없을 경우에는 마른 헝겊이나 대막대기, 플라스틱 등과 같은 절연성 물체로서 접촉물을 피해자로부터 이격한다.
> • 당황하여 감전자를 떼어내려고 맨손으로 감전자를 잡으면 본인도 감전이 되기 때문에 주의가 필요하다. 전기가 통하는지 확인을 꼭 해 볼 필요가 있어 급히 손을 대보아야 할 경우에는 손바닥이 아닌 손등으로 대보면 감전될 경우에도 그곳을 엉겁결에 잡게 되는 일이 없을 것이다.
> • 감전되어 인사불성에 빠지더라도 소생할 때까지 인공호흡을 계속 실시한다.
> • 사고자가 물을 요구할 경우 천에 물을 묻혀 입을 적신다.

54 자기저항의 단위로 알맞은 것은?

① [Ω] ② [AT/Wb]

③ [Wb/AT] ④ [ϕ]

> **해설** $R_m = \dfrac{NI}{\phi} = \dfrac{l}{\mu A}$
>
> ϕ : 자속[Wb], N : 횟수, A : 단면적[m^2], l : 자로의 길이[m], μ : 투자율[H/m]

55 R, L, C 직렬회로에서 최대전류가 흐르게 되는 조건은?

① $\omega L^2 - \dfrac{1}{\omega C} = 0$ ② $\omega L^2 + \dfrac{1}{\omega C} = 0$

③ $\omega L - \dfrac{1}{\omega C} = 0$ ④ $\omega L + \dfrac{1}{\omega C} = 0$

> **해설** 최대전류가 흐르기 위해서는 임피던스가 최소가 되어야 하므로 $\omega L - \dfrac{1}{\omega C} = 0$이 되어야 한다.

56 그림과 같은 논리기호의 논리식은?

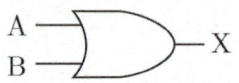

① $X = \overline{A} + \overline{B}$

② $X = \overline{A} \cdot \overline{B}$

③ $X = A \cdot B$

④ $X = A + B$

> **해설**
>
> | 회로구분 | 시퀀스회로 | 진리표 | | | 논리회로(논리식) |
> |---|---|---|---|---|---|
> | | | 입력 | | 출력 | |
> | | | A | B | X | |
> | OR | | 0 | 0 | 0 | $X = A + B$ |
> | | | 0 | 1 | 1 | |
> | | | 1 | 0 | 1 | |
> | | | 1 | 1 | 1 | |

57 저항 120Ω에 6A의 전류가 흐르게 하는 데 필요한 전압은?

① 500V ② 520V

③ 700V ④ 720V

> **해설** $V = IR = 6 \times 120 = 720V$

58 직류기 권선법에서 전기자 내부 병렬회로 수 α와 극수 p의 관계는? (단, 권선법은 중권이다)

① $\alpha = 2$

② $\alpha = \dfrac{1}{2}p$

③ $\alpha = p$

④ $\alpha = 2p$

해설 전기자 권선법 : 고상권, 폐로권, 이층권(중권, 파권)

구분	중권	파권
전기자 병렬회로 수(α)	p(극수)	2
브러시 수	p(극수)	2
용도	저전압, 대전류	고전압, 소전류
균압접속	4극 이상 균압환 필요	불필요

59 전선의 길이를 고르게 2배로 늘리면 단면적은 1/2로 된다. 이때의 저항은 처음의 몇 배가 되는가?

① 4배   ② 3배

③ 2배   ④ 1.5배

해설 도선의 전기저항 $R = \rho \dfrac{l}{S}[\Omega]$($\rho$: 도선의 고유저항 $[\Omega/\text{m}]$, l : 도선의 길이[m], S : 도선의 단면적[m²])에서 길이가 고르게 2배 늘어났을 때 단면적이 $\dfrac{1}{2}$로 되었다고 하였으므로, $R' = \rho \dfrac{2l}{\frac{1}{2}S} = 4\rho \dfrac{l}{S}[\Omega]$

60 다음 회로에서 High는 1, Low는 0으로 나타낼 때, V_i가 1일 때의 a, b, c, d를 옳게 나타낸 것은?

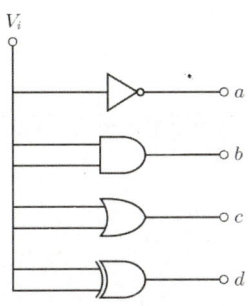

① 1,1,0,0   ② 0,0,1,1

③ 0,1,1,0   ④ 1,0,0,0

해설 논리회로 및 논리기호

회로 구분	시퀀스회로	진리표			논로회로 (논리식)
AND		**입력**		**출력**	
		A	B	X	
		0	0	0	
		0	1	0	
		1	0	0	
		1	1	1	
OR		**입력**		**출력**	
		A	B	X	
		0	0	0	
		0	1	1	
		1	0	1	
		1	1	1	
NOT		**입력**	**출력**		
		A	X		
		0	1		
		1	0		
NAND		**입력**		**출력**	
		A	B	X	
		0	0	1	
		0	1	1	
		1	0	1	
		1	1	0	

2020년 제2회 기출복원문제

01 중속 엘리베이터의 속도는 몇 [m/s] 이하인가?

① 2　　　　　　　　② 3

③ 4　　　　　　　　④ 5

> **해설**
> • 저속 : 0.75m/s 이하
> • 중속 : 1~4m/s 이하
> • 고속 : 4~6m/s 이하
> • 초고속 : 6m/s 초과

02 다음 (㉠), (㉡)에 들어갈 내용으로 옳은 것은?

> 에스컬레이터는 난간폭에 따라 800형과 1,200형이 있다. 시간당 수송능력은 800형은 (㉠)명, 1,200형은 (㉡)명이다.

① ㉠ 800, ㉡ 1,200

② ㉠ 4,000, ㉡ 6,000

③ ㉠ 5,000, ㉡ 1,200

④ ㉠ 6,000, ㉡ 9,000

> **해설** 난간폭에 따른 분류
> • 800형 : 수송능력 6,000명/시간
> • 1,200형 : 수송능력 9,000명/시간

03 카 또는 균형추가 승강로 바닥에 충돌하였을 때 카 내의 사람이 안전하도록 충격을 완화시키는 장치는?

① 완충기　　　　　② 조속기

③ 리밋스위치　　　④ 순간비상정지장치

> **해설** **완충기** : 최하층을 지나 피트로 추락할 때 충격을 완화시켜 주는 장치

04 다음 그림과 같이 무게 W가 움직이는 도르래에 매달려 있나. 물체를 끌어올리는 힘을 P라고 했을 때 P와 W의 관계식으로 옳은 것은? (단, 도르래와 로프의 무게는 없다고 본다)

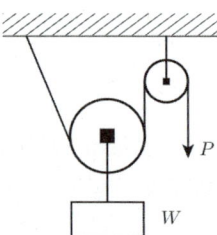

① $P = W$　　　　　② $P = \dfrac{1}{2} W$

③ $P = \dfrac{1}{3} W$　　　　④ $P = \dfrac{1}{4} W$

> **해설** 로프의 한 끝을 고정 물체에 고정한 조합 도르래 장치에서의 잡아당기는 힘
> $P = \dfrac{1}{2^n} W$ (W는 무게) → $W = P \times 2^n$

정답 01 ③　02 ④　03 ①　04 ②

05 에스컬레이터의 경사도가 30° 이하일 경우에 공칭속도는?

① 0.75m/s 이하

② 0.80m/s 이하

③ 0.85m/s 이하

④ 0.90m/s 이하

해설

• 경사도가 30° 이하인 에스컬레이터는 0.75m/s 이하

• 경사도가 30° 초과하고 35° 이하인 에스컬레이터는 0.5m/s 이하

06 에스컬레이터의 경사도가 30° 이하이고 층고가 6m 이며 수평주행구간 디딤판의 수가 3개 이상인 경우에 디딤판의 속도는 몇 [m/s]인가?

① 0.25   ② 0.5

③ 0.75   ④ 1

해설

• 경사도가 30° 이하인 에스컬레이터는 0.75m/s 이하

• 경사도가 30°를 초과하고 35° 이하인 에스컬레이터는 0.5m/s 이하

• 에스컬레이터의 경사도는 30°를 초과하지 않아야 한다. 다만, 층고가 6m 이하이고, 공칭속도가 0.5m/s 이하인 경우에는 경사도를 35°까지 증가시킬 수 있다.

07 문닫힘안전장치의 종류로 틀린 것은?

① 초음파장치   ② 도어 레일

③ 광전장치   ④ 세이프티 슈

해설 보호장치(문닫힘안전장치)

구분		특징
접촉식 보호장치		접촉식 감지기 : 감지기와 물리적인 접촉을 통하여 동작하는 스위치 **예** 조속기 스위치, 도어 스위치, 파이널 리밋스위치
	문닫힘안전장치 (세이프티 슈)	이물체 검출을 위해 카 도어 가장자리 끝단에 가동슈를 부착하여 이물체나 사람 접촉 시 닫힘을 증지하고 도어를 반전시키는 접촉식 안전장치
비접촉식 보호장치		비접촉식 감지기 : 자기의 변화, 정전용량의 변화 등을 통하여 감지기가 동작하는 스위치 **예** 인덕터 스위치, 광 감지기, 근접 감지기
	광전장치	광전빔을 발생시키는 투광기와 센서인 수광기로 구성되어 있으며 광전빔이 차단될 때 도어를 반전시키는 비접촉식 안전장치
	초음파장치	초음파의 감지각도를 조정하여 승강장 또는 카 측의 이물체나 사람을 검출하여 도어를 반전시키는 안전장치

08 전기자 반작용에 해당하는 것은?

① 철손   ② 히스테리시스손

③ 와류손   ④ 전기자전류

해설 전기자 반작용

• 발전기, 전동기에서 전기자전류에 의해서 발생하는 자속이 주계자 자속에 미치는 반작용

• 반작용 계자는 주자계의 자기 분포를 일그러지게 하고, 전동기 속도 및 발전기의 전압 변동률 등에 영향을 미침

09 승강기의 조속기란?

① 카의 속도를 검출하는 장치이다.

② 비상정지장치를 뜻한다.

③ 균형추의 속도를 점출한다.

④ 플런저를 뜻한다.

> **해설** **과속조절기**(조속기)
> 카에 일정속도 이상의 이상속도가 발생할 때 카의 속도를 검출하여 전기적, 기계적으로 차단시키는 장치

10 블리드오프(Bleed Off) 유압회로에 대한 설명으로 틀린 것은?

① 정확한 속도제어가 곤란하다.

② 유량제어밸브를 주 회로에서 분기된 바이패스 회로에 삽입한 것이다.

③ 회전수를 가변하여 펌프에 가압되어 토출되는 작동유를 제어하는 방식이다.

④ 부하에 필요한 압력 이상의 압력을 발생시킬 필요가 없어 효율이 높다.

> **해설** **블리드오프 유압회로**
> • 실린더와 병렬로 유량제어밸브를 설치하여 실린더로 유입되는 유량을 조절해 실린더의 속도를 제어하는 방식
> • 정확한 속도제어는 곤란하나 효율은 높음

11 직류전동기 회로에서 분류기의 위치로 옳은 것은?

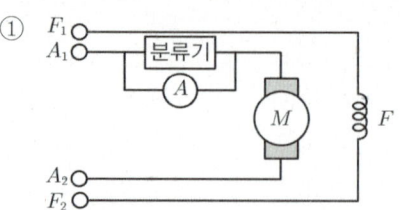

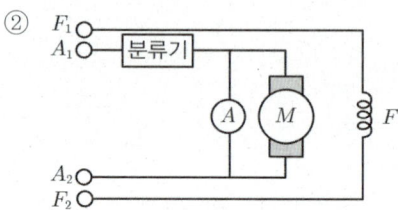

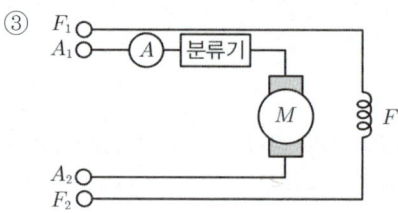

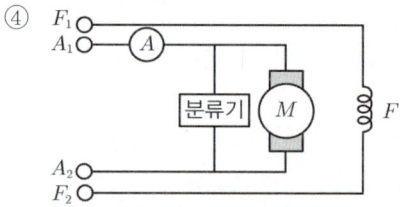

> **해설**
> • 분류기 : 전류의 측정범위를 확대하기 위해 전류계와 병렬로 접속하는 저항기
> • 배율기 : 전압계의 측정범위를 크게 하고자 할 때 사용하며 전압계에 직렬로 접속하는 큰 저항기

12 카가 정지하고 있지 않는 층의 문이 열리지 않도록 하고, 각 층의 문이 닫혀 있지 않으면 운전을 불가능하게 하는 장치는?

① 도어 인터로크   ② 도어 세이프티
③ 도어 오픈   ④ 도어 클로저

> **해설** 도어 인터로크
> 카가 정지하지 않는 층의 도어는 전용열쇠를 사용하지 않으면 열리지 않도록 하는 도어로크와, 문이 닫혀 있지 않으면 운전이 불가능하도록 하는 도어 스위치로 구성

13 전기식 엘리베이터에 필요한 안전장치에 해당하지 않는 것은?

① 완충기   ② 조속기
③ 리밋스위치   ④ 인렛 안전장치

> **해설** 인렛 안전장치는 에스컬레이터 장치이다.

14 엘리베이터용 가이드 레일의 역할이 아닌 것은?

① 카와 균형추의 승강로 내 위치 규제
② 승강로의 기계적 강도를 보강해 주는 역할
③ 카의 자중이나 화물에 의한 카의 기울어짐 방지
④ 집중하중이나 비상정지장치 작동 시 수직하중 유지

> **해설** 카와 균형추의 승강을 안내하고 일직선이 되기 위해 승강로 내에서 수직으로 움직일 수 있도록 설치된 T단면의 부품

15 에스컬레이터 디딤판체인 및 구동체인의 안전율로 알맞은 것은?

① 5 이상   ② 7 이상
③ 8 이상   ④ 10 이상

> **해설** 모든 구동부품의 안전율은 5 이상이어야 한다.

16 장애인용 엘리베이터의 경우 호출버튼에 의하여 카가 정지하면 몇 초 이상 문이 열린 채로 대기하여야 하는가?

① 8초 이상   ② 10초 이상
③ 12초 이상   ④ 15초 이상

> **해설** 호출버튼에 의하여 카가 정지하면 10초 이상 문이 열린 채로 대기하여야 한다.

17 다음 장치 중에서 작동되어도 카의 운행에 관계없는 것은?

① 통화장치   ② 조속기 캐치
③ 승강장 도어의 열림   ④ 과부하감지 스위치

> **해설** 통화장치는 통신수단이다.

18 무빙워크의 경사도는 몇 ° 이하이어야 하는가?

① 30°   ② 20°
③ 15°   ④ 12°

> **해설** 무빙워크의 경사도는 12° 이하

19 균형추의 중량을 결정하는 계산식은? (단, 여기서 L은 정격하중, F는 오버밸런스율이다)

① 균형추 중량 = 카 자체하중 × (L·F)
② 균형추 중량 = 카 자체하중 + (L + F)
③ 균형추 중량 = 카 자체하중 − (L − F)
④ 균형추 중량 = 카 자체하중 + (L·F)

> **해설** 전기식 엘리베이터의 균형추 무게 = 카의 자체하중 + (정격적재하중 × 오버밸런스율)

20 재해가 발생되었을 때의 조치 순서로 가장 알맞은 것은?

① 긴급처리 → 재해조사 → 원인강구 → 대책수립 → 실시 → 평가

② 긴급처리 → 원인강구 → 대책수립 → 실시 → 평가 → 재해조사

③ 긴급처리 → 재해조사 → 대책수립 → 실시 → 원인강구 → 평가

④ 긴급처리 → 재해조사 → 평가 → 대책수립 → 원인강구 → 실시

> **해설**
> • 사고예방의 기본 4원칙 : 원인계기의 원칙, 대책선정의 원칙, 예방가능의 원칙, 손실 우연의 원칙
> • 재해 발생 시 조치 순서 : 긴급처리 → 재해조사 → 원인강구 → 대책수립 → 실시 → 평가
> • 이상 발견 시 취할 순서 : 발견 → 점검 → 조치 → 수리 → 확인
> • 이상 발견 시 취해야 할 조치 : 정확한 파악, 해소대책강구, 보고, 철저한 원인규명
> • 응급조치에 따른 승강기 작업 순서 : 유지관리내용 청취 → 현장정돈(응급처치) → 안전용구 착용 → 자재반입 및 신호 → 작업 착수

21 다음 보호구 중에서 머리를 보호하는 것은?

① 안전대　　　　② 안전화
③ 안전모　　　　④ 보안경

> **해설**
> • 안전모 : 낙하물에 의한 피해 방지, 화상 방지, 감전 방지, 충격 방지, 직사광선 방지
> • 안전대 : 높이(깊이) 2m 이상의 추락할 위험이 있는 장소에서의 작업
> • 안전화 : 물체의 낙하·충격, 물체에의 끼임, 감전 또는 정전기의 대전 위험이 있는 작업
> • 보안경 : 물체가 날아 흩어질 위험이 있는 작업
> • 보안면 : 용접 시 불꽃 또는 물체가 날아 흩어질 위험이 있는 작업
> • 안전장갑 : 감전의 위험이 있는 작업
> • 방열복 : 고열에 의한 화상의 위험이 있는 작업 시
> • 귀마개 : 보통 90dB 이상의 소음에 청력을 보호

22 사고원인에 대한 사항으로 틀린 것은?

① 교육적인 원인 : 안전지식 부족
② 인적 원인 : 불안전한 행동
③ 간접적인 원인 : 고의에 의한 사고
④ 직접적인 원인 : 환경 및 설비의 불량

> **해설**　재해원인
> (1) 재해의 직접원인
> • 인적 원인 : 불안전한 행동
> 　– 관리상 원인 : 작업지식 부족, 작업 미숙, 작업방법 불량 등
> 　– 생리적 원인 : 건강 이상, 체력 부족, 신체적 결함, 피로, 수면 부족 등
> 　– 심리적 원인 : 주변적 동작, 걱정거리, 무의식 행동, 지름길 반응, 생략행위, 억측판단, 착오, 소질적 결함, 의식의 우회, 망각 등
> • 물적 요인 : 불안전한 상태
> (2) 재해의 간접원인
> • 관리적 요인 : 최고관리자의 안전의식 및 책임감 부족, 안전관리조직의 결함, 안전교육제도 미비, 안전기준의 모호함, 안전점검제도의 결함
> • 기술적 요인 : 기계장치의 설계불량, 부적절한 재료의 사용, 불충분한 안전점검 및 불안전합 행동을 유도하는 기술적 결함 등
> • 교육적 요인 : 안전지식의 결여, 안전규정의 잘못된 해석, 훈련 미숙, 좋지 않은 습관, 미경험 등

23 휠체어리프트 이용자가 승강기의 안전운행과 사고방지를 위하여 준수해야 할 사항과 거리가 먼 것은?

① 전동휠체어 등을 이용할 경우에는 운전자가 직접 이용할 수 있다.

② 휠체어 사용자 전용이므로 보조자 이외의 일반인은 탑승하여서는 안 된다.

③ 정원 및 적재하중의 초과는 고장이나 사고의 원인이 되므로 엄수하여야 한다.

④ 조작반의 비상정지스위치 등을 불필요하게 조작하지 말아야 한다.

> **해설** 보호자나 안전관리자의 협조를 받아야 한다.

24 엘리베이터로 인하여 인명사고가 발생했을 경우 안전관리자의 대처사항으로 부적합한 것은?

① 의약품, 들것, 사다리 등의 구급용구를 준비하고 장소를 명시한다.

② 구급을 위해 의료기관과의 비상연락체계를 확립한다.

③ 전문기술자와의 비상연락체계를 확립한다.

④ 자체검사에 관한 사항을 숙지하고 기술적인 사고요인을 검사하여 고장요인을 제거한다.

> **해설** 사고 발생 시의 조치
> • 의약품, 들것, 사다리 등 인명구조에 필요한 구급조치
> • 승강기 검사기관 등 관계기관에 비상연락 및 피해자 가족에게 연락
> • 관리주체는 승강기 사고가 발생하였을 경우에는 즉시 승강기 사고현황을 당해 승강기 검사기관에 보고하여야 함

25 일반적인 안전대책의 수립방법으로 가장 알맞은 것은?

① 계획적   ② 경험적
③ 사무적   ④ 통계적

> **해설** 통계적 분석
> 각 요인의 상호관계와 분포상태 등을 거시적으로 분석하고, 과거사례를 분석, 검토 후 공통 재해유형을 발견하는 분석

26 카 내에서 행하는 검사에 해당되지 않는 것은?

① 카 시브의 안전상태
② 카 내의 조명상태
③ 비상통화장치
④ 운전반 버튼의 동작상태

> **해설** 카 시브의 안전상태 점검은 카 상부에서 행한다.

27 승강기의 자체점검 항목이 아닌 것은?

① 기계실의 면적
② 브레이크 및 제어장치
③ 와이어로프
④ 과부하방지장치

> **해설** 자체점검기준(승강기 안전운행 및 관리에 관한 운영규정 별표 3)
> • 추락방지안전장치(비상정지장치), 과부하방지장치, 그 밖의 방호장치의 이상 유무
> • 브레이크 및 제어장치의 이상 유무
> • 와이어로프의 손상 유무
> • 주행안내 레일(가이드 레일)의 상태
> • 옥외에 설치된 화물용 승강기의 가이드로프를 연결한 부위의 이상 유무
> • 비상통화장치, 환경, 완충기, 승강장 문 등

8 기출복원문제개년

28 직류전동기의 속도제어방법이 아닌 것은?

① 저항제어 ② 전압제어
③ 계자제어 ④ 주파수제어

> **해설** 직류전동기의 속도제어방법
> • 전기자 전압제어법 : 전동기에 가해지는 인가전원 전압의 크기를 변화시키는 방법
> • 계자제어법 : 계자회로의 전류를 변화시켜서 속도를 제어하는 방법
> • 저항제어법 : 전기자회로의 전류를 변화시켜서 속도를 제어하는 방법

29 승강로의 벽 일부에 한국산업규격에 알맞은 유리를 사용할 경우 다음 중 적합하지 않은 것은?

① 망유리 ② 강화유리
③ 접합유리 ④ 감광유리

> **해설**
> ④ 감광유리(Photosensitive Glass) : 방사선(자외선·X선·7선)에 의한 착색효과가 민감하게 나타나도록 만든 특수한 유리
> ① 망유리(Wire Glass, Wired Glass) : 유리판에 금속제 망을 넣은 것으로, 도난방지 또는 화재에 의한 파손으로 파편이 튀지 않게 하는 등 방화의 목적으로도 사용
> ② 강화유리(Tempered Glass) : 고열에 의한 특수 열처리로 기계적 강도를 향상시킨 특수유리로 일반 유리에 비해 강도가 3~5배이다.
> 자동차·항공기의 창유리, 도난방지용 창유리 등에 사용
> ③ 접합유리(Laminated Glass) : 유리 파손 시 파편이 되어 날아가는 것을 방지하기 위하여 두 개 이상의 유리판 사이에 수지층을 넣어 만든 유리

30 커피 버튼을 누르면 선택된 커피가 커피자판기에서 나오는 회로와 같은 제어는?

① 서보 제어 ② 되먹임 제어
③ 피드백 제어 ④ 시퀀스 제어

> **해설**
>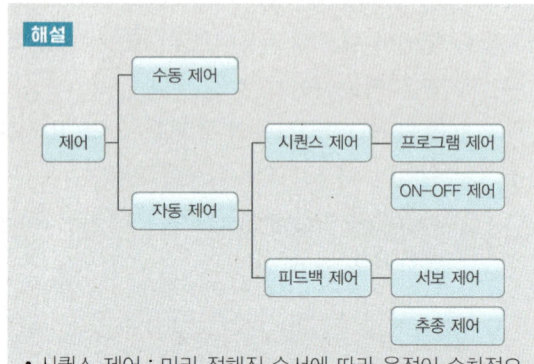
> • 시퀀스 제어 : 미리 정해진 순서에 따라 운전이 순차적으로 이루어져 일정한 결과를 나타내는 제어 기법 전기밥솥, 자동 판매기, 자동 엘리베이터 등 일상생활에 응용

31 승강기 안전관리자의 직무가 아닌 것은?

① 고장 및 수리에 관한 기록 유지
② 사고 발생에 대비한 비상연락망의 작성 및 관리
③ 사고 시의 사고 보고
④ 고장 시의 긴급 수리

> **해설** 승강기 안전관리자의 직무범위
> • 승강기 운행 및 관리에 관한 규정 작성
> • 승강기 사고 또는 고장 발생에 대비한 비상연락망의 작성 및 관리
> • 유지관리업자로 하여금 자체점검을 대행하게 한 경우 유지관리업자에 대한 관리·감독
> • 중대한 사고 또는 중대한 고장의 통보

정답 28 ④ 29 ④ 30 ④ 31 ④

32 직류전동기의 회전수를 일정하게 유지하기 위하여 전압을 변화시킬 때 전압은 어디에 해당되는가?

① 제어대상　　② 조작량
③ 제어량　　　④ 목푯값

> **해설** · 직류전동기의 회전수(제어량)를 전압에 의해 제어를 하고자 하므로 이때 전압은 조작량이 된다.
> • 조작량 : 제어를 실행하기 위해 제어대상에 가해서 제어량을 변화시키는 양(공기 조화에서 실온을 제어량으로 하면, 증기 가열기에서 증기 유량 또는 냉수 냉각기에서 냉수 유량 등이 해당됨)
> • 제어량 : 제어대상에 속하는 양으로 그것을 제어하는 것이 목적으로 되어 있는 양(증기 압력, 드럼 수위, 노 내압 등이 해당)

33 다음 중 절연저항을 측정하는 계기는?

① 휘트스톤 브리지
② 회로시험기
③ 메거
④ 훅온미터

> **해설** 절연저항은 메거(Megger)로 측정, 단위는 [MΩ](메가옴)임

34 엘리베이터 제어반에 설치되는 기기가 아닌 것은?

① 배선용 차단기　　② 전자접촉기
③ 리밋스위치　　　④ 제어용 계전기

> **해설** 배선용 차단기, 전류계 및 표시등, 전자접촉기, 계전기, 온도감지기 등을 설치

35 승강장 도어가 닫혀 있지 않으면 엘리베이터 운전이 불가능하도록 하는 것은?

① 승강장 도어 스위치
② 승강장 도어 행거
③ 승강장 도어 인터로크
④ 도어 슈

> **해설** 도어 인터로크 구성
> • 카가 정지하지 않는 층의 도어는 전용열쇠를 사용하지 않으면 열리지 않도록 하는 도어로크
> • 문이 닫혀 있지 않으면 운전이 불가능하도록 하는 도어 스위치

36 에스컬레이터의 역회전 방지장치가 아닌 것은?

① 구동체인 안전장치
② 기계 브레이크
③ 조속기
④ 스커트가드

> **해설** 스커트가드(Skirt Guard) : 에스컬레이터 내측판의 디딤판 옆 부분

37 유압식 엘리베이터에 있어서 정상적인 작동을 위하여 유지하여야 할 오일의 온도 범위는?

① 5~60℃　　② 20~70℃
③ 30~80℃　　④ 40~90℃

> **해설** 5℃ 이상 60℃ 이하로 유지(한랭지에서는 10℃ 이하가 되지 않도록 대책 필요)

38 승강장의 문이 열린 상태에서 모든 제약이 해제되면 자동적으로 닫히게 하여 문의 개방상태에서 생기는 2차 재해를 방지하는 문의 안전장치는?

① 시그널 컨트롤   ② 도어 컨트롤
③ 도어 클로저   ④ 도어 인터로크

> **해설** **도어 클로저**
> 도어가 열린 상태에서 여는 힘을 제거할 경우 자동적으로 도어가 닫히도록 하는 장치
> • 특징 : 승강장의 문이 카가 도착했을 때는 열려 있지만, 카가 없을 때는 승강장의 문이 스스로 닫히게 하여, 승강장 문의 개방으로 생길 수 있는 2차 재해를 방지
> • 방식
> － 스프링 클로저(spring closer, 완충식)
> － 웨이트 클로저(weight closer, 중력식)

39 에스컬레이터의 구동장치에 관한 설명으로 틀린 것은?

① 스텝 구동장치와 핸드레일 구동장치는 서로 연동되어 같은 속도로 이동하여야 한다.
② 스텝체인 안전장치가 설치되어 체인이 끊어지면 전원을 차단하여야 한다.
③ 감속기는 효율이 높아 에너지를 절약할 수 있는 웜 기어를 사용하며, 헬리컬 기어는 사용하지 않는다.
④ 구동장치에는 브레이크를 설치하여야 한다.

> **해설** 웜 기어보다 헬리컬 기어의 효율이 높다.

40 동력으로 운전하는 기계에 작업자의 안전을 위하여 기계마다 설치하는 장치는?

① 수동 스위치장치
② 동력차단장치
③ 동력장치
④ 동력전도장치

> **해설** 동력으로 작동되는 기계에는 스위치·클러치 및 벨트이동장치 등 동력차단장치를 설치하여야 함

41 전기에 의한 발화의 원인으로 볼 수 없는 것은?

① 단락에 의한 발화
② 과전류에 의한 발화
③ 접속 불량의 과열에 의한 발화
④ 용접기의 자동전격방지장치에 의한 발화

> **해설** 자동전격방지장치는 감전방지와 용접기 무부하손실을 줄여주는 기능을 함

42 카 측의 총중량이 2,400kgf이고, 카 주 2본의 단면적이 24cm²일 때, 카 주의 안전율은? (단, 파단강도는 4,100kgf/cm²이다)

① 37   ② 41
③ 45   ④ 48

> **해설**
> $$\text{허용응력} = \frac{W(\text{하중})}{A(\text{단면적})} = \frac{2,400}{24} = 100$$
> $$\text{안전율} = \frac{\text{인장강도}}{\text{허용응력}} = \frac{4,100}{100} = 41$$

정답 38 ③ 39 ③ 40 ② 41 ④ 42 ②

43 양중기의 와이어로프로 사용할 수 있는 것은?

① 이음매가 있는 것

② 와이어로프의 한 가닥에서 소선의 수가 10~20% 정도 절단된 것

③ 지름의 감소가 공칭지름의 5%인 것

④ 꼬인 것

> **해설** 와이어로프로 사용할 수 없는 것
> • 한 꼬임에서 끊어진 소선의 수가 10% 이상
> • 지름의 감소가 공칭(호칭) 지름의 7% 이상
> • 이음매가 있는 것
> • 변형, 부식된 것
> • 꼬임, 꺾임, 비틀림이 있는 것

44 엘리베이터의 전동기출력(P_m)의 계산식으로 옳은 것은? [단, L : 정격하중, V : 정격속도, $S : 1 - F$(F : 오버밸런스율), η : 총합효율이다]

① $P_m = \dfrac{LVS}{6,120\eta}$ ② $P_m = \dfrac{\eta LS}{6,120V}$

③ $P_m = \dfrac{6,120\eta}{LVS}$ ④ $P_m = \dfrac{LVS\eta}{6,120}$

> **해설** 엘리베이터용 전동기 출력
> $$P_m = \frac{\text{정격하중} \times \text{정격속도} \times (1 - \text{오버밸런스율})}{6,120 \times \text{총합효율}}$$

45 기계실을 승강로의 아래쪽에 설치하는 방식은?

① 정상부형 방식 ② 횡인 구동 방식

③ 베이스먼트 방식 ④ 사이드머신 방식

> **해설**
> • 정상부형 : 기계실이 승강로 상부에 위치
> • 베이스먼트 방식 : 기계실이 승강로 하부에 위치
> • 사이드머신 방식 : 기계실이 승강로 측면에 위치

46 사다리 작업의 안전지침으로 적당하지 않은 것은?

① 상부와 하부가 움직이지 않도록 고정되어야 한다.

② 사다리를 다리처럼 사용해서는 안 된다.

③ 부서지기 쉬운 벽돌 등을 받침대로 사용해서는 안 된다.

④ 사다리 상단은 작업장으로부터 120cm 이상 올라가야 한다.

> **해설** 사다리의 상단은 걸쳐놓은 지점으로부터 60cm 이상 올라가도록 설치

47 엘리베이터 기계실에 관한 설명으로 틀린 것은?

① 바닥면적은 일반적으로 승강로 수평투영면적의 2배 이상으로 한다.

② 기계실의 바로 위층 또는 인접한 벽면에 물탱크실을 설치할 수 없다.

③ 실온은 원칙적으로 40℃ 이하를 유지할 수 있어야 한다.

④ 기계실에는 일반적으로 엘리베이터와 관계없는 설비를 설치하지 않아야 한다.

> **해설** 물탱크실이 있을 경우에는 물이 범람하는 경우에 대비하여 충분한 침수방지조치를 하여야 함

48 에스컬레이터와 층 바닥이 교차하는 곳에 손이나 머리가 끼이거나 충돌하는 것을 방지하기 위한 안전장치는?

① 셔터운전 안전장치

② 스커트가드 안전장치

③ 스텝체인 안전장치

④ 삼각부 보호판

> **해설** 삼각부 보호판 : 삼각부에 사람의 머리 등 신체의 일부가 끼이는 것을 방지

정답 43 ③ 44 ① 45 ③ 46 ④ 47 ② 48 ④

8 기출개년복원문제

49 승객용 엘리베이터에서 카(Car)와 카 틀(Car Frame)의 구조로 옳은 것은?

① 카 상부 틀(Top Beam)에 카가 고정되어 있다.

② 카 세로 틀(Car Shaft)에 카가 고정되어 있다.

③ 카 틀(Car Frame)과 카는 분리시켜 고무 쿠션(Cushion)으로 지지토록 되어 있다.

④ 카 틀(Car Frame) 전체에 카가 고정되어 있다.

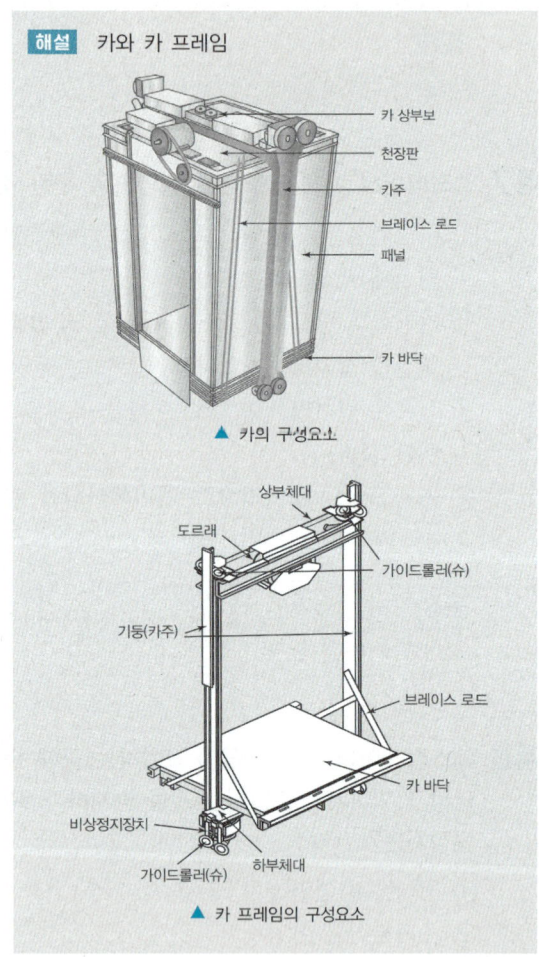

해설 카와 카 프레임

카 상부보
천장판
카주
브레이스 로드
패널

카 바닥

▲ 카의 구성요소

상부체대
도르래
가이드롤러(슈)
기둥(카주)
브레이스 로드
카 바닥
비상정지장치
가이드롤러(슈)
하부체대

▲ 카 프레임의 구성요소

50 에스컬레이터의 하중시험을 하고자 할 때 옳은 방법은?

① 적재하중 50%의 히중을 싣고 운행

② 적재하중 100%의 하중을 싣고 운행

③ 적재하중 110%의 하중을 싣고 운행

④ 적재하중을 싣지 않고 운행

해설 에스컬레이터 하중시험은 적재하중을 싣지 않고 속도 및 전류를 측정하여 다음 규정에 적합하여야 한다.
• 속도는 설계도면 및 시방서에 기재된 속도의 95% 이상 105% 이하
• 전류는 전동기 정격전류치의 120% 이하

51 카가 주행 중일 때의 도어시스템 기능에 대한 설명으로 맞는 것은?

① 보통 문 닫는 힘을 내기 위하여 도어 모터에 전류를 흘려 토크를 내고 있다.

② 주행 중에는 카 도어가 절대 열려서는 안 된다.

③ 공동주택용에서 저속의 도어를 손으로 억지로 여는 데 필요한 힘은 30kg 이상으로 규정하고 있다.

④ 주행 중이라도 카 도어는 고장 시 구출을 위하여 쉽게 열릴 수 있어야 한다.

해설 카 문의 개방
• 도어시스템은 구동장치, 전달장치, 도어판넬로 구성
• 도어 구동용 전동기는 직류전동기, 인버터를 이용한 교류전동기를 사용
  – 직류전동기를 많이 사용하고 있으나, 최근에는 교류전동기(VVVF 방식) 증가 추세
• 주행 중 카 안에서 강제로 문을 여는 데 필요한 힘은 20kgf 이상
• 정지 중 강제 개방 시 필요한 힘은 5kgf 이상 30kgf 이하

52 마찰차의 종류가 아닌 것은?

① 원뿔 마찰차   ② 변속 마찰차

③ 홈붙이 마찰차   ④ 이붙이 마찰차

해설	마찰차의 종류
원통 마찰차	평행한 두 축 사이에 외접 또는 내접하여 동력을 전달하는 원통형 바퀴
홈붙이 마찰차	V자 모양의 홈 5~10개를 원통 표면에 파서 마찰 면적을 늘려 회전력을 크게 한 마찰차. 홈붙이 마찰차 반지름 방향 하중을 증가시키지 않으면서 접촉 면적을 넓혀 전달 동력은 증가시켰으나 마멸과 소음이 큼
원뿔 마찰차	동일 평면 내에서 교차하는 두 축 사이의 동력을 전달하는 마찰차
무단변속 장치(CVT)	원동축의 속도를 일정하게 유지하고 종동축의 회전속도를 어떤 범위 내에서 연속적으로 자유롭게 변화시킬 수 있는 장치

53 그림의 회로와 같은 내용의 논리기호는?

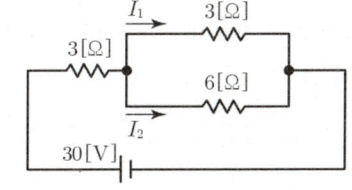

① 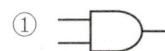   ②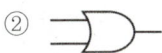

③ 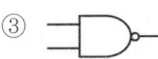   ④

해설

회로 구분	시퀀스회로	진리표			논로회로 (논리식)
		입력		출력	
		A	B	X	
AND		0	0	0	$X = A \cdot B$
		0	1	0	
		1	0	0	
		1	1	1	

OR		입력		출력	
		A	B	X	
		0	0	0	$X = A + B$
		0	1	1	
		1	0	1	
		1	1	1	

NOT		입력	출력	
		A	X	
		0	1	$X = \overline{A}$
		1	0	

NAND		입력		출력	
		A	B	X	
		0	0	1	$X = \overline{(A \cdot B)}$
		0	1	1	$= \overline{AB}$
		1	0	1	$= \overline{A} + \overline{B}$
		1	1	0	(드모르간 정리)

NOR		입력		출력	
		A	B	X	
		0	0	1	$X = \overline{(A + B)}$
		0	1	0	$= \overline{A} \cdot \overline{B}$
		1	0	0	(드모르간 정리)
		1	1	0	

XOR (두 입력이 서로 다를 때만 출력이 1이 됨)		입력		출력	
		A	B	X	
		0	0	0	$X = A \oplus B$
		0	1	1	$= \overline{A}B + A\overline{B}$
		1	0	1	
		1	1	0	

XNOR (2개의 단자 입력값이 서로 같을 때만 출력이 1이 됨)		입력		출력	
		A	B	X	
		0	0	1	$X = A \odot B$
		0	1	0	$= AB + \overline{A}\overline{B}$
		1	0	0	
		1	1	1	

54 자기저항에 관한 설명 중 옳은 것은? (단, 자기회로의 길이 = l, 자로의 단면적 = A, 투자율 = μ 이다)

① 자기회로의 l에 반비례하고, A와 μ의 곱에 비례한다.

② 자기회로의 l에 비례하고, A와 μ의 곱에 비례한다.

③ 자기회로의 l에 반비례하고, A와 μ의 곱에 반비례한다.

④ 자기회로의 l에 비례하고 A와 μ의 곱에 반비례한다.

> **해설**
>
> $$R_m = \frac{NI}{\phi} = \frac{l}{\mu A}$$
>
> ϕ : 자속[Wb], N : 횟수, A : 단면적[m^2], l : 자로의 길이 [m], μ : 투자율[H/m]
>
> 자기회로에서 자기력선속에 대하여 생기는 전기저항력으로, 전기회로에서의 전기저항과 대응된다. 자기회로의 길이에 비례하고, 그 단면적과 투자율에 반비례한다.

55 일반적으로 교류의 감전 전류값이 100mA일 때의 인체에 미치는 영향 정도는?

① 약간의 자격을 느낀다.

② 상당한 고통이 온다.

③ 근육에 경련이 일어난다.

④ 심장은 마비증상을 일으키며 호흡도 정지한다.

> **해설** 전류의 인체 영향
>
> • 최소감지전류 : 사람이 전류를 느끼게 되는 최소의 전류값. 직류에서는 2~5mA, 상용 주파수의 교류에서는 0.5~1.0mA
> • 고통인자전류 : 사람이 고통을 느끼게 되며 참을 수 있으면서 생명에는 위험이 없는 한계의 전류, 직류에서는 30~50mA, 교류에서는 7~8mA
> • 근육마비전류 : 인체에 근육경련이 일어나거나 신경이 마비되어 운동을 자유롭게 할 수 없게 되며, 자력으로 위험지역을 벗어날 수 없게 되는 전류, 직류에서는 60~90mA, 교류에서는 10~15mA
> • 심장마비전류(치사전류) : 심장이 정상적인 박동을 하지 못하고 혈액의 순환이 순조롭지 못하게 되어, 전류가 차단되어도 심장박동이 자연적으로 회복되지 못하고 그대로 방치하면 사망에 이르게 되며, 대개 100mA 이상의 전류를 말한다.

56 그림과 같은 회로에서 A－B단자에서의 등가저항은 몇 [Ω]인가?

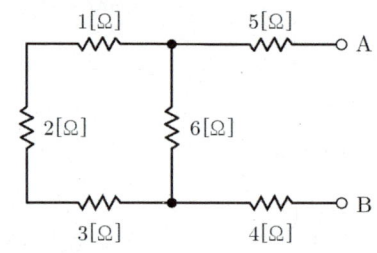

① 6
② 8
③ 10
④ 12

> **해설**
>
>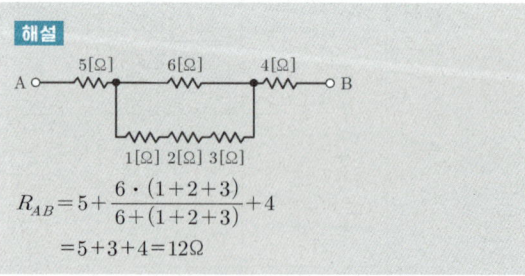
>
> $$R_{AB} = 5 + \frac{6 \cdot (1+2+3)}{6+(1+2+3)} + 4$$
> $$= 5+3+4 = 12\Omega$$

57 다음 그림과 같은 회로의 합성저항 R은 몇 [Ω]인가?

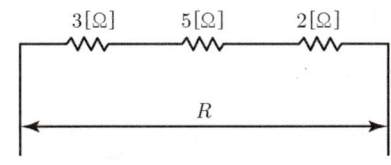

① $\dfrac{3}{10}$ ② $\dfrac{10}{3}$

③ 3 ④ 10

> **해설** 직렬연결 합성저항 $R = 3 + 5 + 2 = 10\Omega$
> • 직렬연결 : 저항을 직렬연결하면 저항이 커진다.
> $R = R_1 + R_2 + R_3$
> • 병렬연결 : 저항을 병렬연결하면 저항이 작아진다.
> $\dfrac{1}{R} = \dfrac{1}{R_1} + \dfrac{1}{R_2} + \dfrac{1}{R_3}$

해설		
수동조작 자동복귀 접점(a접점)	(a)	(b)
수동조작 자동복귀 접점(b접점)	(a)	(b)
기계적 접점 (리밋스위치, a접점)	(a)	(b)
기계적 접점 (리밋스위치, b접점)	(a)	(b)

58 불 대수식 $Y = ABC + AC$를 간소화시키면?

① ABC ② AC

③ BC ④ AB

> **해설**
> $Y = ABC + AC = AC(B+1) = AC \cdot 1 = AC$

59 다음 그림의 리밋스위치의 접점 명칭은?

① 전기적 a접점 ② 전기적 b접점

③ 기계적 a접점 ④ 기계적 b접점

60 1J은 몇 [cal]인가?

① 0.12 ② 0.24

③ 0.5 ④ 1

> **해설** 줄의 법칙 : 전류에 의해서 매초 발생하는 열량은 전류의 제곱과 저항의 곱에 비례
> $H = 0.24I^2Rt[\text{cal}] = I^2Rt[\text{J}]$
> 1J = 0.24cal = 1W · s = 0.102kgf · m = 1N · m

2021년 제1회 기출복원문제

01 에스컬레이터의 경사도가 30° 이하일 경우에 공칭속도는?

① 0.75m/s 이하 ② 0.80m/s 이하
③ 0.85m/s 이하 ④ 0.90m/s 이하

> **해설** 에스컬레이터의 공칭 속도
> • 경사도가 30° 이하인 에스컬레이터는 0.75m/s 이하
> • 경사도가 30° 초과하고 35° 이하인 에스컬레이터는 0.5m/s 이하

02 에스컬레이터 안전기준에 따라 공칭속도가 0.5m/s, 디딤판(스텝) 폭이 0.6m인 에스컬레이터에 대한 시간당 수송능력은?

① 3,000명/h ② 3,600명/h
③ 4,400명/h ④ 4,800명/h

> **해설** 에스컬레이터의 최대수송능력
> 교통 흐름 계획을 위해, 1시간에 에스컬레이터 또는 무빙워크로 수송할 수 있는 최대인원을 정함
>
> | 디딤판 폭 [m] | 공칭속도 v[m/s] | | |
> |---|---|---|---|
> | | 0.5 | 0.65 | 0.75 |
> | 0.6 | 3,600명/h | 4,400명/h | 4,900명/h |
> | 0.8 | 4,800명/h | 5,900명/h | 6,600명/h |
> | 1 | 6,000명/h | 7,300명/h | 8,200명/h |

03 문짝 수는 2이고, 문은 측면 개폐방식일 경우를 기호로 나타낸 것은?

① 1S ② 2S
③ 1CO ④ 2CO

> **해설** 도어의 종류[숫자는 도어의 매수(문짝 수, P)]
> • 중앙 개폐(CO, Center Open) : 가운데에서 양쪽으로 열리는 도어(승용), 2P-CO, 4P-CO
> • 측면 개폐(SO, Side Open) : 한쪽 끝에서 반대쪽으로 열리는 도어(화물용, 1P-SO, 2P-SO(2S), 3P-SO(3S)
> • 상승 개폐(Up Sliding) : 위쪽 방향으로 열리는 도어(차량용, 주차/대형화물용), 1P-1U, 2P-2U, 3P-3U
> • 상하 개폐(Vertical Sliding) : 위아래로 열리는 도어(승객 사용금지)
>
> | 중앙열기 (Center Open) | 가로열기 (1S ; Side Open) |
> |---|---|
> | 가로열기 (2S ; Side Open) | 상하열기 (Vertical Sliding Type) |
>
> | 2P-CO | 2P-2S | 4P-CO |
> |---|---|---|
> | 3P-3S | 2P-2U | 3P-3U |

정답 01 ① 02 ② 03 ②

04 그림과 같은 유압회로의 설명이 아닌 것은?

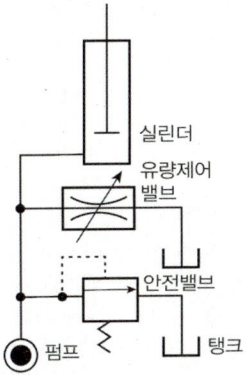

① 효율이 높다.
② 정확한 속도제어가 가능하다.
③ 블리드오프(Bleed Off) 회로이다.
④ 유량제어밸브를 주회로에서 분기된 바이패스 회로에 삽입한 회로이다.

> **해설** 위의 유압회로는 블리드오프 방식으로 정확한 속도제어가 어렵다.

유압 엘리베이터의 미터인 회로와 블리드오프 회로

미터인(Meter In)	블리드오프(Bleed Off)
유압 엘리베이터의 주요 배관상에 유량제어밸브를 설치하여 유량을 직접 제어하는 회로로서 비교적 정확한 속도제어가 가능	유량제어밸브가 주회로에서 분기된 바이패스(Bypass)회로에 삽입한 것으로 정확한 속도제어가 곤란
유량제어밸브를 실린더의 입구 측에 설치하여 유량을 제어하는 방식	유량제어밸브를 실린더와 병렬로 설치하여 실린더의 입구 측에서 발생한 불필요한 압유를 배출시켜 작동효율을 증진시킨 회로
효율이 낮음	효율이 비교적 높음

05 전기식 엘리베이터 자체점검 항목 중 점검주기가 가장 긴 것은?

① 승강로 조명의 점등상태 및 조도
② 감속기 윤활유의 유량 및 노후상태
③ 주개폐기 설치 및 작동상태
④ 기계류 공간 등의 안전표시

> **해설**
> • 기계류 공간 등의 안전표시(6개월에 1회, 육안점검)
> • 승강로 조명의 점등상태 및 조도(3개월에 1회, 측정점검)
> • 감속기 윤활유의 유량 및 노후상태(3개월에 1회, 육안점검)
> • 주개폐기 설치 및 작동상태(3개월에 1회, 육안점검)

06 균형추의 중량을 결정하는 계산식은? (단, 여기서 L은 정격하중, F는 오버밸런스율이다)

① 균형추 중량 = 카 자체하중 + $(L \cdot F)$
② 균형추 중량 = 카 자체하중 × $(L \cdot F)$
③ 균형추 중량 = 카 자체하중 + $(L + F)$
④ 균형추 중량 = 카 자체하중 + $(L - F)$

> **해설** 균형추 무게 = 카의 자체하중 + (정격적재하중 × 오버밸런스율)

07 승강장의 문이 열린 상태에서 모든 제약이 해제되면 자동적으로 닫히게 하여 문의 개방으로 생기는 2차 재해를 방지하는 것은?

① 도어 인터로크
② 도어 행거
③ 도어 머신
④ 도어 클로저

> **해설** 도어 클로저
> 도어가 열린 상태에서 여는 힘을 제거할 경우 자동적으로 도어가 닫히도록 하는 장치
> • 특징 : 승강장의 문이 카가 도착했을 때는 열려 있지만, 카가 없을 때는 승강장의 문이 스스로 닫히게 하여, 승강장 문의 개방으로 생길 수 있는 2차 재해를 방지
> • 방식
> - 스프링 클로저(spring closer, 완충식)
> - 웨이트 클로저(weight closer, 중력식)

08 과속조절기(Governor)의 작동상태를 잘못 설명한 것은?

① 카가 하강 과속하는 경우에는 일정속도를 초과하기 전에 과속조절기 스위치가 동작해야 한다.
② 과속조절기의 캐치는 일단 동작하고 난 후 자동으로 복귀되어서는 안 된다.
③ 과속조절기의 스위치는 작동 후 자동복귀된다.
④ 과속조절기 로프가 장력을 잃게 되면 전동기의 주회로를 차단시키는 경우도 있다.

해설 과속조절기(조속기) 스위치는 정격속도를 초과하기 전에 캐치가 작동하게 되며, 일단 작동하면 자동으로 복귀되지 않는다.

09 기어의 잇수가 18, 피치원 지름이 108mm인 스퍼 기어의 모듈은?

① 2　　　　　　　　② 4
③ 6　　　　　　　　④ 8

해설
• 모듈 : 기어 이의 크기를 나타낸 것으로 피치원 직경을 기어의 잇수로 나눈 것
• (모듈)=PCD(Pitch Cicle Diameter, 피치원 지름) / (Number of Teeth, 잇수)

$$\therefore MOD = \frac{PCD}{N} = \frac{108}{18} = 6$$

10 평면으로 배치된 여러 다층의 주차구획에 리프트의 수직 이동과, 운반기의 평면왕복 동작에 의해 차량을 자동으로 운반하여 주차하도록 구성된 주차장치는?

① 수직순환식　　　　② 평면왕복식
③ 다층순환식　　　　④ 승강횡행식

해설
• 수직순환식 : 주차에 사용되는 부분에 자동차를 입고한 후 그 주차구획을 수직으로 순환 이동하여 자동차를 주차하도록 설계한 주차장치
• 승강기식 : 여러 층으로 배치된 고정 주차구획에 수직 상하로 이동할 수 있으며, 운반기에 의해 차량을 자동으로 운반하여 주차하도록 구성된 주차장치
• 다층순환식 : 여러 층으로 된 주차구획에 리프트에 의한 수직 승강 이동과 연속된 팰릿의 수평 순환 이동에 의해 차량을 자동으로 운반하여 주차하도록 구성된 주차장치
• 승강횡행식 : 주차구획이 2층 이상으로 배치되어 있고, 출입구가 있는 층의 모든 주차구획을 주차장치 출입구로 사용할 수 있는 구조로서 팰릿을 상하 또는 수평으로 이동하여 자동차를 주차하도록 설계한 주차장치

11 다음 중 (　　) 안에 들어갈 내용으로 알맞은 것은?

카가 유입완충기에 충돌했을 때 플런저가 하강하고 이에 따라 실린더 내의 기름이 좁은 (　　)을(를) 통과하면서 생기는 유체저항에 의해 완충작용을 하게 된다.

① 오리피스 틈새　　　② 실린더
③ 오일게이지　　　　④ 플런저

해설 유입완충기는 자동차의 충격흡수장치와 같은 원리로, 카 또는 균형추가 유입완충기에 충돌했을 때의 완충작용은 플런저의 하강에 따라 실린더 내의 기름이 좁은 오리피스를 통과할 때에 생기는 유체저항에 의하여 주어진다.

정답　**08** ③　**09** ③　**10** ②　**11** ①

12 엘리베이터 완충기에 대한 설명으로 적합하지 않은 것은?

① 정격속도 1m/s 이하의 엘리베이터에 스프링 완충기를 사용하였다.

② 정격속도 1m/s 초과의 엘리베이터에 유입완충기를 사용하였다.

③ 유입완충기의 플런저 복귀시험은 완전히 압축한 상태에서 완전 복귀할 때까지의 시간은 120초 이하이다.

④ 유입완충기에서 최소적용중량은 카 자중 + 적재하중으로 한다.

> **해설** 엘리베이터의 완충기
>
> (1) 적용중량(카용)
> - 최소적용중량[kgf] : 카 자중 + 75
> - 최대적용중량[kgf] : 카 자중 + 적재하중
>
> (2) 종류
> 에너지축적형 완충기
> - 비선형 특성을 갖는 완충기로 정격속도가 1.0m/s를 초과하지 않는 곳에서 사용(우레탄식 완충기)
> - 선형 특성을 갖는 완충기로 정격속도가 1.0m/s를 초과하지 않는 곳에 사용
>
> (3) 완충된 복귀운동을 갖는 에너지축적 완충기는 정격속도가 1.6m/s를 초과하지 않는 곳에서 사용
> - 에너지분산형 : 승강기의 정격속도에 상관없이 사용 (유입완충기)
>
> (4) 플런저의 복귀시험
> 유입식 완충기의 플런저 복귀시간은 플런저를 완전히 압축한 상태에서 5분간 유지 후 완전 복귀 위치까지 요하는 시간은 120초이다.

13 다음 조건에서 극수는?

| • 20,000kVA | • 60Hz | • 1,200rpm |

① 6극   ② 8극

③ 12극   ④ 14극

> **해설** 교류회전기의 동기속도(극수)
>
> $N_s = \dfrac{120f}{P}$ [rpm]에서, 극수 $P = \dfrac{120 \times 60}{1,200} = 6$극이다.

14 가변전압 가변주파수(VVVF) 제어방식에 관한 설명 중 틀린 것은?

① 고속의 승강기까지 적용 가능하다.

② 저속의 승강기에만 적용하여야 한다.

③ 직류전동기와 동등한 제어특성을 낼 수 있다.

④ 유도전동기의 전압과 주파수를 변환시킨다.

> **해설** 유도전동기에 공급하는 전원의 전압과 주파수를 동시에 제어함으로써 그 속도를 제어하는 방식으로 인버터제어라고 한다. 이 방식은 3상 교류전원을 일단 컨버터에 의해 직류로 변환하고 다음에는 이것을 인버터에 의해 다시 3상의 가변전압 가변주파수의 교류로 변환하여 3상 유도전동기에 공급하는 것이다. 이 방식은 효율이 좋고 아주 원활한 속도제어를 할 수 있기 때문에 최근에는 엘리베이터의 속도제어에 사용하게 되어 저속에서 고속에 이르는 폭넓은 영역의 엘리베이터에 활용되고 있다.

15 엘리베이터 기계실에 관한 설명으로 틀린 것은?

① 바닥면적은 일반적으로 승강로 수평투영면적의 2배 이상으로 한다.

② 기계실의 바로 위층 또는 인접한 벽면에 물탱크실을 설치할 수 없다.

③ 실온은 원칙적으로 40℃ 이하를 유지할 수 있어야 한다.

④ 기계실에는 일반적으로 엘리베이터와 관계없는 설비를 설치하지 않아야 한다.

> **해설** 물탱크실이 있을 경우에는 물이 범람하는 경우에 대비하여 충분한 침수방지조치를 하여야 한다.

16 카가 최상층 및 최하층을 지나쳐 주행하는 것을 방지하는 것은?

① 리밋스위치
② 균형추
③ 인터로크 장치
④ 정지스위치

> **해설** 리밋스위치
> 엘리베이터의 운전제어 또는 안전회로에 포함되어 카가 최상층 또는 최하층을 지나치지 않도록 카를 감속제어하여 정지시키는 장치

17 간접식 유압엘리베이터의 특징이 아닌 것은?

① 실린더를 설치하기 위한 보호관이 필요하지 않다.
② 실린더 점검이 용이하다.
③ 비상정지장치가 필요하다.
④ 로프의 늘어짐과 작동유의 압축성 때문에 부하에 의한 카 바닥의 빠짐이 비교적 작다.

> **해설** 유압엘리베이터의 특징
>
> | 직접식 | 간접식 |
> | --- | --- |
> | 부하에 의한 카 바닥의 빠짐이 작다. | 로프의 늘어짐과 작동유의 점성 때문에 부하에 의한 카 바닥의 빠짐이 비교적 크다. |
> | 비상정지장치가 필요치 않다. | 비상정지장치가 필요하다. |
> | 실린더를 설치하기 위한 보호관을 땅속에 설치하여야 하므로 실린더의 점검이 곤란하다. | 승강로가 실린더를 수용할 만큼 커진다. |

18 카실(Cage)의 구조에 관한 설명 중 옳지 않은 것은?

① 승객용 카의 출입구에는 정전기 장애가 없도록 방전코일을 설치하여야 한다.
② 카 천장에 비상구출구를 설치하여야 한다.
③ 구조상 경미한 부분을 제외하고는 불연재료를 사용하여야 한다.
④ 승객용은 한 개의 카에 두 개의 출입구 설치를 금지한다.

> **해설** 방전코일은 고압용 전력설비의 개폐 시 발생하는 잔류전하를 방전시키기 위해 설치하는 장치

19 엘리베이터 전동기에 요구되는 특성으로 옳지 않은 것은?

① 충분한 제동력을 가져야 한다.
② 운전상태가 정숙하고 고진동이어야 한다.
③ 카의 정격속도를 만족하는 회전특성을 가져야 한다.
④ 높은 기동빈도에 의한 발열에 대응하여야 한다.

> **해설** 엘리베이터 전동기는 저진동·저소음 특성을 지녀야 한다.

20 블리드오프(Bleed Off) 유압회로에 대한 설명으로 틀린 것은?

① 정확한 속도제어가 곤란하다.
② 유량제어밸브를 주회로에서 분기된 바이패스 회로에 삽입한 것이다.
③ 회전수를 가변하여 펌프에 가압되어 토출되는 작동유를 제어하는 방식이다.
④ 부하에 필요한 압력 이상의 압력을 발생시킬 필요가 없어 효율이 높다.

> **해설** 블리드오프 유압회로는 토출되는 작동유가 아니라 유입되는 유량을 조절하는 방식이다.

21 화재 시 조치사항에 대한 설명 중 틀린 것은?

① 비상용 엘리베이터는 소화활동 등 목적에 맞게 동작시킨다.
② 빌딩 내에서 화재가 발생할 경우 반드시 엘리베이터를 이용해 비상탈출을 시켜야 한다.
③ 승강로에서의 화재 시 전선이나 레일의 윤활유가 탈 때 발생되는 매연에 질식되지 않도록 주의한다.
④ 기계실에서의 화재 시 카 내의 승객과 연락을 취하면서 주전원스위치를 차단한다.

> **해설** 화재 시 엘리베이터는 전원차단 등으로 고립될 수 있고 질식의 우려가 있어 절대 사용하지 말고 계단을 이용해 대피해야 한다.

22 다음 중 안전사고 발생 요인이 가장 높은 것은?

① 불안전한 상태와 행동
② 개인의 개성
③ 환경과 유전
④ 개인의 감정

> **해설** 불안전한 상태와 불안전한 행동
> • 불안전한 상태 : 재해의 물적 원인으로, 사고를 일으키게 하는 상태(전체 재해 발생 원인의 10% 정도)
> • 불안전한 행동 : 재해의 인적 원인으로, 재해의 요인으로 된 사람의 불안전한 행동(전체 재해 발생 원인의 88% 정도)

23 감전사고의 원인이 되는 것과 관계없는 것은?

① 기계기구의 빈번한 기동 및 정지
② 전기기계기구나 공구의 절연 파괴
③ 콘덴서의 방전코일이 없는 상태
④ 정전작업 시 접지가 없어 유도전압이 발생

> **해설** 기계기구의 빈번한 기동 및 정지는 감전사고와 무관

24 엘리베이터에서 사고가 발생하였을 때의 조치사항이 아닌 것은?

① 응급조치 등의 필요한 조치
② 소방서 및 의료기관 등에 연락
③ 피해자의 동료에게 연락
④ 전문 기술자에게 연락

> **해설** 사고 발생 시의 조치
> • 의약품, 들것, 사다리 등 인명구조에 필요한 구급조치
> • 규정에 의한 승강기 검사기관 등 관계기관에 비상연락 및 피해자 가족에게 연락
> – 관리주체는 승강기 사고가 발생하였을 경우에는 즉시 서식의 승강기 사고현황을 해당 승강기 검사기관에 보고

25 정지되어 있는 물체에 부딪쳤을 때의 재해 발생 형태는?

① 추락   ② 낙하
③ 충돌   ④ 전도

> **해설** 재해발생 형태
> • 추락 : 사람이 건축물, 비계, 기계, 사다리, 계단, 경사면, 나무 등에서 떨어진 경우
> • 전도 : 사람이 평면상으로 넘어졌을 때를 말함(과속, 미끄러짐 포함)
> • 충돌 : 사람이 정지물에 부딪힌 경우
> • 낙하, 비래 : 물건이 주체가 되어서 사람이 맞은 경우
> • 협착 : 물건에 끼워진 상태나 말려든 상태

26 안전사고의 발생 요인으로 볼 수 없는 것은?

① 피로감　　　　② 임금

③ 감정　　　　　④ 날씨

> **해설** 안전사고의 발생 요인
> • 인적 요인 : 사고의 발생 원인이 사람에 있는 경우로 경솔한 행동이나 신체적, 정신적 이상 상태가 원인
> – 개체 요인 : 사고를 유발시키는 개인의 신체적인 조건(체력 부족, 신체의 결함, 수면 부족, 피로, 질병, 여성생리)이나 정신적 상태(부주의, 착각, 정신의 결함)
> – 행동 요인 : 사고를 유발시키는 위험한 행동을 의미. 작업지식의 부족, 작업 미숙, 작업 속도와 진행의 혼란, 경솔한 행동, 무리한 작업
> • 환경적 요인 : 사고의 발생 원인이 환경에 있는 경우로 주로 불량한 환경조건이 원인
> – 자연적 환경 : 다른 요인과 함께 작용하는 안개, 비, 눈 등의 악천후
> – 인위적 환경 : 건물 구조, 교통기관, 도로, 전기 등의 시설
> – 사회적 환경 : 근로시간, 강도 등의 작업조건, 직업, 인간관계

27 추락을 방지하기 위한 2종 안전대의 사용법은?

① U자걸이 전용

② 1개걸이 전용

③ 1개걸이, U자걸이 겸용

④ 2개걸이 전용

> **해설** 안전대
> 높이 또는 깊이 2m 이상의 추락할 위험이 있는 장소에서의 작업 시 사용한다.
> • 1종 : U자걸이 전용
> • 2종 : 1개걸이 전용
> • 3종 : 1개걸이, U자걸이 공용
> • 4종 : 안전블록
> • 5종 : 추락방지대

28 경고나 주의를 표시할 때 사용하는 색채로 가장 알맞은 것은?

① 파랑　　　　　② 보라

③ 노랑　　　　　④ 녹색

> **해설**
> ① 파랑 – 지시
> ② 보라 – 방사능
> ③ 노랑 – 경고
> ④ 녹색 – 안내

29 작업 내용에 따라 지급해야 할 보호구로 옳지 않은 것은?

① 보안면 : 물체가 날아 흩어질 위험이 있는 작업

② 안전장갑 : 감전의 위험이 있는 작업

③ 방열복 : 고열에 의한 화상 등의 위험이 있는 작업

④ 안전화 : 물체의 낙하, 물체의 끼임 등이 있는 작업

> **해설** 작업 시 물체가 날릴 경우 보안경을 사용한다.
> **보호구의 지급**
> • 물체가 떨어지거나 날아올 위험 또는 근로자가 추락할 위험이 있는 작업 : 안전모
> • 높이 또는 깊이 2m 이상의 추락할 위험이 있는 장소에서의 작업 : 안전대
> • 물체의 낙하·충격, 물체에의 끼임, 감전 또는 정전기의 대전(품)에 의한 위험이 있는 작업 : 안전화
> • 물체가 흩날릴 위험이 있는 작업 : 보안경
> • 용접 시 불꽃 또는 물체가 흩날릴 위험이 있는 작업 : 보안면
> • 감전의 위험이 있는 작업 : 절연용 보호구
> • 고열에 의한 화상 등의 위험이 있는 작업 : 방열복

정답　**26** ②　**27** ②　**28** ③　**29** ①

30 되먹임 제어에서 꼭 필요한 장치는?

① 입력과 출력을 비교하는 장치
② 응답속도를 느리게 하는 장치
③ 응답속도를 빠르게 하는 장치
④ 안정도를 좋게 하는 장치

> **해설** 피드백 되먹임 제어계의 특징
> • 정확성 증가
> • 계의 특성 변화에 대한 입력 대 출력비의 감도 감소
> • 반드시 입력과 출력을 비교하는 장치가 있어야 한다.

31 전선의 길이를 고르게 2배로 늘리면 단면적은 $\frac{1}{2}$ 로 된다. 이때의 저항은 처음의 몇 배가 되는가?

① 4배
② 2배
③ 0.5배
④ 0.25배

> **해설** 도선의 전기저항
> $R = \rho\frac{l}{S}$ 에서 전기저항(R)은 도선의 길이(l)에 비례하고, 도선의 단면적(S)에 반비례한다.
> 도선을 늘여 도선의 길이가 2배로 증가하면 단면적이 $\frac{1}{2}$ 배로 감소하므로 전기저항은 4배가 된다.

32 다음 중 카 상부에서 하는 검사가 아닌 것은?

① 비상구출구 스위치의 작동상태
② 도어개폐장치의 설치상태
③ 과속조절기 로프의 설치상태
④ 과속조절기 로프 인장장치의 작동상태

> **해설** 과속조절기 로프 인장장치는 피트 내에 있다.

카 상부 점검 항목
• 안전스위치 작동상태
• 과속조절기 로프의 설치상태
• 비상정지의 연결기구상태
• 과부하방지장치의 동작상태

33 카 내에서 행하는 검사에 해당되지 않는 것은?

① 카 시브의 안전상태
② 카 내의 조명상태
③ 비상통화장치
④ 운전반 버튼의 동작상태

> **해설** 카 시브(sheeve)는 권상기의 출력축에 있는 도르래를 말하며 카 상부에서 점검

34 반도체에서 공유결합을 할 때 과잉전자를 발생시키는 반도체는?

① P형 반도체
② N형 반도체
③ 진성 반도체
④ 불순물 반도체

> **해설** N형 반도체
> 과잉전자에 의해 전기전도를 하는 불순물 반도체를 말한다. 순수한 규소나 게르마늄의 결정 중에 미량의 5기원재(비소, 안티몬, 인 등)를 혼입하면 결정격자점의 규소나 게르마늄을 대신해서 그들의 원자가 들어가는데, 4개의 전자가 공유결합을 만드는 데 쓰인 후 1개의 전자가 과잉전자가 된다.

8 기출복원문제 개년

35 전력용 반도체 스위치의 온－오프 특성에 대한 설명으로 옳은 것은?

① GTO는 음의 게이트 전류 펄스에 의하여 턴오프가 가능하다.

② SCR은 게이트에 트리거 전압 이상의 충분한 전압을 인가해 주면 턴온된다.

③ MOSFET는 드레인 전류로 제어하고, 스위칭 속도가 느리며 수백[Hz] 이하이다.

④ IGBT는 전류 제어소자로서 게이트와 이미터 사이의 전류 크기로 컬렉터 전류를 스위칭한다.

> **해설** 전력용 반도체
> • GTO(Gate Turn-Off Thyristor) : SCR에서 음의 게이트 펄스로 SCR을 턴오프시키는 자기소호 기능을 갖도록 양극 측 N층을 양극과 단락시키는 이미터 단락구조이며, 역방향전압과 순방향전압이 모두 낮고 누설전류가 작으며, 턴오프 특성, 온도 특성이 좋다.
> • SCR(Silicon Controlled Rectifier, 실리콘 제어정류기) : Thyristor(사이리스터)라고 불리며, 제어단자(G)로부터 음극(K)에 전류를 흘리는 것으로, 양극(A)과 음극(K) 사이를 도통시킬 수 있는 3단자의 반도체소자이다. PNPN의 4중 구조를 하고 있으며, 게이트에 일정한 전류를 통과시키면 양극과 음극 간 도통(Turn On)한다. 도통을 정지(턴오프)하기 위해서는, 양극과 음극 간의 전류를 일정치 이하로 할 필요가 있다. 이러한 특징으로 한 번 도통시키면 통과 전류가 001 될 때까지 도통 상태를 유지해야 하는 곳에 사용된다.
> • MOSFET(Metal Oxide Semiconductor Field Effect Transistor, 금속 산화막 반도체 전계효과 트랜지스터) : 디지털회로와 아날로그 회로에서 가장 일반적인 전계효과 트랜지스터(FET)로, 게이트의 전압으로 소스와 드레인 사이의 전류를 제어하는 것이 MOSFET의 기본원리이다[N형의 경우 상대적으로 전압이 더 낮은 곳은 소스(S)가 되고, 전압이 더 높은 곳은 드레인(D)이 된다].
> • IGBT(Insulated Gate Bipolar Transistor, 절연 게이트 양극성 트랜지스터) : 금속 산화막 반도체 전계효과 트랜지스터(MOSFET)을 게이트부에 넣은 접합형 트랜지스터로 게이트－이미터 간의 전압이 구동되어 입력신호에 의해서 온/오프가 생기는 자기소호형이므로, 대전력의 저속 스위칭이 가능한 반도체소자이다.

36 과속조절기(조속기) 도르래의 회전을 베벨 기어에 의해 수직축의 회전으로 변환하고, 이 축의 상부에서부터 링크기구에 의해 매달린 구형의 진자에 작용하는 원심력으로 추락방지안전장치(비상정지장치)를 작동시키는 과속조절기는?

① 디스크형   ② 스프링형

③ 플라이볼형   ④ 롤세이프티형

> **해설** 과속조절기
> 플라이볼형 과속조절기 형태는 롤세이프티형, 디스크형 과속조절기 동작과 거의 같지만 플라이웨이트 대신 플라이볼을 사용한다. 그 역할은 링크기구에 있어 로프잡이로 과속조절기 로프를 잡아 추락방지안전장치를 동작시킨다.

37 승강기의 자체점검 항목이 아닌 것은?

① 기계실의 면적

② 브레이크 및 제어장치

③ 와이어로프

④ 과부하방지장치

> **해설**
> • 추락방지안전장치(비상정지장치), 과부하방지장치, 그 밖의 방호장치의 이상 유무
> • 브레이크 및 제어장치의 이상 유무
> • 와이어로프의 손상 유무
> • 주행안내 레일(가이드 레일)의 상태

38 전기식 엘리베이터의 트랙션 능력에 대한 설명으로 틀린 것은?

① 가속도가 클수록 미끄러지기 쉽다.
② 와이어로프의 권부각이 클수록 미끄러지기 쉽다.
③ 와이어로프와 도르래의 마찰계수가 작을수록 미끄러지기 쉽다.
④ 카 측과 균형추 측의 장력비가 트랙션 능력에 근접할수록 미끄러지기 쉽다.

> **해설** 와이어로프의 권부각이 크면 마찰력이 커져 잘 미끄러지지 않는다.

39 카 문의 문턱과 승강장 문의 문턱 사이의 수평거리는 몇[mm] 이하이어야 하는가?

① 10 ② 20
③ 25 ④ 35

> **해설**
> • 카 문의 문턱과 승강장 문의 문턱 사이의 수평거리 : 35mm 이하
> • 카 문의 앞부분과 승강장 문 사이의 수평거리 : 0.12m 이하

40 에너지분산형 완충기(유입식)의 행정거리에 관한 설명 중 옳은 것은?

① 정격속도의 115%로 충돌할 때 평균 감속도 $0.1g_n$ 이하로 정지하기에 충분한 행정
② 정격속도의 140%로 충돌할 때 평균 감속도 $0.1g_n$ 이하로 정지하기에 충분한 행정
③ 정격속도의 115%로 충돌할 때 평균 감속도 $1.0g_n$ 이하로 정지하기에 충분한 행정
④ 정격속도의 140%로 충돌할 때 평균 감속도 $1.0g_n$ 이하로 정지하기에 충분한 행정

> **해설** 에너지분산형 완충기
> • 행정거리 : 정격속도 115%에 상응하는 중력 정지거리 ($0.0674 \cdot v^2$[m]) 이상
> • 2.5m/s 이상의 정격속도 감지 시 카(또는 균형추)가 완충기에 충돌 속도로 사용(단, 행정은 0.42m 이상)
> • 조건
> - 카가 정격속도의 115%의 속도로 완충기 충돌 시, 평균 감속도 : $1g_n$ 이하
> - $2.5g_n$ 를 초과하는 감속도는 0.04초보다 길지 않을 것

41 다음 중 개문출발(카의 안전한 운행을 좌우하는 구동기 또는 제어시스템의 결함으로 인해 승강장 문이 잠기지 않고 카 문이 닫히지 않은 상태로 카가 승강장으로부터 벗어나는 결함)을 방지하거나 카를 정지시킬 수 있는 엘리베이터 장치는?

① 상승과속방지장치
② 개문출발방지장치
③ 과속조절기(조속기)
④ 추락방지안전장치(비상정지장치)

> **해설** 개문출발방지장치
> • 기능 : 결함으로 인해 승강장 문이 잠기지 않고 카 문이 닫히지 않은 상태로 카가 승강장으로부터 벗어나는 개문출발을 방지하거나 카를 정지시키는 장치
> • 동작조건
> - 카의 개문출발이 감지되는 경우 : 승강장으로부터 1.2m 이하
> - 승강장 문 문턱과 카 에이프런의 가장 낮은 부분 사이의 수직거리 : 200mm 이하
> - (반밀폐식 승강로)카 문턱과 카 입구 쪽 승강로 벽 최저점 간 거리 : 200mm 이하
> - 카 문턱~승강장 문 상인방, 승강장 문 문턱~카 문 상인방 수직거리 : 1m 이상

42 다음 중 주행안내(가이드) 레일 규격으로 옳지 않은 것은?

① 8K ② 15K
③ 24K ④ 30K

> **해설** 8K, 13K, 18K, 24K, 30K 레일이 있고, 8, 13, 18, 24, 30이라는 숫자는 가이드 레일 1m의 무게를 나타냄

43 기계실 크기는 설비, 특히 전기설비의 작업이 쉽고 안전하도록 하기 위하여 작업구역에서 유효높이는 몇 [m] 이상이어야 하는가?

① 1.8 ② 2.1
③ 2.3 ④ 2.5

> **해설** 기계실 및 승강로 내부공간의 크기
> • 기계실 유효높이 : 2.1m 이상
> • 승강로 유효높이 : 2m 이상
> • 수평면적
> ㉠ 깊이 : 외함 표면에서 0.7m 이상
> ㉡ 폭
>   – 제어반 폭이 0.5m 미만인 경우 : 0.5m
>   – 제어반 폭이 0.5m 이상인 경우 : 제어반 폭
> • 이동통로 : 높이 1.8m 이상, 폭 0.5m 이상
> • 움직이는 부품 유지관리 작업구역 : 0.5m × 0.6m 이상
> • 보호되지 않는 회전부품의 유효수직거리 : 0.3m 이상

44 비상용 엘리베이터에서 정전 시 예비전원에 의하여 엘리베이터를 몇 시간 이상 가동할 수 있어야 하는가?

① 0.5 ② 1
③ 1.5 ④ 2

> **해설** 정전 시 엘리베이터의 운행
> • 60초 이내에 엘리베이터 운행에 필요한 전력용량을 자동으로 발생시킬 것
> • 2시간 이상 운행시킬 수 있을 것

45 로프의 꼬임방법으로 승객용 엘리베이터에서 일반적으로 가장 많이 사용하는 방법은?

① 랭 S꼬임 ② 랭 Z꼬임
③ 보통 S꼬임 ④ 보통 Z꼬임

> **해설** 보통꼬기의 Z꼬임방식이 주로 사용된다.

보통꼬임(Ordinary Lay)		랭꼬임(Lang Lay)	
스트랜드의 꼬는 방향과 로프의 꼬는 방향이 다름		스트랜드의 꼬는 방향과 로프의 꼬는 방향이 같음	
Z	S	Z	S
보통 Z꼬임 O/Z	보통 S꼬임 O/S	랭 Z꼬임 L/Z	랭 Z꼬임 L/S
Z꼬임	S꼬임	Z꼬임	S꼬임

46 와이어로프의 구성요소가 아닌 것은?

① 소선 ② 킹크
③ 심강 ④ 스트랜드

> **해설** 킹크(Kink)란 전선 등을 사용할 때에 생기는 결함으로, 한 번 킹크 상태가 된 부분의 손상은 영구적이며, 겉보기로는 펴진 것처럼 보이지만 그것이 약점이 되어 전선이 절단됨
> • 와이어로프의 구성
>
>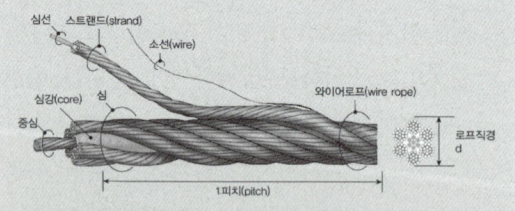
>
> • 소선 : 1~3mm의 가는 강철제 와이어
> • 스트랜드(Strand) : 다수의 소선을 꼬아 만든 것
> • 심 : 마닐라삼, 합성섬유 등을 꼬아 만든 것
> • 심강 : 로프의 중심부로 마닐라삼에 기름을 먹여 유연하게 하고 녹을 방지함

47 비상용 엘리베이터 운행속도의 기준으로 옳은 것은?

① 0.5m/s 이상   ② 0.75m/s 이상
③ 1m/s 이상   ④ 1.5m/s 이상

> **해설** 소방구조용(비상용) 엘리베이터의 기본요건
> • 운행속도 : 1m/s 이상
> • 크기 : 630kg의 정격하중을 갖는 폭 1,100mm, 깊이 1,400mm 이상, 출입구 유효폭은 800mm 이상일 것
> • 소방관 접근 지정층에서 소방관이 조작하여 엘리베이터 문이 닫힌 이후부터 60초 이내에 가장 먼 층에 도착할 것
> • 소방운전 시 모든 승강장의 출입구마다 정지할 것
> • 연속되는 상하 승강장 문의 문턱 간 거리가 7m 초과한 경우 : 승강로 중간에 카 문 방향으로 비상문 설치할 것
> • 승강장 문과 비상문 및 비상문과 비상문의 문턱 간 거리 : 7m 이하

48 안전율을 나타내는 식으로 옳은 것은?

① 인장강도/허용응력
② 사용응력/허용응력
③ 허용응력/인장강도
④ 허용응력/사용응력

> **해설** 안전율(S)
> 외부의 하중에 견딜 수 있는 정도를 수치로 나타낸 것을 말하며, 파괴강도(인장강도)를 그 허용응력으로 나눈 값(인장강도와 허용응력의 비)이다.

49 교류전류의 흐름을 방해하는 소자는 저항 이외에도 유도코일, 콘덴서 등이 있다. 유도코일과 콘덴서 등에 대한 교류전류의 흐름을 방해하는 저항력을 갖는 것을 무엇이라고 하는가?

① 리액턴스   ② 임피던스
③ 컨덕턴스   ④ 어드미턴스

> **해설**
> • 리액턴스(Reactance) : 교류전류가 방향 및 크기가 시시각각으로 변화함에 따라 발생하는 저항 이외에 전류를 방해하는 저항성분
> • 임피던스(Impedance) : 주파수가 존재하는 교류회로에서 회로의 저항도를 나타냄(저항 및 리액턴스의 합)
> • 컨덕턴스(Conductance) : 전기가 얼마나 잘 통하냐의 정도를 나타내며 저항(R)의 역수를 취한 값
> • 어드미턴스(Admittance) : 교류회로에서 전류가 흐르기 쉬운 정도를 나타내는 것

50 다음 그림과 같은 로핑 방법은?

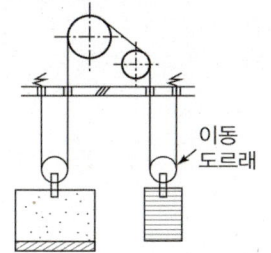

① 1 : 1 로핑   ② 2 : 1 로핑
③ 3 : 1 로핑   ④ 4 : 1 로핑

> **해설**
>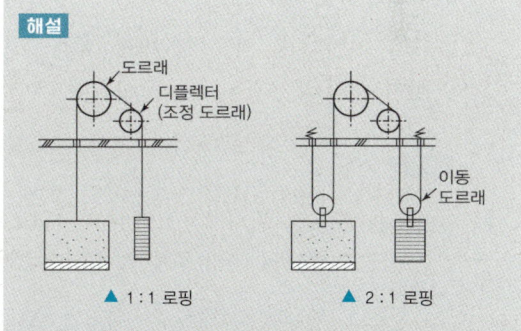
> ▲ 1 : 1 로핑   ▲ 2 : 1 로핑
>
> 로핑(Ropping) : 권상기에 로프를 거는 방법
> • 1 : 1 로핑 : 일반적인 승객용에 사용되며 로프에 걸리는 장력은 카 또는 균형추의 중량과 로프의 중량을 합한 것(로프장력은 부하 측의 중력과 동일)
> • 2 : 1 로핑 : 로프를 직접 부하 측에 끌어 정지시키지 않고 도르래를 통하여 끌어올리면, 로프장력은 부하 측 중력의 1/2로 되며, 부하 측의 속도는 로프속도의 1/2(카의 정격속도의 2배의 속도로 로프를 구동)

8 기출복원문제 개년

51 다음 중 변형률(Strain)의 종류가 아닌 것은?

① 세로 변형률
② 가로 변형률
③ 전단 변형률
④ 비틀림 변형률

> **해설** 변형률
> • 개념 : 재료가 외력에 의해 원래 길이보다 늘어나거나 줄어든 비율
> • 종류
>   – 인장 변형률(세로 변형률) : 물체가 응력에 반응하여 단위길이당 늘어난 양을 나타낸 것
>   – 압축 변형률(가로 변형률) : 물체가 응력에 반응하여 단위길이당 줄어든 양을 나타낸 것
>   – 전단 변형률 : 물체에 전단응력이 가해져 물체가 변형되었을 경우 변형각을 나타낸 것
>   – 체적 변형률 : 물체가 액체 속에 잠겨서 그 주위에서 압력을 받으면 부피에 변화가 생기는데, 이때 부피의 변형량과 처음 부피와의 비(부피 변형률)

52 제어량을 어떤 일정한 목푯값으로 유지하는 것을 목적으로 하는 제어는?

① 추종 제어
② 비율 제어
③ 정치 제어
④ 프로그램 제어

> **해설**
> • 정치 제어 : 시간에 관계없이 목푯값이 일정한 것(프로세서제어, 자동조정 등)
> • 추치 제어 : 목푯값이 시간에 따라 변화하는 경우에 적용되는 제어
>   – 추종 제어(임의제어) : 목표물의 변화에 추종하여 목푯값이 변화하는 제어(대공포의 포신제어, 자동 아날로그 선반)
>   – 프로그램 제어(순서제어) : 목푯값이 시간적으로 미리 정해진 대로 변화하고 제어량이 이것에 일치하도록 제어하는 것(열차의 무인제어, 열처리로의 온도제어, 엘리베이터 등)
>   – 비율 제어 : 목푯값이 다른 것과 일정한 비율 관계를 가지고 변화하는 제어

53 전동기 정역회로를 구성할 때 기기의 보호와 조작자의 안전을 위하여 필수적으로 구성되어야 하는 회로는?

① 인터로크회로
② 플립플롭회로
③ 정지우선 자기유지회로
④ 기동우선 자기유지회로

> **해설** 2개 이상의 회로에서 한쪽이 동작하고 있는 경우에 다른 쪽의 회로에 입력이 있어도 동작하지 않도록 하는 회로

54 카에는 자동으로 재충전되는 비상전원공급장치에 의해 몇 [lx] 이상의 조도로 몇 시간 동안 전원이 공급되는 비상등이 있어야 하는가?

① 2lx, 1시간
② 2lx, 2시간
③ 5lx, 1시간
④ 5lx, 2시간

> **해설**
> • 위치
>   – 카 내부 및 카 지붕에 있는 비상통화장치의 작동 버튼
>   – 카 바닥 위 1m 지점의 카 중심부
>   – 카 지붕 바닥 위 1m 지점의 카 지붕 중심부
> • 운영 : 자동 재충전되는 비상전원공급장치(1시간 동안 전원 공급)
> • 조도 : 5lx 이상

55 카 천장에 비상구출문이 설치된 경우, 유효개구부의 크기는 얼마 이상이어야 하는가?

① 0.2m × 0.3m
② 0.3m × 0.4m
③ 0.4m × 0.5m
④ 0.5m × 0.6m

> **해설**
> • 크기 : 0.4m × 0.5m 이상
> • 카 간의 수평거리는 1m를 초과할 수 없음
> • 카 벽에 설치된 비상구출문 크기 : 폭 0.4m 이상, 높이 1.8m 이상
> • 카 천장의 비상구출문
>   – 카 외부에서 열쇠 없이 열려야 함

정답 **51** ④ **52** ③ **53** ① **54** ③ **55** ③

56 주행안내(가이드) 레일의 보수점검사항 중 틀린 것은?

① 녹이나 이물질이 있을 경우 제거한다.

② 레일 브래킷의 조임상태를 점검한다.

③ 레일 클립의 변형 유무를 체크한다.

④ 레일면이 손상되었을 경우에는 방청페인트로 표면에 곱게 도장한다.

> **해설** 주행안내(가이드) 레일면 손상은 교체 대상이다.
>
> **주행안내 레일(가이드 레일)의 점검사항**
> • 레일면의 손상 여부
> • 레일의 급유상태
> • 브래킷의 조임상태
> • 브래킷의 용접부 균열상태

57 A-B 사이 콘덴서의 합성정전용량은 얼마인가?

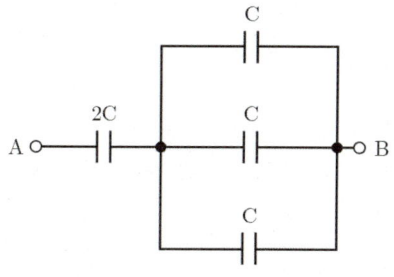

① $1C$

② $1.2C$

③ $2C$

④ $2.4C$

> **해설** 콘덴서의 병렬접속은 세 개의 콘덴서 정전용량의 합이므로 $3C$이고 $2C$와 직렬접속을 계산하면
> $$C_{AB} = \frac{2C \times 3C}{2C + 3C} = 1.2C \text{이다.}$$

58 다음 회로에서 a, b 간의 합성저항은?

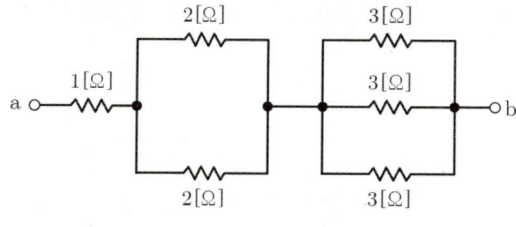

① 1Ω

② 2Ω

③ 3Ω

④ 4Ω

> **해설**
> • 직렬연결 합성저항 $= R_1 + R_2$
> • 병렬연결 합성저항 $= \dfrac{R_1 \times R_2}{R_1 + R_2}$
> • R값이 같을 때의 병렬연결 합성저항 $= \dfrac{R}{n}$
> • a, b 간의 합성저항 $R_{ab} = 1 + \dfrac{2}{2} + \dfrac{3}{3} = 3\Omega$

59 3상 유도전동기의 역상제동(Plugging)이란?

① 플러그를 사용하여 전원에 연결하는 방법

② 운전 중 2선의 접속을 바꾸어 접속함으로써 상회전을 바꾸어 제동하는 방식

③ 단상 상태로 기동할 때 일어나는 현상

④ 고정자와 회전자의 상수가 일치하지 않을 때 일어나는 현상

> **해설** 유도전동기의 제동법
>
> | 제동법 종류 | 방식 |
> |---|---|
> | 발전제동 | 전동기를 발전기로 사용하여 열에너지로 소비시켜 제동 |
> | 회생제동 | 전동기를 발전기로 사용하여 발생한 전력을 전원으로 되돌려 제동 |
> | 역상제동 | 3상 중 2상을 바꾸어 역방향 토크를 발생시켜 급제동 |

정답 56 ④ 57 ② 58 ③ 59 ②

60 다음 회로에서 High는 1, Low는 0으로 나타낼 때, V_i가 1일 때의 a, b, c, d를 옳게 나타낸 것은?

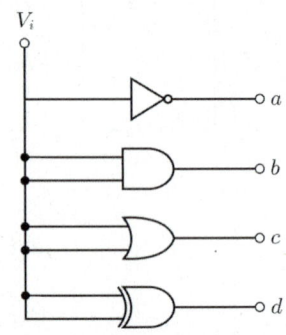

① 1, 1, 0, 0   ② 0, 0, 1, 1
③ 0, 1, 1, 0   ④ 1, 0, 0, 0

해설 논리회로 및 논리기호

회로 구분	시퀀스회로	진리표			논로회로 (논리식)

AND

입력		출력
A	B	X
0	0	0
0	1	0
1	0	0
1	1	1

$X = A \cdot B$

OR

입력		출력
A	B	X
0	0	0
0	1	1
1	0	1
1	1	1

$X = A + B$

NOT

입력	출력
A	X
0	1
1	0

$X = \overline{A}$

NAND

입력		출력
A	B	X
0	0	1
0	1	1
1	0	1
1	1	0

$X = \overline{(A \cdot B)}$
$= \overline{AB}$
$= \overline{A} + \overline{B}$

2021년 제2회 기출복원문제

01 와이어로프의 구성요소가 아닌 것은?

① 소선　　　　② 심강
③ 킹크　　　　④ 스트랜드

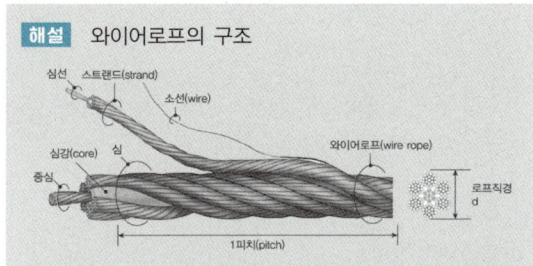

해설　와이어로프의 구조

- 중심(Core)과 이를 둘러싼 수개의 스트랜드(Strand : 새끼줄)로 크게 구별됨
- 스트랜드(Strand) : 소선 여러 가닥을 꼰 것
- 스트랜드 수는 구성에 따라 달라질 수 있지만 일반적으로 3~8개로 이루어짐
- 스트랜드(Strand)를 구성하는 강선(Wire)의 수는 로프의 종류에 따라 다양하게 배열됨

02 승강기의 주로프 로핑(Ropping) 방법에서 로프의 장력은 부하 측(카 및 균형추) 중력의 1/2로 되며, 부하 측의 속도가 로프 속도의 1/2이 되는 로핑 방법은 어느 것인가?

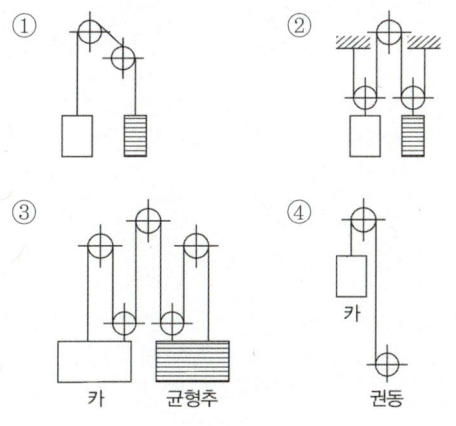

해설

로핑	1:1	2:1	3:1	1:1
로프 걸기 방식	Single Wrap	Single Wrap	Single Wrap	권동식
주용도	중저속	화물용	대형 화물용	중저층, 주택용
그림				

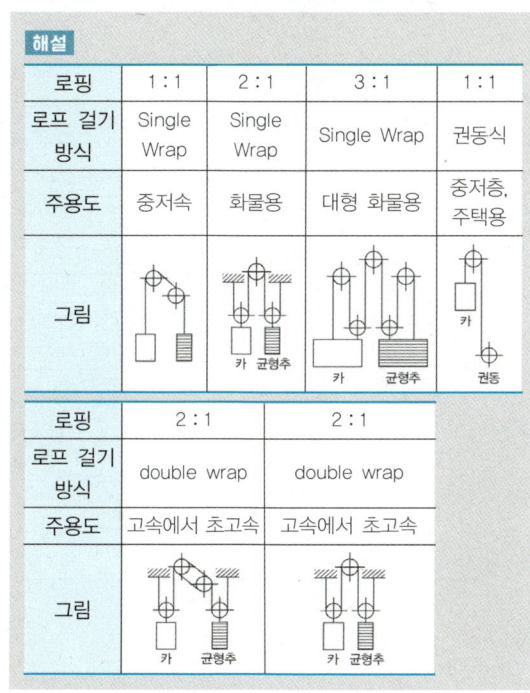

로핑	2:1	2:1
로프 걸기 방식	double wrap	double wrap
주용도	고속에서 초고속	고속에서 초고속
그림		

03 자동제어의 종류 중 피드백 제어에서 가장 중요한 장치는?

① 구동장치
② 응답속도를 빠르게 하는 장치
③ 안정도를 좋게 하는 장치
④ 입력과 출력을 비교하는 장치

해설　피드백 제어(폐루프 제어)시스템
보다 정확하고 신뢰성 있는 제어를 하기 위해 제어시스템의 출력이 목푯값과 일치하는가 항상 비교하고 비교기에서의 비교 결과가 일치하지 않을 때는 그 차(오차)에 비례하는 동작신호가 제어요소에 보내져서 그 오차를 수정하도록 하는 귀환경로를 가지고 있다.

04 전자력 $F = BIl[N]$과 관계가 깊은 법칙은?

① 플레밍의 오른손 법칙

② 오른나사의 법칙

③ 렌츠의 법칙

④ 플레밍의 왼손 법칙

해설 플레밍 법칙

플레밍의 오른손 법칙	플레밍의 왼손 법칙
자기장 속에서 도선을 움직일 때 유도기전력에 유도되는 전류의 방향을 나타냄	자기장 속에서 전류가 받는 힘의 방향을 나타냄
발전기의 원리	전동기의 원리
• 운동방향 : F[N] • 자계의 방향 : B[Wb/m²] • 전류의 방향 : I[A]	• 전자력 방향 : F[N] • 자계의 방향 : B[Wb/m²] • 전류의 방향 : I[A]

05 승강기에 적용하는 가이드 레일의 규격을 결정하는 데 관계가 가장 적은 것은?

① 과속조절기의 속도

② 지진 발생 시 건물의 수평진동력

③ 비상정지장치 작동 시 작용할 수 있는 좌굴하중

④ 불균형한 큰 하중이 적재될 때 작용하는 회전모멘트

해설 레일규격 결정요소

• 비상정지장치 작동 시 작용할 수 있는 좌굴하중

• 지진 발생 시 건물의 수평진동에 의해 레일과 가이드슈 사이에 작용하는 수평진동력

• 불균형한 큰 하중이 적재될 때 작용하는 회전모멘트

06 유압식 엘리베이터의 속도제어에서 주회로에 유량제어밸브를 삽입하여 유량을 직접 제어하는 회로는?

① 미터오프 회로

② 미터인 회로

③ 블리드오프 회로

④ 블리드인 회로

해설 유압회로

• 미터인(Meter In) 회로 : 유량제어밸브를 실린더의 입구 측에 설치하여 유량을 제어하는 방식

• 미터아웃(Meter Out) 회로 : 유량제어밸브를 실린더의 출구 측에 설치한 회로

• 블리드오프(Bleed Off) 회로 : 유량제어밸브를 실린더와 병렬로 설치하여 실린더의 입구 측에 불필요한 압유를 배출시켜 작동효율을 증진시킨 회로

07 카 도어의 끝단에 설치되며 이물체가 접촉되면 도어의 힘을 중지하고 도어를 반전시키는 접촉식 보호장치는?

① 도어 인터로크

② 문닫힘안전장치

③ 광전장치

④ 초음파장치

해설

② 문닫힘안전장치 : 카 도어의 끝단에 세이프티 슈로 불리는 막대를 설치하여 이 막대가 물체에 의하여 눌러지면 도어의 닫힘을 중지하고 도어를 반전

① 도어 인터로크 : 이 장치는 카가 정지하지 않는 층의 도어는 비상키를 사용하지 않으면 열리지 않도록 하는 도어로크(door lock)와 문이 닫혀 있지 않으면 안전회로를 차단시켜 카가 움직이지 않도록 하는 도어 스위치(door switch)로 구성

③ 광전장치(photo electric device) : 광전빔을 발생시키는 투광기와 센서인 수광기가 도어의 양단에 설치되어 광전빔이 차단될 때에는 도어를 반전시키는 비접촉식 안전장치

④ 초음파장치(ultrasonic door sensor) : 초음파를 이용하여 승강장 또는 도어 사이에 있는 이물체나 사람을 검출하여 도어를 반전시키는 비접촉식 안전장치

정답 04 ④ 05 ① 06 ② 07 ②

08 승강장 도어구조에 해당되지 않는 것은?

① 착상 스위치함
② 도어 스위치
③ 행거 롤러
④ 도어 가이드 슈

> **해설** 착상 스위치함은 카 상부에 위치

09 전기식 엘리베이터 자체점검 중 피트에서 하는 점검항목에서 과부하감지장치에 대한 점검주기[회/월]는?

① 1/1
② 1/3
③ 1/4
④ 1/6

> **해설** 카 내부의 승차인원 또는 적재하중을 감지하여 정격하중 초과 시 경보음을 발생하게 하고 출입구 도어의 닫힘을 저지하여 카를 출발하지 않게 하는 장치의 점검주기는 1/1[회/월]이다.

10 산업재해의 발생원인 중 불안전한 행동이 많은 사고의 원인이 되고 있다. 이에 해당되지 않는 것은?

① 위험장소 접근
② 작업장소 불량
③ 안전장치 기능 제거
④ 복장, 보호구 잘못 사용

> **해설** 작업장소의 불량은 불안전한 상태를 말한다.
>
> 산업재해의 발생원인
> • 기본적 원인 : 교육적·기술적 작업 관리상 원인
> • 직접적 원인 : 근로자의 불안전한 행동(인적 원인)과 시설의 불안전한 상태(물적 원인)
>
> 불안전한 상태와 불안전한 행동
> • 불안전한 상태 : 재해의 물적 원인으로, 사고를 일으키게 하는 상태 또는 사고의 요인을 만들어 내고 있는 것과 같은 상태를 말한다(전체 재해 발생 원인의 10% 정도).
> • 불안전한 행동 : 재해의 인적 원인으로, 재해의 요인으로 된 사람의 불안전한 행동을 말한다(전체 재해 발생 원인의 88% 정도).

11 카 측의 총중량이 3,600kgf이고, 카 주 2본의 단면적이 12cm²일 때, 카 주의 안전율은? (단, 파단강도는 4,800kgf/cm²이다)

① 12
② 15
③ 16
④ 18

> **해설** $허용응력 = \dfrac{W(하중)}{A(단면적)} = \dfrac{3,600}{12} = 300$
>
> $안전율 = \dfrac{인장강도}{허용응력} = \dfrac{4,800}{300} = 16$

12 승강기의 자체검사 항목이 아닌 것은?

① 기계실의 면적
② 브레이크 및 제어장치
③ 와이어로프
④ 과부하방지장치

> **해설** 자체점검 기준
> • 추락방지안전장치, 과부하방지장치, 그 밖의 방호장치의 이상 유무
> • 브레이크 및 제어장치의 이상 유무
> • 와이어로프의 손상 유무
> • 주행안내 레일(가이드 레일)의 상태

13 기동과 주행은 고속권선으로 하고 감속과 착상은 저속으로 하며, 착상지점에 근접해지면 모든 접점을 끊고 동시에 브레이크를 거는 제어방식은?

① VVVF 제어방식
② 교류 1단 제어방식
③ 교류 2단 제어방식
④ 교류 귀환 제어방식

8 기개년 기출복원문제

해설 엘리베이터 속도제어방식

① VVVF 제어 : 인버터 제어라고도 불리우며, 유도전동기에 인가되는 전압과 주파수를 동시에 변환시켜 직류전동기와 동등한 제어성능을 얻을 수 있는 방식
② 교류 1단 제어방식 : 3상 교류의 단속도 전동기에 전원을 공급하는 것으로 기동과 정속운전을 하고, 정지는 전원을 차단한 후 제동기에 의해 기계적으로 브레이크를 거는 제어방식
④ 교류 귀환 전압제어 : 카의 실속도와 지령속도를 비교하여 사이리스터의 점호각을 바꿔 유도전동기의 속도를 제어하는 방식

14 기어장치에서 지름피치의 값이 커질수록 이의 크기는?

① 같다. 　　　　② 커진다.
③ 작아진다. 　　④ 무관하다.

해설

• 모듈값(이의 크기) = $\dfrac{\text{피치원직경(PCD)}}{\text{기어잇수(N)}}$
• 모듈값(m)이 클수록 피치가 크게 되므로 이의 크기는 크고, 잇수는 적어진다.
• 지름피치의 값이 작을수록 이의 크기가 크고, 지름피치값이 클수록 이의 크기가 작아진다.

15 장애인용 엘리베이터의 경우 호출버튼에 의하여 카가 정지하면 몇 초 이상 문이 열린 채로 대기하여야 하는가?

① 8초 이상 　　　② 10초 이상
③ 12초 이상 　　④ 15초 이상

해설 카가 정지하면 10초 이상 문이 열린 채로 대기하여야 한다.

16 에스컬레이터의 안전장치 중 다음에서 설명하는 것으로 옳은 것은?

> 디딤판과 스커트 사이에 이물질이 끼었을 때 에스컬레이터를 정지시키는 장치

① 이상속도 안전장치
② 브레이크 안전장치
③ 스커트가드의 안전장치
④ 디딤판체인 안전장치

해설 에스컬레이터 안전장치

구동체인 안전장치	구동체인이 파단되거나 과다하게 늘어났을 경우 스위치를 작동시켜 전원을 차단하여 에스컬레이터를 정지시키는 장치
디딤판체인 안전장치	디딤판체인이 파단되거나 과다하게 늘어났을 경우 에스컬레이터를 정지시키는 장치
스커트가드의 안전장치	디딤판과 스커트 사이에 이물질이 끼었을 때에 에스컬레이터를 정지시키는 장치
디딤판 이상주행 안전장치	디딤판이 정상 이상으로 튀어올라올 때 이를 감지하여 에스컬레이터를 정지시키는 장치
이상속도 안전장치	전격속도의 20% 이상이거나 20% 이하로 에스컬레이터가 구동될 때 이를 감지하여 에스컬레이터를 정지시키는 장치
브레이크 안전장치	브레이크가 안전하게 작동하지 않을 경우 에스컬레이터의 운전을 방지하기 위한 장치
보수 안전 스위치	일반 점검 및 보수 시 에스컬레이터의 기동을 방지하기 위해 하부 트러스에 설치

17 200Ω의 저항에서 전압은 15A일 때 소비전력은 몇 [kW]인가?

① 40kW 　　　　② 45kW
③ 50kW 　　　　④ 55kW

해설 $P = I^2 R = 15^2 \text{A} \times 200\Omega$이므로
$P = 45,000\text{W} = 45\text{kW}$

18 감전 상태에 있는 사람을 구출할 때의 행동으로 옳지 않은 것은?

① 즉시 잡아당긴다.
② 전원스위치를 내린다.
③ 절연물을 이용하여 떼어낸다.
④ 변전실에 연락하여 전원을 끈다.

> **해설** 감전사고가 일어나면 먼저 전원을 차단하고 환자를 전원으로부터 떼어내야 한다. 직접 사고자를 잡아당길 경우 함께 감전될 수 있어 건조한 고무나 가죽으로 만든 장갑과 신발을 착용하고 바닥에는 담요를 깔아서 몸을 통해 전류가 흐르지 않도록 해야 한다.

19 유입완충기에서 완전히 압축한 상태에서 완전히 복귀할 때까지 요하는 플런저의 복귀시간은 몇 초 이내이어야 하는가?

① 90
② 100
③ 110
④ 120

> **해설** 플런저를 완전히 압축한 상태에서 5분간 유지 후 완전 복귀 위치까지 요하는 시간은 120초이다.

20 전선의 굵기 결정 시 고려사항으로 옳지 않은 것은?

① 전력손실
② 전압강하
③ 외부온도
④ 허용전류

> **해설** 허용전류, 코로나손실, 전압강하, 경제성, 기계강도, 전력손실 등

21 엘리베이터 점검 시 카의 속도는 몇 [m/s] 이하이어야 하는가?

① 0.63m/s
② 0.75m/s
③ 0.82m/s
④ 0.93m/s

> **해설** 엘리베이터 점검 시 카의 속도는 0.63m/s 이하

22 도르래의 로프 홈에 언더컷(under cut)을 하는 목적은?

① 로프의 중심 균형
② 윤활 용이
③ 마찰계수 향상
④ 도르래의 정량화

> **해설** 로프와 도르래와의 관계에서 U형의 도르래 홈은 마찰계수가 낮으므로 일반적으로 홈의 밑을 도려낸 언더컷 홈으로 마찰계수를 올린다.

23 전선의 길이를 고르게 2배로 늘리면 단면적은 1/2로 된다. 이때의 저항은 처음의 몇 배가 되는가?

① 4배
② 3배
③ 2배
④ 1.5배

> **해설** **도선의 전기저항**
> $R = \rho \dfrac{l}{S}[\Omega]$ (ρ : 도선의 고유저항[Ω/m], l : 도선의 길이[m], S : 도선의 단면적[m²])에서 길이가 고르게 2배 늘어났을 때 단면적이 $\dfrac{1}{2}$ 로 되었다고 하였으므로,
> $R' = \rho \dfrac{2l}{\dfrac{1}{2}S} = 4\rho \dfrac{l}{S}[\Omega]$ 가 된다.

8개년 기출복원문제

24 비상용 엘리베이터는 정전 시 몇 초 이내에 엘리베이터 운행에 필요한 전력용량이 자동적으로 발생되어야 하는가?

① 60
② 90
③ 120
④ 150

> **해설**
> • 60초 이내에 엘리베이터 운행에 필요한 전력용량을 자동적으로 발생시키도록 하되, 수동으로 전원을 작동할 수 있어야 한다.
> • 2시간 이상 작동할 수 있어야 한다.

25 에스컬레이터의 층고가 6m 이하일 때의 경사도는 몇 ° 이하로 할 수 있는가?

① 15°
② 25°
③ 35°
④ 45°

> **해설** 경사도는 30°를 초과하지 않아야 한다. 다만, 층고가 6m 이하이고, 공칭속도가 0.5m/s 이하인 경우에는 경사도를 35°까지 증가시킬 수 있다.

26 소형화물용 엘리베이터의 안전장치에 대한 설명 중 옳은 것은?

① 도어 인터로크 장치는 설치하지 않아도 된다.
② 승강로의 모든 출입구 문이 닫혀야만 카를 승강시킬 수 있다.
③ 출입구 문에 사람의 탑승금지 등의 주의사항은 부착하지 않아도 된다.
④ 로프는 일반 승강기와 같이 와이어로프 소켓을 이용한 체결을 하여야만 한다.

> **해설** 일반 엘리베이터와 같이 승강로의 모든 출입구의 문이 닫힌 상태에서만 카를 승강할 수 있도록 안전장치가 설치되어 있다.

27 기계실에서 점검할 항목이 아닌 것은?

① 수전반 및 주개폐기
② 가이드 롤러
③ 절연저항
④ 제동기

> **해설** 가이드 롤러는 카 상부에서 점검하는 항목이다.
>
> **기계실에서 점검할 항목검사**
> • 권상기, 전동기, 제어반의 이격거리
> • 기계실 바닥, 높이, 구획, 마감, 소요설비, 누수상태, 통로
> • 양중용 고리, 시건장치, 수전반, 주개폐기, 지지보, 방수조치, 조명, 환기장치

28 그림의 회로에서 전체의 저항값 R을 구하는 공식은?

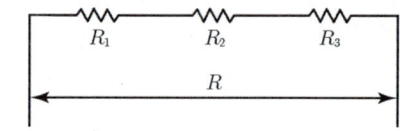

① $R = R_1 + R_2 + R_3$
② $R = \dfrac{1}{R_1} + \dfrac{1}{R_2} + \dfrac{1}{R_3}$
③ $R = \dfrac{R_1 + R_2 + R_3}{2}$
④ $R = R_1 \times R_2 \times R_3$

> **해설**
> • 직렬연결 : 저항을 직렬연결하면 저항이 커진다.
> $R = R_1 + R_2 + R_3$
> • 병렬연결 : 저항을 병렬연결하면 저항이 작아진다.
> $R = \dfrac{1}{R_1} + \dfrac{1}{R_2} + \dfrac{1}{R_3}$

29 간접식 유압엘리베이터의 특징이 아닌 것은?

① 실린더의 점검이 용이하다.
② 비상정지장치가 필요하다.
③ 실린더 설치를 위한 보호관이 필요하지 않다.
④ 부하에 의한 카 바닥의 빠짐이 비교적 작다.

해설 유압엘리베이터의 특징

직접식	• 승강로의 크기가 작고 구조가 간단하다. • 비상정지장치가 필요하지 않다. • 부하에 의한 카 바닥의 빠짐이 작다. • 실린더를 설치하기 위한 보호관을 땅속에 설치하여야 하므로 실린더의 점검이 곤란하다.
간접식	• 실린더 보호관이 필요 없어 점검이 용이하다. • 승강로가 실린더를 수용할 만큼 커진다. • 비상정지장치가 필요하다. • 로프의 늘어짐과 작동유의 점성 때문에 부하에 의한 카 바닥의 빠짐이 비교적 크다.

30 사업주가 근로자의 안전 또는 보건을 위하여 취하는 조치에 따라 근로자가 준수하여야 할 사항 중 옳지 않은 것은?

① 보호구 착용
② 작업 중지
③ 대피
④ 작업장 순회점검

해설 작업장의 순회점검은 근로자의 준수사항이 아니라 관리자의 준수사항이다.

31 캠이 가장 많이 사용되는 경우는?

① 회전운동을 직선운동으로 할 때
② 왕복운동을 직선운동으로 할 때
③ 요동운동을 직선운동으로 할 때
④ 상하운동을 직선운동으로 할 때

해설 캠 : 축에 고정되어 있어서 축의 회전운동을 직선운동이나 왕복운동으로 전달하는 기계요소

32 승강기가 어떤 원인으로 피트에 떨어졌을 때 충격을 완화하기 위하여 설치하는 것은?

① 과속조절기
② 추락방지안전장치
③ 완충기
④ 제동기

해설 완충기 : 유체 또는 스프링 등을 사용하여 주행의 종점에서 충격의 흡수를 위해 사용되는 제동수단

33 엘리베이터 전원이 정전이 될 경우 카 내 예비조명장치에 관한 설명 중 타당하지 않은 것은?

① 조도는 램프로부터 1m 떨어진 거리에서 측정한다.
② 조도는 5lx 미만이어야 한다.
③ 자동차용 엘리베이터는 설치하지 않아도 된다.
④ 카 내 조작반이 없는 화물용 엘리베이터는 설치하지 않아도 된다.

해설
• 카에는 자동으로 재충전되는 비상전원공급장치에 의해 5lx 이상의 조도로 1시간 동안 전원이 공급되는 비상등이 있어야 한다.
• 정상 조명전원이 차단되면 즉시 자동으로 점등되어야 하는 곳
  - 카 내부 및 카 지붕에 있는 비상통화장치의 작동 버튼
  - 카 바닥 위 1m 지점의 카 중심부
  - 카 지붕 바닥 위 1m 지점의 카 지붕 중심부

34 안전점검 및 진단순서가 맞는 것은?

① 실태파악 → 결함발견 → 대책결정 → 대책실시
② 실태파악 → 대책결정 → 결함발견 → 대책실시
③ 결함발견 → 실태파악 → 대책실시 → 대책결정
④ 결함발견 → 실태파악 → 대책결정 → 대책실시

해설 안전점검 4대 순환과정
실태파악 → 결함발견 → 대책결정 → 대책실시

정답 29 ④ 30 ④ 31 ① 32 ③ 33 ② 34 ①

35 재해원인을 분류할 때 인적 요인에 해당되는 것은?

① 방호장치의 결함   ② 안전장치의 결함

③ 보호구의 결함   ④ 지식의 부족

> **해설**
> (1) 재해의 직접원인
>   • 인적 원인 : 불안전한 행동
>   – 관리상 원인 : 작업지식 부족, 작업 미숙, 작업방법 불량 등
>   – 생리적 원인 : 건강 이상, 체력 부족, 신체적 결함, 피로, 수면 부족 등
>   – 심리적 원인 : 주변적 동작, 걱정거리, 무의식 행동, 지름길 반응, 생략행위, 억측판단, 착오, 소질적 결함, 의식의 우회, 망각 등
>   • 물적 요인 : 불안전한 상태
> (2) 재해의 간접원인
>   • 관리적 요인 : 최고관리자의 안전의식 및 책임감 부족, 안전관리조직의 결함, 안전교육제도 미비, 안전기준의 모호함, 안전점검제도의 결함
>   • 기술적 요인 : 기계장치의 설계불량, 부적절한 재료의 사용, 불충분한 안전점검 및 불안전한 행동을 유도하는 기술적 결함 등
>   • 교육적 요인 : 안전지식의 결여, 안전규정의 잘못된 해석, 훈련 미숙, 좋지 않은 습관, 미경험 등
>   • 신체적 요인 : 질병, 신체장애, 피로, 숙취 등
>   • 정신적 요인 : 착각, 직업태도, 불량, 지각적, 성격적, 지능적 결함 등

36 기계실에 설치되지 않는 것은?

① 과속조절기   ② 권상기

③ 제어반   ④ 완충기

> **해설** 완충기는 균형추의 바로 아래에 설치

37 승객의 구출 및 구조를 위한 카 상부 비상구출문의 크기는 얼마 이상이어야 하는가?

① 0.2m × 0.2m

② 0.35m × 0.5m

③ 0.4m × 0.5m

④ 0.25m × 0.3m

> **해설** 비상구출문이 카 천장에 있는 경우, 유효개구부의 크기는 0.4m × 0.5m 이상이어야 한다. 공간이 허용된다면, 유효개구부의 크기는 0.5m × 0.7m가 바람직하다.

38 그림과 같은 회로의 역률은 약 얼마인가?

$$10[\Omega] \quad 7[\Omega]$$

① 0.54   ② 0.69

③ 0.71   ④ 0.82

> **해설** 역률($\cos\theta$)
> 피상전력 중에서 유효전력으로 사용되는 비율로 기기가 전원을 통해 공급된 전력을 얼마나 효율적으로 사용하는지를 나타내는 척도를 나타낸다.
> $$\cos\theta = \frac{VI \cdot \cos\theta}{VI} = \frac{P}{P_a} = \frac{유효전력}{피상전력}$$
> $$= \frac{R}{|Z|} = \frac{10}{\sqrt{10^2 + 7^2}} = \frac{10}{\sqrt{149}} ≒ 0.819$$
>
>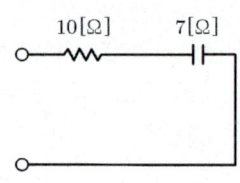
>
> 피상전력[VA]
> $P_a = VI$[VA]
> 무효전력[Var]
> $P_r = VI\sin\theta$[Var]
> θ
> 유효전력[W]
> $P = VI\cos\theta$[W]

39 카 문 문턱과 승강장 문 문턱 사이의 수평거리는 몇 [mm] 이하이어야 하는가?

① 12 ② 15
③ 35 ④ 125

> **해설** 카 문 문턱과 승강장 문 문턱 사이의 수평거리는 35mm 이하

40 기어의 언더컷에 관한 설명으로 틀린 것은?

① 이의 간섭현상이다.
② 접촉면적이 넓어진다.
③ 원활한 회전이 어렵다.
④ 압력각을 크게 하여 방지한다.

> **해설** 언더컷(Under Cut)
> • 랙(Rack) 공구 또는 호브(Hob)로 기어 절삭을 할 때 이의 수가 적을 경우 이의 간섭이 일어나 이 뿌리가 깎이는 것으로 기어 이의 강도가 약해지며 기어의 원활한 회전을 어렵게 만든다.
> • 언더컷은 적은 수의 이, 작은 압력각(Pressure Angle), 역으로 이동된 기어 프로파일(Profile) 등과 같은 특정한 조건에서 기어치면(Tooth Surface)에서 발생한다. 만약 기어 언더컷이 발생하면 기어의 이뿌리 필렛(Root Fillet) 부에서 이 두께가 줄어들고, 기어의 굽힘 모멘트 능력이 감소한다.
> • 기어 언더컷은 기어 강도와 접촉률(Contact Ratio)을 감소시킨다(접촉 면적 감소). 언더컷은 기어에서 이의 수를 증가시켜 제거될 수 있다.

41 승강기의 관리주체는 승객의 안전을 위해 승강장 문 또는 승강장 주위에 표지 또는 명판을 부착해야 하는데 '엘리베이터의 종류' 안내를 부착해야 하는 엘리베이터는 무엇인가?

① 소방구조용 엘리베이터
② 화물용 엘리베이터
③ 병원용 엘리베이터
④ 주택용 엘리베이터

> **해설** 관리주체는 다음의 내용이 포함된 표지 또는 명판을 승강장 문 또는 승강장 주위에 부착해야 한다. 이 경우 화면 또는 음성 안내 방식으로 대신할 수 있다.
> • 화재 등 비상시 승강기 탑승금지 및 피난계단 이용 안내
> • 엘리베이터의 종류(소방구조용 엘리베이터 및 피난용 엘리베이터만 해당)
> • 손 끼임 주의
> • 승강장 문 충돌주의

42 기계요소 설계 시 일반 체결용에 주로 사용되는 나사는?

① 삼각나사 ② 사각나사
③ 톱니나사 ④ 사다리꼴나사

> **해설** 나사의 종류
> • 체결용 나사 : 체결용 나사에는 주로 삼각나사가 사용되며, 길이의 단위에 따라 미터계와 인치계가 있다.
> • 운동용 나사
> – 사각나사 : 단면 모양이 정사각형에 가까운 나사로 축방향의 큰 하중을 받는 곳에 적합하나 가공이 어려워 높은 정밀도를 요하는 곳에는 잘 사용되지 않는다. 나사 프레스나 선반의 리드스크루 등에 사용된다.
> – 사다리꼴나사 : 사각나사보다 제작이 쉽고 맞물림이 좋아 공작기계의 이송나사로 많이 사용된다. 나사산의 각도는 미터계는 30°, 인치계는 29°이다.
> – 톱니나사 : 축 방향의 하중이 한쪽 방향으로만 작용하는 경우에 사용되며 경사면의 각도는 30°이다. 바이스 및 압착기 등의 이송나사로 사용된다.
> – 둥근나사 : 나사산과 골을 반지름이 같은 원호로 연결한 모양이며, 원형 나사라고도 한다. 나사산의 각도는 30°이며 백열전구의 나사부, 소켓 등과 같이 분해 결합이 쉬워야 하거나 먼지, 모래 등이 들어가기 쉬운 곳에 사용된다.

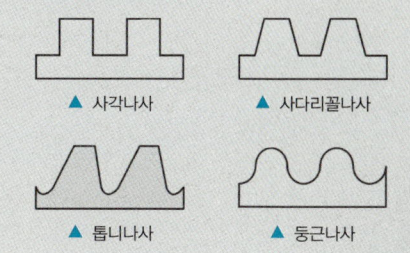

▲ 사각나사   ▲ 사다리꼴나사
▲ 톱니나사   ▲ 둥근나사

8개년 기출복원문제

43 다음과 같은 그림기호를 의미하는 것은?

① 리밋스위치　　② 차단기
③ 전자접촉기 주접점　④ 수동조작 접점

해설 시퀀스 제어기호			
⊗	수동조작 접점 (전력용 접점)	⊗	유지형 접점
⊗	수동조작 자동복귀 접점 (누름버튼스위치)	⊡	리밋스위치
⊗	계전기 접점	⊘	전자접촉기 주접점
⊗	한시동작 접점	┬	전자접촉기 NO접점
⊗	한시복귀 접점	⊐	차단기
⊗	한시동작 한시복귀 접점	Γ	열동계전기 히터
⊗	수동복귀 접점	⊐	감지기

44 기계실의 작업구역에서 유효높이는 몇 [m] 이상으로 하여야 하는가?

① 1.1　　② 1.8
③ 2.1　　④ 3.6

해설 작업구역의 유효높이는 2.1m 이상이어야 한다. 유효수평면적은 다음과 같아야 한다.
• 깊이는 외함 표면에서 측정하여 0.7m 이상
• 폭은 다음 구분에 따른 수치 이상
 – 제어반 폭이 0.5m 미만인 경우 : 0.5m
 – 제어반 폭이 0.5m 이상인 경우 : 제어반 폭
• 움직이는 부품의 점검 및 유지관리업무 수행이 필요한 곳에 0.5m × 0.6m 이상의 작업구역이 있어야 한다.

45 주차구획을 평면상에 배치하여 운반기의 왕복 이동에 의하여 주차를 행하는 방식은?

① 평면왕복식　　② 다층순환식
③ 승강기식　　④ 수평순환식

해설 주차용 엘리베이터
① 평면왕복식 주차장치 : 평면으로 배치되어 있는 고정된 주차구획에 운반기의 왕복 이동에 의하여 주차하도록 한 주차장치
② 다층순환식 주차장치 : 다수의 운반기를 2층 또는 그 이상으로 배치하여 위아래 또는 수평으로 순환 이동시키는 구조의 주차장치로 운반기의 이동 형태에 따라 원형 순환식, 각형 순환식 등으로 세분
③ 승강기식 주차장치 : 여러 층으로 배치되어 있는 고정된 주차구획에 자동차용 승강기를 운반기로 조합한 주차장치
④ 수평순환식 주차장치 : 다수의 운반기를 2열 또는 그 이상으로 배열하여 수평으로 순환 이동시키는 구조의 주차장치

46 에스컬레이터(무빙워크 포함)에서 6개월에 1회 점검하는 사항이 아닌 것은?

① 구동기의 베어링 점검
② 구동기의 감속기어 점검
③ 중간부의 스텝 레일 점검
④ 핸드레일 시스템의 속도 점검

> **해설** 손잡이 시스템의 속도 점검주기는 월 1회

47 부하 1상의 임피던스가 $6+j5\Omega$인 △ 결선회로에 200V의 전압을 가할 때 선전류는 약 몇 [A]인가?

① 26.8
② 34.6
③ 44.3
④ 58.1

> **해설** △ 결선의 선전류
> 선전류$(I_l) = \sqrt{3}$ 상전류(I_p)
> $\sqrt{3} \times \dfrac{200}{\sqrt{6^2+5^2}} \fallingdotseq \sqrt{3} \times 25.6 \fallingdotseq 44.3$

48 유압엘리베이터 작동유의 적정 온도범위는?

① 30℃ 이상 70℃ 이하
② 30℃ 이상 80℃ 이하
③ 5℃ 이상 90℃ 이하
④ 5℃ 이상 60℃ 이하

> **해설** 유압엘리베이터 오일의 온도범위는 45~55℃이며 부가적인 장치(오일히터, 오일쿨러) 설치에 따라 사용 가능한 오일의 온도범위는 5~60℃로 확대 사용이 가능

49 피트에 설치되지 않는 것은?

① 인장 도르래
② 균형추
③ 완충기
④ 조속기

> **해설** 균형추는 엘리베이터 카의 반대 측 권상로프에 매단 중량물로 카의 상하 이동 시 중량의 균형을 이루어 권상기의 구동토크를 평균화시키고 안정시킨다.

50 승강기 안전관리자의 직무에서 일상점검 내용으로 옳지 않은 것은?

① 기계실 온도 및 환기장치의 작동상태
② 표준부착물의 부착상태
③ 엘리베이터 비상통화장치의 작동상태
④ 승강기부품의 상태

> **해설** 승강기 안전관리자의 일상점검 내용
> • 기계실 출입문의 잠금상태
> • 기계실 온도 및 환기장치의 작동상태
> • 엘리베이터
> • 휠체어리프트 호출버튼 및 등록버튼의 작동상태

51 측면 개폐방식 승강장 도어를 나타내는 기호는?

① SO
② 2S
③ CO
④ UP

해설

- 중앙 개폐(CO ; Center Open) : 가운데에서 양쪽으로 열리는 도어(승용), 2P−CO, 4P−CO
- 측면 개폐(SO ; side Open) : 한쪽 끝에서 반대쪽으로 열리는 도어(화물용), 1P−SO, 2P−SO(2S), 3P−SO(3S)
- 상승 개폐(Up Sliding) : 위쪽 방향으로 열리는 도어(차량용, 주차/대형화물용), 1P−1U, 2P−2U, 3P−3U
- 상하 개폐(Vertical Siding) : 위아래로 열리는 도어로, 승객용으로 사용하지 않음

중앙열기 (Center Open)	가로열기 (1S ; Side Open)
가로열기 (2S ; Side Open)	상하열기 (Vertical Sliding Type)

2P−CO	2P−2S	4P−CO
← →	← →	← ← → →
3P−3S	2P−2U	3P−3U
← ← →	↑ ↑	↑ ↑ ↑

52 다음 중 카 추락방지안전장치의 자체점검 기준으로 옳지 않은 것은?

① 인장 풀리 설치상태
② 전기안전장치 설치 및 작동상태
③ 장치 작동 시 카의 수평도
④ 장치 설치 및 작동상태

해설 인장 풀리 설치상태는 과속조절기의 자체점검 기준이다.

카 추락방지안전장치 자체점검
- 추락방지안전장치 설치 및 작동상태(시험)
- 추락방지안전장치 작동 시 카의 수평도(측정)
- 전기안전장치 설치 및 작동상태(시험)

53 계측기의 오차 중 측정기 자체 결함과 측정장치나 사용자에 대한 환경의 영향 등에 의한 오차는?

① 절대오차
② 과실오차
③ 계통오차
④ 우연오차

해설

③ 계통오차 : 측정기 자체의 결함 등 일정한 원인에 의해서 발생되는 오차
① 절대오차 : 계산의 결과에서 나온 직접적인 오차의 절댓값
② 과실오차 : 측정자 부주의로 발생되며, 측정기 눈금의 오독, 부정확한 조정, 계산 실수 등의 오차
④ 우연오차 : 계통오차, 오류에 의한 오차를 제외하더라도 불가피하게 발생되는 오차

54 무빙워크 이용자의 주의표시를 위한 표시판 또는 표지 내에 표시되는 내용이 아닌 것은?

① 손잡이를 꼭 잡으세요.
② 카트는 탑재하지 마세요.
③ 걷거나 뛰지 마세요.
④ 안전선 안에 서 주세요.

해설

일반적으로 대형마트에서 사용하는 무빙워크의 경우 카트를 탑재할 수 있도록 설계되어 있다.

55 다음 ( ) 안에 들어갈 내용으로 맞는 것은?

> 카 내부의 유효높이는 (㉠) 이상이어야 한다. 다만, 주택용 엘리베이터의 경우에는 (㉡) 이상으로 할 수 있으며, 자동차용 엘리베이터의 경우에는 제외한다.

① ㉠ 1.5m, ㉡ 2m

② ㉠ 1.5m, ㉡ 1.8m

③ ㉠ 2m, ㉡ 2m

④ ㉠ 2m, ㉡ 1.8m

해설 카 내부의 유효높이는 2m 이상이어야 한다. 다만, 주택용 엘리베이터의 경우에는 1.8m 이상으로 할 수 있으며, 자동차용 엘리베이터의 경우에는 제외한다.

56 기계실을 승강로의 아래쪽에 설치하는 방식은?

① 정상부형 방식

② 횡인 구동 방식

③ 베이스먼트 방식

④ 사이드머신 방식

해설 기계실 설치 위치에 따른 분류

아래쪽에 설치하는 방식 : 베이스먼트 방식(Basement Tyoe)

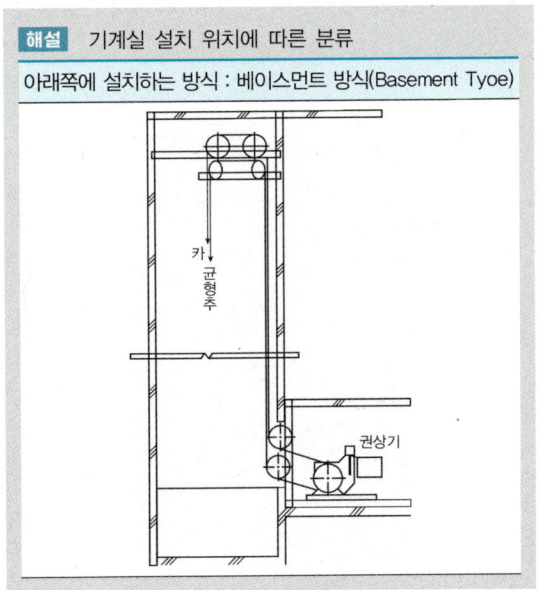

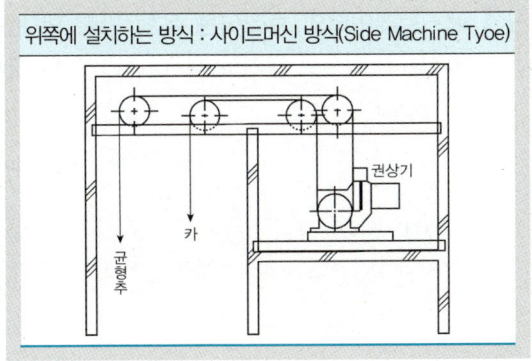

위쪽에 설치하는 방식 : 사이드머신 방식(Side Machine Tyoe)

57 기계 부품 측정 시 각도를 측정할 수 있는 기기는?

① 사인바

② 옵티컬플랫

③ 다이얼게이지

④ 마이크로미터

해설

• 사인바 : 직각삼각형의 삼각함수인 사인을 이용하여 임의의 각도를 설정하거나 측정하는 데 사용하는 기구

$$\left(\sin\alpha = \frac{H-h}{L}\right)$$

• 옵티컬플랫 : 수정 또는 광학 유리로서 만들어진 정확한 평행, 평면, 정반으로 평행도를 측정하는 측정구 정밀한 평면일 때는 간섭무늬가 같은 거리로 평행인 직선이 되어 나타난다. 그 밖의 무늬일 때는 평면이 반듯하지 않다.

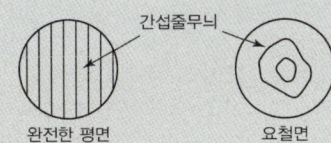

58 에스컬레이터의 손잡이는 운행 방향 반대편에서 몇 [N]의 힘으로 당겨도 정지되지 않아야 하는가?

① 450N
② 400N
③ 350N
④ 300N

> **해설** 에스컬레이터의 손잡이는 정상운행 중 운행 방향의 반대편에서 450N의 힘으로 당겨도 정지되지 않아야 한다.

59 추락할 위험이 있는 장소에서 작업할 경우 사용하여야 할 보호구는 무엇인가?

① 안전화
② 방열복
③ 안전대
④ 귀마개

> **해설** 보호구
> 작업자가 신체에 직접 착용하여 각종 물리적·기계적·화학적 위험요소로부터 몸을 보호하기 위한 보호장구
> • 안전모 : 낙하물에 의한 피해 방지, 화상방지, 감전방지, 충격방지, 직사광선방지
> • 안전대 : 높이(깊이) 2m 이상의 추락할 위험이 있는 장소에서의 작업
> • 안전화 : 물체의 낙하·충격, 물체에의 끼임, 감전 또는 정전기의 대전 위험이 있는 작업
> • 보안경 : 물체가 날아 흩어질 위험이 있는 작업
> • 보안면 : 용접 시 불꽃 또는 물체가 날아 흩어질 위험이 있는 작업
> • 안전장갑 : 감전의 위험이 있는 작업
> • 방열복 : 고열에 의한 화상의 위험이 있는 작업 시
> • 귀마개 : 보통 90dB 이상의 소음에 청력을 보호

60 엘리베이터 정전 시 승객이 안전하게 내릴 수 있도록 카를 승강장에서 바닥까지 내릴 수 있게 수동으로 조작할 수 있는 밸브는 무엇인가?

① 스톱밸브
② 비상하강밸브
③ 차단밸브
④ 압력 릴리프밸브

> **해설** 정전이 되더라도 승객이 내릴 수 있도록 수동조작 비상하강밸브가 설치되어야 한다.

2022년 제1회 기출복원문제

01 와이어로프의 꼬임 방향에 의한 분류로 옳은 것은?

① Z꼬임, S꼬임
② Z꼬임, T꼬임
③ S꼬임, T꼬임
④ H꼬임, T꼬임

해설 와이어로프의 꼬임의 종류
- 꼬임의 방향에 따라
  - Z꼬임 : 오른 꼬임
  - S꼬임 : 왼 꼬임
- 가닥과 로프의 꼬임 방향에 따라
  - 보통꼬임 : 가닥과 로프의 꼬임 방향이 반대이다.
  - 랭꼬임 : 가닥과 로프의 꼬임 방향이 같다.

보통 Z꼬임 O/Z | 보통 S꼬임 O/S | 랭 Z꼬임 L/Z | 랭 Z꼬임 L/S

▲ 보통 Z꼬임 ▲ 보통 S꼬임 ▲ 랭 Z꼬임 ▲ 랭 S꼬임

02 도어 행거가 구비해야 할 조건 중 옳지 않은 것은?

① 행거 롤러는 도어 레일과 접촉 시 내마모성과 함께 원활한 구동이 되어야 한다.
② 도어가 레일에서 벗어나는 것을 방지하는 장치가 있어야 한다.
③ 행거의 강도는 도어 무게의 2배에 해당하는 정지하중을 지지하도록 제작되어야 한다.
④ 도어가 레일 끝을 이탈하는 것을 방지하는 스토퍼를 설치해야 한다.

해설
- 도어 행거는 도어가 도어 레일에서 벗어나는 것을 막기 위한 수단이 마련
- 레일 끝을 이탈하는 것을 방지하기 위해 스토퍼를 설치
- 도어 무게의 4배에 해당하는 정지하중을 기울어짐 없이 지지할 수 있도록 제작

03 작업자의 안전을 위하여 작업을 중지시킬 수 있는 조건으로 볼 수 없는 것은?

① 퇴근시간이 경과하였을 때
② 우천, 강풍, 강설 등의 악천후일 때
③ 지상에서 작업원이 확실하게 보이지 않을 정도의 짙은 안개가 끼었을 때
④ 작업원이 감당하기 어려울 정도의 추위일 때

해설 「산업안전보건기준에 관한 규칙」에서 작업자의 안전을 위하여 작업을 중지시킬 수 있는 조건
- 사업주는 폭발이나 화재에 의한 산업재해 발생의 급박한 위험이 있는 경우에는 즉시 작업을 중지하고 근로자를 안전한 장소로 대피시킬 것
- 비·눈 그 밖의 기상상태의 불안정으로 날씨가 몹시 나쁠 경우에는 그 작업을 중지시킬 것
- 가스의 농도가 인화하한계 값의 25% 이상으로 밝혀진 경우에는 즉시 근로자를 안전한 장소에 대피시키고 화기나 그 밖에 점화원이 될 우려가 있는 기계·기구 등의 사용을 중지하며 통풍·환기 등을 할 것

04 레일은 5m 단위로 제조되는데 T형 주행안내 레일에서 13K, 18K, 24K, 30K를 바르게 설명한 것은?

① 주행안내 레일 형상
② 주행안내 레일 길이
③ 주행안내 레일 1m의 무게
④ 주행안내 레일 5m의 무게

해설 주행안내 레일의 규격 호칭은 길이 1m당 중량으로 표시

정답 01 ① 02 ③ 03 ① 04 ③

05 균형추의 무게 결정과 관계가 없는 것은?

① 카 자체하중 ② 정격적재하중
③ 오버밸런스율 ④ 속도

> **해설** 균형추의 중량 = 카 자체하중 + (정격하중 × 오버밸런스율)

06 소형, 저속의 엘리베이터에서 로프에 걸리는 장력이 없어져 휘어짐이 생겼을 때 즉시 운전회로를 차단하고 추락방지안전장치를 작동시키는 것으로 과속조절기를 대체할 수 있는 장치는?

① 슬랙 로프 세이프티
② 플렉시블 웨지 클램프
③ 플렉시블 가이드 클램프
④ 점차작동형 추락방지안전장치

> **해설** 추락방지안전장치(비상정지장치)
> • 즉시작동형(순간식 비상정지장치) : 레일을 싸고 있는 모양의 클램프와 레일 사이에 강체와 롤러를 물려서 정지시키는 방식
> – 슬랙 로프 세이프티 : 소형 저속 엘리베이터에서 주로 로프에 걸리는 장력이 없어져 휘어짐이 생겼을 때 즉시 운전회로를 열어서 비상정지장치를 작동시키는 방식
> • 점차작동형(점진식 비상정지장치)
> – 플렉시블 가이드 클램프 : 동작 시부터 정지 시까지 일정한 힘으로 죄는 방식
> – 플렉시블 웨지 클램프 : 처음에는 약하게 죄다가 하강함에 따라서 강해지고 얼마 후 일정치로 도달하는 방식

07 매다는 장치 중 체인에 의해 구동되는 엘리베이터의 경우 그 장치의 안전율이 최소 얼마 이상이어야 하는가?

① 7 ② 8
③ 9 ④ 10

> **해설** 매다는 장치의 안전율
> • 3가닥 이상의 로프(벨트)에 의해 구동되는 권상 구동 엘리베이터의 경우 : 12
> • 3가닥 이상의 6mm 이상 8mm 미만의 로프에 의해 구동되는 권상 구동 엘리베이터의 경우 : 16
> • 2가닥 이상의 로프(벨트)에 의해 구동되는 권상 구동 엘리베이터의 경우 : 16
> • 로프가 있는 드럼 구동 및 유압식 엘리베이터의 경우 : 12
> • 체인에 의해 구동되는 엘리베이터의 경우 : 10

08 에스컬레이터의 특징으로 틀린 것은?

① 기다리는 시간 없이 연속적으로 수송이 가능하다.
② 백화점과 마트 등 설치장소에 따라 구매의욕을 높일 수 있다.
③ 전동기 기동 시 대전류에 의한 부하전류의 변화가 엘리베이터에 비하여 많아 전원설비 부담이 크다.
④ 건축상으로 점유면적이 적고 기계실이 필요하지 않으며, 건물에 걸리는 하중이 각 층에 분산되어 있다.

> **해설** 에스컬레이터의 특징
> • 에스컬레이터는 경사진 계단을 움직이므로, 카를 수직으로 움직이는 엘리베이터에 비해 전원설비 부담이 상대적으로 작다.
> • 기다리는 시간 없이 연속적으로 수송이 가능
> • 건축상으로 점유면적이 적고 기계실이 필요하지 않으며, 건물에 걸리는 하중이 각 층에 분산

정답 05 ④ 06 ① 07 ④ 08 ③

09 일반적으로 기계실이 있는 엘리베이터에서 기계실에 설치되는 부품은?

① 완충기   ② 균형추
③ 과속조절기   ④ 리밋스위치

> **해설**
> • 과속조절기는 카가 정격속도를 현저히 초과할 때 카의 속도를 검출하여 모터에 가해지는 전원을 차단하여 카를 정지시키는 장치
> • 과속조절기의 종류 : 롤세이프티형(Roll Safety Type, GR형), 디스크형(Disk Type, GD형), 플라이볼형(Fly Ball Type, GF형)

10 트랙션비(Traction Ratio)에 대한 설명으로 맞는 것은?

① 카 측 로프에 걸린 중량과 균형추 측 로프에 걸린 중량의 합을 말한다.
② 무부하와 전부하 상태 모두 측정하여 트랙션비는 1.0 이하이어야 한다.
③ 카 측과 균형추 측의 중량 차이를 크게 할수록 로프의 수명이 길어진다.
④ 일반적으로 트랙션비가 작으면 전동기의 출력을 작게 할 수 있다.

> **해설** 케이지 측 로프가 매달리고 있는 중량과 균형추 측 로프가 매달리고 있는 중량의 비
> 트랙션비를 작게 조절하면 전동기 출력을 줄일 수 있으나, 그렇지 않을 경우 전동기의 전력효율과 권상효율이 낮아져 로프 수명에도 영향을 준다.

11 다음 괄호 안의 내용으로 옳은 것은?

> 승강로는 엘리베이터 전용으로 사용되어야 한다. 엘리베이터와 관계없는 배관, 전선 또는 그 밖에 다른 용도의 설비는 승강로에 설치되어서는 안 된다. 다만, 엘리베이터의 안전한 운행에 지장을 주지 않는다면 소방 관련 법령에 따라 기계실 천장에 설치되는 화재감지기 본체, ( ) 및 가스계 소화설비는 설치될 수 있다.

① 비상용 스피커   ② 비상용 소화기
③ 비상용 전화기   ④ 비상용 경보기

> **해설**
> • 승강로, 기계실・기계류 공간 및 풀리실은 엘리베이터 전용으로 사용되어야 한다. 엘리베이터와 관계없는 배관, 전선 또는 그 밖에 다른 용도의 설비는 승강로, 기계실・기계류 공간 및 풀리실에 설치되어서는 안 된다.
> • 엘리베이터의 안전한 운행에 지장을 주지 않는 범위에서 설치 가능한 설비

12 엘리베이터에서 카 또는 승강장 출입구 문턱부터 아래로 평탄하게 내려진 수직부분의 앞 보호판을 나타내는 용어는?

① 슬링   ② 피트
③ 스프로킷   ④ 에이프런

> **해설** 카 바닥 출입구 폭 이상의 선단 보호판

13 즉시작동형 추락방지안전장치가 작동할 때 정지력과 거리에 대한 그래프로 옳은 것은?

①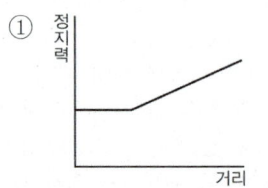

②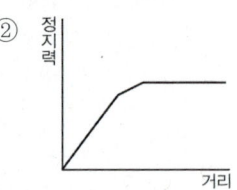

③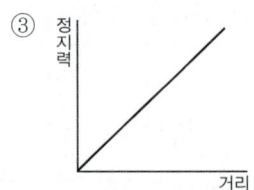

④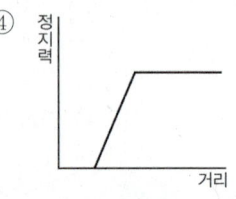

14 기계실 작업구역의 유효높이는 최소 몇 [m] 이상이어야 하는가?

① 1.6m ② 1.8m

③ 2.1m ④ 2.5m

15 미리 설정한 방향으로 설정치를 초과한 상태로 과도하게 유체 흐름이 증가하여 밸브를 통과하는 압력이 떨어지는 경우 자동으로 차단하도록 설계된 밸브는?

① 체크밸브 ② 럽처밸브

③ 스톱밸브 ④ 릴리프밸브

16 소방구조용 엘리베이터의 경우 정전 시에는 보조 전원공급장치에 의하여 최대 몇 초 이내에 엘리베이터 운행에 필요한 전력용량을 자동으로 발생시키도록 해야 하는가?

① 60   ② 120

③ 240   ④ 360

> **해설**
> • 60초 이내에 엘리베이터 운행에 필요한 전력용량을 자동으로 발생시키도록 하되, 수동으로 전원을 작동시킬 수 있어야 한다.
> • 2시간 이상 운행시킬 수 있어야 한다.

17 유압식 엘리베이터에 사용되는 체크밸브의 역할은?

① 오일이 역류하는 것을 방지한다.
② 오일에 있는 이물질을 걸러낸다.
③ 오일을 오직 하강 방향으로만 흐르도록 한다.
④ 오일의 최대 압력을 일정 압력 이하로 관리한다.

> **해설** 유체를 한쪽 방향으로만 흐르게 하고 반대 방향으로는 흐르지 못하도록 하는 밸브로 액체의 역류를 방지

18 승객이 출입하는 동안에 승객의 도어 끼임을 방지하기 위한 감지장치가 아닌 것은?

① 광전장치
② 문닫힘안전장치
③ 초음파장치
④ 도어 인터로크 스위치

> **해설** 도어 인터로크 스위치 : 카가 정지하지 않은 층에서는 비상열쇠를 사용하지 않으면 외부에서 열 수 없도록 하는 시건장치와, 도어가 닫혀 있지 않으면 운전이 불가하도록 하기 위한 도어 스위치를 일체화한 스위치

보호장치(문닫힘안전장치)

구분		특징
접촉식 보호장치		접촉식 감지기 : 감지기와 물리적인 접촉을 통하여 동작하는 스위치 **예** 조속기 스위치, 도어 스위치, 파이널 리밋 스위치
	세이프티 슈 (safety shoe)	이물체 검출을 위해 카 도어 가장자리 끝단에 가동슈를 부착하여 이물체나 사람 접촉 시 닫힘을 중지하고 도어를 반전시키는 접촉식 안전장치
비접촉식 보호장치		비접촉식 감지기 : 자기의 변화, 정전용량의 변화 등을 통하여 감지기가 동작하는 스위치 **예** 인덕터 스위치, 광 감지기, 근접 감지기
	광전장치 (photo electric device)	광전빔을 발생시키는 투광기와 센서인 수광기로 구성되어 있으며 광전빔이 차단될 때 도어를 반전시키는 비접촉식 안전장치
	초음파장치 (ultrasonic door sensor)	초음파의 감지각도를 조정하여 승강장 또는 카 측의 이물체나 사람을 검출하여 도어를 반전시키는 안전장치

19 엘리베이터 주행안내 레일의 기준에 대한 설명으로 틀린 것은?

① 주행안내 레일은 압연강으로 만들어지거나 마찰면이 기계 가동되어야 한다.

② 카, 균형추 또는 평행추는 2개 이상의 견고한 금속제 주행안내 레일에 의해 각각 안내되어야 한다.

③ 추락방지안전장치가 없는 균형추 또는 평형추의 주행안내 레일은 금속판을 성형하여 만들어서는 안 된다.

④ 주행안내 레일의 브래킷 및 건축물에 고정하는 것은 정상적인 건축물의 침하 또는 콘크리트의 수축으로 인한 영향을 자동으로 또는 단순 조정에 의해 보상할 수 있어야 한다.

> **해설**
> • 추락방지안전장치가 없는 균형추 또는 평형추의 주행안내 레일은 금속판을 성형하여 만들 수 있다.
> • 주행안내 레일은 압연강으로 만들어지거나 마찰면이 기계 가공되어야 한다.
> • 카, 균형추 또는 평형추는 2개 이상의 견고한 금속제 주행안내 레일에 의해 각각 안내되어야 한다.
> • 비금속 부품을 포함한 주행안내 고정부품은 허용 가능한 휨 계산 시 이들 요소의 결함이 고려되어야 한다.

20 주택용 엘리베이터에 대한 설명으로 틀린 것은?

① 승강행정이 12m 이하이다.

② 화물용 엘리베이터를 포함한다.

③ 정격속도가 0.25m/s 이하이다.

④ 단독주택에 설치되는 엘리베이터에 적용한다.

> **해설** 수직에 대해 15° 이하의 경사진 주행안내 레일을 따라 단독주택의 거주자를 운송하기 위해 정격속도 0.25m/s 이하, 승강행정 12m 이하인 단독주택에 설치되는 엘리베이터에 적용. 단, 주택용 엘리베이터는 화물용 엘리베이터를 포함하지 않는다.

21 승강장 문 및 카 문이 닫혀 있을 때 문짝 간 틈새나 문짝과 문틀(측면) 또는 문턱 사이의 틈새는 최대 몇 [mm] 이하이어야 하는가? (단, 수직 개폐식 승강장 문과 관련 부품이 마모된 경우 및 유리로 만든 문은 제외한다)

① 6   ② 8

③ 10   ④ 12

> **해설** 승강장 문 및 카 문이 닫혀 있을 때 : 문짝 간 틈새나 문짝과 문틀(측면) 틈새는 6mm 이하, 관련 부품이 마모된 경우에는 10mm까지 허용
> 수직 개폐식 승강장 문 및 카 문의 경우에는 상기 틈새를 10mm까지 허용, 관련 부품이 마모된 경우에는 14mm까지 허용

22 소방구조용 엘리베이터의 안전기준 중 괄호 안에 들어갈 수치는?

> 소방운전 시 건축물에서 요구되는 2시간 이상 동안 소방 접근 지정층을 제외한 승강장의 전기/전자장치는 0℃에서 (   )[℃]까지의 주위 온도 범위에서 정상적으로 작동될 수 있도록 설계한다.

① 45   ② 55

③ 65   ④ 100

> **해설** 전기/전자 장치는 0℃에서 65℃까지 정상적으로 작동될 수 있도록 설계되어야 한다.

23 엘리베이터 승강로에서 연속되는 상하 승강장 문의 문턱 간 거리가 11m를 초과한 경우에 필요한 비상문의 규격은?

① 높이 1.8m 이상, 폭 0.5m 이상
② 높이 1.8m 이상, 폭 0.6m 이상
③ 높이 1.7m 이상, 폭 0.5m 이상
④ 높이 1.7m 이상, 폭 0.6m 이상

해설
- 기계실, 승강로 및 피트 출입문 : 높이 1.8m 이상, 폭 0.7m 이상(주택용 엘리베이터의 경우 기계실 출입문은 폭 0.6m 이상, 높이 0.6m 이상)
- 풀리실 출입문 : 높이 1.4m 이상, 폭 0.6m 이상
- 비상문 : 높이 1.8m 이상, 폭 0.5m 이상
- 점검문 : 높이 0.5m 이하, 폭 0.5m 이하

24 권상 도르래의 로프 홈에서 재질과 권부각이 동일할 경우 트랙선 능력의 크기 순서를 올바르게 나타낸 것은?

① U홈 < 언더컷홈 < V홈
② 언더컷홈 < U홈 < V홈
③ V홈 < U홈 < 언더컷홈
④ U홈 < V홈 < 언더컷홈

해설 도르래 홈의 형상에 따라 마찰계수의 크기는 U홈 < 언더컷홈 < V홈의 순이다.

U홈(U-groove)	언더컷(Under Cut)	V홈

25 도어가 열리면 엘리베이터의 운행이 중지되게 하는 스위치는?

① 파이널 리밋스위치
② 비상정지스위치
③ 도어 스위치
④ 과속조절기 스위치

해설 도어 스위치 : 도어는 도어 머신, 도어 인터로크, 도어 클로저, 도어 보호장치 등으로 구성

26 카 도어의 끝단에 설치되며 이물체가 접촉되면 도어의 힘을 중지하고 도어를 반전시키는 접촉식 보호장치는?

① 도어 인터로크   ② 문닫힘안전장치
③ 광전장치   ④ 초음파장치

해설 도어의 끝단에 세이프티 슈 막대를 설치하여 물체에 의하여 눌러지면 도어의 닫힘을 중지하고 도어를 반전시키는 안전장치
① 도어 인터로크 : 이 장치는 카가 정지하지 않는 층의 도어는 비상키를 사용하지 않으면 열리지 않도록 하는 도어로크(door lock)와 문이 닫혀 있지 않으면 안전회로를 차단시켜 카가 움직이지 않도록 하는 도어 스위치(door switch)로 구성
③ 광전장치 : 광전빔을 발생시키는 투광기와 센서인 수광기가 도어의 양단에 설치되어 광전빔이 차단될 때에는 도어를 반전시키는 비접촉식 안전장치
④ 초음파장치 : 초음파를 이용하여 승강장 또는 도어 사이에 있는 이물체나 사람을 검출하여 도어를 반전시키는 비접촉식 안전장치

27 2~3대의 엘리베이터가 병설되었을 때 주로 사용되는 운전방식은?

① 단식 자동식
② 양방향 승합 전자동식
③ 군 승합 전자동식
④ 군 관리방식

> **해설**
> • 군 승합방식 : 2~3대의 승강기에 대하여 1개의 승강장 호출에 1대의 카만 서비스하여 필요 없는 정지층 수를 줄이는 방식
> • 군 관리방식 : 3~8대가 병설되었을 때 개개의 카를 분산 제어하는 방식

28 위험기계기구의 방호장치 설치의무가 있는 자는?

① 안전관리자
② 해당 작업자
③ 기계기구의 소유자
④ 현장작업의 책임자

> **해설** 작업자와 소유자가 다른 경우 소유자가 방호조치의 책임이 있다.

29 동력으로 운전하는 기계에 작업자의 안전을 위하여 기계마다 설치하는 장치는?

① 수동 스위치장치　② 동력차단장치
③ 동력장치　④ 동력전도장치

> **해설** 동력으로 작동되는 기계에는 스위치·클러치 및 벨트이동장치 등 동력차단장치를 설치하여야 한다.

30 엘리베이터용 주로프는 일반 와이어로프에서 볼 수 없는 몇 가지 특징이 있다. 이에 해당되지 않는 것은?

① 반복적인 벤딩에 소선이 끊어지지 않을 것
② 유연성이 클 것
③ 파단강도가 높을 것
④ 마모에 견딜 수 있도록 탄소량을 많게 할 것

> **해설** 탄소함량이 증가할수록 강도 이외에 경도가 지나치게 높아져 쉽게 깨지거나 부서질 수 있으므로 로프의 내마모성을 높이기 위해 로프의 탄소함유량을 높일 수 없다.

31 주행안내 레일의 보수점검사항 중 틀린 것은?

① 녹이나 이물질이 있을 경우 제거한다.
② 레일 브래킷의 조임상태를 점검한다.
③ 레일 클립의 변형 유무를 체크한다.
④ 레일면이 손상되었을 경우에는 방청페인트로 표면에 곱게 도장한다.

> **해설** 주행안내 레일면 손상 시 교체한다.

32 안전사고의 발생요인으로 볼 수 없는 것은?

① 피로감　② 임금
③ 감정　④ 날씨

- 인적 요인 : 사고의 발생원인이 사람에 있는 경우에 경솔한 행동이나 신체적·정신적 이상상태가 원인
  - 개체 요인 : 사고를 유발시키는 개인의 신체적인 조건(체력 부족, 신체의 결함, 수면 부족, 피로, 질병, 여성생리)이나 정신적 상태(부주의, 착각, 정신의 결함)
  - 행동 요인 : 사고를 유발시키는 위험한 행동을 의미. 작업지식의 부족, 작업 미숙, 작업 속도와 진행의 혼란, 경솔한 행동, 무리한 작업
- 환경적 요인 : 사고 발생원인이 환경에 있는 경우로 주로 불량한 환경조건이 원인
  - 자연적 환경 : 다른 요인과 함께 작용하는 안개, 비, 눈 등의 악천후
  - 인위적 환경 : 건물 구조, 교통기관, 도로, 전기 등의 시설
  - 사회적 환경 : 근로시간, 강도 등의 작업조건, 직업, 인간관계

34 엘리베이터로 인하여 인명사고가 발생했을 경우 안전관리자의 대처사항으로 부적합한 것은?

① 의약품, 들것, 사다리 등의 구급용구를 준비하고 장소를 명시한다.

② 구급을 위해 의료기관과의 비상연락체계를 확립한다.

③ 전문기술자와의 비상연락체계를 확립한다.

④ 자체검사에 관한 사항을 숙지하고 기술적인 사고요인을 검사하여 고장요인을 제거한다.

해설 ④는 사고 발생 전의 관리주체의 의무사항이다.

33 정지되어 있는 물체에 부딪쳤을 때의 재해발생 형태는?

① 추락 　　　　② 낙하

③ 충돌 　　　　④ 전도

해설
- 추락 : 사람이 건축물, 비계, 기계, 사다리, 계단, 경사면, 나무 등에서 떨어진 경우
- 전도 : 사람이 평면상으로 넘어졌을 때를 말함(과속, 미끄러짐 포함)
- 충돌 : 사람이 정지물에 부딪힌 경우
- 낙하, 비래 : 물건이 주체가 되어서 사람이 맞은 경우
- 협착 : 물건에 끼워진 상태나 말려든 상태

35 3상 유도전동기의 회전방향을 바꾸기 위한 방법은?

① 3상에 연결된 3선을 순차적으로 전부 바꾸어 주어야 한다.

② 2차 저항을 증가시켜 준다.

③ 1상에 SCR을 연결하여 SCR에 전류를 흐르게 한다.

④ 3상에 연결된 임의의 2선을 바꾸어 결선한다.

해설 3상 유도 또는 동기전동기를 역전시키려면 3가닥선 중에서 임의의 2가닥선의 접속을 바꾸어 접속한다. 이렇게 하면 회전자기장의 방향이 반대로 되고 회전자도 반대방향으로 회전한다.

36 로프의 미끄러짐 현상을 줄이는 방법으로 틀린 것은?

① 권부각을 크게 한다.

② 가감속도를 완만하게 한다.

③ 균형체인이나 균형로프를 설치한다.

④ 카 자중을 가볍게 한다.

> **해설** 로프의 미끄러짐을 방지하기 위해서 고려해야 할 사항
> • 시브와 로프의 권부각을 크게 할 것
> • 로프의 부담을 줄이기 위해 속도를 완만하게 한다.
> • 보상 케이블을 설치
> • 카의 중량과 균형추의 중량을 같게 한다.

37 카 바닥 앞부분과 승강로 벽과의 수평거리는 일반적으로 몇 [mm] 이하이어야 하는가?

① 120
② 130
③ 140
④ 150

> **해설** 카 바닥 앞부분과 승강로 벽과의 수평거리는 일반적으로 0.15m 이하

38 유압엘리베이터의 주요 배관상에 유량제어밸브를 설치하여 유량을 직접 제어하는 회로로서 비교적 정확한 속도제어가 가능한 유압회로는?

① 미터인(Meter In) 회로

② 블리드오프(Bleed Off) 회로

③ 미터아웃(Meter Out) 회로

④ 유압 VVVF 제어회로

> **해설** 유압회로(속도제어 회로)
> • 미터인 회로 : 유량제어밸브를 실린더의 입구 측에 설치하여 유량을 제어하는 방식(비교적 정확한 속도제어가능)
> • 미터아웃 회로 : 유량제어밸브를 실린더의 출구 측에 설치한 회로
> • 블리드오프 회로 : 유량제어밸브를 실린더와 병렬로 설치하여 실린더의 입구 측에 불필요한 압유를 배출시켜 작동 효율을 증진시킨 회로
> • 재생회로 : 실린더의 단면적에 대한 로드 측의 단면적의 비율에 따라 속도증가 비율이 정해진다.

39 에스컬레이터의 구조로서 적당하지 않은 깃은?

① 사람이 3각부에 충돌하는 것을 경고하기 위하여 비고정식 안전보호판을 부착한다.

② 경사도는 일반적인 경우 30° 이하로 하여야 한다.

③ 디딤판은 이동손잡이의 속도에 반비례하도록 한다.

④ 디딤면의 폭은 0.58m 이상 1.1m 이하이어야 한다.

> **해설** 디딤판의 속도와 0~2%의 허용오차로 같은 방향과 속도로 움직이는 손잡이가 설치
> • 경사도는 30°를 초과하지 않아야 한다. 다만, 층고가 6m 이하이고, 공칭속도가 0.5m/s 이하인 경우에는 경사도를 35°까지 증가시킬 수 있다.
> • 에스컬레이터 및 무빙워크의 공칭폭은 0.58m 이상 1.1m 이하이어야 한다. 경사도가 6° 이하인 무빙워크의 폭은 1.65m까지 허용

정답 36 ④ 37 ④ 38 ① 39 ③

40 엘리베이터의 도어 스위치 회로는 어떻게 구성하는 것이 좋은가?

① 병렬회로
② 직렬회로
③ 직병렬회로
④ 인터로크회로

> **해설** 승강로의 모든 출입구 문이 닫힌 상태에서만 카를 승강할 수 있도록 직렬회로로 구성

41 직류전동기의 속도를 제어하는 방식이라고 볼 수 없는 것은?

① 저항제어
② 전압제어
③ 계자제어
④ 전류제어

> **해설**
> • 전기자 전압제어법 : 전동기에 가해지는 인가전원 전압의 크기를 변화
> • 계자제어법 : 계자회로의 전류를 변화시켜서 속도를 제어
> • 저항제어법 : 전기자회로의 전류를 변화시켜서 속도를 제어

42 엘리베이터의 전동기출력(P_m)의 계산식으로 옳은 것은? [단, L : 정격하중, V : 정격속도, S : 1−F(F : 오버밸런스율), η : 총합효율이다]

① $P_m = \dfrac{LVS}{6,120\eta}$
② $P_m = \dfrac{\eta LS}{6,120V}$
③ $P_m = \dfrac{6,120\eta}{LVS}$
④ $P_m = \dfrac{LVS\eta}{6,120}$

> **해설** 엘리베이터용 전동기 출력
> $P_m = \dfrac{LVS}{6,120\eta} = \dfrac{정격하중 \times 정격속도 \times (1-오버밸런스율)}{6,120 \times 총합효율}$

43 수평보행기의 디딤판 구조에 따른 종류로 옳은 것은?

① 고무벨트식과 플라스틱성형이 있다.
② 고무벨트식과 팰릿식이 있다.
③ 팰릿식과 베이클라이트식이 있다.
④ 고무벨트식과 베이클라이트식이 있다.

> **해설** 수평보행기는 이동거리가 긴 통로에 설치해 사용되며, 디딤판이 금속제로 된 팰릿식과 디딤판이 고무벨트로 만들어진 고무벨트식이 있다.

44 엘리베이터 도어의 안전장치 중에서 접촉식 보호장치에 해당하는 것은?

① 문닫힘안전장치(Safety Shoe)
② 세이프티 레이(Safety Ray)
③ 광전장치(Photo Electric Device)
④ 초음파장치(UItrasonic Sensor)

> **해설** 도어 끝단에 설치하여 이물체가 접촉되면 도어를 반전시키는 장치

45 기계실을 승강로의 아래쪽에 설치하는 방식은?

① 정상부형 방식
② 횡인 구동 방식
③ 베이스먼트 방식
④ 사이드머신 방식

> **해설**
> • 정상부형 : 기계실이 승강로 상부에 위치
> • 베이스먼트 방식 : 기계실이 승강로 하부에 위치
> • 사이드머신 방식 : 기계실이 승강로 측면에 위치

46 되먹임 제어에서 가장 중요한 장치는?

① 입력과 출력을 비교하는 장치

② 응답속도를 느리게 하는 장치

③ 응답속도를 빠르게 하는 장치

④ 안정도를 좋게 하는 장치

> **해설**
> • 정확성 증가
> • 계의 특성 변화에 대한 입력 대 출력비의 감도 감소
> • 발진을 일으키고 불안정한 상태로 되어가는 경향성이 있다.
> • 반드시 입력과 출력을 비교하는 장치가 있어야 한다.

47 다음 중 각도 측정기는?

① 사인바   ② 마이크로미터

③ 하이트게이지   ④ 버니어캘리퍼스

> **해설** 직각삼각형의 삼각함수인 사인을 이용하여 임의의 각도를 설정하거나 측정하는 데 사용하는 기구

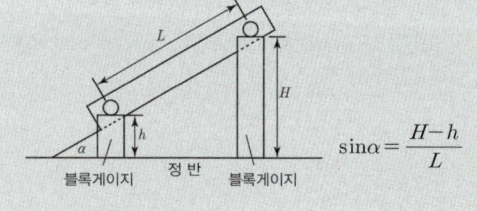

$$\sin\alpha = \frac{H-h}{L}$$

48 축 설계에 있어서 고려할 사항이 아닌 것은?

① 강도   ② 응력집중

③ 열응력   ④ 전기전도성

> **해설** 기계설비의 축강도, 응력을 고려하여 설계하며, 전기전도성은 고려대상이 아니다.

49 새들 키라고도 하며, 축에 키 홈 가공을 하지 않고 보스에만 키 홈을 가공한 것은?

① 묻힘키   ② 반달키

③ 안장키   ④ 접선키

> **해설** 키
> 축이음, 벨트풀리, 기어 등 축과 함께 회전하는 기계부품을 축에 체결하여 토크를 전달시키는 기계요소
> 축과 보스 사이에 직사각형, 반달 모양의 단면을 가진 홈을 가공하여 이 홈에 키를 넣어 보스에 토크를 전달. 종류로는 안장키, 납작키, 묻힘키, 접선키, 반달키, 미끄럼키, 둥근키 등이 있다.
>
>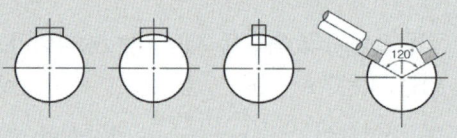
>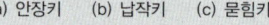
>
>
> (a) 안장키   (b) 납작키   (c) 묻힘키   (d) 접선키
>
>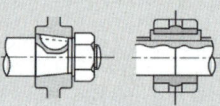
>
>
> (e) 반달키   (f) 미끄럼키   (g) 둥근키

50 나사의 종류 중 정밀기계 이송나사에 사용되는 것은?

① 4각나사   ② 볼나사

③ 너클나사   ④ 미터가는나사

> **해설** 볼스크루는 회전운동을 직선운동으로 전환하며 스크루 축, 너트, 순환 부품, 볼로 구성되어 있다.
>
>

정답   46 ①   47 ①   48 ④   49 ③   50 ②

51 다음 중 기어의 이(Teeth) 줄이 나선인 원통형 기어로서 기어의 두 축이 서로 평행한 기어는?

① 스퍼 기어   ② 웜 기어

③ 베벨 기어   ④ 헬리컬 기어

> **해설** 헬리컬 기어
> • 이의 변형과 진동 소음이 작고 큰 동력의 전달과 고속 운전에 적합
> • 회전 시에 축압이 생기고, 스퍼 기어보다 가공이 힘들다.
> • 한 쌍의 이의 맞물림이 떨어지기 전에 다른 한 쌍의 이의 맞물림이 시작되므로 이의 맞물림이 원활

52 계측기의 오차 중 측정기 자체 결함과 측정장치나 사용자에 대한 환경의 영향 등에 의한 오차는?

① 절대오차   ② 과실오차

③ 계통오차   ④ 우연오차

> **해설** 계측기 오차
> ① 절대오차 : 계산의 결과에서 나온 직접적인 오차의 절댓값
> ② 과실오차 : 측정자 부주의로 발생되며, 측정기 눈금의 오독, 부정확한 조정, 계산 실수 등의 오차
> ③ 계통오차 : 측정기 자체의 결함 등 일정한 원인에 의해서 발생되는 오차
> ④ 우연오차 : 계통오차, 오류에 의한 오차를 제외하더라도 불가피하게 발생되는 오차

53 불 대수식 $Y = ABC + AC$를 간소화시키면?

① ABC ② AC

③ BC ④ AB

> **해설** $Y = ABC + AC = AC(B+1) = AC \cdot 1 = AC$

54 제어량에 따른 분류 중 프로세스 제어에 속하지 않는 것은?

① 압력   ② 유량

③ 온도   ④ 속도

> **해설**
> • 프로세스 제어 : 공정 제어 또는 정치 제어(압력, 온도, 유량, 액위, 농도 등의 상태량 제어)
> • 서보기구 : 물체의 위치, 자세, 방위 등의 기계적 변위를 제어량으로 하는 제어(대공포 포신제어, 미사일 유도 기구의 제어)
> • 자동조정 : 응답속도가 빠른 전기·기계적인 양을 제어량으로 하는 제어(전압, 속도, 주파수, 힘 등의 제어)

55 피상전력이 $P_a[\text{kVA}]$이고 무효전력이 $P_r[\text{kVar}]$인 경우 유효전력 $P[\text{kW}]$를 나타낸 것은?

① $P = \sqrt{P_a - P_r}$

② $P = \sqrt{P_a^2 - P_r^2}$

③ $P = \sqrt{P_a + P_r}$

④ $P = \sqrt{P_a^2 + P_r^2}$

> **해설** 교류전력
> $P_a^2 = P^2 + P_r^2[\text{kVA}]$이므로, $P = \sqrt{P_a^2 + P_r^2}[\text{kW}]$
>
>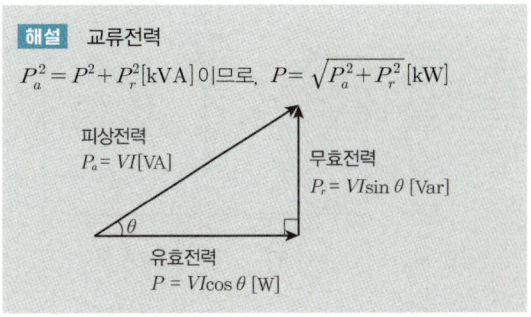

56 전동기의 회전 방향을 알기 위한 법칙은?

① 렌츠의 법칙　　② 앙페르의 법칙
③ 플레밍의 왼손 법칙　④ 플레밍의 오른손 법칙

> **해설** 플레밍의 왼손 법칙 : 도체가 자기장에서 받고 있는 힘의 방향을 알 수 있으며 전동기 회전의 원리
> • 엄지는 자기장에서 받는 힘(F)의 방향
> • 검지는 자기장(B)의 방향
> • 중지는 전류(I)의 방향

57 어떤 물질의 대전상태를 설명한 것으로 옳은 것은?

① 중성임을 뜻한다.
② 물질이 안정된 상태이다.
③ 어떤 물질이 전자의 과부족으로 전기를 띠는 상태이다.
④ 원자핵이 파괴된 것이다.

> **해설**
> • 대전 : 어떤 물질이 전자의 과부족으로 전기를 띠는 것
> • 전하 : 대전에 의해서 물체가 띠고 있는 전기
> • 전류 : 전하의 흐름, 어떤 도체의 단면을 1초간에 통과하는 전하량

58 $R_1 = 100Ω$, $R_2 = 1,000Ω$, $R_3 = 800Ω$일 때 전류계의 지시가 0이 되었다. 이때 저항 R_4는 몇 [Ω]인가?

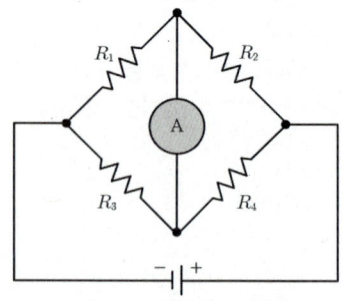

① 80　　　　　　② 160
③ 240　　　　　　④ 320

> **해설** 휘트스톤 브리지 회로의 전류계의 지시값이 0이 되었으며, 위 회로는 평형상태이며 이때 $R_1R_3 = R_2R_4$의 관계가 성립한다. 따라서, $100 \times 800 = 1,000 \times R_4$ 이므로 $R_4 = 80Ω$

59 10Ω의 저항에 5A의 전류가 흐른다면 전압은?

① 0. 02V　　　　② 0.5V
③ 5V　　　　　　④ 50V

> **해설** 전압 = 전류 × 저항 = 5 × 10 = 50V

60 다음 논리기호의 논리식은?

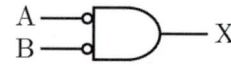

① $X = A + B$
② $X = \overline{AB}$
③ $X = AB$
④ $X = \overline{A + B}$

> **해설** 드모르간 법칙에 의한 등가 논리회로
> $X = \overline{A} \cdot \overline{B} = \overline{A + B}$, $(\overline{A \cdot B}) = \overline{A} + \overline{B}$
>
> $\overline{A + B} = \overline{A} \cdot \overline{B}$
>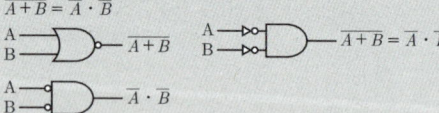
> ▲ NOR 게이트와 negative AND 관계
>
> $\overline{A} \cdot \overline{B} = \overline{A + B}$
>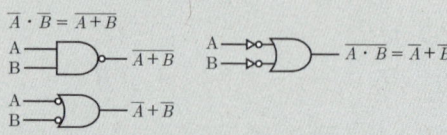
> ▲ NAND 게이트와 negative OR 관계

2022년 제2회 기출복원문제

01 유압식 엘리베이터에서 램(실린더) 또는 플런저의 직상부에 카를 설치하는 방식은?

① 직접식
② 간접식
③ 기어식
④ 팬타그래프식

해설
- 직접식 : 카 하부에 플런저를 직접 붙여 카를 움직이는 방식
- 간접식 : 와이어로프나 체인 등을 통해 플런저의 움직임을 간접적으로 카에 전달하는 방식
- 팬터그래프식 : 플런저에 의해 팬터그래프를 개폐하여 카를 승강시키는 방식

02 엘리베이터 파이널 리밋스위치의 설치 및 작동 기준에 대한 설명으로 틀린 것은?

① 유압식 엘리베이터의 경우, 주행로의 최상부에서만 작동하도록 설치되어야 한다.
② 권상 및 포지티브 구동식 엘리베이터의 경우, 주행로의 최상부 및 최하부에서 작동하도록 설치되어야 한다.
③ 파이널 리밋스위치와 일반 종단정지장치는 서로 연결되어 종속적으로 작동되어야 한다.
④ 파이널 리밋스위치의 작동은 완충기가 압축되어 있거나, 램이 완충장치에 접촉되어 있는 동안 지속적으로 유지되어야 한다.

해설
- 파이널 리밋스위치와 일반 종단정지장치는 독립적으로 작동되어야 한다.
- 파이널 리밋스위치는 다음과 같아야 한다.
  - 권상 및 포지티브 구동식 엘리베이터의 경우, 주행로의 최상부 및 최하부에서 작동하도록 설치되어야 한다.
  - 유압식 엘리베이터의 경우, 주행로의 최상부에서만 작동하도록 설치되어야 한다.
- 우발적인 작동의 위험 없이 가능한 최상층 및 최하층에 근접하여 작동하도록 설치되어야 한다.
- 카(또는 균형추)가 완충기 또는 램이 완충장치에 충돌하기 전에 작동되어야 한다.
- 완충기가 압축되어 있거나, 램이 완충장치에 접촉되어 있는 동안 지속적으로 유지되어야 한다.

03 엘리베이터용 과속조절기의 종류가 아닌 것은?

① 디스크형
② 플라이휠형
③ 플라이볼형
④ 마찰정지형

해설 롤세이프티형(Roll Safety Type, GR형), 디스크형(Disk Type, GD형), 플라이볼형(Fly Ball Type, GF형) 과속조절기(조속기)가 있다.

04 권상 도르래 · 풀리 또는 드럼의 피치직경과 로프의 공칭직경 사이의 비율은 로프의 가닥수와 관계없이 최소 몇 이상이어야 하는가? (단, 주택용 엘리베이터는 제외한다)

① 10
② 20
③ 30
④ 40

해설 로프(벨트)의 가닥수와 관계없이 40 이상
다만, 주택용 엘리베이터의 경우 30 이상

8 기출복원문제 개년

05 카가 최상층 및 최하층을 지나쳐 주행하는 것을 방지하는 것은?

① 균형추　　　　　　② 정지스위치
③ 인터로크장치　　　④ 리밋스위치

> **해설** 카의 위치를 확인하기 위한 스위치로 설치하는 장치이자 방호장치로 운행 중 과도한 한계를 벗어나 계속 작동하지 않도록 제한하는 장치

06 와이어로프를 소선강도에 따라 분류했을 때 다음 설명 중 옳은 것은?

① E종은 1,470N/mm² 급 강도의 소선으로 구성된 로프이다.
② B종은 강도와 경도가 A종보다 낮아서 정격하중이 작은 엘리베이터에 주로 사용된다.
③ G종은 소선의 표면에 도금한 것으로 습기가 많은 장소에 사용하기에 적합하다.
④ A종은 다른 종류와 비교하여 탄소량을 적게 하고 경도를 낮춘 것으로 소선강도가 1,320N/mm² 급이다.

> **해설** 로프를 소선의 파단하중에 따라 4종류로 구분
> • E종 : E종 로프는 엘리베이터에서의 사용조건을 고려하여 제조한 것으로 주로 엘리베이터용으로 사용
> • B종 : 강도, 경도가 A종보다 높아 엘리베이터에서는 거의 사용 안 한다.
> • G종 : 도금한 종류로 불리며 소선의 표면에 아연도금을 실시한 로프, 녹이 발생하기 어려우므로 다습환경의 장소에 설치되는 경우 사용
> • A종 : 150kgf/mm²급의 강도를 가진 소선으로 구성된 로프로 파단 강도가 높으므로 초고층용 엘리베이터나 로프본수를 적게 하고 싶을 경우 등에 사용

07 직접식에 비교한 간접식 유압엘리베이터의 특징으로 맞는 것은?

① 부하에 의한 카 바닥의 빠짐이 작다.
② 실린더 보호관이 필요 없다.
③ 일반적으로 실린더의 점검이 곤란하다.
④ 승강로 소요평면 치수가 작고 구조가 간단하다.

> **해설**
>
> | 직접식 | 간접식 |
> |---|---|
> | 비상정지장치가 필요 없다. | 비상정지장치가 필요 하다. |
> | 승강로의 크기가 작고 구조가 간단하다. | 승강로가 실린더를 수용할 만큼 커진다. |
> | 실린더를 설치하기 위한 보호관을 땅속에 설치하여야 하므로 실린더의 점검이 곤란하다. | 실린더 보호관이 필요 없어 점검이 용이하다. |
> | 부하에 의한 카 바닥의 빠짐이 작다. | 로프의 늘어짐과 작동유의 점성 때문에 부하에 의한 카 바닥의 빠짐이 비교적 크다. |

08 일반적으로 무빙워크의 경사도는 최대 몇 ° 이하이어야 하는가?

① 9°　　　　　　② 12°
③ 15°　　　　　④ 25°

> **해설** 경사도는 12° 이하이어야 한다.

09 소방구조용 엘리베이터의 운행속도는 최소 몇 [m/s] 이상이어야 하는가?

① 0.5　　　　　② 1
③ 2　　　　　　④ 5

> **해설** 소방관 접근 지정층에서 소방관이 조작하여 엘리베이터 문이 닫힌 이후부터 60초 이내에 가장 먼 층에 도착되어야 한다. 다만, 운행속도는 1m/s 이상이어야 한다.

10 2단으로 배열된 운반기 중 임의의 상단의 자동차를 출고시키고자 하는 경우 하단의 운반기를 수평 이동시켜 상단의 운반기가 하강이 가능하도록 한 입체 주차설비는?

① 수평순환식 주차장치
② 수직순환식 주차장치
③ 2단식 주차장치
④ 승강기식 주차장치

해설
• 2단식 주차장치 : 주차구획이 2단으로 배치되어 있고 출입구가 있는 층의 모든 부분을 주차장치 출입구로 사용할 수 있는 구조
• 수평순환식 주차장치 : 다수의 운반기를 2열 또는 그 이상으로 배열하여 수평으로 순환 이동시키는 구조
• 수직순환식 주차장치 : 수직면 내에 수직으로 배열된 다수의 운반기가 순환 이동하는 구조
• 다층순환식 주차장치 : 다수의 운반기를 2층 또는 그 이상으로 배치하여 위·아래 또는 수평으로 순환 이동시키는 구조

11 전압과 주파수를 동시에 제어하는 속도제어 방식은?

① VVVF 제어
② 교류 1단 속도제어
③ 교류 귀환 전압제어
④ 정지 레오나드 제어

해설 VVVF 제어
• 유도전동기에 공급하는 전원의 전압과 주파수를 동시에 제어함으로써 그 속도를 제어하는 방식을 말한다.
• 효율이 좋고 아주 원활한 속도제어를 할 수 있기 때문에 최근에는 엘리베이터의 속도제어에 사용

12 다음 중 주택용 엘리베이터의 정원을 일반적으로 산출하는 식으로 옳은 것은?

① 정원(인) $= \dfrac{\text{정격하중}}{70\text{kg}}$

② 정원(인) $= \dfrac{\text{정격하중}}{75\text{kg}}$

③ 정원(인) $= \dfrac{\text{정격하중}}{80\text{kg}}$

④ 정원(인) $= \dfrac{\text{정격하중}}{85\text{kg}}$

해설 주택용 엘리베이터 정원은 1인당 75(kg)을 기준으로 산정

13 권상기 주도르래의 로프홈으로 언더컷형을 사용하는 이유로 가장 적절한 것은?

① 마모를 줄이기 위하여
② 로프의 직경을 줄이기 위하여
③ 트랙션 능력을 키우기 위하여
④ 제조 시 가공을 용이하게 하기 위하여

해설 로프와 도르래와의 관계에서 U형의 도르래 홈은 마찰계수가 낮으므로 일반적으로 홈의 밑을 도려낸 언더컷 홈으로 마찰계수를 올린다.

U홈(U-groove)	언더컷(Under Cut)	V홈

14 에스컬레이터의 경사도는 일반적으로 몇 °를 초과하지 않아야 하는가? (단, 층고가 6m 초과인 경우로 한정한다)

① 20°   ② 30°
③ 40°   ④ 50°

> **해설** 경사도는 30°를 초과하지 않아야 한다. 다만, 층고가 6m 이하이고, 공칭속도가 0.5m/s 이하인 경우에는 경사도를 35°까지 증가시킬 수 있다.

15 엘리베이터 안전기준상 승강로 출입문의 크기 기준으로 맞는 것은?

① 높이 1.5m 이상, 폭 0.5m 이상
② 높이 1.5m 이상, 폭 0.7m 이상
③ 높이 1.8m 이상, 폭 0.5m 이상
④ 높이 1.8m 이상, 폭 0.7m 이상

> **해설**
> • 기계실, 승강로 및 피트 출입문 : 높이 1.8m 이상, 폭 0.7m 이상
> • 풀리실 출입문 : 높이 1.4m 이상, 폭 0.6m 이상
> • 비상문 : 높이 1.8m 이상, 폭 0.5m 이상
> • 점검문 : 높이 0.5m 이하, 폭 0.5m 이하

16 건물 내에 승강기를 분산배치하지 않고, 집중배치할 경우 발생할 수 있는 현상이 아닌 것은?

① 운전능률 향상
② 설비 투자비용 절감
③ 승객의 대기시간 단축
④ 승객의 망설임현상 발생

> **해설** 건물 내의 엘리베이터를 집중배치할 경우 엘리베이터의 운전효율이 높아지고 대기시간이 단축

17 엘리베이터에 사용되는 와이어로프 중 소선의 표면에 아연도금을 실시한 로프로 다습한 환경에 설치되는 것은?

① E종   ② G종
③ A종   ④ B종

> **해설** 소선의 강도에 의한 분류 : 로프를 소선의 파단하중에 따라 4종류로 구분
> • G종 : 도금한 종류로 불리며 소선의 표면에 아연도금을 실시한 로프. 녹이 발생하기 어려우므로 다습환경의 장소에 설치되는 경우 사용
> • E종 : 엘리베이터에서의 사용조건을 고려하여 제조한 것으로 주로 엘리베이터용으로 사용
> • A종 : 150kgf/mm² 급의 강도를 가진 소선으로 구성된 로프로 파단강도가 높으므로 초고층용 엘리베이터나 로프 본수를 적게 하고 싶을 경우 등에 사용
> • B종 : 강도, 경도가 A종보다 높아 엘리베이터에서는 거의 사용하지 않는다.

18 가변전압 가변주파수 제어방식과 관계가 없는 것은?

① PAM   ② VVVF
③ 인버터   ④ MG세트

> **해설** 주파수를 변환하는 동시에 전압도 비례해서 변화시키는 가변주파수 인버터 방식을 말하며, 일반적으로 인버터와 같은 뜻으로 사용된다.
> 인버터 속도제어방법에는 PWM과 PAM으로 나눌 수 있다.

19 엘리베이터 보호난간의 안전기준에 대한 설명으로 틀린 것은?

① 보호난간은 손잡이와 보호난간의 1/2 높이에 있는 중간 봉으로 구성되어야 한다.

② 보호난간은 카 지붕의 가장자리로부터 0.15m 이내에 위치되어야 한다.

③ 보호난간의 손잡이 바깥쪽 가장자리와 승강로의 부품(균형추 또는 평형추, 스위치, 레일, 브래킷 등) 사이의 수평거리는 0.1m 이상이어야 한다.

④ 보호난간 상부의 어느 지점마다 수직으로 1,000N의 힘을 수평으로 가할 때, 30mm를 초과하는 탄성변형 없이 견딜 수 있어야 한다.

해설
- 손잡이와 보호난간의 1/2 높이에 있는 중간 봉으로 구성되어야 한다.
- 높이는 보호난간의 손잡이 안쪽 가장자리와 승강로 벽 사이의 수평거리를 고려하여 다음 구분에 따른 수치 이상이어야 한다.
  - 수평거리가 0.5m 이하인 경우 : 0.7m
  - 수평거리가 0.5m를 초과한 경우 : 1.1m
- 보호난간은 카 지붕의 가장자리로부터 0.15m 이내에 위치되어야 한다.
- 보호난간의 손잡이 바깥쪽 가장자리와 승강로의 부품(균형추 또는 평형추, 스위치, 레일, 브래킷 등) 사이의 수평거리는 0.1m 이상이어야 한다.
- 보호난간 상부의 어느 지점마다 수직으로 1,000N의 힘을 수평으로 가할 때, 50mm를 초과하는 탄성변형 없이 견딜 수 있어야 한다.

20 일반적으로 구름 베어링에 비교한 미끄럼 베어링의 장점은?

① 윤활유가 적게 필요하다.

② 초기 작동 시 마찰이 작다.

③ 표준화, 규격화가 되어 있어 호환성이 좋다.

④ 진동이 있는 기계류에 사용 시 효과가 좋다.

해설 **미끄럼 베어링**
축(저널)과 베어링 사이에 윤활유 유막이 형성되어 미끄럼에 의한 상대운동을 지지하는 것으로 내충격성을 가지면서 큰 하중에도 견딜 수 있다. 고하중, 저속운동을 하는 기계요소에 널리 쓰인다.

구름 베어링
베어링의 접촉면 사이에 볼이나 롤러·니들을 넣어 마찰저항을 작게 하는 것으로, 미끄럼 베어링보다 마찰이나 동력손실이 적고 윤활법이나 보수가 쉬운 편이나, 제작(설치)이 어렵고 외부의 충격에 약한 단점을 가지고 있다.

21 에스컬레이터 설계 시 안전기준에 대한 설명으로 틀린 것은? (단, 설치검사를 기준으로 설계한다)

① 승강장에 근접하여 설치한 방화셔터가 완전히 닫힌 후에 에스컬레이터의 운전이 정지하도록 한다.

② 손잡이는 정상운행 중 운행방향의 반대편에서 450N의 힘으로 당겨도 정지되지 않아야 한다.

③ 콤의 끝은 둥글게 하고 콤과 디딤판 사이에 끼이는 위험을 최소로 하는 형상이어야 한다.

④ 승강장 플레이트는 눈·비 등에 젖었을 때 미끄러지지 않게 안전한 발판으로 설계되어야 한다.

해설 방화셔터가 닫히기 시작할 때 연동하여 자동으로 정지시키는 장치가 설치되어야 한다.

22 수평보행기의 공칭속도가 0.75m/s인 경우 정지거리 기준은?

① 0.30m부터 1.50m까지
② 0.40m부터 1.50m까지
③ 0.40m부터 1.70m까지
④ 0.50m부터 1.50m까지

> **해설** 무부하 상태의 에스컬레이터 및 하강 방향으로 움직이는 제동부하 상태의 에스컬레이터에 대한 정지거리는 다음과 같다.
>
> | 공칭속도(V) | 정지거리 |
> |---|---|
> | 0.50m/s | 0.20m에서 1.00m 사이 |
> | 0.65m/s | 0.30m에서 1.30m 사이 |
> | 0.75m/s | 0.40m에서 1.50m 사이 |

23 권상기 도르래와 로프의 미끄러짐 관계에 대한 설명으로 옳은 것은?

① 권부각이 작을수록 미끄러지기 어렵다.
② 카의 가감속도가 클수록 미끄러지기 어렵다.
③ 카 측과 균형추 측에 걸리는 중량비가 클수록 미끄러지기 어렵다.
④ 로프와 도르래 사이의 마찰계수가 클수록 미끄러지기 어렵다.

> **해설** 전기식 엘리베이터의 트랙션 능력
> • 가속도가 클수록 미끄러지기 쉽다.
> • 와이어로프의 권부각이 작을수록 미끄러지기 쉽다.
> • 와이어로프와 도르래의 마찰계수가 작을수록 미끄러지기 쉽다.
> • 카 측과 균형추 측의 장력비가 트랙션 능력에 근접할수록 미끄러지기 쉽다.

24 엘리베이터 카가 제어시스템에 의해 지정된 층에 도착하고 문이 완전히 열린 위치에 있을 때, 카 문턱과 승강장 문턱 사이의 수직거리인 착상정확도는 몇 [mm] 이내이어야 하는가?

① ± 5
② ±10
③ ±15
④ ±20

> **해설** 착상정확도는 ±10mm 이내이어야 한다. 예를 들어 승객이 출입하거나 하역하는 동안 착상 정확도가 ±20mm를 초과할 경우에는 ±10mm 이내로 보정되어야 한다.

25 비선형 특성을 갖는 에너지축적형 완충기가 카의 질량과 정격하중, 또는 균형추의 질량으로 정격속도의 115%의 속도로 완충기에 충돌할 때에 만족해야 하는 기준으로 틀린 것은?

① $2.5g_n$를 초과하는 감속도는 0.04초보다 길지 않아야 한다.
② 카 또는 균형추의 복귀속도는 1m/s 이하이어야 한다.
③ 작동 후에는 영구적인 변형이 없어야 한다.
④ 최대 피크 감속도는 $7.5g_n$ 이하이어야 한다.

> **해설** 비선형 특성을 갖는 에너지축적형 완충기는 카의 질량과 정격하중, 또는 균형추의 질량으로 정격속도의 115%의 속도로 완충기에 충돌할 때 다음 사항에 적합해야 한다.
> • 감속도는 $1g_n$ 이하이어야 한다.
> • $2.5g_n$를 초과하는 감속도는 0.04초보다 길지 않아야 한다.
> • 카 또는 균형추의 복귀속도는 1m/s 이하이어야 한다.
> • 작동 후에는 영구적인 변형이 없어야 한다.
> • 최대 피크 감속도는 $6g_n$ 이하이어야 한다.

26 유도전동기의 인버터 제어방식에서 10KHz의 캐리어 주파수(carrier frequency)를 발생하여 운전 시 전동기 소음을 줄일 수 있는 인버터 전력용 스위칭 소자는?

① SCR   ② IGBT
③ 다이오드   ④ 평활콘덴서

해설 전력용 반도체
• IGBT(Insulated Gate Bipolar Transistor, 절연 게이트 양극성 트랜지스터) : 금속 산화막 반도체 전계효과 트랜지스터(MOSFET)를 게이트부에 넣은 접합형 트랜지스터로 게이트-이미터 간의 전압이 구동되어 입력신호에 의해서 온/오프가 생기는 자기소호형이므로 대전력의 저속 스위칭이 가능한 반도체 소자
• SCR(Silicon Controlled Rectifier, 실리콘 제어정류기) : Thyristor(사이리스터)라고 불리며, 제어단자(G)로부터 음극(K)에 전류를 흘리는 것으로, 양극(A)과 음극(K) 사이를 도통시킬 수 있는 3단자의 반도체 소자이다. PNPN의 4중 구조를 하고 있으며, 게이트에 일정한 전류를 통과시키면 양극과 음극 간 도통(턴온)한다. 도통을 정지(턴오프)하기 위해서는, 양극과 음극 간의 전류를 일정치 이하로 할 필요가 있다. 이러한 특징으로 한 번 도통시키면 통과전류가 0이 될 때까지 도통상태를 유지해야 하는 곳에 사용
• 다이오드(Diode) : N형, P형 반도체를 접합하여 한 방향으로 전류를 흐르게 함(교류를 직류로 바꾸는 정류작용 및 스위치 작용)

27 엘리베이터를 신호방식에 따라 분류할 때 먼저 눌러져 있는 버튼의 호출에 응답하고, 그 운전이 완료될 때까지 다른 호출을 일체 받지 않는 방식은?

① 군 관리방식
② 승합 전자동식
③ 단식 자동방식
④ 내리는 승합 전자동식

해설
• 단식 자동운전 : 가장 먼저 등록된 부름에만 응답하고, 그 운전이 완료될 때까지는 다른 부름에는 응답하지 않는 방식으로, 화물용이나 카 리프트 등에 주로 사용되는 조작방식
• 군 관리방식 : 엘리베이터를 3~8대 병설할 때 건물 내의 교통수요 변동에 효율적으로 운행·관리하는 조작방식. 층 표시기를 부착하지 않고 서비스하게 될 엘리베이터를 표시해 주는 홀 랜턴을 설치하는 것이 보통이다.
• 승합 전자동식 : 승객 자신이 운전하며 목적층 버튼이나 승강장으로부터의 호출신호로 시동하여 정지를 하는 조작방식
• 하강(내리는) 승합 자동방식(down collective automation type) : 상승 중에는 승강장으로부터의 호출신호에 응하지 않고 최고호출에 응하여 정지한 후 자동으로 반전하여 하강하며, 하강 시에는 승강장의 호출에 응하여 정지

28 에스컬레이터 스텝의 구성요소가 아닌 것은?

① 끼임방지 빗   ② 클리트
③ 라이저   ④ 디딤판

해설 디딤판의 이물질을 걸르는 빗 모양의 판으로 승강장의 콤 플레이트 요소

▲ 에스컬레이터 스텝의 구조

29 카 또는 균형추가 승강로 바닥에 충돌하였을 때 카 내의 사람이 안전하도록 충격을 완화시키는 장치는?

① 과속조절기
② 순간비상정지장치
③ 완충기
④ 리밋스위치

> **해설** 완충기 : 카나 균형추가 어떤 원인으로 최하층을 지나 피트로 추락할 때 충격을 완화시켜 주는 장치

30 수평보행기의 안전장치에 해당되지 않는 것은?

① 디딤판체인 안전스위치
② 스커트가드 안전스위치
③ 비상정지스위치
④ 손잡이 인입구 안전스위치

> **해설** 에스컬레이터의 내측판과 스텝 사이에 인체의 일부 등이 끼어 발생하는 사고를 방지하기 위해 에스컬레이터의 출구 부근의 스커트가드 속에 설치되는 안전스위치

31 수평보행기의 디딤면이 고무제품 등 미끄러지기 어려운 구조가 아닌 경우 수평보행기의 경사각도는 몇 ° 이하로 하여야 하는가?

① 8° 이하
② 10° 이하
③ 12° 이하
④ 15° 이하

> **해설** 수평보행기의 경사도는 12° 이하

32 사고원인에 대한 사항으로 틀린 것은?

① 교육적인 원인 : 안전지식 부족
② 인적 원인 : 불안전한 행동
③ 간접적인 원인 : 고의에 의한 사고
④ 직접적인 원인 : 환경 및 설비의 불량

> **해설**
> (1) 재해의 직접원인
> - 인적 원인 : 불안전한 행동
>   - 관리상 원인 : 작업지식 부족, 작업 미숙, 작업방법 불량 등
>   - 생리적 원인 : 건강 이상, 체력 부족, 신체적 결함, 피로, 수면 부족 등
>   - 심리적 원인 : 주변적 동작, 걱정거리, 무의식 행동, 지름길 반응, 생략행위, 억측판단, 착오, 소질적 결함, 의식의 우회, 망각 등
> - 물적 요인 : 불안전한 상태
> (2) 재해의 간접원인
> - 관리적 요인 : 최고관리자의 안전의식 및 책임감 부족, 안전관리조직의 결함, 안전교육제도 미비, 안전기준의 모호함, 안전점검제도의 결함
> - 기술적 요인 : 기계장치의 설계불량, 부적절한 재료의 사용, 불충분한 안전점검 및 불안전한 행동을 유도하는 기술적 결함 등
> - 교육적 요인 : 안전지식의 결여, 안전규정의 잘못된 해석, 훈련 미숙, 좋지 않은 습관, 미경험 등
> - 신체적 요인 : 질병, 신체장애, 피로, 숙취 등
> - 정신적 요인 : 착각, 직업태도, 불량, 지각적, 성격적, 지능적 결함 등

33 안전점검을 할 때 일정 기간을 두고서 행하는 점검은?

① 수시점검
② 임시점검
③ 특별점검
④ 정기점검

> **해설**
> - 일상점검(수시점검) : 사업장, 가정 등에서 활동을 시작하기 전 또는 종료 시에 수시로 점검
> - 정기점검 : 일정한 기간을 정하여 각 분야별 유해·위험요소에 대하여 점검을 하는 것으로 주간점검, 월간점검 및 연간점검 등으로 구분
> - 특별점검 : 태풍이나 폭우 등 천재지변이 발생한 경우 등 분야별로 특별히 점검을 받아야 되는 경우에 점검

34 승강기 보수자가 승강기 카와 건물벽 사이에 끼었다. 이 재해의 발생 형태는?

① 협착
② 전도
③ 마찰
④ 질식

> **해설** 재해 발생 형태
> - 추락 : 사람이 건축물, 비계, 기계, 사다리, 계단 경사면, 나무 등에서 떨어지는 것
> - 전도 : 사람이 평면상으로 넘어졌을 때를 말함(과속, 미끄러짐 포함)
> - 충돌 : 사람이 정지물에 부딪친 경우
> - 낙하·비래 : 물건이 주체가 되어 사람이 맞은 경우
> - 붕괴·도고 : 적재물, 비계, 건축물이 무너진 경우
> - 협착 : 물건에 끼인 상태, 말려든 상태
> - 감전 : 전기 접촉이나 방전에 의해서 사람이 충격을 받은 경우
> - 폭발 : 압력의 급격한 발생 또는 개방으로 폭음을 수반한 팽창이 일어난 경우
> - 파열 : 용기 또는 장치가 물리적인 압력에 의해 터진 경우
> - 화재 : 불로 인한 경우

35 작업 내용에 따라 지급해야 할 보호구로 옳지 않은 것은?

① 보안면 : 물체가 날아 흩어질 위험이 있는 작업
② 절연장갑 : 감전의 위험이 있는 작업
③ 방열복 : 고열에 의한 화상 등의 위험이 있는 작업
④ 안전화 : 물체의 낙하, 물체의 끼임 등이 있는 작업

> **해설**
> - 용접 시 불꽃 또는 물체가 흩날릴 위험이 있는 작업 : 보안면
> - 물체가 떨어지거나 날아올 위험 또는 근로자가 추락할 위험이 있는 작업 : 안전모
> - 높이 또는 깊이 2m 이상의 추락할 위험이 있는 장소에서의 작업 : 안전대
> - 물체의 낙하·충격, 물체에의 끼임, 감전 또는 정전기의 대전(원)에 의한 위험이 있는 작업 : 안전화
> - 물체가 날아 흩어질 위험이 있는 작업 : 보안경
> - 감전의 위험이 있는 작업 : 절연용 보호구
> - 고열에 의한 화상 등의 위험이 있는 작업 : 방열복

36 다음 중 안전사고 발생요인이 가장 높은 것은?

① 불안전한 상태와 행동
② 개인의 개성
③ 환경과 유전
④ 개인의 감정

> **해설**
> - 불안전한 상태 : 재해의 물적 원인, 사고를 일으키게 하는 상태 또는 사고의 요인을 만들어 내고 있는 것과 같은 상태(전체 재해 발생 원인의 10% 정도)
> - 불안전한 행동 : 재해의 인적 원인, 재해의 요인으로 된 사람의 불안전한 행동(전체 재해 발생 원인의 88% 정도)

37 승강기의 안전장치에 관한 설명으로 틀린 것은?

① 작업 형편상 경우에 따라 일시 제거해도 좋다.
② 카의 출입문이 열려 있는 경우 움직이지 않는다.
③ 불량할 때는 즉시 보수한 다음 작업한다.
④ 반드시 작업 전에 점검한다.

> **해설** 필요에 따라 일시 안전장치를 제거할 필요가 있는 경우에는 반드시 안전관리자 또는 소관 안전관리책임자(정·부)의 허가를 받아야 한다.

38 안전관리자의 직무사항이 아닌 것은?

① 안전작업 교육계획의 수립 및 실시
② 근로환경 보건에 관한 조사
③ 재해 원인의 조사와 대책 수립
④ 작업의 안전에 관한 교육 및 훈련

> **해설**
> - 해당 사업장의 안전보건관리규정 및 취업규칙에서 정한 업무
> - 자율안전 확인대상 기계·기구 등 구입 시 적격품의 선정에 관한 보좌 및 조언·지도
> - 해당 사업장 안전교육계획의 수립 및 안전교육 실시에 관한 보좌 및 조언·지도
> - 사업장 순회점검·지도 및 조치의 건의

39 그림과 같은 활차장치의 옳은 설명은?

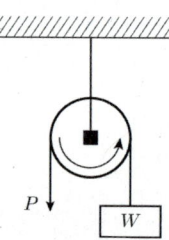

① 힘의 방향만 변환시키고, 크기는 $P = W$이다.

② 힘의 방향을 변환시키고, 크기는 $P = \dfrac{W}{2}$이다.

③ 힘의 크기만 변환시키고, 크기는 $P = \dfrac{W}{3}$이다.

④ 힘의 크기만 변환시키고, 크기는 $P = \dfrac{W}{4}$이다.

> **해설** 고정 도르래($P = W$) : 힘에는 이득이 없으나 힘의 방향을 바꿀 수 있으며, 힘이 한 일과 고정 도르래가 한 일이 같다.

40 다이얼 게이지의 보관 및 취급 시 주의사항으로 틀린 것은?

① 교정주기에 따라 교정성적서를 발행한다.

② 측정 시 충격이 가지 않도록 한다.

③ 스핀들에 주유하여 보관한다.

④ 측정자를 잘 선택해야 한다.

> **해설** 다이얼 게이지
> • 장기 보관 시에는 방청유를 헝겊에 묻혀서 골고루 항청한다. 단, 본체 내부, 스핀들, 초경금속구부의 측정자 등은 일체 기름이 유입되는 일이 없도록 한다.
> • 보관/관리 시 준수사항
> – 직사광선에 노출되지 않을 것
> – 습기가 적고 통풍이 잘 되는 곳에 보관할 것
> – 먼지가 적게 발생하는 곳

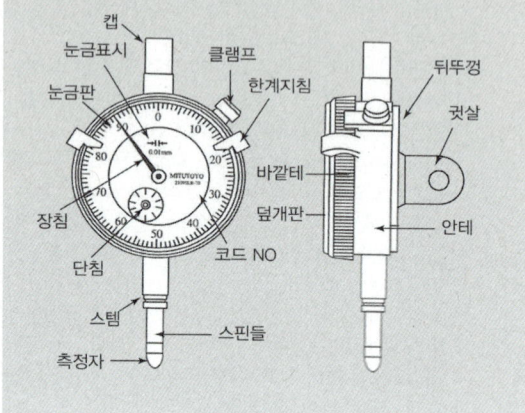

41 금속재료를 압축하여 눌렀을 때 넓게 퍼지는 성질은?

① 인성   ② 연성

③ 취성   ④ 전성

> **해설**
> • 인성 : 잡아당기는 힘에 견디는 성질. 재료가 외력을 받으면 변형은 생기나 파괴되지 않는 성질
> • 연성 : 가소성의 일종으로 탄성한계를 넘는 변형력으로도 물체가 파괴되지 않고 늘어나는 성질
> • 취성 : 부스러지기 쉬운 성질
> • 전성 : 두드리거나 압착하면 넓고 얇게 퍼지는 금속의 성질

42 너트의 풀림을 방지하는 방법으로 틀린 것은?

① 스프링 와셔를 사용
② 로크 너트를 사용
③ 자동죔 너트를 사용
④ 캡 너트를 사용

- 로크 너트 : 볼트와 너트에 일정한 하중을 주어서 자립조건을 주도록 한 것으로서, 2개의 너트를 사용하여 서로 졸라매어 너트 사이를 서로 미는 상태로 하면 외부 진동에도 항상 하중이 작용되고 있는 상태를 유지
- 자동죔 너트 : 자동죔 너트는 갈라진 부분이 안쪽으로 휘어져서 볼트를 압축하여 너트가 풀어지지 않게 한다.
- 캡 너트 : 육각 너트 + 모자로 구성된 너트. 한쪽 면을 막아 볼트가 관통하지 않는 모양의 너트. 캡 너트를 사용하면 기밀성이 좋다.
- 스프링 와셔 : 스프링 모양이 한 바퀴 돌아나간 모양의 와셔. 풀림을 방지하기 위해서 사용한다. 스프링처럼 눌리는 힘으로 풀림을 막아준다.

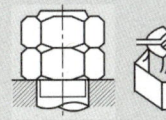 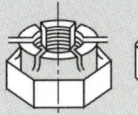  

▲ 로크 너트　▲ 자동죔 너트　▲ 캡 너트　▲ 스프링 와셔

43 고온에 장시간 정하중을 받는 재료의 허용응력을 구하기 위한 기준강도로 가장 적합한 것은?

① 극한강도
② 크리프 한도
③ 피로한도
④ 최대전단응력

- 항복점 : 항복점이 명확한 재료에 정하중이 작용하는 경우
- 극한강도 : 항복점이 명확하지 않은 재료에 정하중이 작용하는 경우
- 좌굴강도 : 긴 기둥이나 편심하중이 작용하는 경우
- 피로한도 : 반복하중이 작용하는 경우
- 크리프 한도 : 고온에서 정하중이 작용하는 경우
- 최대전단응력 : 하중을 받아 보에 발생된 전단응력 중 그 절댓값이 가장 큰 응력

44 용기 내의 압력을 대기압력 이하의 저압으로 유지하기 위해 대기압력 쪽으로 기체를 배출하는 것은?

① 진공펌프
② 압축기
③ 송풍기
④ 제습기

펌프의 방식을 사용해 내부 공기를 빨아들여 외부로 배출해 진공상태로 만드는 장치

45 몇 개의 막대가 서로 연결되어 회전, 요동, 왕복운동 등을 하도록 구성한 것은?

① 캠장치
② 커플링장치
③ 기어장치
④ 링크장치

④ 링크장치 : 몇 개의 링크(가늘고 긴 막대)를 핀 이음으로 연결하고 일정한 한정운동을 하게 한 장치
① 캠장치 : 캠을 사용하여 회전운동을 직선운동으로 변환시키는 장치
② 커플링장치 : 기계에 동력을 전달하는 장치
③ 기어장치 : 마찰차의 접촉면을 기준으로 하여 그 원주에 이를 만들어 서로 물림에 따라 운동을 전달하게 하는 장치

46 베어링 메탈재료의 구비조건으로 적절하지 않은 것은?

① 내식성이 좋아야 한다.
② 열전도가 좋아야 한다.
③ 축의 재료보다 단단해야 한다.
④ 축과의 마찰계수가 작아야 한다.

베어링에 접촉하고 있는 축 부분을 저널이라 하는데 베어링이 저널의 재료보다 단단하면 저널이 마모된다.

8 기개년 기출복원문제

47 유도전동기의 동기속도는 무엇에 의하여 정하여 지는가?

① 전원의 주파수와 전동기의 극수
② 전원전압과 전류
③ 전원의 주파수와 전압
④ 전동기의 극수와 전류

> **해설** 동기속도
>
> $$N_s = \frac{120f}{P}$$
>
> N_s : 동기속도[rpm], f : 주파수[Hz], P : 극수

48 교류에서 저압이란?

① 220V 이하 ② 380V 이하
③ 750V 이하 ④ 1,000V 이하

> **해설** 전압의 범위
>
> | 구분 | 교류 | 직류 |
> |---|---|---|
> | 저압 | 1kV 이하 | 1.5kV 이하 |
> | 고압 | 1kV 초과 7kV 이하 | 1.5kV 초과 7kV 이하 |
> | 특고압 | 7kV 초과 | |

49 3상 유도전동기의 역상제동(Plugging)이란?

① 플러그를 사용하여 전원에 연결하는 방법
② 운전 중 2선의 접속을 바꾸어 접속함으로써 상 회전을 바꾸어 제동하는 법
③ 단상 상태로 기동할 때 일어나는 현상
④ 고정자와 회전자의 상수가 일치하지 않을 때 일어나는 현상

> **해설** 유도전동기의 제동법
>
> | 제동법 종류 | 방식 |
> |---|---|
> | 발전제동 | 전동기를 발전기로 사용하여 열에너지로 소비시켜 제동 |
> | 회생제동 | 전동기를 발전기로 사용하여 발생한 전력을 전원으로 되돌려 제동 |
> | 역상제동 | 3상 중 2상을 바꾸어 역방향 토크를 발생시켜 급제동 |

50 목표치가 시간에 관계없이 일정한 경우로 정전압 장치, 일정 속도제어 등에 해당하는 제어는?

① 정치 제어 ② 비율 제어
③ 추종 제어 ④ 프로그램 제어

> **해설**
> • 정치 제어 : 시간에 관계없이 목푯값이 일정한 것(프로세스 제어, 자동조정 등)
> • 추치 제어 : 목푯값이 시간에 따라 변화하는 경우에 적용되는 제어
>   – 추종 제어(임의제어) : 목표물의 변화에 추종하여 목푯값이 변화하는 제어(대공포의 포신제어, 자동 아날로그 선반)
>   – 프로그램 제어(순서제어) : 목푯값이 시간적으로 미리 정해진 대로 변화하고 제어량이 이것에 일치하도록 제어하는 것(열차의 무인제어, 열처리로의 온도제어, 엘리베이터 등)
>   – 비율 제어 : 목푯값이 다른 것과 일정한 비율 관계를 가지고 변화하는 제어

51 다음 중 전류계에 대한 설명으로 틀린 것은?

① 전류계의 내부저항이 전압계의 내부저항보다 작다.

② 전류계를 회로에 병렬접속하면 계기가 손상될 수 있다.

③ 직류용 계기에는 (+), (−)의 단자가 구별되어 있다.

④ 전류계의 측정범위를 확장하기 위해 직렬로 접속한 저항을 분류기라고 한다.

> **해설**
> • 분류기 : 전류의 측정범위를 넓히기 위하여 전류계에 병렬로 접속하는 저항기
> • 배율기 : 전압계의 측정범위를 크게 하고자 할 때 사용하며 전압계에 직렬로 접속하는 큰 저항기

52 제어계의 구성도에서 개루프 제어계에는 없고 폐루프 제어계에만 있는 제어 구성요소는?

① 검출부   ② 조작량

③ 목푯값   ④ 제어대상

> **해설** 되먹임 제어계(피드백 제어계, 폐루프 제어계)
> 기본 구성요소 : 검출부, 조절부, 조작부

53 어떤 전지에 연결된 외부회로의 저항은 4Ω이고, 전류는 5A가 흐른다. 외부회로에 4Ω 대신 8Ω의 저항을 접속하였더니 전류가 3A로 떨어졌다면, 이 전지의 기전력[V]은?

① 10   ② 20

③ 30   ④ 40

> **해설**
>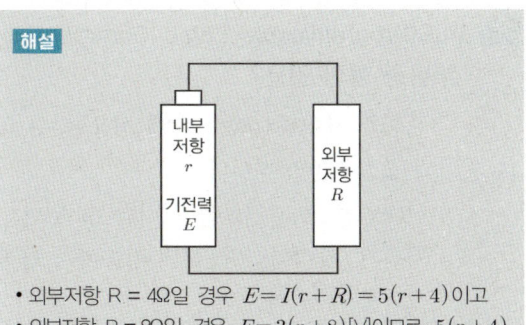
> • 외부저항 R = 4Ω일 경우 $E = I(r + R) = 5(r + 4)$이고
> • 외부저항 R = 8Ω일 경우 $E = 3(r + 8)$[V]이므로 $5(r + 4) = 3(r + 8)$에서, $2r = 4$, 내부저항 $r = 2Ω$이다.
> 따라서 $E = I(r + R) = 5(2 + 4) = 30V$

54 전류계와 전압계는 내부저항이 존재한다. 이 내부저항은 전압 또는 전류를 측정하고자 하는 부하의 저항에 비하여 어떤 특성을 가져야 하는가?

① 내부저항이 전류계는 가능한 한 커야 하며, 전압계는 가능한 한 작아야 한다.

② 내부저항이 전류계는 가능한 한 커야 하며, 전압계도 가능한 한 커야 한다.

③ 내부저항이 전류계는 가능한 한 작아야 하며, 전압계는 가능한 한 커야 한다.

④ 내부저항이 전류계는 가능한 한 작아야 하며, 전압계도 가능한 한 작아야 한다.

> **해설** 도선 사이의 전류를 측정하기 위해서는 도선 사이에 전류계를 설치하는데 전류계로 들어간 전류는 전류계에 의해 측정된다. 이때 전류계의 내부저항 때문에 측정하려는 전류가 바뀌기 때문에 내부저항이 0인 것이 가장 이상적이다. 전압계도 내부저항이 전압계가 연결되는 회로의 저항보다 훨씬 커야 한다. 그렇지 않으면 전압계가 회로의 일부가 되어 측정하고자 하는 전압 차가 바뀌기 때문에 오차의 원인이 된다.

8 기출복원문제 개념

55 PLC(Programmable Logic Controller)에 대한 설명 중 틀린 것은?

① 시퀀스 제어방식과는 함께 사용할 수 없다.

② 무접점 제어방식이다.

③ 산술연산, 비교연산을 처리할 수 있다.

④ 계전기, 타이머, 카운터의 기능까지 쉽게 프로그램할 수 있다.

> **해설** PLC의 특징
> • 릴레이, 카운터, 타이머, 래치 릴레이 등의 기능을 프로그램으로 처리 가능
> • 데이터 처리가 용이하고(논리, 산술, 비교 연산 등), 원거리 제어가 가능
> • 시퀀스 제어방식과 혼용하여 설비를 제어할 수 있으며, 진행상황의 모니터링 가능
> • 프로그램의 저장 및 변경 등이 자유롭고, 컴퓨터와의 정보교환이 가능

56 코일에 전류가 흘러 그 말단에 역기전력을 일으킬 때의 전류의 방향과 유도기전력의 방향에 관계되는 법칙은?

① 렌츠의 법칙　　② 플레밍의 왼손 법칙

③ 키르히호프의 법칙　　④ 패러데이의 법칙

> **해설** 외부에서 생기는 자기장의 변화를 없애는 방향으로 유도전류가 생기는 현상

57 다음 논리회로의 출력은?

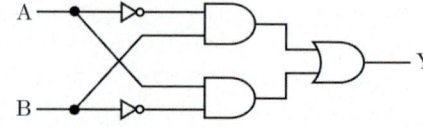

① $Y = A\overline{B} + \overline{A}B$　　② $Y = \overline{A}B + \overline{A}\,\overline{B}$

③ $Y = \overline{A}\,\overline{B} + A\overline{B}$　　④ $Y = \overline{A} + \overline{B}$

> **해설** 논리회로의 출력
>
> $Y = \overline{A}B + A\overline{B}$

58 잔류편차와 사이클링이 없고, 간헐현상이 나타나는 것이 특징인 동작은?

① I 동작　　② D 동작

③ P 동작　　④ PI 동작

> **해설**
> • P(비례)제어 : 목푯값과 제어량의 편차를 비교해서 편차가 크면 조작량을 크게 하고, 편차가 작으면 조작량이 점차 줄어드는 방식
> • PI(비례 + 적분)제어 : P제어의 문제점을 해결하기 위한 I(적분)제어 방식으로 P제어를 통해 목푯값 근처인 정상상태에 도달한 후 누적되는 잔류편차를 시간값으로 적분하여 목푯값에 좀 더 정밀하게 접근
> • D(미분)제어 : 목표량과 제어량의 오차값을 비교하여 오차와 반대되는 기울기의 조작량을 준다. 목푯값과 오차를 비교해서 반대의 기울기로 조작량을 주기 때문에 오차를 더 빨리 잡아낸다.
> • PID제어 : 비례(Proportional)제어와 비례적분(Proportional − Integral)제어, 비례미분(Proportional − Derivative)제어를 조합한 것

59 다음 논리식 중 틀린 것은?

① $A \cdot B = A + B$

② $A + B = A \cdot B$

③ $A + A = A$

④ $A + A \cdot B = A + B$

> **해설** $A + A \cdot B = A \cdot 1 = A \cdot B$
> $= A(1 + B) + A \cdot B$
> $= A + AB + A \cdot B$
> $= A + B(A + A)$
> $= A + B(1)$
> $= A + B$

60 그림과 같은 유접점 논리회로를 간단히 하면?

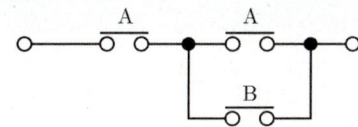

①

     A

②

     $\overline{A}$

③

     B

④

     $\overline{B}$

해설 $A \cdot (A+B) = A \cdot A + A \cdot B = A + A \cdot B = A$
(흡수법칙)

항등법칙	$A+0=A,\ A+1=1$	$A \cdot 1=A,\ A \cdot 0=0$
동일법칙	$A+A=A$	$A \cdot A=A$
보원법칙	$A+\overline{A}=1$	$A+\overline{A}=0$
다중부정	$\overline{\overline{A}}+A,\ \overline{\overline{A}}+\overline{A}$	
교환법칙	$A+B=B+A$	$A \cdot B=B \cdot A$
결합법칙	$A+(B+C)$ $=(A+B)+C$	$A \cdot (B \cdot C)$ $=(A \cdot B) \cdot C$
분배법칙	$A \cdot (B+C)$ $=AB+AC$	$A+B \cdot C$ $=(A+B) \cdot (A+C)$
흡수법칙	$A+A \cdot B=A$	$A \cdot (A+B)=A$
드모르간 정리	$\overline{A+A}=\overline{B} \cdot \overline{A}$	$\overline{A \cdot A}=\overline{A}+\overline{B}$

2023년 제1회 기출복원문제

01 수평보행기의 경사도는 몇 ° 이내이어야 하는가?

① 10
② 12
③ 15
④ 20

> **해설**
> • 수평보행기의 경사도는 12° 이하
> • 에스컬레이터의 경사도는 30°를 초과하지 않아야 한다.

02 기계실이 있는 승강기에서 승강기에 대한 주요 부품 중 설치 위치가 다른 한 가지는?

① 균형추
② 이동케이블
③ 가이드 레일
④ 과속조절기

> **해설** 과속조절기는 카의 상부에 설치

03 기계실의 조명장치와 관련하여 다음 항목에 대한 조도 기준을 올바르게 나타낸 것은?

> • 작업공간의 바닥면 : (㉠) 이상
> • 작업공간 간 이동공간의 바닥면 : (㉡) 이상

① ㉠ 150lx, ㉡ 100lx
② ㉠ 150lx, ㉡ 50lx
③ ㉠ 200lx, ㉡ 100lx
④ ㉠ 200lx, ㉡ 50lx

> **해설**
> • 작업공간의 바닥면 : 200lx
> • 작업공간 간 이동공간의 바닥면 : 50lx

04 카 문턱에 설치하는 에이프런의 수직높이 기준에 관한 표이다. ㉠, ㉡에 들어갈 기준으로 옳은 것은?

에이프런 수직높이 기준

일반 엘리베이터	주택용 엘리베이터
(㉠)[m] 이상	(㉡)[m] 이상

① ㉠ 0.55, ㉡ 0.40
② ㉠ 0.65, ㉡ 0.44
③ ㉠ 0.75, ㉡ 0.54
④ ㉠ 0.85, ㉡ 0.60

> **해설**
> • 카 문턱에는 에이프런이 설치되어야 한다.
> • 에이프런의 수직부분 높이는 0.75m 이상이어야 한다. 다만, 주택용 엘리베이터의 경우에는 0.54m 이상이어야 한다.

05 승강기의 정격속도에 관계없이 사용할 수 있는 완충기로 옳은 것은?

① 스프링 완충기
② 유압 완충기
③ 우레탄 완충기
④ 고무 완충기

> **해설** 카 또는 균형추의 하강 운동에너지를 흡수 및 분산하기 위한 매체로 오일을 사용하는 완충기로 정격속도와 관계없이 사용이 가능
>
> 완충기의 종류
>
> | 종류 | 적용용도 |
> |---|---|
> | 에너지 분산형 | 승강기의 정격속도에 상관없이 사용할 수 있는 완충기(유압 완충기 등) |
> | 에너지 축적형 | 비선형 특성을 갖는 완충기로 승강기 정격속도가 1.0m/s를 초과하지 않는 곳에서 사용한다(우레탄식 완충기) |
> | | 선형 특성을 갖는 완충기로 승강기 정격속도가 1.0m/s를 초과하지 않는 곳에 사용한다(스프링 완충기 등) |
> | | 완충된 복귀운동(Buffered Return Movement)을 갖는 에너지 축적형 완충기는 승강기 정격속도가 1.6m/s를 초과하지 않는 곳에서 사용한다. |

정답 01 ② 02 ④ 03 ④ 04 ③ 05 ②

06 승강기 안전관리법령에 따라 승강기의 정격속도에 따라서 고속 승강기와 중저속 승강기로 구분하는데 이를 구분하는 정격속도의 크기는?

① 3.5m/s   ② 4m/s
③ 4.5m/s   ④ 5m/s

해설 승강기의 정격속도별 구분

승강기의 종류	구분기준
고속 승강기	정격속도가 초속 4m를 초과하는 승강기
중저속 승강기	정격속도가 초속 4m 이하인 승강기

07 엘리베이터 안전기준에 따라 기계실의 크기 및 치수의 기준에 관한 설명으로 옳은 것은?

① 작업구역의 유효높이는 4m 이상이어야 한다.
② 작업구역 간 이동통로의 유효폭은 0.3m 이상이어야 한다.
③ 기계실 바닥에 0.3m를 초과하는 단차가 있는 경우, 고정된 사다리 또는 보호난간이 있는 계단이나 발판이 있어야 한다.
④ 보호되지 않은 회전부품 위로 0.3m 이상의 유효수직거리가 있어야 한다.

해설
(1) 작업구역의 유효높이는 2.1m 이상이어야 하고, 유효수평면적은 다음과 같아야 한다.
   ㉠ 제어반 및 캐비닛 전면의 유효수평면적
   • 깊이는 0.7m 이상
   • 폭은 다음 구분에 따른 수치 이상
     – 제어반 폭 0.5m 미만인 경우 : 0.5m
     – 제어반 폭 0.5m 이상인 경우 : 제어반 폭
   ㉡ 움직이는 부품의 점검 및 유지관리업무 수행이 필요한 곳에 0.5m × 0.6m 이상의 작업구역이 있어야 한다.
(2) 작업구역 간 이동통로의 유효높이(바닥에서 천장의 가장 낮은 충돌점 사이)는 1.8m 이상이어야 한다. 작업구역 간 이동통로의 유효폭은 0.5m 이상이어야 한다.

08 엘리베이터용 전동기를 선정할 때 고려해야 할 조건으로 옳지 않은 것은?

① 회전부분의 관성모멘트가 커야 한다.
② 기동 토크가 커야 한다.
③ 기동 전류가 작은 편이 좋다.
④ 온도 상승에 대해 충분히 견디어야 한다.

해설 회전부의 관성모멘트가 클 경우 회전 시 정지와 정지 시 회전할 경우 큰 토크가 필요하므로, 속성을 위해 가급적 회전부의 관성모멘트는 작아야 한다.

09 카가 어떤 원인으로 최하층을 통과하여 피트에 도달했을 때 카에 충격을 완화시켜 주는 장치는?

① 완충기   ② 비상정지장치
③ 과속조절기   ④ 리밋스위치

해설 카나 균형추가 어떤 원인으로 최하층을 지나 피트로 추락할 때 충격을 완화시켜 주는 장치

10 하나의 승강로에 2대 이상의 엘리베이터가 있는 경우 카벽에 비상구출문을 설치할 수 있다. 이때 카 간의 수평거리는 몇 [m]를 초과하면 안 되는가?

① 0.8   ② 1.0
③ 1.2   ④ 1.5

해설 하나의 승강로에 2대 이상의 엘리베이터가 있는 경우, 카 벽에 비상구출문을 설치할 수 있다. 다만, 카 간의 수평거리는 1m를 초과할 수 없다.

11 에스컬레이터의 공칭속도에 대한 기준이다. 괄호 안의 내용이 옳게 짝지어진 것은?

> • 경사도가 30° 이하인 경우 공칭속도는 (㉠) [m/s] 이하이어야 한다.
> • 경사도가 30°를 초과하고 35° 이하인 경우 공칭속도는 (㉡)[m/s] 이하이어야 한다.

① ㉠ 0.6 ㉡ 0.4　　② ㉠ 0.6 ㉡ 0.5
③ ㉠ 0.75 ㉡ 0.4　　④ ㉠ 0.75 ㉡ 0.5

해설
• 경사도 30° 이하인 에스컬레이터는 0.75m/s 이하
• 경사도 30°를 초과하고 35° 이하인 에스컬레이터는 0.5m/s 이하이고, 수평보행기의 공칭속도는 0.75m/s 이하

12 엘리베이터에서 카 내부의 유효높이는 일반적으로 몇 [m] 이상인가? (단, 주택용, 자동차용 엘리베이터는 제외한다)

① 1.8　　② 1.9
③ 2.0　　④ 2.1

해설 카 내부의 유효높이는 2m 이상. 다만, 주택용 엘리베이터의 경우에는 1.8m 이상으로 할 수 있으며, 자동차용 엘리베이터의 경우에는 제외

13 엘리베이터 도어를 작동시키는 도어 머신(Door Machine) 장치가 갖추어야 할 조건으로 가장 거리가 먼 것은?

① 도어용 모터는 토크가 크고 열이 많이 발생하므로 별도의 냉각시설이 필요하다.
② 동작횟수가 승강기 기동반도의 2배 정도이기 때문에 유지보수가 용이해야 한다.
③ 주로 엘리베이터 상단에 설치되어 있어서 소형이면서 경량일수록 좋다.
④ 도어 작동에 있어서 동작이 원활하고 소음이 적어야 한다.

해설 도어용 모터는 소형 경량으로 토크가 클 필요가 없으며 별도의 냉각장치가 필요할 만큼 열이 발생하지 않는다.

14 엘리베이터의 전자−기계 브레이크 시스템에서 브레이크는 카가 정격속도로 정격하중의 몇 [%]를 싣고 하강 방향으로 운행될 때 구동기를 정지시킬 수 있어야 하는가?

① 110　　② 115
③ 125　　④ 130

해설 카가 정격속도로 정격하중의 125%를 싣고 하강 방향으로 운행될 때 구동기를 정지시킬 수 있어야 한다.

15 엘리베이터용 도어 인터로크에서 잠금장치에 대한 설명으로 옳지 않은 것은?

① 잠금장치 위치는 승강장 도어가 닫힐 때 승강장 측으로부터 접근할 수 있는 위치에 설치해야 한다.
② 안전 접점이 작동하기 전 잠김 상태를 유지하여야 하며, 외부 충격이나 진동에 의해 잠김 상태가 무효화되어서는 안 된다.
③ 중력, 스프링, 영구자석에 의해 작동하며, 영구자석에 의해 잠기는 방식에서는 열이나 충격에 의해 기능을 상실해서는 안 된다.
④ 여러 짝의 조합에 의해 이루어진 도어에서는 특별한 경우를 제외하고는 각각의 도어(도어 짝)에 잠금장치를 설치하여야 한다.

정답 **11** ④　**12** ③　**13** ①　**14** ③　**15** ①

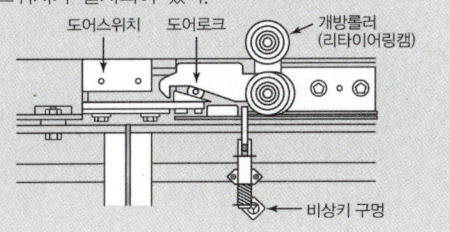

17 승강로의 일반적인 구조에 관한 설명으로 틀린 것은?

① 승강로 내에는 각 층을 나타내는 표기가 있어야 한다.

② 승강로 내에 설치되는 돌출물은 안전상 지장이 없어야 한다.

③ 엘리베이터의 균형추 또는 평형추는 카와 동일한 승강로에 있어야 한다.

④ 밀폐식 승강로에는 어떠한 환기구나 통풍구가 있어서는 안 된다.

16 엘리베이터의 상승과속방지장치에 대한 설명으로 옳지 않은 것은?

① 상승과속방지장치는 빈 카의 감속도가 정지단계 동안 $1g_n$(중력가속도)를 초과하는 것을 허용하지 않아야 한다.

② 상승과속방지장치의 복귀를 위해서 승강로에 접근을 요구하지 않아야 한다.

③ 상승과속방지장치를 작동하기 위해 외부에너지가 필요한 경우, 에너지가 없으면 엘리베이터는 정지되어야 하고 정지상태가 유지되어야 한다(단, 압축스프링 방식은 제외).

④ 카의 상승과속을 감지하여 카를 정지시키거나 카가 카의 완충기에 충돌할 경우에 대해 설계된 속도로 감속시켜야 한다.

18 승강로 벽의 내측과 카 문턱, 카 문틀 또는 카 문의 닫히는 모서리 사이의 수평거리는 승강로 전체에 걸쳐서 기본적으로 몇 [m] 이하이어야 하는가? (단, 특별한 경우를 제외한 일반적인 조건을 말한다)

① 0.1   ② 0.12
③ 0.15   ④ 0.2

19 비상통화장치에 대한 설명으로 옳지 않은 것은?

① 기계실 또는 비상구출운전을 위한 장소에는 카 내와 통화할 수 있도록 규정된 비상전원 공급장치에 의해 전원을 공급받는 내부통화 시스템 또는 유사한 장치가 설치되어야 한다.

② 비상시 안정적으로 이용자 상황을 전달할 수 있는 단방향 음성통신이어야 한다.

③ 카 내에 갇힌 이용자 등이 외부와 통화할 수 있는 비상통화장치가 엘리베이터가 있는 건축물이나 고정된 시설물의 관리인력이 상주하는 장소에 2곳 이상에 설치되어야 한다.

④ 비상통화장치는 비상통화 버튼을 한 번만 눌러도 작동되어야 하며, 비상통화가 연결되면 녹색 표시의 등이 점등되어야 한다.

> **해설** 갇힌 승객에게 이야기를 할 수 있는 기능 및 구출 상황에 대해 갇힌 승객에게 알려주는 기능을 포함해 승객과의 양방향 통신이 항시 가능하도록 하는 의무가 있다.

20 적절한 권상능력 또는 전동기의 동력을 확보하기 위해 매다는 로프의 무게에 대한 보상수단을 적용해야 하는데, 이러한 보상수단 중 하나인 튀어오름방지장치를 설치해야 하는 엘리베이터 정격속도의 기준은?

① 1.75m/s를 초과한 경우

② 2.5m/s를 초과한 경우

③ 3.0m/s를 초과한 경우

④ 3.5m/s를 초과한 경우

> **해설**
> • 정격속도가 3m/s 이하인 경우에는 체인, 로프 또는 벨트와 같은 수단이 설치될 수 있다.
> • 정격속도가 3m/s를 초과한 경우에는 보상로프가 설치되어야 한다.
> • 정격속도가 3.5m/s를 초과한 경우에는 추가로 튀어오름방지장치가 있어야 한다. 튀어오름방지장치가 작동되면 전기안전장치에 의해 구동기의 정지가 시작되어야 한다.
> • 정격속도가 1.75m/s를 초과한 경우, 인장장치가 없는 보상수단은 순환하는 부근에서 안내봉 등에 의해 안내되어야 한다.

21 기계식 주차장치의 일반적 분류방법에 해당되지 않는 것은?

① 수직순환, 다층순환

② 다층순환, 수평순환

③ 수평순환, 엘리베이터방식

④ 곤돌라방식, 수직순환

> **해설**
> • 수직순환식 주차장치 : 수직면 내에 수직으로 배열된 다수의 운반기가 순환 이동하는 구조의 주차장치로, 자동차를 승입시키는 위치에 따라 하부 승입식, 중간 승입식, 상부 승입식 등으로 세분
> • 수평순환식 주차장치 : 다수의 운반기를 2열 또는 그 이상으로 배열하여 수평으로 순환 이동시키는 구조의 주차장치로, 운반기의 이동 형태에 따라 원형 순환식, 각형 순환식 등으로 세분
> • 다층순환식 주차장치 : 다수의 운반기를 2층 또는 그 이상으로 배치하여 위아래 또는 수평으로 순환 이동시키는 구조의 주차장치로, 운반기의 이동 형태에 따라 원형 순환식, 각형 순환식 등으로 세분
> • 2단식 주차장치 : 주차구획이 2단으로 배치되어 있고 출입구가 있는 층의 모든 부분을 주차장치 출입구로 사용할 수 있는 구조의 주차장치로, 승강식, 승강횡행식 등으로 세분

22 유압식 엘리베이터의 장점으로 볼 수 없는 것은?

① 기계실의 배치가 자유롭다.
② 전물 꼭대기 부분에 하중이 걸리지 않는다.
③ 승강로 꼭대기 틈새가 작아도 좋다.
④ 전동기의 소요동력이 작아진다.

> **해설** 유압식 엘리베이터는 작동유를 압축하여 송출하는 데 소비전력이 큰 편.

23 엘리베이터가 주행하는 중 정상속도 이상으로 주행하여 위험한 속도에 도달할 경우 이를 검출하여 강제적으로 엘리베이터를 정지시키는 장치는?

① 과속조절기
② 전자제동장치
③ 과전류차단기
④ 역결상릴레이

> **해설** 과속조절기는 엘리베이터가 미리 설정된 속도에 도달할 때 엘리베이터를 정지시키게 하는 장치

24 와이어로프 안전율의 산출 공식으로 옳은 것은? (단, F : 안전율, S : 로프 1가닥에 대한 제작사 정격 파단강도, N : 부하를 받는 와이어로프의 가닥 수, W : 카와 정격하중을 승강로 안의 어떤 위치에 두고 모든 카 로프에 걸리는 최대정지부하임)

① $F = \dfrac{S \cdot W}{N}$
② $F = \dfrac{N \cdot S}{W}$
③ $F = \dfrac{W}{N \cdot S}$
④ $F = \dfrac{N \cdot W}{S}$

> **해설** 와이어로프의 안전율
> $$S_{wire} = \frac{\text{로프가닥수} \times \text{파단강도}}{\text{허용하중}}$$

25 전기식 엘리베이터에서 주 로프의 끝부분은 몇 가닥마다 로프소켓에 배빗 채움을 하거나 체결식 로프소켓을 사용하여 고정하여야 하는가?

① 1가닥
② 2가닥
③ 3가닥
④ 5가닥

> **해설** 엘리베이터 와이어로프
> 와이어로프는 1가닥마다 소켓 등으로 가공해야 한다.

종류	형태	효율
소켓 (Socket)	Open / Closed	100%
심블 (Thimble)		• 24mm : 95% • 26mm : 92.5%
웨지 (Wedge)		75~90%
아이 스플라이스 (Eye Splice)		• 6mm : 90% • 9mm : 88% • 12mm : 86% • 18mm : 82%
클립 (Clip)		75~80%

26 에너지 분산형 완충기의 요구조건에 대한 설명으로 옳지 않은 것은? (단, g_n은 중력가속도를 의미한다)

① 완충기의 가능한 총 행정은 정격속도 115%에 상응하는 중력 정지거리 이상이어야 한다.
② 카에 정격하중을 싣고, 정격속도의 115%의 속도로 자유낙하하여 완충기에 충돌할 때 평균 감속도는 $1g_n$ 이하이어야 한다.
③ $2.5g_n$을 초과하는 감속도는 0.1초보다 길지 않아야 한다.
④ 완충기 작동 후에는 영구적인 변형이 없어야 한다.

8 기출복원문제 개념

- 완충기의 가능한 총 행정은 정격속도 115%에 상응하는 중력 정지거리($0.0674 \cdot v^2$[m]) 이상이어야 한다.
- 2.5m/s 이상의 정격속도에 대해 주행로 끝에서 엘리베이터의 감속을 감지할 때, 정격속도의 115% 대신 카(또는 균형추)가 완충기에 충돌할 때의 속도를 사용될 수 있다.
- 에너지 분산형 완충기는 다음 사항을 만족해야 한다.
  - 카에 정격하중을 싣고 정격속도의 115%의 속도로 자유 낙하하여 완충기에 충돌할 때, 평균 감속도는 $1g_n$ 이하이어야 한다.
  - $2.5g_n$ 를 초과하는 감속도는 0.04초보다 길지 않아야 한다.

27 유압식 엘리베이터에서 유압장치의 보수, 점검 또는 수리 등을 할 때 주로 사용하기 위하여 설치하는 밸브는?

① 스톱밸브　　　　② 체크밸브
③ 안전밸브　　　　④ 럽처밸브

- 체크밸브 : 한쪽 방향으로만 오일이 흐르도록 하는 밸브로 유압장치의 보수, 점검 등으로 카의 정지 중이거나 운행 중에 작동유의 압력이 떨어져서 카가 역행(자연하강)하는 것을 방지한다.
- 스톱밸브 : 유압장치의 보수, 점검 또는 수리 등을 할 때 사용되는 것으로서 이것을 닫으면 실린더의 기름이 파워유닛으로 역류하는 것을 방지한다.
- 럽처밸브(rupture valve) : 압력이 비정상적으로 상승했을 때 파열되어 장치 전체의 손상을 막는 1회용 밸브로, 압력용기에 부착한다.

28 엘리베이터 조작방식에 대한 설명으로 옳은 것은?

① 먼저 눌려져 있는 호출에 응답하고, 그 운전이 완료될 때까지는 다른 호출에 일체 응답하지 않은 것을 단식 자동식이라 한다.
② 승강장의 누름 버튼은 두 개가 있고, 동시에 기억시킬 수 있으며, 카는 그 진행 방향의 카 버튼과 승강장 버튼에 응답하면서 승강하는 것을 군 관리방식이라 한다.
③ 먼저 눌려져 있는 호출에 응답하고, 그 운전이 완료되기 전에도 다른 호출에 응답하는 것을 카 스위치방식이라 한다.
④ 승강장 누름 버튼은 두 개인데 동시에 기억시킬 수 없으며, 카는 그 진행방향의 카 버튼과 승강장 버튼에 응답하는 것을 승합 전자동식이라 한다.

- 카 스위치방식 : 시동·정지는 운전원이 조작반의 스타트 버튼을 조작함으로써 이루어진다.
- 레코드 컨트롤방식 : 운전원은 승객이 내리고자 하는 목적층과 승강장으로부터의 호출신호를 보고 조작반의 목적층 단추를 누르면 목적층 순서로 자동적으로 정지하는 방식
- 시그널 컨트롤방식 : 시동은 운전원이 조작반의 버튼조작으로 하며, 정지는 조작반의 목적층 단추를 누르는 것과 승강장으로부터의 호출신호로부터 층의 순서로 자동적으로 정지한다.
- 군 관리방식 : 이용 상황이 하루 중에도 크게 변화하는 고층 사무소 건물 등에서 여러 대의 엘리베이터가 설치되어 있는 경우, 그 이용 상황에 따라서 엘리베이터 상호간을 유기적으로 운전하는 방식
- 승합 전자동식 : 승객 자신이 운전하는 전자동 엘리베이터로 목적층의 단추나 승강장으로부터의 호출신호로 시동, 정지를 이루는 조작방식
- 단식 자동방식 : 승객 자신이 자동적으로 시동, 정지를 이루는 조작방식
- 하강승합 자동방식 : 아파트와 같이 도중에 층으로부터 상승하는 승객이 적은 건물에 적용되는 방식

29 산업재해 예방의 4원칙 중 "재해발생에는 반드시 원인이 있다."라는 원칙은?

① 대책선정의 원칙
② 원인계기의 원칙
③ 손실우연의 원칙
④ 예방가능의 원칙

> **해설** 사고(재해) 예방 4원칙
> • 예방가능의 원칙 : 발생되는 재해의 원인 중 천재를 제외한 모든 인재는 예방이 가능하다는 원칙
> • 손실우연의 법칙 : 재해의 양상은 손실로써 나타나며, 손실은 경제적 손실과 인적 손실이 있음
> • 원인계기의 원칙 : 재해가 발생하는 경우 사고와 원인과의 관계는 과학적으로 해명할 수 있고, 사고는 필연적인 원인이 있어서 생긴다는 것
> • 대책선정의 원칙 : 안전대책의 3E로서 기술적 대책, 교육적 대책, 규제적 대책이 모두 적용되어야 효과를 거둘 수 있다는 원칙

30 감전을 방지하기 위해 관계근로자에게 반드시 주지시켜야 하는 정전작업 사항으로 가장 거리가 먼 것은?

① 전원설비 효율에 관한 사항
② 단락접지 실시에 관한 사항
③ 전원 재투입 순서에 관한 사항
④ 작업책임자의 임명, 정전범위 및 절연용 보호구 착용작업 등 필요한 사항

> **해설** 전원설비 효율은 정전작업과 거리가 멀다.

31 기계설비의 안전조건 중 구조의 안전화에 대한 설명으로 가장 거리가 먼 것은?

① 기계재료의 선정 시 재료 자체에 결함이 없는지 철저히 확인한다.
② 사용 중 재료의 강도가 열화될 것을 감안하여 설계 시 안전율을 고려한다.
③ 기계 작동 시 기계의 오동작을 방지하기 위하여 오동작방지 회로를 적용한다.
④ 가공 경화와 같은 가공 결함이 생길 우려가 있는 경우는 열처리 등으로 결함을 방지한다.

> **해설** 오동작방지 회로는 기능의 안전화에 해당한다.

32 재해예방의 4원칙에 해당하는 내용이 아닌 것은?

① 예방가능의 원칙
② 원인계기의 원칙
③ 손실우연의 원칙
④ 사고조사의 원칙

> **해설** 하인리히의 산업안전 4원칙(재해예방 4원칙)
> • 손실우연의 법칙 : 사고로 인한 손실(상해)의 종류 및 정도는 우연적이다.
> • 원인계기의 원칙 : 사고는 여러 가지 원인이 연속적으로 연계되어 일어난다.
> • 예방가능의 원칙 : 사고는 예방이 가능하다.
> • 대책선정의 원칙 : 사고예방을 위한 안전대책이 선정되고 적용되어야 한다.

정답 29 ② 30 ① 31 ③ 32 ④

33 위험예지훈련 4라운드 기법의 진행방법에 있어 문제점 발견 및 중요 문제를 결정하는 단계는?

① 대책수립 단계
② 현상파악 단계
③ 본질추구 단계
④ 행동목표설정 단계

해설 위험예지훈련 4라운드 기법

구분	도입
1R	현상파악
	어떠한 위험이 잠재하고 있는가?
2R	본질추구
	이것이 위험의 포인트다(문제점 확인).
3R	대책수립
	당신이라면 어떻게 할 것인가?
4R	목표설정
	우리들은 이렇게 한다.

34 안전교육 계획 수립 시 고려하여야 할 사항과 관계가 가장 먼 것은?

① 필요한 정보를 수집한다.
② 현장의 의견을 충분히 반영한다.
③ 법 규정에 의한 교육에 한정한다.
④ 안전교육 시행 체계와의 관련을 고려한다.

해설 규정한 교육 외에도 필요시 안전사고 위험에 대한 교육이 진행되어야 한다.

35 인지과정 착오의 요인이 아닌 것은?

① 정서 불안정
② 감각차단 현상
③ 작업자의 기능미숙
④ 생리·심리적 능력의 한계

해설 인지과정의 착오
• 외부의 정보를 받아들여 대뇌에서 감각중추로 인지되기까지의 과정에서 발생하는 오류
• 종류
  – 심리, 생리적 능력의 한계(인적 요인)
  – 정보량의 저장능력 한계
  – 감각차단현상 : 반복작업, 단조로운 업무
  – 정서의 불안정 : 불안, 공포, 불만

36 소방구조용 엘리베이터의 보조 전원공급장치는 얼마 이상 엘리베이터 운전이 가능하여야 하는가?

① 30분
② 1시간
③ 1시간 30분
④ 2시간

해설
• 60초 이내에 엘리베이터 운행에 필요한 전력용량을 자동으로 발생시키도록 하되, 수동으로 전원을 작동시킬 수 있어야 한다.
• 2시간 이상 운행시킬 수 있어야 한다.

37 자세 유형에 따른 피트 피난공간 크기의 최소 기준에 대한 설명 중 틀린 것은? (단, 주택용 엘리베이터는 제외한다)

① 서 있는 자세의 수평거리는 0.3m × 0.4m이다.
② 웅크린 자세의 수평거리는 0.5m × 0.7m이다.
③ 서 있는 자세의 높이는 2m이다.
④ 웅크린 자세의 높이는 1m이다.

해설 피트 깊이(카가 완전히 압축된 완충기 위에 있을 때)
• 피트에는 아래에 해당하는 피난공간이 1개 이상이 있어야 한다.
  – 서 있는 자세 : 수평거리 0.4m×0.5m, 높이 2m
  – 웅크린 자세 : 수평거리 0.5m×0.7m 높이 1m
  – 누운 자세 : 수평거리 0.7m×1m, 높이 0.5m
• 피트의 바닥과 카의 가장 낮은 부품 사이의 수직거리 : 0.5m 이상
• 피트의 가장 높은 부품과 카의 가장 낮은 부품 간 수직거리 : 0.3m 이상

정답 33 ③ 34 ③ 35 ③ 36 ④ 37 ①

38 화재 시 조치사항에 대한 설명 중 틀린 것은?

① 비상용 엘리베이터는 소화활동 등 목적에 맞게 동작시킨다.

② 빌딩 내에서 화재가 발생할 경우 반드시 엘리베이터를 이용해 비상탈출을 시켜야 한다.

③ 승강로에서의 화재 시 전선이나 레일의 윤활유가 탈 때 발생되는 매연에 질식되지 않도록 주의한다.

④ 기계실에서의 화재 시 카 내의 승객과 연락을 취하면서 주전원스위치를 차단한다.

> **해설** 화재 시 엘리베이터는 전원차단 등으로 고립될 수 있고 질식의 우려가 있어 절대 사용하지 말고 계단을 이용해 대피해야 한다.

39 가변전압 가변주파수(VVVF) 제어방식 승강기의 특징이 아닌 것은?

① 워드 레오나드 방식에 비해 유지보수가 쉽다.

② 교류 2단 속도제어방식보다 소비전력이 적다.

③ 높은 기동전류로 기동하여 기동 시에도 높은 토크를 낼 수 있다.

④ 속도에 대응하여 최적의 전압과 주파수로 제어하기 때문에 승차감이 양호하다.

> **해설** 교류전력을 직류전력으로 변환하는 컨버터와 직류전력을 교류전력으로 변환하는 인버터에 의해 가변전압, 가변주파수의 교류전력을 출력하는 장치

40 기계·기구 또는 설비의 신설, 변경 또는 고장, 수리 등 부정기적인 점검을 말하며, 기술적 책임자가 시행하는 점검은?

① 정기점검 ② 수시점검

③ 특별점검 ④ 임시점검

> **해설**
> - 정기점검(계획점검) : 일정 기간마다 정기적으로 실시하는 점검
> - 수시점검(일상점검) : 매일 작업 전, 중, 후에 실시하는 점검
> - 특별점검 : 기계기구 또는 설비의 신설, 변경 또는 고장, 수리 등으로 비정기적인 특정 점검을 말하고, 기술책임자가 실시하며 산업안전보건 강조기간, 악천후 시에도 실시
> - 임시점검 : 기계기구 또는 설비의 이상 발견 시에 임시로 실시하는 점검

41 다음에서 비교 측정이 가능한 측정기의 개수는?

㉠ 사인 바	㉡ 게이지 블록
㉢ 마이크로미터	㉣ 플러그 게이지
㉤ 다이얼 게이지	㉥ 버니어캘리퍼스

① 2개 ② 3개

③ 4개 ④ 5개

> **해설** 기계적 측정기
> - 직접 측정기 : ㉢, ㉥
> - 비교 측정기 : ㉡, ㉣, ㉤
> - 간접 측정기 : ㉠

42 하중을 물체에 작용하는 상태에 따라 분류할 때 해당하지 않은 것은?

① 인장하중
② 압축하중
③ 전단하중
④ 교번하중

> **해설**
> • 정하중 : 크기, 위치, 방향 등이 시간에 따라 변하지 않는 하중
>   – 수직하중 : 단면에 대하여 수직으로 작용하는 하중(인장하중, 압축하중)
>
>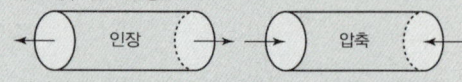
>
>   – 전단하중 : 단면에 대하여 평행하게 작용하는 하중
>
>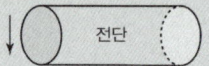
>
> • 동하중 : 크기와 방향이 일정하지 않은 하중
>   – 반복하중 : 하중이 한쪽 방향으로만 계속해서 주기적으로 반복하는 하중
>   – 교번하중 : 하중의 크기와 방향에 따라 인장과 압축 혹은 굽힘과 비틀림이 두 곳 이상의 방향으로 상호 주기적으로 반복하는 하중
>
>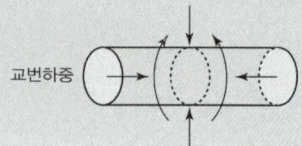
>
>   – 충격하중 : 하중이 짧은 시간에 갑자기 작용하는 하중

43 볼트를 이용하여 물체를 결합할 경우 진동이나 충격 등으로 나사가 스스로 풀리는 경우가 발생하는데 이를 방지하는 방법으로 옳지 않은 것은?

① 와셔에 의한 방법
② 로크너트에 의한 방법
③ 강도가 강한 너트를 사용하는 방법
④ 멈춤나사에 의한 방법

> **해설** 나사의 풀림
> 체결에 의해 볼트에 발생한 체결력(볼트축력)이 체결 후 다양한 원인에 의해 저하되는 현상으로, 이를 방지하기 위한 방법은 다음과 같다.
> • 와셔에 의한 방법
> • 로크너트에 의한 방법
> • 풀림방지 너트
> • 분할핀에 의한 방법
> • 멈춤나사에 의한 방법

44 결합 기계요소로만 짝지어진 것은?

① 콕 – 플런저 – 밸브
② 핀 – 클러치 – 스프링
③ 기어 – 마찰차 – 체인
④ 볼트 – 키 – 리벳 이음

> **해설** 2개 이상의 기계부품을 결합시키는 기계요소
> • 볼트, 너트 : 연결과 분해가 가능
> • 키, 핀, 코터 : 연결작용
> • 리벳 : 강철판·형강 등의 금속재료를 영구적으로 결합하는 데 사용

45 유량, 압력, 액위, 농도, 효율 등의 플랜트나 생산공정 중의 상태를 제어량으로 하는 제어는?

① 프로그램 제어
② 프로세스 제어
③ 서보기구
④ 자동조정

> **해설**
> • 서보기구 : 제어시스템의 제어량인 위치나 각도를 제어하는 기법으로 실시간 위치와 시간을 동시에 제어가 가능한 제어기법이다. 주로 공작기계, 선박의 조타, 차동 평형기록 등에 사용
> • 프로세스 제어 : 제어시스템의 제어량인 온도, 압력, 습도 등을 제어하는 기법으로 이미 정해진 양에 의하여 제어되므로 주로 화학공장, 제지공장과 같은 생산공정 관리에 널리 사용
> • 자동조정 : 제어시스템의 제어량인 전압, 전류, 회전속도, 토크 등의 기계적인 것으로서, 주로 수차, 증기터빈 등에 널리 사용

46 다음 그림과 같은 4절 링크기구의 운동 변환 방식은?

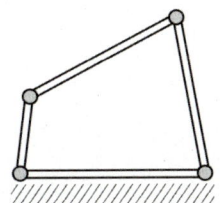

① 회전운동 → 각운동
② 각운동 → 직선운동
③ 회전운동 → 직선운동
④ 직선운동 → 왕복운동

해설 4절 링크 기구

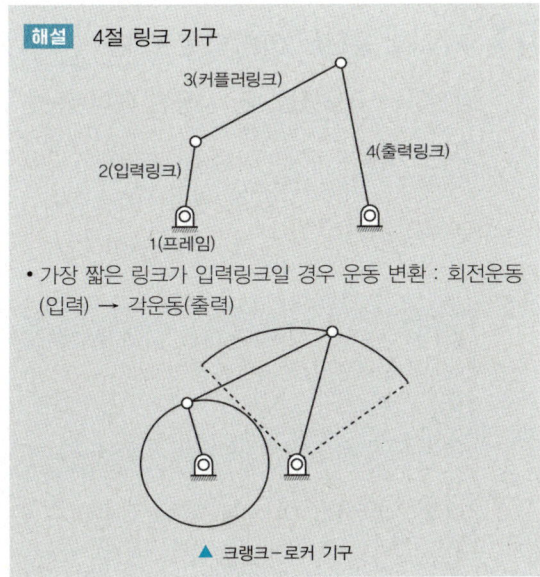

3(커플러링크)
2(입력링크)
4(출력링크)
1(프레임)

• 가장 짧은 링크가 입력링크일 경우 운동 변환 : 회전운동
(입력) → 각운동(출력)

▲ 크랭크-로커 기구

---

47 그림의 마이크로미터의 판독값으로 옳은 것은?

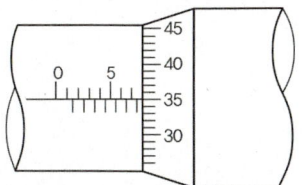

① 37.7mm
② 37.5mm
③ 7.37mm
④ 5.37mm

해설

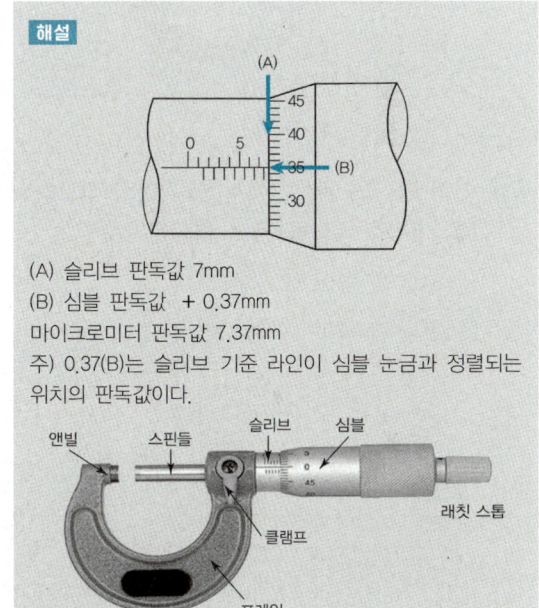

(A)
(B)

(A) 슬리브 판독값 7mm
(B) 심블 판독값 + 0.37mm
마이크로미터 판독값 7.37mm
주) 0.37(B)는 슬리브 기준 라인이 심블 눈금과 정렬되는
위치의 판독값이다.

앤빌 스핀들 슬리브 심블
클램프
프레임
래칫 스톱

---

48 축과 짝을 이루며 축을 지지하는 기계요소는?

① 보스 ② 마찰차

③ 베어링 ④ 커플링

해설 **베어링**

원하는 움직임에 대한 상대 운동을 제한하고 움직이는 부분 사이의 마찰을 줄여주는 기계요소, 회전이나 왕복운동을 하는 축을 일정한 위치에서 지지하여 자유롭게 움직이게 하는 기계장치(부품)

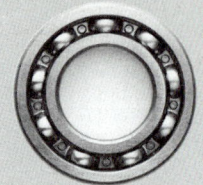

49 기어 방식의 권상기에서 웜 기어와 비교하여 헬리컬 기어의 특징을 옳게 설명한 것은?

① 효율은 높고 소음은 크다.

② 효율은 높고 소음은 작다.

③ 효율은 낮고 소음은 크다.

④ 효율은 낮고 소음은 작다.

해설
• 기어 소음·진동에 가장 큰 영향을 주는 요소는 기어의 치형으로 평행축 기어장치의 치형은 축간거리 오차를 흡수하여 비평행축 기어인 웜 기어보다 소음·진동 측면에서 가장 유리

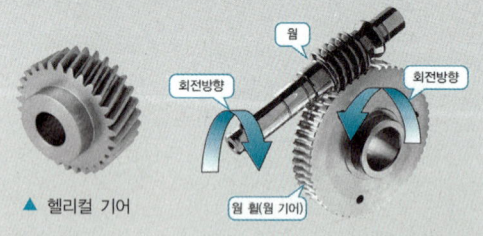

▲ 헬리컬 기어

• 헬리컬 기어는 평 기어와 같이 평행축으로 사용되며 비틀어진 잇줄을 가진 원통형 기어로 평 기어보다 물림률이 우수하고 소음이 적으며 더 큰 동력을 전달할 수 있어 고속회전을 필요로 하는 곳에 적합

50 2kΩ의 저항에 25mA의 전류를 흘리는 데 필요한 전압[V]은?

① 50 ② 100

③ 160 ④ 200

해설
옴의 법칙
$V = IR$의 관계에서
$V = 0.025 \times 2,000 = 50V$

51 $V[\text{V}]$로 충전한 $C[\text{F}]$의 콘덴서를 $\frac{1}{3}V[\text{V}]$까지 방전하여 사용했을 때, 사용된 에너지는?

① $\frac{1}{2}CV^2$ ② CV^2

③ $\frac{5}{9}CV^2$ ④ $\frac{4}{9}CV^2$

해설 콘덴서에 전하를 축적시키는 데 필요한 에너지로 임의의 도체에 전하 $Q[\text{C}]$를 축적시키기 위해 필요한 W는 다음과 같다.

$$W = \frac{1}{2}\frac{Q^2}{C} = \frac{1}{2}QV = \frac{1}{2}CV^2[\text{J}]$$

충전한 콘덴서를 중 $\frac{1}{3}V[\text{V}]$까지 방전했으므로

$$W = \frac{1}{2}(\frac{2}{3}V)^2 = \frac{4}{9}CV^2[\text{J}]$$

52 일정 전압의 직류전원 V에 저항 R을 접속하니 정격전류 I가 흘렀다. 정격전류 I의 130%를 흘리기 위해 필요한 저항은 약 얼마인가?

① $0.6R$ ② $0.77R$

③ $1.3R$ ④ $3R$

정답 **48** ③ **49** ② **50** ① **51** ④ **52** ②

해설 옴의 법칙

전원 V에 저항 R을 접속할 때 흐른 정격전류 I는 $I = \dfrac{V}{R}$ 이고, 전압이 일정한 상태에서 정격전류의 1.3배로 늘어나면 저항은 1.3배로 줄어든다. 따라서 정격전류 I의 130%를 흘리기 위해 필요한 저항

$$R' = \frac{R}{1.3} ≒ 0.769R ≒ 0.77R$$

53 분류기의 저항(R_s)은? (단, $n = \dfrac{I_0}{I_A}$ 이다)

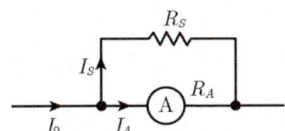

① $\dfrac{R_A}{n+1}$ ② $\dfrac{R_A}{n}$

③ $\dfrac{R_A}{n-1}$ ④ $\dfrac{R_A}{n-2}$

해설

분류기의 저항(R_s)은 전류계의 정격보다 큰 전류를 측정함에 있어, 전류계에 병렬로 연결시켜 전류의 측정범위를 넓히기 위해 사용되는 일종의 저항체이다.

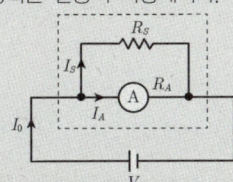

I_A : 전류계에 흐르는 전류
I_s : 분류기 저항에 흐르는 전류
I_0 : 측정하고자 하는 전류
R_A : 전류계 내부 저항
R_s : 분류기 저항

분류기 배율 $n = \dfrac{측정하려는\ 전류\ I_0}{전류계의\ 전류\ I_A} = 1 + \dfrac{R_A}{R_s}$ 이므로

분류기 저항 $R_s = \dfrac{R_A}{n-1}$

54 SCR에 관한 설명으로 틀린 것은?

① PNPN 소자이다.
② 스위칭 소자이다.
③ 양방향성 사이리스터이다.
④ 직류나 교류의 전력제어용으로 사용된다.

해설 SCR(Silicon Controlled Rectifier, 실리콘 제어정류기)

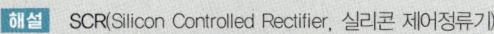
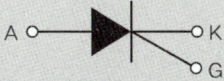

Thyristor(사이리스터)라고 불리며, 제어단자(G)로부터 음극(K)에 전류를 흘리는 것으로, 양극(A)과 음극(K) 사이를 도통시킬 수 있는 3단자의 반도체 소자이다. PNPN의 4중 구조를 하고 있으며, 게이트에 일정한 전류를 통과시키면 양극과 음극 간 도통(턴 온)한다. 도통을 정지(턴 오프)하기 위해서는, 양극과 음극 간의 전류를 일정치 이하로 해야 해서 한 번 도통시키면 통과전류가 0이 될 때까지 도통상태를 유지해야 하는 곳에 사용
• 방향성
  – 양방향성 소자 : DIAC, TRIAC, SSS
  – 역저지(단방향성) 소자 : SCR, GTO

55 어떤 도체에 20초 동안에 100C의 전하량이 이동하면 이때 흐르는 전류[A]는?

① 200 ② 50
③ 10 ④ 5

해설

전류의 세기는 1초 동안 전선의 한 단면을 통과하는 전하량으로 나타낸다.
전하량은 일정한 시간 동안 전선의 한 단면을 통과한 전하의 양이며, 전류의 세기 단위는 암페어[A] 또는 쿨롱/초[C/s]로 나타낸다.

$$i = \frac{dQ}{dt} = \frac{100}{20} = 5[A]$$

56 논리식 $X = (\overline{A} + B)(\overline{A} + B)$를 간단히 하면?

① A ② B

③ $A\,B$ ④ $A + B$

> **해설**
>
> $X = A(\overline{A}+B)+B(\overline{A}+B)$
> $\quad = A\overline{A}+AB+\overline{A}B+BB$
> $\quad = 0+B(A+\overline{A})+BB$
> $\quad = 0+B\cdot 1+BB$
> $\quad = B+B$
> $\quad = B$

57 저항 $R[\Omega]$에 전류 $I[A]$를 일정 시간 동안 흘렸을 때 도선에 발생하는 열량의 크기로 옳은 것은?

① 전류의 세기에 비례

② 전류의 세기에 반비례

③ 전류의 세기의 제곱에 비례

④ 전류의 세기의 제곱에 반비례

> **해설** 줄의 법칙
>
> 도선에 전류가 흐를 때 단위시간 동안에 도선에 발생하는 열량(줄열의 양)은 전류의 세기의 제곱과 도선의 전기저항에 비례한다는 법칙
>
> 도선의 저항을 $R[\Omega]$, 전류를 $I[A]$, 전압을 $V[V]$, 전력을 $P[W]$, 시간을 t[s]라 하면 발열량 $Q[\text{cal}]$는 $Q=0.24RI^2t$ 로 된다. 따라서 도선에 발생하는 열량의 크기는 전류의 세기의 제곱에 비례한다.

58 출력 10kW, 효율 90%인 기기의 손실은 약 몇 [kW]인가?

① 0.6 ② 1.1

③ 2 ④ 2.5

> **해설** 효율과 손실
>
> • 효율 $= \dfrac{\text{출력}}{\text{입력}} = \dfrac{\text{출력}}{\text{출력} + \text{손실}}$
>
> • 손실 $= \dfrac{\text{출력}}{\text{효율}} - \text{출력} = \dfrac{10}{0.9} - 10 = \dfrac{10-9}{0.9} = \dfrac{1}{0.9}$
>
> $\qquad\qquad\qquad \fallingdotseq 1.1\text{kW}$

59 NAND 게이트 3개로 구성된 다음 논리회로의 출력값 E는?

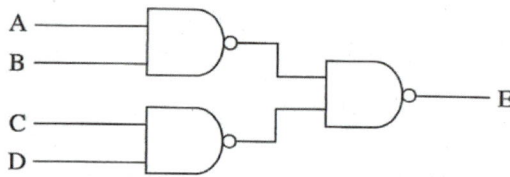

① $A \cdot B + C \cdot D$

② $(A + B) \cdot (C + D)$

③ $\overline{A \cdot B} + \overline{C \cdot D}$

④ $A \cdot B \cdot C \cdot D$

> **해설** 논리회로
>
> $E = \overline{\overline{A\cdot B}\cdot\overline{C\cdot D}} = \overline{\overline{AB}}+\overline{\overline{CD}} = AB + CD$

60 60Hz, 4극 전동기의 슬립이 5%인 경우 전 부하 회전수는 약 몇 [rpm]인가?

① 1,710 ② 1,890

③ 3,420 ④ 3,780

> **해설** 유도전동기의 속도
>
> 동기속도 $N_s = \dfrac{120f}{P} = \dfrac{120\times 60}{4} = 1,800\text{rpm}$
>
> 회전수 $N = (1-0.05)\times 1,800 = 1,710\text{rpm}$

2023년 제2회 기출복원문제

01 엘리베이터의 피트에서 행하는 점검사항이 아닌 것은?

① 파이널 리밋스위치 점검
② 이동케이블 점검
③ 배수구 점검
④ 도어로크 점검

> **해설** 도어로크 점검은 카 상부에서 하는 검사

02 권상 도르래 · 풀리 또는 드럼의 피치직경과 로프(벨트)의 공칭직경 사이의 비율은 로프(벨트)의 가닥수와 관계없이 얼마 이상이어야 하는가? (단, 주택용 엘리베이터는 제외한다)

① 36
② 40
③ 46
④ 50

> **해설** 로프(벨트)의 가닥수와 관계없이 40 이상
> 다만, 주택용 엘리베이터의 경우 30 이상

03 균형추의 중량을 결정하는 계산식은? (단, 여기서 L은 정격하중, F는 오버밸런스율이다)

① 균형추 중량=카 자체하중+(L×F)
② 균형추 중량=카 자체하중+(L+F)
③ 균형추 중량=카 자체하중+(L−F)
④ 균형추 중량=카 자체하중+(L/F)

> **해설** 전기식 엘리베이터의 균형추 무게 = 카의 자체하중 + (정격적재하중 × 오버밸런스율)

04 권동식(확동구동식)과 비교하여 트랙션식(마찰구동식) 권상기의 특징에 대한 설명으로 옳지 않은 것은?

① 주로프의 미끄러짐이나 주로프 및 도르래에 마모가 거의 일어나지 않는다.
② 균형추를 사용하기 때문에 소요동력이 작아진다.
③ 와이어로프의 안전율이 확보되면 승강행정에는 제한이 없다.
④ 여러 가지 장점이 있어 저속에서 초고속까지 넓게 사용되고 있다.

> **해설** 트랙션 방식은 마찰구동 방식으로 마찰이 발생하는 와이어로프와 시브(도르래)와의 마찰이 발생한다.
>
> **균형추 방식**(트랙션식)
> 전기식 엘리베이터의 대표적인 구동방식으로 마찰구동 방식이라고도 한다. 그 원리는 카와 균형추를 로프로 연결해서 두레박식으로 구동도르래에 걸고, 로프와 도르래 간의 마찰력을 이용해서 구동

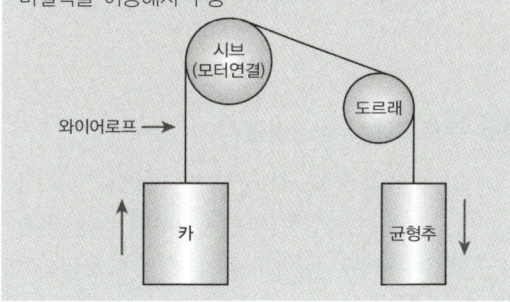

05 에스컬레이터의 경사도는 기본적으로 30°를 초과 하지 않아야 하는데 특별한 경우 경사도를 35°까 지 증가시킬 수 있다. 이 경우 공칭속도는 몇 [m/s] 이하이어야 하는가? (단, 층고는 6m 이하이다)

① 0.5 ② 0.75
③ 1 ④ 1.5

해설 경사도는 30°를 초과하지 않아야 한다. 다만, 층고 가 6m 이하이고, 공칭속도가 0.5m/s 이하인 경우에는 경사 도를 35°까지 증가시킬 수 있다.
(비고)
• 경사도는 현장 설치여건 등을 감안하여 최대 1°까지 초과 될 수 있다.
• 수평보행기의 경사도는 12° 이하

06 주로프에서 심강이란?

① 로프의 중심부를 구성하며 천연의 마를 사용한다.
② 소선수를 말하며 합성섬유를 사용한다.
③ 제동력을 높이기 위해 소선에 기름을 먹인 것 을 말한다.
④ Z꼬임으로 되어 있는 것을 말한다.

해설 와이어로프는 복수의 스트랜드와 심강으로 구성되 어 있는데, 심강은 로프의 중심부를 구성하며 양질의 합성 섬유 또는 천연섬유를 사용하여 소선 간의 윤활을 원활하 게 하는 역할

07 다음 중 카를 지지하는 카 프레임(또는 카 틀, Car Frame)의 주요 구성요소가 아닌 것은?

① 상부틀(또는 상부체대, Cross Head)
② 카 바닥(Car Platform)
③ 하부틀(또는 하부체대, Flank)
④ 브레이스 로드(Brace Road)

해설
• 카 프레임은 상부틀과 하부틀 그리고 이를 이어주는 브레 이스 로드 등으로 구성되어 있다. 카 바닥은 카의 구성요 소이다.

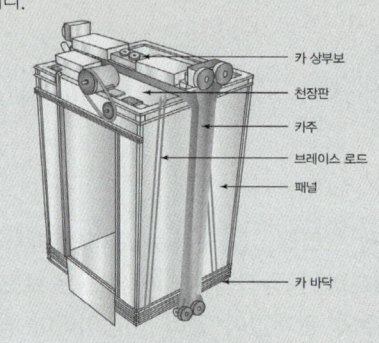

카 상부보
천장판
카주
브레이스 로드
패널

카 바닥

▲ 카의 구성요소

• 브레이스 로드
구조물의 처짐 등을 보완하기 위해 쓰이는 트러스 또는 경사진(대각선) 부재로, 엘리베이터의 카 프레임 구성요 소이다.

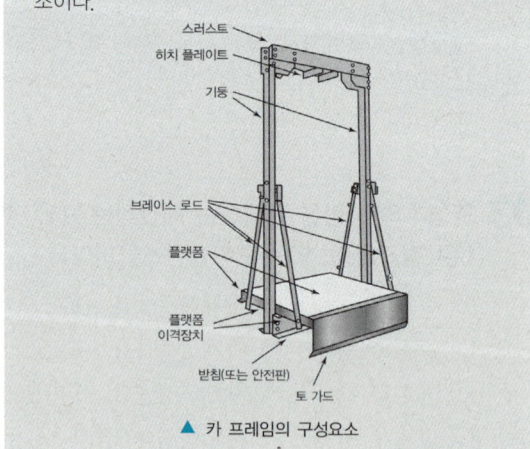

스러스트
히치 플레이트
기둥

브레이스 로드

플랫폼

플랫폼
이격장치

받침(또는 안전판)
토 가드

▲ 카 프레임의 구성요소

정답 05 ① 06 ① 07 ②

08 경사형 엘리베이터 안전기준에 따라 승강로 벽을 설계할 때 승강로 벽의 높이 기준은 경사 각도에 따라 달라지는데, 그 기준의 경계가 되는 경사각도는 약 몇 °인가?

① 35   ② 40
③ 45   ④ 50

> **해설**
> 고각의 경사각에서는 사람이 오르내리기 어렵고, 미끄러질 가능성이 높아지기 때문에 안전기준 경사각은 45°이다.

09 엘리베이터의 카에서 비상시 작동하는 비상등은 몇 [lx] 이상이어야 하는가?

① 2   ② 5
③ 10   ④ 20

> **해설**
> • 5lx 이상의 조도로 1시간 동안 전원이 공급되는 비상등이 있어야 한다.
> • 정상 조명전원이 차단되면 즉시 자동으로 점등되어야 한다.

10 주로 1대의 엘리베이터를 운행할 경우 적용되는 방식으로 승강장의 누름 버튼을 상승용, 하강용의 양쪽 모두 동작이 가능한 방식이며, 상승 또는 하강으로의 진행 방향에 승객이 합승을 원할 경우 합승 호출에 응답하면서 운전하는 방식은?

① 단식 자동식
② 하강승합 전자동식
③ 승합 전자동식
④ 홀 랜턴 방식

> **해설**
> **무운전원 방식(전자동식)**
> • 단식 자동식 : 가장 먼저 등록된 부름에만 응답하고, 그 운전이 완료될 때까지는 다른 부름에는 응답하지 않는 방식으로, 화물용이나 카 리프트 등에 주로 사용되는 조작 방식
> • 하강승합 자동방식 : 상승 중에는 승강장으로부터의 호출 신호에 응하지 않고 최고층의 호출에 응하여 정지한 후 자동으로 반전하여 하강하며, 하강 시에는 승강장의 호출에 응하여 정지
>
> **군 관리방식**
> • 홀 랜턴 방식 : 엘리베이터를 3~8대 병설할 때 건물 내의 교통수요 변동에 효율적으로 운행·관리하는 군 관리방식에서 사용하는 조작방식으로, 서비스하게 될 엘리베이터를 표시해 주는 홀 랜턴을 설치

11 카 출입구의 하단에 설치하며 승강로와 카 바닥면의 간격을 일정치 이하로 유지함으로써, 카가 층과 층의 중간에 정지 시 승객이 아래층 방향의 엘리베이터 밖으로 나오려고 할 때 추락을 방지하는 것은?

① 가이드 슈(Guide Shoe)
② 에이프런(Apron)
③ 하부체대(Plank)
④ 브레이스 로드(Brace Rod)

- 카 또는 승강장 출입구 문턱부터 아래로 평탄하게 내려진 수직부분의 앞 보호판
- 에이프런의 폭은 마주하는 승강장 유효출입구의 전체 폭 이상
- 에이프런의 수직부분 높이는 0.75m 이상

해설
- 속도 감지 및 감속 부품으로 구성되어 있으며 카의 상승 과속을 감지하여 카를 정지시키거나 균형추 완충기에 대해 설계된 속도로 감속시키는 장치
- 이 장치의 복귀는 승강로에 접근을 요구하지 않아야 하고 복귀 후에 작동하기 위한 상태가 되어야 한다.

12 엘리베이터의 기계실 출입문 크기 기준으로 옳은 것은? (단, 주택용 엘리베이터는 제외한다)

① 폭 0.6m 이상, 높이 1.7m 이상
② 폭 0.7m 이상, 높이 1.8m 이상
③ 폭 0.8m 이상, 높이 1.9m 이상
④ 폭 0.9m 이상, 높이 2.0m 이상

해설
- 기계실, 승강로 및 피트 출입문 : 높이 1.8m 이상, 폭 0.7m 이상
- 풀리실 출입문 : 높이 1.4m 이상, 폭 0.6m 이상
- 비상문 : 높이 1.8m 이상, 폭 0.5m 이상
- 점검문 : 높이 0.5m 이하, 폭 0.5m 이하

13 카의 상승과속방지장치에 대한 설명으로 틀린 것은?

① 상승과속방지장치를 작동하기 위해 외부 에너지가 필요할 경우, 외부 에너지가 공급되지 않으면 엘리베이터는 정지 및 그 상태를 유지해야 한다(압축 스프링 방식 제외).
② 상승과속방지장치의 복귀를 위해서는 작업자가 승강로에 들어가서 직접 작업하도록 해야 한다.
③ 상승과속방지장치가 작동하고 복귀 후 엘리베이터가 정상 운행되기 위해서는 전문가(유지관리업자 등)의 개입이 요구되어야 한다.
④ 상승과속방지장치는 빈 칸의 감속도가 정지단계 동안 $1g_n$(중력가속도) 초과하는 것을 허용하지 않아야 한다.

14 엘리베이터 제어방식 중 카의 실속도와 지령속도를 비교하여 사이리스터 점호각을 바꿔 유도전동기의 속도를 제어하는 방식은?

① 교류 1단 속도제어
② 교류 2단 속도제어
③ 교류 귀환제어
④ 가변전압 가변주파수 제어(VVVF)

해설
- 교류 1단 속도제어 : 3상 교류의 단속도 전동기에 전원을 공급하는 것으로 기동과 정속운전을 하고 정지는 전원을 차단한 후 제동기에 의해 기계적으로 브레이크를 거는 제어방식
- 교류 2단 속도제어 : 기동과 주행은 고속권선으로 하고 감속과 착상은 저속으로 하며, 착상지점에 근접해지면 모든 접점을 끊고 동시에 브레이크를 거는 제어방식
- 교류 귀환 전압제어 : 카의 실속도와 지령속도를 비교하여 사이리스터의 점호각을 바꿔 유도전동기의 속도를 제어하는 방식
- VVVF 제어 : 인버터 제어라고도 불리며, 유도전동기에 인가되는 전압과 주파수를 동시에 변환시켜 직류전동기와 동등한 제어성능을 얻을 수 있는 방식

15 권상식 엘리베이터에서 주로프의 미끄러짐 현상을 줄이는 방법으로 옳지 않은 것은?

① 권부각을 크게 한다.
② 속도 변화율을 크게 한다.
③ 균형체인이나 균형로프를 설치한다.
④ 로프와 도르래 사이의 마찰계수를 크게 한다.

해설   속도 변화가 클 경우 로프의 미끄러짐이 커진다.

정답   **12** ②   **13** ②   **14** ③   **15** ②

16 에스컬레이터의 구동체인이 규정값 이상으로 늘어져 있을 경우에 나타나는 현상은?

① 브레이크가 작동하지 않는다.
② 안전회로가 차단되어 구동되지 않는다.
③ 상승만 가능하다.
④ 하강만 가능하다.

> 해설 에스컬레이터의 구동체인이 규정치 이상으로 늘어나면 안전레버가 작동하여 안전회로 차단으로 구동되지 않는다.

17 간접식 유압엘리베이터의 특징이 아닌 것은?

① 부하에 의한 카 바닥의 빠짐이 비교적 작다.
② 비상정지장치가 필요하다.
③ 실린더 설치를 위한 보호관이 필요하지 않다.
④ 실린더의 점검이 용이하다.

> 해설 유압엘리베이터 방식
>
> | 직접식 | 간접식 |
> | --- | --- |
> | • 승강로의 크기가 작고 구조가 간단하다.
• 비상정지장치가 필요 없다.
• 부하에 의한 카 바닥의 빠짐이 작다.
• 실린더를 설치하기 위한 보호관을 땅속에 설치하여야 하므로 실린더의 점검이 곤란하다. | • 실린더 보호관이 필요 없어 점검이 용이하다.
• 승강로가 실린더를 수용할 만큼 커진다.
• 비상정지장치가 필요하다.
• 로프의 늘어짐과 작동유의 점성 때문에 부하에 의한 카 바닥의 빠짐이 비교적 크다. |

18 엘리베이터용 주행안내(가이드) 레일에 관한 사항으로 틀린 것은?

① 엘리베이터의 정격하중에 관계가 있다.
② 대형회물용 엘리베이터의 경우 히중을 적재할 때 발생되는 카의 회전모멘트는 무시한다.
③ 추락방지안전장치가 작동한 후에도 가이드 레일에는 좌굴이 없어야 한다.
④ 레일 브래킷의 간격을 작게 하면 동일한 하중에 대하여 응력과 휨은 작아진다.

> 해설
> • 카, 균형추 또는 평형추의 주행을 안내하기 위해 고정되게 설치된 승강기부품
> • 주행안내 레일의 연결 및 부속부품은 엘리베이터의 안전한 운행을 보장하기 위해 부과되는 하중 및 힘에 견뎌야 하며 하중 적재 시 발생하는 카의 회전모멘트(또는 레일의 굽힘 모멘트)를 고려하여야 한다.

19 점차작동형 비상정지장치에 대한 설명으로 옳지 않은 것은?

① 레일을 죄는 힘이 동작 시부터 정지 시까지 일정한 것이 FGC형이다.
② 레일을 죄는 힘이 처음에는 약하고 하강함에 따라 강하다가 얼마 후 일정값에 도달하는 것이 FWC형이다.
③ 구조가 간단하고 복구가 용이하기 때문에 대부분 FWC형을 사용한다.
④ 점차작동형은 정격속도가 1m/s 이상인 엘리베이터에 주로 사용한다.

> 해설 비상정지장치
> • F.G.C(Flexible Guide Clamp)형 : 동작시점부터 정지할 때까지 레일을 죄는 힘이 일정(간단한 구조)
> • F.W.C(Flexible Wedge Clamp)형 : 동작시점에는 레일을 죄는 힘이 약하지만 하강함에 따라 강해지다가 얼마 후 일정치로 도달(복잡한 구조)

20 기계실의 위치에 의한 엘리베이터 분류에서 기계실을 승강로의 아래쪽 방향에 설치하는 방식은?

① 기어드 방식
② 횡인 구동 방식
③ 베이스먼트 방식
④ 사이드머신 방식

> **해설**
> • 정상부형 : 기계실이 승강로 상부에 위치
> • 베이스먼트 방식 : 기계실이 승강로 하부에 위치
> • 사이드머신 방식 : 기계실이 승강로 측면에 위치

21 카가 정지하고 있지 않는 층의 문이 열리지 않도록 하고, 각 층의 문이 닫혀 있지 않으면 운전을 불가능하게 하는 장치는?

① 도어 인터로크
② 도어 세이프티
③ 도어 오픈
④ 도어 클로저

> **해설** 도어의 안전장치 중 하나로 문이 열린 채로 운행하는 것을 막아주는 장치
>
>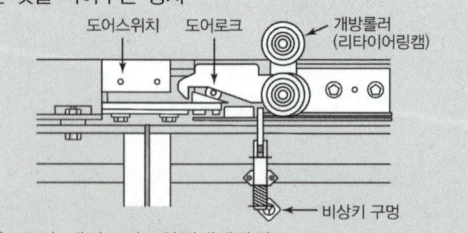
>
> ② 도어 세이프티 : 안전개폐장치
> ④ 도어 클로저 : 승강장의 문이 열린 상태에서 모든 제약이 해제되면 자동적으로 닫히게 하여 문의 개방상태에서 생기는 2차 재해를 방지하는 문의 안전장치

22 다음 로프 홈에 대한 설명으로 가장 옳지 않은 것은?

① V홈 – 가공이 쉽고 초기 마찰력도 우수하다.
② 포지티브 홈(나선형 홈) – 로프를 권동에 감기 때문에 고양정으로 사용하기에 유리하다.
③ 언더컷 홈 – 트랙션 능력이 커서 가장 많이 사용된다.
④ U홈 – 로프와의 면압이 적으므로 로프의 수명이 길어진다.

> **해설** 승객용 엘리베이터에는 미끄러짐을 줄이기 위해 로프와 도르래의 마찰계수가 낮은 U형의 홈이 아닌 홈의 밑을 도려내어 마찰계수를 높인 언더컷(Under Cut) 홈을 사용한다.
>
> | U홈(U-groove) | 언더컷(Under Cut) | V홈 |
> |---|---|---|

23 승강로 최상층의 승강장 바닥면에서 승강로의 상부(기계실 바닥 슬래브 하부면)까지의 수직거리를 무엇이라고 하는가?

① 오버헤드
② 꼭대기 틈새
③ 주행여유
④ 천장여유

> **해설** 오버헤드는 최상 정지층의 승강장 바닥면에서 승강로의 상부까지의 수직거리
> ※ 꼭대기 틈새 : 카를 최상층에 정지시켜 놓은 상태에서 카의 상부와 승강로 천장부와의 수직거리

24 엘리베이터의 설치 환경과 교통량에 관한 설명이다. 옳지 않은 것은?

① 대중교통이 발달한 중심상가지역의 사무용 건물에는 아침 출근시간의 교통량이 상대적으로 많다.

② 사무실이 밀집되어 있는 건물에는 점심시간이 같아서 정오시간의 교통량이 증가한다.

③ 유연근무제, 시차출퇴근제의 확산은 출근시간의 교통량 집중도를 높였지만, 엘리베이터 하향방향의 교통량 집중은 감소시켰다.

④ 병원의 경우는 일반 사무실과는 다르게 환자의 왕진 및 치료와 수술이 행해지는 오전시간에 교통량이 집중되거나, 또는 환자방문시간이나 교대근무가 발생하는 오후의 특정시간에 교통량이 집중될 수도 있다.

> **해설** 유연근무제와 시차를 달리한 출퇴근제는 하루 중 출퇴근시간이 고정되지 않아 엘리베이터 사용 집중도를 분산시켰다.

25 주차장치 중 다수의 운반기를 2열 혹은 그 이상으로 배열하여 순환 이동하는 방식은?

① 수직순환식 ② 다층순환식
③ 수평순환식 ④ 승강기식

> **해설**
> • 수직순환식 주차장치 : 수직면 내에 수직으로 배열된 다수의 운반기가 순환 이동하는 구조의 주차장치
> • 수평순환식 주차장치 : 다수의 운반기를 2열 또는 그 이상으로 배열하여 수평으로 순환 이동시키는 구조의 주차장치
> • 다층순환식 주차장치 : 다수의 운반기를 2층 또는 그 이상으로 배치하여 위/아래 또는 수평으로 순환 이동시키는 구조의 주차장치
> • 2단식 주차장치 : 주차구획이 2단으로 배치되어 있고 출입구가 있는 층의 모든 부분을 주차장치 출입구로 사용할 수 있는 구조의 주차장치

26 블리드오프 유압회로 방식의 특징이 아닌 것은?

① 카의 기동 시 유량조정이 어렵다.
② 상승운전 시의 효율이 높다.
③ 작동유의 온도(점도) 변화 및 압력 변화 등의 영향을 받기 쉽다.
④ 기동 · 정지 시 효과가 적다.

> **해설**
> 블리드오프(Bleed Off) 회로 : 유량제어밸브를 주회로에서 분기된 바이패스(By-Pass) 회로에 삽입한 방식
> • 정확한 속도제어가 어렵다.
> • 고효율(상승 운전 시)
> • 기동 · 정지 시 쇼크가 작다.
> • 작동유 온도, 압력의 변화에 영향을 받기 쉽다.

27 에스컬레이터를 배치할 경우 고려할 사항 중 틀린 것은?

① 바닥 점유면적은 되도록 크게 배치한다.
② 건물의 정면 출입구와 엘리베이터 설치 위치와의 중간이 좋다.
③ 백화점일 경우에는 가장 눈에 띄기 쉬운 위치가 좋다.
④ 사람의 움직임이 많은 곳에 설치되어야 한다.

> **해설**
> • 바닥 점유면적을 되도록 작게 한다.
> • 승객의 보행거리를 줄일 수 있도록 배열한다.
> • 건물의 지지보 등을 고려하여 하중을 균등하게 분산시킨다.

28 소형화물형 엘리베이터의 안전기준에 따라 카와 승강장 문과의 거리는 몇 [mm] 이하여야 하는가?

① 10　　　　　　② 20
③ 30　　　　　　④ 40

> **해설** 승강장 문 또는 완전히 열린 승강장 문틀 사이의 거리는 30mm 이하이어야 한다.

29 유압식 엘리베이터의 유압제어 및 안전장치와 관련하여 릴리프밸브는 압력을 전 부하 압력의 몇 [%]까지 제한하도록 맞추어 조절되어야 하는가?

① 125　　　　　② 130
③ 135　　　　　④ 140

> **해설** 릴리프밸브는 펌프와 체크밸브 사이의 회로에 연결하며, 압력을 전 부하 압력의 140%까지 제한하도록 맞추어 조절

30 엘리베이터 운전제어 중 전기적 비상운전 제어에 관한 설명으로 틀린 것은?

① 비상운전 제어 시 카 속도는 0.30m/s 이하이어야 한다.
② 전기적 비상운전은 버튼의 순간적인 누름에 의해서도 작동되어야 한다.
③ 전기적 비상운전스위치는 파이널 리밋스위치를 무효화시켜야 한다.
④ 전기적 비상운전스위치의 작동 후, 이 스위치에 의한 움직임을 제외한 모든 카 움직임은 방지되어야 한다.

> **해설** 전기적 비상운전스위치의 작동은 우발적 작동을 보호하는 버튼에 지속적인 압력을 가해 카 움직임의 제어를 허용해야 한다.

31 엘리베이터가 '피난운전' 시 특정 안전장치를 제외하고는 기본적으로 모두 작동상태여야 한다. 여기서 제외되는 안전장치는 다음 중 무엇인가?

① 문닫힘안전장치
② 과부하감지장치
③ 추락방지안전장치
④ 상승과속방지장치

> **해설** '피난호출' 또는 '피난운전' 중에 모든 엘리베이터 안전장치(전기적 및 기계적)는 모두 작동상태이어야 한다. 다만, 문닫힘안전장치는 제외한다.

32 카 내부에 있는 사람에 의한 카 문의 개방을 제한하기 위해 카가 운행 중일 때, 카 문의 개방은 몇 [N] 이상의 힘이 요구되어야 하는가? (단, 잠금해제구간 밖에 있을 때는 제외한다)

① 30　　　　　　② 50
③ 150　　　　　④ 300

> **해설**
> • 카가 운행 중일 때, 카 문의 개방은 50N 이상의 힘이 요구되어야 한다.
> • 카가 잠금해제구간 밖에 있을 때, 카 문은 1,000N의 힘으로 50mm 이상 열리지 않아야 하며, 자동동력 작동상태에서도 문은 열리지 않아야 한다.

33 다음 중 유압식 엘리베이터가 주로 이용되는 장소의 조건으로 거리가 먼 것은?

① 저층의 맨션에서 시가지 때문에 일광 제한과 사선 제한의 규제가 있을 경우
② 중심상가에 위치한 10층 상당의 업무용 빌딩에 엘리베이터를 설치할 경우
③ 공원 등에서 건물을 세울 시 높이 제한이 엄격한 경우
④ 대용량이고 승강행정이 짧은 화물용 엘리베이터로 이용될 경우

> **해설** 유압식 엘리베이터는 실린더의 승강행정거리가 제한되어 있으므로 10층 상당의 고층에 해당하는 정지층에는 사용이 적합하지 않다.

34 승강기 설비계획을 할 때 고려해야 할 사항에 해당되지 않는 것은?

① 교통량 계산을 하여 그 건물의 교통수요에 적합하고 충분한 대수일 것
② 이용자의 대기시간이 허용치 이하가 되도록 고려할 것
③ 여러 대를 설치할 경우 가능한 건물 가운데로 배치할 것
④ 용도에 관계없이 반드시 서비스 층의 분할을 적용할 것

> **해설**
> • 적절한 수요를 예측하여 과부족이 없는 능력으로 가장 경제적인 설비를 선택하는 것이 목적이다.
> • 승용 엘리베이터는 가능한 한 1개소에 집중 설치해서 부하의 균등화를 도모한다.
> • 계획 대상의 상태 및 상태의 변화시점을 결정하여 그에 적합한 대수로 계획한다.

35 엘리베이터 안전기준에 따라 소방구조용 엘리베이터의 기본요건으로 틀린 것은?

① 소방구조용 엘리베이터의 운행속도는 1m/s 이상이어야 한다.
② 소방구조용 엘리베이터는 소방운전 시 모든 승강장의 출입구마다 정지할 수 있어야 한다.
③ 소방구조용 엘리베이터는 소방관 접근 지정층에서 소방관이 조작하여 엘리베이터 문이 닫힌 이후부터 60초 이내에 가장 먼 층에 도착하여야 한다.
④ 소방구조용 엘리베이터 출입구의 유효폭은 0.7m 이상으로 한다.

> **해설** 소방구조용 엘리베이터의 크기는 630kg의 정격하중을 갖는 폭 1,100mm, 깊이 1,400mm 이상이어야 하며, 출입구 유효폭은 800mm 이상이어야 한다.

36 안전점검을 할 때 일정 기간을 두고서 행하는 점검은?

① 수시점검
② 임시점검
③ 특별점검
④ 정기점검

> **해설**
> • 일상점검(수시점검) : 사업장, 가정 등에서 활동을 시작하기 전 또는 종료 시에 수시로 점검
> • 정기점검 : 일정한 기간을 정하여 각 분야별 유해, 위험요소에 대하여 점검
> • 특별점검 : 태풍이나 폭우 등 천재지변이 발생한 경우 등 분야별로 특별히 점검

37 하인리히 재해 발생 5단계 중 3단계에 해당하는 것은?

① 불안전한 행동 또는 불안전한 상태
② 사회적 환경 및 유전적 요소
③ 관리의 부재
④ 사고

해설 하인리히 재해 발생 5단계

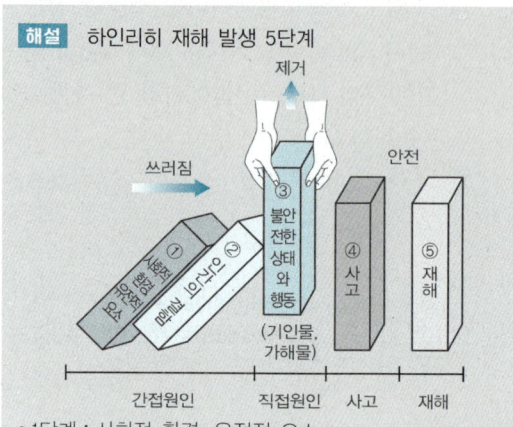

• 1단계 : 사회적 환경, 유전적 요소
• 2단계 : 인간의 결함
• 3단계 : 불안전한 행동과 불안전한 상태
• 4단계 : 사고
• 5단계 : 재해

38 산업안전보건법령상 안전보건표지의 종류와 형태 중 그림과 같은 경고 표지는? (단, 바탕은 무색, 기본모형은 빨간색, 그림은 검은색이다)

① 부식성물질 경고   ② 폭발성물질 경고
③ 산화성물질 경고   ④ 인화성물질 경고

해설 안전보건표지의 종류와 형태
재해예방을 위한 금지나 경고, 비상시 조치를 위한 지시나 안내사항 등을 그림이나 기호, 글자를 이용하여 만든 것

인화성 물질경고	산화성 물질경고	폭발성 물질경고	급성독성 물질경고	부식성 물질경고

39 전기적 불꽃 또는 아크에 의한 화상의 우려가 높은 고압 이상의 충전전로작업에 근로자를 종사시키는 경우에는 어떠한 성능을 가진 작업복을 착용시켜야 하는가?

① 방충처리 또는 방수성능을 갖춘 작업복
② 방염처리 또는 난연성능을 갖춘 작업복
③ 방청처리 또는 난연성능을 갖춘 작업복
④ 방수처리 또는 방청성능을 갖춘 작업복

해설 충전전로에 근접한 장소에서 전기작업을 하는 경우에는 해당 전압에 적합한 절연용 방호구를 설치하여야 한다. 따라서 전기 불꽃에 의해 연소하기 쉬운 재질의 발화 및 화염 확산을 지연시키도록 가공처리된 방염(난연) 작업복을 착용하여야 한다.

40 재해의 직접원인인 것은?

① 안전지식의 부족
② 안전수칙의 오해
③ 작업기준의 불명확
④ 복장, 보호구의 결함

정답 37 ①   38 ④   39 ②   40 ④

해설
- 재해의 직접원인
  - 인적 요인(작업자의 불안전한 행동) : 위험장소의 접근, 안전장치의 기능 제거, 복장, 보호구의 잘못 사용, 기계·기구의 잘못 사용, 불안전한 자세 또는 동작, 위험물 취급 부주의
  - 물적 요인(기계설비 등의 불안전한 상태) : 물체 자체의 결함, 방호장치의 결함, 복장·보호구의 결함, 물체의 배치 및 작업장소의 결함, 작업환경의 결함, 생산공정의 결함
- 재해의 간접원인
  - 관리적 요인 : 최고관리자의 안전의식 및 책임감 부족, 안전관리조직의 결함, 안전교육제도 미비, 안전기준의 모호함, 안전점검제도의 결함
  - 기술적 요인 : 기계장치의 설계불량, 불충분한 안전점검 및 불안전한 행동을 유도하는 결함
  - 교육적 요인 : 안전지식의 결여, 안전규정의 잘못된 해석, 훈련 미숙 등
  - 신체적 요인 : 질병, 신체장애, 피로, 숙취 등
  - 정신적 요인 : 착각, 지각적, 지능적 결함 등

41 트랙션비(Traction Ratio)에 대한 설명으로 틀린 것은?

① 트랙션비의 값이 낮아질수록 트랙션 능력은 좋아진다.

② 트랙션비의 값이 커질수록 전동기의 출력은 낮아질 수 있다.

③ 카 측 로프가 매달고 있는 중량과 균형 측 로프가 매달고 있는 중량의 비를 말한다.

④ 트랙션비의 계산 시는 적재하중, 카 자중, 로프 중량, 오버밸런스율 등을 고려하여야 한다.

해설 케이지 측 로프가 매달리고 있는 중량과 균형추 측 로프가 매달리고 있는 중량의 비

- 트랙션비를 높이면 전동기 출력을 줄일 수 있으나, 그렇지 않을 경우 전동기의 전력효율과 권상효율이 낮아져 로프 수명에도 영향을 준다.
- 카 측과 균형추 측에 매달리는 중량의 차를 적게 하면 권상기의 전동기 출력을 적게 할 수 있다.
- 승강행정이 길어지면 트랙션비는 커지고 또 트랙션비가 일정 값을 넘으면 로프가 시브에서 미끄러지기 쉽다.
  예 전 부하가 실린 케이지를 최하층에서 기동시킬 때의 트랙션비
- 케이지 측 중량 = 케이지하중 + 적재하중 + 로프하중
- 균형추 측 중량 = 균형추 하중(케이지 하중 + L×F)

$$\therefore \text{전 부하 시 트랙션비} = \frac{\text{균형추 측 중량}}{\text{케이지 측 중량}}$$

42 다음 중 버니어캘리퍼스로 측정할 수 없는 것은?

① 구멍의 내경

② 구멍의 깊이

③ 축의 편심량

④ 공작물의 두께

해설 버니어캘리퍼스(Vernier Calipers)

물체의 외경, 내경, 깊이 등을 0.05mm 단위로 측정할 수 있는 도구이다. 기역자 모양으로 되어있어 머리 부분의 큰 곳으로 물체의 외경을 측정하고, 반대편의 작은 쪽으로 물체의 내경을 측정한다. 벌렸을 때 아래쪽의 얇은 부분으로 깊이를 측정할 수 있다.

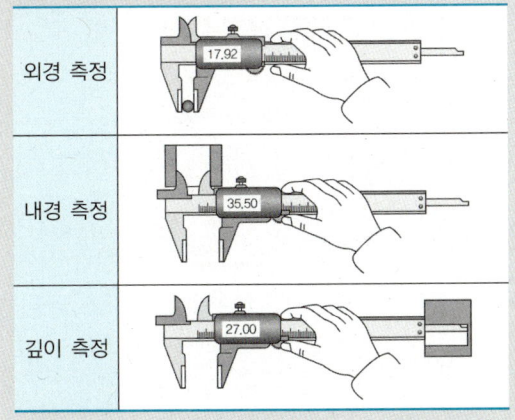

외경 측정	17.92
내경 측정	35.50
깊이 측정	27.00

43 두 축이 만나지도 않고, 평행하지도 않는 기어는?

① 웜과 웜 기어　　② 베벨 기어
③ 헬리컬 기어　　④ 평 기어

해설

구분	기어의 종류	명칭	특징
두 축이 평행		평 기어	두 축이 평행
		헬리컬 기어	소음이 적음
		랙과 피니언	회전 ↔ 직선
두 축이 교차		베벨 기어	직각으로 만남
두 축이 교차 및 평행하지 않음	웜 기어　웜	웜과 웜 기어	큰 감속비

44 다음 중 면 접촉을 하는 미끄럼짝은?

① 실린더와 피스톤　　② 체인과 휠
③ 볼트와 너트　　④ 랙과 피니언

해설　기구요소 – (Pair)
서로 접촉하여 힘을 주고받는 한 쌍의 조합을 짝이라고 한다.

분류	종류	운동 양식	사용 예
면짝	회전짝	표면을 접촉면으로 하고 있는 짝	저널과 미끄럼 베어링
	미끄럼짝	미끄럼 운동을 하는 짝	실린더와 피스톤, 선반의 베드와 왕복대
	나사짝	나선 운동을 하는 짝	볼트와 너트
	구면짝	구면 운동을 할 수 있도록 구성된 짝	조이스틱, 자동차 백미러
점 – 선짝	점짝	점 접촉을 하면서 상대 운동을 하는 짝	볼베어링의 볼과 베어링 레이스
	선짝	선 접촉을 하면서 상대 운동을 하는 짝	스퍼 기어의 물림

45 축을 지지하여 움직이는 부분 사이의 마찰을 줄여주는 기계요소의 하나로, 회전이나 왕복운동을 하는 축을 일정한 위치에서 지지하여 자유롭게 움직이게 하는 기계장치는?

① 나사　　　　　　② 키
③ 베어링　　　　　④ 링크

해설　축을 지지하는 기계요소를 베어링이라 하고, 축의 일부분으로 베어링과 접촉하는 부분을 저널(journal)이라 한다.

46 캠기구에 대한 설명으로 옳은 것은?

① 마찰전동기구에 비하여 간단한 운동만 가능하다.

② 종동절은 캠과 틀을 보호하는 역할을 한다.

③ 링크기구와 비교할 때 좁은 공간에서 복잡한 운동을 하는 것이 불편하다.

④ 일반적으로 직접 접촉을 통하여 회전운동을 직선왕복운동으로 바꾸거나 또는 그 반대로 바꾸는 기구이다.

> **해설**
> 특수한 모양의 원동절을 회전운동이나 직선운동을 시켜서 종동절이 복잡한 왕복 직선운동이나 왕복 각운동을 하도록 한 기구를 캠기구라고 한다.
> • 평면 캠

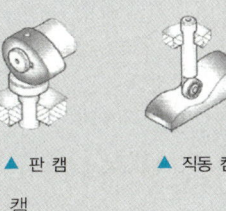

▲ 판 캠　　▲ 직동 캠　　▲ 정면 캠

> • 입체 캠

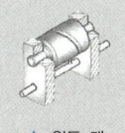
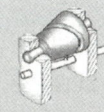
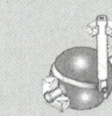

▲ 원통 캠　　▲ 원추 캠　　▲ 구면 캠

▲ 단면 캠　　▲ 경사판 캠

47 재료의 기계적 성질을 잘못 설명한 것은?

① 강도가 증가할수록 경도도 증가한다.

② 전연성은 잘 펴지거나 늘어나는 성질을 말한다.

③ 일반적으로 경도가 증가하면 연신율은 감소한다.

④ 인성이란 질긴 정도를 말하며 인성이 크면 충격 하중에 강하다.

> **해설**
> • 강도 : 재료가 하중에 견디는 정도를 강도라 한다. 강도는 작용하는 하중에 따라 인장강도, 압축강도, 전단강도, 굽힘강도, 비틀림강도가 있으며, 반복되는 하중에 견디는 피로강도, 고온에서의 성질인 크리프강도 등이 있다.
> • 경도 : 재료의 단단한 정도를 경도라 한다. 경도가 큰 재료는 보통 내마모성이 크며 공구 재료로 사용된다. 또한 재료의 경도가 크면 어느 정도까지는 강도도 크지만 경도가 너무 커지면 오히려 강도는 작아지며 잘 깨지는 취성이 증가한다.

48 피드백 제어계 중 물체의 위치, 방위, 자세 등의 기계적 변위를 제어량으로 하는 제어는?

① 프로그램 제어(program control)

② 프로세스 제어(process control)

③ 자동조정(automatic regulation)

④ 서보기구(servo mechanism)

> **해설** 물체의 위치·방위·자세 등을 제어량(출력)으로 하고 목푯값(입력)의 임의의 변화에 추종하도록 구성된 제어계

49 기어전동의 특징으로 옳지 않은 것은?

① 동력전달의 손실이 적다.

② 좁은 공간의 동력전달에 사용한다.

③ 긴 축간거리의 동력전달에 적합하다.

④ 튼튼하고 오래 사용이 가능하다.

> **해설** 기어전동의 특징
> • 한쌍의 이가 서로 맞물려 동력전달
> • 두 축 간의 거리가 짧을 때 사용
> • 잇수비를 조절하여 회전수를 조절
> • 미끄러짐 없이 확실한 동력전달

50 어느 코일에 흐르는 전류가 0.1초 동안 1A 변화하여 6V의 기전력이 발생하였다. 이 코일의 자기 인덕턴스는 몇 [H]인가?

① 0.1   ② 0.6

③ 1.0   ④ 1.2

> **해설** 패러데이의 전자유도법칙
> 기전력 $e = L\dfrac{di}{dt}$[V]에서
> $6 \times \dfrac{0.1}{1} = 0.6$[H]

51 다음 그림의 논리회로와 같은 진리값을 NAND 소자만으로 구성하여 나타내려면 NAND 소자는 최소 몇 개가 필요한가?

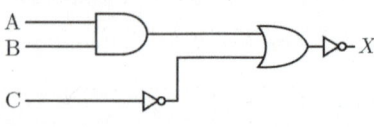

① 1   ② 2

③ 3   ④ 5

> **해설** 드모르간 법칙에 따른 논리게이트 구성
> $\overline{(A+B)} = \overline{A} \cdot \overline{B}$이고, $\overline{(A \cdot B)} = \overline{A} + \overline{B}$이므로

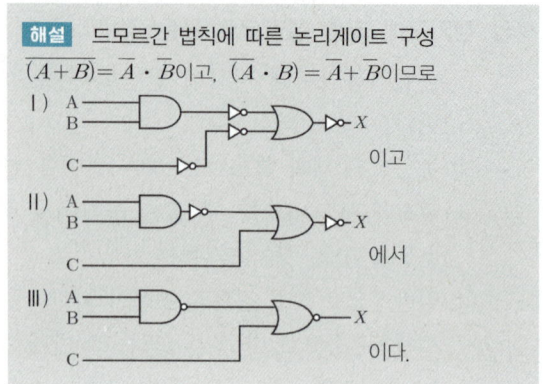

> I) 이고
> II) 에서
> III) 이다.

52 논리식 $L = X + \overline{X} + Y$를 불 대수의 정리를 이용하여 간단히 하면?

① Y ② 1

③ 0 ④ $X + Y$

> **해설** 논리식의 간소화
> $X + \overline{X} = 1$이고, $1 + Y = 1$이다.

53 그림과 같은 미끄럼줄 브리지가 $R = 10\,k\Omega$, $X = 30\,k\Omega$에서 평형되었다. L_1과 L_2의 합이 100cm일 때 L_1의 길이[cm]는?

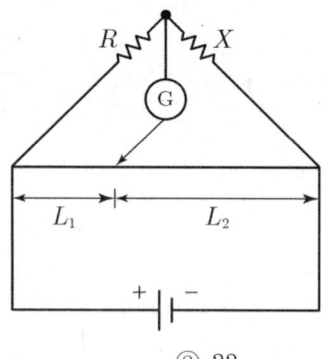

① 25   ② 33

③ 66   ④ 75

해설 휘트스톤 브리지의 원리에 따라 검전계(G)를 기준으로 서로 대각선으로 마주보는 저항의 곱의 크기는 같고 인덕턴스 L은 길이에 비례하므로

$L_1 + L_2 = 100 \cdots$ ㉠

$R \cdot L_2 = X \cdot L_1$ 에서 $10k \cdot L_2 = 30k \cdot L_1$ 이고

$L_2 = 3L_1$ 이므로, ㉠식에 대입하면

$L_1 + L_2 = L_1 + 3L_1 = 100$ 이다.

따라서 $L_1 = 25cm$, $L_2 = 75cm$

54 그림과 같은 단자 1. 2 사이의 계전기 접점회로 논리식은?

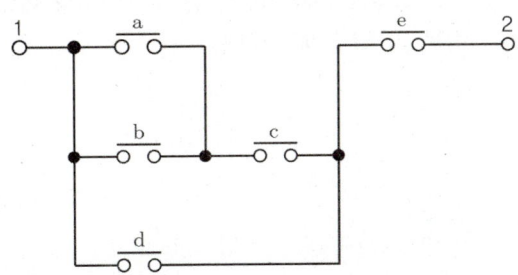

① $\{(a+b)d+c\}e$

② $\{(ab+c)d\}+e$

③ $\{(a+b)c+d\}e$

④ $(ab+d)c+e$

해설
· 직렬연결(AND회로, 논리곱) : •
· 병렬연결(OR회로, 논리합) : +

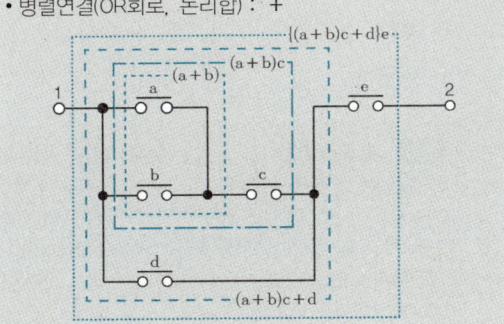

55 그림은 3개의 전압계를 사용하여 교류측정이 가능한 회로이다. 이 회로에서 부하의 소비전력을 구하면?

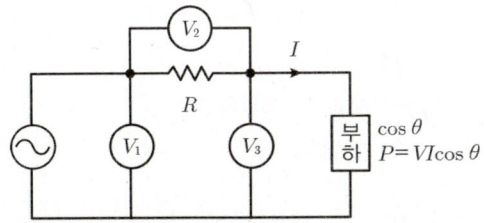

① $P = \dfrac{V_3^2 + V_1^2 + V_2^2}{2R}$

② $P = \dfrac{V_3^2 - V_1^2 - V_2^2}{2R}$

③ $P = \dfrac{2(V_2^2 - V_1^2 - V_3^2)}{R}$

④ $P = \dfrac{V_2^2 - V_1^2 - V_3^2}{R}$

해설 3전압계법
저항과 3개의 전압계를 접속하여 간접적인 계산에 의해서 측정하는 방법

$P = \dfrac{1}{2R}(V_1^2 - V_2^2 - V_3^2)[W]$

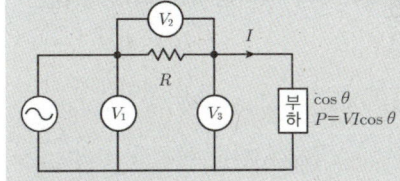

3전류계법

$P = \dfrac{R}{2}(I_1^2 - I_2^2 - I_3^2)[W]$

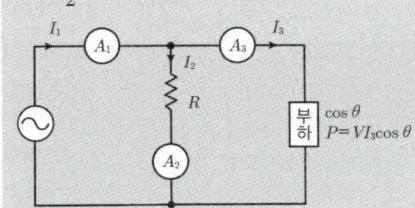

8 기출복원문제 개년

56 접점부분이 비활성 가스를 충전한 유리관 속에 봉입되어 있는 스위치로 코일에 흐르는 전류로 고속 동작을 하는 입력기구는?

① 근접스위치

② 광전스위치

③ 플로트레스 스위치

④ 리드스위치

> **해설** 리드스위치란 비활성 가스를 충전한 유리관 속에 접점부분이 있는 스위치로 코일 혹은 영구자석에 의해 양쪽 리드편에 N극과 S극이 유도되어 자기흡인력에 의해 작동하며 또 자계가 소거되면 리드편의 탄성에 의해 접점이 복귀된다.
>
>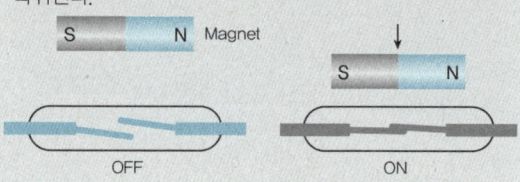

57 피드백 제어계의 제어장치에 속하지 않는 것은?

① 설정부   ② 조절부

③ 검출부   ④ 제어대상

> **해설** 피드백 제어계의 구성
>
>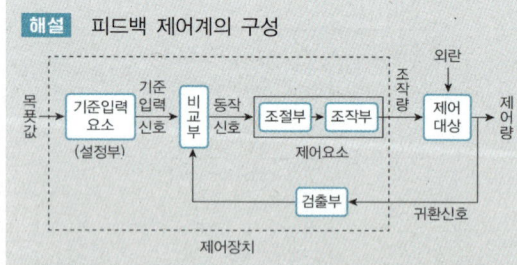
>
> • 제어장치는 기준입력요소, 제어요소, 검출부, 비교부 등과 같은 제어동작이 이루어지는 제어계 구성부분을 의미하며 제어대상은 제외된다.
> • 제어대상은 제어기구로서 제어장치를 제외한 나머지 부분을 의미한다.

58 $\dfrac{3}{2}\pi[\text{rad}]$의 단위를 각도[°] 단위로 표시하면 얼마인가?

① 120°   ② 240°

③ 270°   ④ 360°

> **해설** 호도법에 의한 각도 표현
>
> $\pi = 180°$ 이므로
>
> $\dfrac{3}{2}\pi = \dfrac{3}{2} \times 180 = 270°$

59 전압 220V, 전류 20A, 역률 0.6인 3상 회로의 전력은 약 몇 [kW]인가?

① 4.6   ② 4.8

③ 5.0   ④ 5.2

> **해설**
>
> 3상 전력 $P = \sqrt{3} \times V \times I \times \cos\theta$ 이므로
> $P = 1.732 \times 220 \times 20 \times 0.6 ≒ 4,572[\text{W}] ≒ 4.6[\text{kW}]$ 이다.

60 어떤 회로에 정현파 전압을 가하니 90° 위상이 뒤진 전류가 흘렀다면 이 회로의 부하는?

① 저항   ② 용량성

③ 무부하   ④ 유도성

> **해설** 교류회로에서의 L, C 성분에 따른 위상 특징
> • 인덕턴스 성분을 가진 코일(지상부하, 유도성 부하)에서는 주어진 전압에 대해서 90° 위상이 뒤진(lag) 전류가 흐르고, 커패시턴스 성분을 가진 콘덴서(진상부하, 용량성 부하)에서는 주어진 전압에 대해서 90° 위상이 앞선(lead) 전류가 흐른다.

2024년 제1회 기출복원문제

01 카의 문을 열고 닫는 도어 머신에서 성능상 요구되는 조건이 아닌 것은?

① 작동이 원활하고 정숙하여야 한다.
② 카 상부에 설치하기 위하여 소형이며, 가벼워야 한다.
③ 어떠한 경우라도 수동조작에 의하여 카 도어가 열려서는 안 된다.
④ 작동횟수가 승강기 기동횟수의 2배이므로 보수가 쉬워야 한다.

해설 도어 머신의 성능상 요구되는 조건
• 카 상부에 설치하므로 소형 경량일 것
• 작동이 원활하고 정숙할 것
• 작동횟수가 기동횟수의 2배이므로 보수가 용이할 것

02 다음 그림과 같이 카와 균형추에 로프를 거는 방법은?

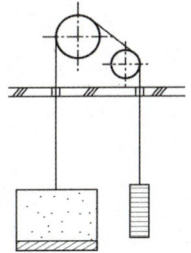

① 1 : 1 로핑
② 2 : 1 로핑
③ 4 : 1 로핑
④ 밀어 올리기식 로핑

해설

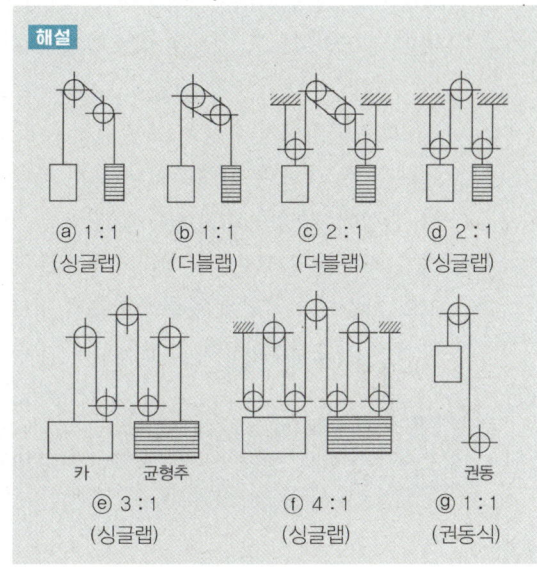

ⓐ 1:1 (싱글랩) ⓑ 1:1 (더블랩) ⓒ 2:1 (더블랩) ⓓ 2:1 (싱글랩)
카 균형추 ⓔ 3:1 (싱글랩) ⓕ 4:1 (싱글랩) 권동 ⓖ 1:1 (권동식)

03 엘리베이터 기계실에 관한 설명으로 틀린 것은?

① 출입문은 폭 0.7m 이상, 높이 1.8m 이상의 금속제 문이어야 하며, 기계실 외부로 완전히 열리는 구조이어야 한다.
② 작업구역에서 유효높이는 1m 이상이어야 한다.
③ 기계실에는 작업구역마다 적절한 위치에 설치된 1개 이상의 콘센트가 있어야 한다.
④ 당해 건축물의 다른 부분과 내화구조 또는 방화구조로 구획하고, 기계실의 내장은 준불연재료 이상으로 마감되어야 한다.

해설 기계실 크기는 설비, 특히 전기설비의 작업이 쉽고 안전하도록 충분하여야 하며, 작업구역에서 유효높이는 2.1m 이상이어야 한다.

04 승강기의 완충장치 성능에 대한 설명으로 틀린 것은?

① 완충기는 심한 녹 또는 부식 등이 없어야 하고, 유압완충기의 경우에는 유량이 적절하여야 한다.

② 완충기의 설치상태는 풀림이나 손상, 균열 등 없이 견고하고, 그 기능은 양호하게 유지되어야 한다.

③ 카 또는 균형추가 완충기를 완전히 누르고 정지했을 때 카 또는 균형추의 부품은 다른 부분과 간섭이 발생하지 않아야 한다.

④ 카가 최하층에 수평으로 정지되어 있는 경우에 카와 완충기의 거리에 완충기의 충격 정도를 더한 수치는 균형추의 꼭대기 틈새보다 커야 한다.

> **해설** 카가 최하층에 수평으로 정지되어 있는 경우에 카와 완충기의 거리에 완충기의 충격 정도를 더한 수치는 균형추의 꼭대기 틈새보다 작아야 한다.

05 교류 엘리베이터의 속도제어방식이 아닌 것은?

① 교류 1단 속도제어방식

② 교류 2단 속도제어방식

③ 교류 3단 속도제어방식

④ 교류 귀환 전압제어방식

> **해설** 교류 엘리베이터의 속도제어방식

속도제어방법	특징	용도
교류 1단 속도제어	3상 유도전동기에 전원 투입으로 기동과 정속운전, 전원차단 후 정지하는 가장 간단한 방식	30m/min 이하 저속용
교류 2단 속도제어	기동과 주행은 고속권선, 감속은 저속권선으로 하는 방식	30~60 m/min 화물용
교류 귀환 속도제어	카의 실제속도와 지령속도를 비교하여 사이리스터의 점호각을 바꾸는 방식	45~105 m/min
VVVF(가변전압 가변주파수 제어)	전압과 주파수의 변화로 직류 전동기와 동등한 제어성능을 갖는 방식	고속용

06 다음 중 소방구조용(비상용) 엘리베이터에 대한 설명으로 옳지 않은 것은?

① 평상시는 승객용 또는 승객·화물용으로 사용할 수 있다.

② 카는 비상운전 시 반드시 모든 승강장의 출입구마다 정지할 수 있어야 한다.

③ 별도의 비상전원장치가 필요하다.

④ 도어가 열려 있으면 카를 승강시킬 수 없다.

> **해설** 엘리베이터는 도어가 열려 있는 상태에서 카를 승강시키면 안 되지만, 소방구조용 엘리베이터는 비상상황 등이 발생하는 등의 특별한 경우 도어를 열고 승강시킬 수 있다.

07 엘리베이터의 카가 갖추어야 할 요소로 옳지 않은 것은?

① 카 주위벽은 방화구조로 되어 있어야 한다.

② 외부와의 연락 및 구출장치가 있어야 한다.

③ 환풍장치는 부착하지 않는다.

④ 비상등이 설치되어 있어야 한다.

> **해설** 이용자에게 편의제공을 위해 환풍장치를 설치해야 한다.

08 에스컬레이터의 구동장치에 관한 설명으로 틀린 것은?

① 스텝 구동장치와 손잡이(핸드레일) 구동장치는 서로 연동되어 같은 속도로 이동하여야 한다.

② 스텝체인 안전장치가 설치되어 체인이 끊어지면 전원을 차단하여야 한다.

③ 감속기는 효율이 높아 에너지를 절약할 수 있는 웜 기어를 사용하며, 헬리컬 기어는 사용하지 않는다.

④ 구동장치에는 브레이크를 설치하여야 한다.

> **해설** 감속기는 기어 및 헬리컬 기어를 사용한다.

09 카 틀(car frame)의 구성요소가 아닌 것은?

① 상부체대 　　② 하부체대
③ 도어체대 　　④ 브레이스 로드

> **해설** 카 틀은 체대(상부, 하부, 옆)와 기타 구성품(브레이스 로드, 가이드 슈, 비상정지장치, 이동케이블 등)으로 구성된다.

10 도어 머신(door machine) 장치가 갖추어야 할 요구조건이 아닌 것은?

① 소형 경량이고 가격이 저렴하여야 한다.
② 대형이고 무거워야 한다.
③ 동작이 원활하고 소음이 적어야 한다.
④ 고빈도의 작동에 대한 내구성이 강해야 한다.

> **해설** 도어 머신(door machine) 장치에 요구되는 성능
> • 작동이 원활하고 소음이 발생하지 않을 것
> • 카 상부에 설치하기 위하여 소형 경량일 것
> • 동작횟수가 엘리베이터의 기동횟수의 2배가 되므로 보수가 용이할 것
> • 가격이 저렴할 것

11 카 측의 총중량이 2,400kgf이고, 카 주로프 2본의 단면적이 24cm²일 때 카 주로프의 안전율은? (단, 파단강도는 4,100kgf/cm²이다.)

① 38 　　② 41
③ 44 　　④ 46

> **해설** 허용응력 = 하중/단면적 = 2,400/24 = 100
> 안전율 = 인장강도/허용응력 = 4,100/100 = 41

12 에스컬레이터와 층 바닥이 교차하는 곳에 손이나 머리가 끼거나 충돌하는 것을 방지하기 위한 안전장치는?

① 셔터운동 안전장치
② 스커트가드 안전장치
③ 스텝체인 안전장치
④ 안전보호판

> **해설** 난간부와 교차하는 건축물 천장부 또는 측면부 등과의 사이에 생기는 3각부에 사람의 머리 등 신체의 일부가 끼이는 것을 방지하기 위해 설치한다.

13 도어 인터로크에 대한 설명으로 틀린 것은?

① 모든 승강장 문에는 전용열쇠를 사용하지 않으면 열리지 않도록 하여야 한다.
② 도어가 닫혀있지 않으면 운전이 불가능하여야 한다.
③ 닫힘 동작 시 도어 스위치가 들어간 다음 도어록이 확실히 걸리는 구조이어야 한다.
④ 도어록을 열기 위한 열쇠는 특수한 전용키여야 한다.

> **해설** 닫힘 동작 시는 도어록이 먼저 걸린 상태에서 도어 스위치가 들어가고, 열림 동작 시는 도어 스위치가 끊어진 후 도어록이 열리는 구조여야 한다.

14 에스컬레이터의 경사도는 기본적으로 몇 도 이하로 하여야 하는가?

① 12° ② 15°
③ 30° ④ 45°

> **해설** 에스컬레이터의 경사도는 30°를 초과하지 않아야 한다. 다만, 층고가 6m 이하이고, 공칭속도가 0.5m/s 이하인 경우에는 경사도를 35°까지 증가시킬 수 있다.

15 다음 중 로프의 꼬임 방법과 거리가 가장 먼 것은?

① 보통꼬임과 랭꼬임이 있다.
② 보통꼬임은 스트랜드의 꼬임 방향과 로프의 꼬임 방향이 같다.
③ 보통꼬임은 소선과 도르래의 접촉면이 작으면, 마모의 영향은 다소 많다.
④ 보통꼬임은 잘 풀리지 않아 일반적으로 사용된다.

> **해설** 꼬임 모양과 방향에 따른 구분
>
>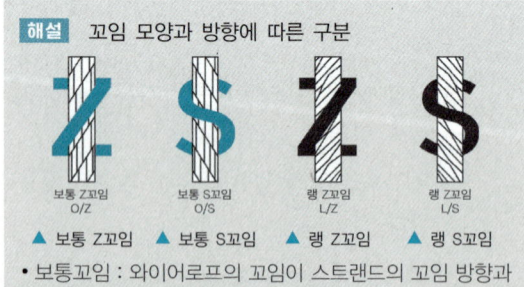
>
> ▲ 보통 Z꼬임 ▲ 보통 S꼬임 ▲ 랭 Z꼬임 ▲ 랭 S꼬임
> • 보통꼬임 : 와이어로프의 꼬임이 스트랜드의 꼬임 방향과 반대
> • 랭고임 : 와이어로프의 꼬임이 스트랜드의 꼬임 방향과 일치

16 VVVF(Variable Voltage Variable Frequency) 제어의 설명으로 옳지 않은 것은?

① 전동기는 직류전동기가 사용된다.
② 전압과 주파수를 동시에 제어할 수 있다.
③ 컨버터(converter)와 인버터(inverter)로 구성되어 있다.
④ PAM 제어방식과 PWM 제어방식이 있다.

> **해설** 교류 제어방식은 VVVF 방식, 교류 1단 및 2단 속도 제어방식, 교류 귀환 제어방식이 있으며, 직류 제어방식은 워드 레오나드 방식과 정지 레오나드 방식이 있다.

17 기어가 붙은 권상기에서 0.5m/s 미만의 승강기에 일반적으로 사용되는 로프 거는 방법은?

① 1 : 1 로핑 ② 2 : 1 로핑
③ 3 : 1 로핑 ④ 4 : 1 로핑

> **해설** 전동기의 회전을 감속시키기 위하여 기어를 부착한 것으로 로프장력은 부하 측 중력의 1/2로 되며, 부하 측의 속도가 로프속도의 1/2이 된다.
> 이 경우 2 : 1 로핑을 일반적으로 사용한다.

18 무빙워크(수평보행기)의 경사도는 몇 도 이하이어야 하는가?

① 8° ② 10°
③ 12° ④ 15°

> **해설** 에스컬레이터 및 무빙워크 경사도
> • 에스컬레이터의 경사도는 30°를 초과하지 않아야 한다. 다만, 높이가 6m 이하이고 공칭 속도가 0.5m/s 이하인 경우에는 경사도를 35°까지 증가시킬 수 있다.
> • 무빙워크의 경사도는 12° 이하이어야 한다.

정답 **14** ③ **15** ② **16** ① **17** ② **18** ③

19 승강기를 자체점검할 때 거리가 먼 항목은?

① 와이어로프의 손상 유무

② 추락방지안전장치의 이상 유무

③ 주행안내 레일의 상태

④ 클러치의 이상 유무

> **해설** 승강기 자체점검 항목
> • 추락방지안전장치, 과부하방지장치 등의 방호장치 점검
> • 제동기 및 제어장치 점검
> • 와이어로프 상태 점검
> • 주행안내 레일 상태 점검

20 방호장치 중 과도한 한계를 벗어나 계속적으로 작동하지 않도록 제한하는 장치는?

① 크레인

② 리밋스위치

③ 윈치

④ 호이스트

> **해설** 리밋스위치는 과도한 한계를 벗어나 계속적으로 작동하지 않도록 제한하는 장치이다.

21 보호구의 구비조건으로 틀린 것은?

① 유해·위험 요소에 대한 방호성능이 경미해야 한다.

② 작업에 방해가 안 되어야 한다.

③ 구조와 끝마무리가 양호해야 한다.

④ 착용이 간편해야 한다.

> **해설** 보호구의 구비조건
> • 착용이 간편할 것
> • 작업에 방해가 되지 않도록 할 것
> • 유해·위험요소에 대한 방호성능이 충분할 것
> • 재료의 품질이 양호할 것
> • 구조와 끝마무리가 양호할 것
> • 외양과 외관이 양호할 것

22 전기식 엘리베이터에 필요한 안전장치에 속하지 않는 것은?

① 완충기

② 과속조절기

③ 리밋스위치

④ 스커트 디플렉터

> **해설** 스커트 디플렉터(skit deflector)는 에스컬레이터에서 스텝과 스커트 사이에 끼임의 위험을 최소화하기 위한 장치이다.

23 안전·보건표지의 색채·색도 기준에서 색채와 용도가 서로 맞지 않는 것은?

① 빨간색 – 금지

② 노란색 – 대피

③ 녹색 – 안내

④ 파란색 – 지시

> **해설** 안전·보건표지의 색채 및 용도
>
> | 색채 | 용도 | 사용 예 |
> | --- | --- | --- |
> | 빨간색 | 금지 | 정지신호, 소화설비 및 그 장소, 유해행위의 금지 |
> | | 경고 | |
> | 노란색 | 경고 | 화학물질 취급장소에서의 유해·위험 경고 이외의 위험 경고, 주의표지 또는 기계방호물 |
> | 파란색 | 지시 | 특정 행위의 지시 및 사실의 고지 |
> | 녹색 | 안내 | 비상구 및 피난소, 사람 또는 차량의 통행표시 |
> | 흰색 | – | 파란색 또는 녹색에 대한 보조색 |
> | 검은색 | – | 문자 및 빨간색 또는 노란색에 대한 보조색 |

8 기출복원문제 개념

24 승강기의 출입문에 관한 안전장치의 설명으로 옳은 것은?

① 승강장 도어 닫힘 확인스위치 접점과 카 도어 닫힘 확인스위치 접점은 안전회로에 직렬로 연결한다.

② 승강장 도어 닫힘 확인스위치 접점은 안전회로와 직렬로, 카 도어 닫힘 확인스위치 접점은 안전회로에 병렬로 연결한다.

③ 카 도어 및 승강장 도어 닫힘 확인스위치 접점은 모두 안전회로에 병렬로 연결한다.

④ 승강장 도어 닫힘 확인스위치 접점만 안전회로에 직렬로 연결한다.

> **해설** 승강장 도어와 카 도어의 닫힘 확인스위치 접점이 동시에 동작했을 경우에만 카가 진행해야 한다. 따라서 안전회로를 직렬로 연결해야 한다.

25 유압식 엘리베이터의 하중시험 시, 정격하중의 110%의 하중을 적재하고 상승할 때 작동압력은 상용압력의 몇 % 이하로 작동하여야 하는가?

① 110
② 120
③ 130
④ 140

> **해설** 유압식 엘리베이터의 하중시험

적재하중	정격하중의 100%	정격하중의 110%
속도	정격속도의 90% 이상 105% 이하	정격속도의 85% 이상 110% 이하
전류	전동기 정격전류치의 135% 이하	전동기 정격전류치의 140% 이하
작동압력	상용압력의 115% 이하	상용압력의 120% 이하

26 엘리베이터의 자체검사 시 월 1회 이상 점검하여야 할 항목이 아닌 것은?

① 추락방지안전장치 및 기타 방호장치의 이상 유무
② 브레이크 장치
③ 와이어로프 손상 유무
④ 각종 부품의 명판 부착상태

> **해설** 엘리베이터 자체 점검 항목
> • 추락방지안전장치, 과부하방지장치 등의 방호장치 점검
> • 제동기 및 제어장치 점검
> • 와이어로프 상태 점검
> • 가이드레일 상태 점검
> • 카의 하중 및 로프의 하중 체크

27 위해·위험방지를 위하여 방호조치가 필요한 기계기구에 대한 방호조치의 짝으로 알맞은 것은?

① 리프트 – 과속조절기
② 에스컬레이터 – 파킹장치
③ 크레인 – 역화방지기
④ 승강기 – 과부하방지장치

> **해설** 기계기구의 방호장치
> • 프레스 또는 전단기 : 방호장치
> • 아세틸렌 용접장치 또는 가스집합 용접장치 : 안전기
> • 방폭용 전기기계·기구 : 방폭구조 전기기계·기구
> • 교류아크 용접기 : 자동적격 방지기
> • 크레인·승강기·곤도라·리프트 : 과부하방지장치 및 방호장치
> • 압력용기 : 압력방출장치
> • 보일러 : 압력방출장치 및 압력제한스위치
> • 롤러기 : 급정지장치

28 다음 중 엘리베이터의 방호장치에 해당되지 않는 것은?

① 주행안내 레일
② 과부하방지장치
③ 과속조절기
④ 출입문 인터로크

> **해설** 주행안내 레일은 엘리베이터 등의 카, 균형추 또는 플런저 등을 안내하는 궤도이다.

29 추락방지안전장치에 관한 설명으로 틀린 것은?

① 한 번 작동하면 복귀가 곤란하다.
② 종류는 즉시작동형과 점차작동형이 있다.
③ 작동시험은 저속운전으로도 가능하다.
④ 카의 추락방지안전장치는 점차작동형이 사용되어야 한다.

> **해설** 추락방지안전장치는 자동으로 동작하고, 복귀 시는 수동으로 복귀시켜 재사용한다.

30 로프의 미끄러짐 현상을 줄이는 방법으로 틀린 것은?

① 권부각을 크게 한다.
② 가감속도를 완만하게 한다.
③ 보상체인이나 로프를 설치한다.
④ 카 자중을 가볍게 한다.

> **해설** 로프의 미끄러짐 현상은 카의 가속도와 감속도가 클수록 미끄러지기 쉬우며, 로프가 감기는 각도인 권부각이 작을수록 미끄러지기 쉽다.

31 다음 중 교류 1단 속도제어를 설명한 것으로 옳은 것은?

① 기동은 고속권선으로 행하고, 감속은 저속권선으로 행하는 것이다.
② 모터의 계자코일에 저항을 넣어 이것을 증감하는 것이다.
③ 기동과 주행은 고속권선으로, 감속과 착상은 저속권선으로 행하는 것이다.
④ 3상 교류의 단속도 모터에 전원을 투입함으로써 기동과 정속운전을 하고 착상하는 것이다.

> **해설** 교류승강기의 제어시스템
>
> | 속도제어 방법 | 특징 | 용도 |
> |---|---|---|
> | 교류 1단 속도제어 | 3상 유도전동기에 전원 투입으로 기동과 정속운전을 하고, 정지는 전원차단 후 제동기에 의해 기계적으로 브레이크를 거는 방식 | 30m/min 이하 저속용 |
> | 교류 2단 속도제어 | 2단 모터를 사용하여 기동과 주행은 고속권선, 감속은 저속권선으로 감속하는 방식 | 30~60m/min 화물용 |
> | 교류 귀환제어 | 카의 실제속도와 지령속도를 비교하여 사이리스터의 점호각을 바꿔 유도전동기의 속도를 제어하는 방식 | 45~105m/min |
> | VVVF (가변전압 가변주파수 제어) | 전동기에 인가되는 전압과 주파수를 동시에 변환시켜 직류전동기와 동등한 제어성능을 갖는 방식으로 소비전력이 절감 | 고속용 |

32 엘리베이터에서 에이프런(apron)의 수직 부분 높이는 몇 m 이상이어야 하는가? (단, 주택용 엘리베이터가 아닌 경우)

① 0.35　　　　　② 0.55

③ 0.75　　　　　④ 0.85

> **해설** 에이프런은 카 또는 승강장 출입구 문턱부터 아래로 평탄하게 내려간 수직 부분의 앞 보호판으로 수직 부분 높이는 0.75m 이상이어야 한다.

33 무빙워크의 경사도는 몇 도 이하이어야 하는가?

① 25°　　　　　② 20°

③ 15°　　　　　④ 12°

> **해설** 경사도
> • 에스컬레이터 : 30°를 초과하지 않아야 하며, 다만, 층고가 6m 이하이고, 공칭속도가 0.5m/s 이하인 경우 35°까지 증가 가능
> • 무빙워크 : 12° 이하

34 과속조절기가 작동될 때, 과속조절기에 의해 발생되는 과속조절기 로프의 인장력은 다음 보기의 두 값 중 큰 값 이상이어야 한다. 괄호 안에 들어갈 내용으로 옳은 것은?

> • 추락방지안전장치가 작동하는 데 필요한 힘의 (㉮)배
> • (㉯)N

① ㉮ 3, ㉯ 300　　　② ㉮ 3, ㉯ 150

③ ㉮ 2, ㉯ 300　　　④ ㉮ 2, ㉯ 150

> **해설** 과속조절기가 작동될 때, 과속조절기에 의해 발생되는 과속조절기 로프의 인장력은 다음 두 값 중 큰 값 이상이어야 한다.
> • 추락방지안전장치가 작동하는 데 필요한 힘의 2배
> • 300N

35 카 추락방지안전장치가 작동될 때, 정격하중이 균일하게 분포된 부하상태의 카바닥은 정상적인 위치에서 몇 %를 초과하여 기울어지지 않아야 하는가?

① 10%　　　　　② 7%

③ 5%　　　　　④ 3%

> **해설** 카 추락방지안전장치가 작동될 때, 무부하상태의 카바닥 또는 정격하중이 균일하게 분포된 부하상태의 카바닥은 정상적인 위치에서 5%를 초과하여 기울어지지 않아야 한다.

36 승강기 회로의 사용전압이 440V인 전동기 주회로의 절연저항은 몇 [MΩ] 이상이어야 하는가?

① 0.5　　　　　② 1.0

③ 2.0　　　　　④ 3.0

> **해설** 절연저항
>
> | 공칭회로 전압(V) | 시험전압/직류(V) | 절연저항(MΩ) |
> |---|---|---|
> | (SELV 및 PELV) > 100VA | 250V | 0.5MΩ 이상 |
> | ≤ 500V (FELV 포함) | 500V | 1.0MΩ 이상 |
> | > 500V | 1,000V | 1.0MΩ 이상 |
>
> SELV : 안전초저압(Safety Extra Low Voltage)
> PELV : 보호초저압(Protective Extra Low Voltage)
> FELV : 기능초저압(Functional Extra Low Voltage)

37 에스컬레이터 안전장치 스위치의 종류에 해당하지 않는 것은?

① 비상정지스위치

② 게이트 스위치

③ 구동체인 절단검출 스위치

④ 스커트가드 스위치

해설 **에스컬레이터 안전장치**
- 구동체인 절단검출 안전장치
- 스커트가드 안전장치
- 비상정지스위치
- 핸드레일 인입구 안전장치
- 역상제동장치

38 교류 귀환 전압제어에 대한 설명으로 알맞은 것은?

① 사이리스터 점호각을 바꾸어 유도전동기의 속도를 제어
② 모터의 전기회로에 저항을 넣어 속도를 제어
③ 이단 속도모터를 사용하여 기동을 고속권선으로, 착상을 저속권선으로 제어
④ 교류를 직류로 바꾸어 직류모터의 회전수를 제어

해설

속도제어 방법	특징	용도
교류 1단 속도제어	3상 유도전동기에 전원 투입으로 기동과 정속운전을 하고, 정지는 전원차단 후 제동기에 의해 기계적으로 브레이크를 거는 방식	30m/min 이하 저속용
교류 2단 속도제어	2단 모터를 사용하여 기동과 주행은 고속권선, 감속은 저속권선으로 감속하는 방식	30~60m/min 화물용
교류 귀환제어	카의 실제속도와 지령속도를 비교하여 사이리스터의 점호각을 바꿔 유도전동기의 속도를 제어하는 방식	45~105m/min
VVVF (가변전압 가변주파수 제어)	전동기에 인가되는 전압과 주파수를 동시에 변환시켜 직류전동기와 동등한 제어성능을 갖는 방식으로 소비전력이 절감	고속용

39 엘리베이터 카 문의 문턱과 승강장 문의 문턱 사이의 수평거리는 얼마 이하이어야 하는가?

① 45mm
② 35mm
③ 25mm
④ 15mm

해설 **승강장 문과 카 문 사이의 수평 틈새**
- 카 문의 문턱과 승강장 문의 문턱 사이의 수평거리는 35mm 이하이어야 한다.
- 승강장 문과 카 문 전체가 정상 작동하는 동안, 카 문의 앞 부분과 승강장 문 사이의 수평거리는 0.12m 이하이어야 한다.
- 승강장 문 전면에 건축물의 출입문이 추가되어 공간이 발생한 경우, 그 공간 사이에 사람이 갇히지 않도록 조치해야 한다.

40 엘리베이터에서 브레이크 시스템이 작동하여야 할 경우가 아닌 것은?

① 주동력 전원공급이 차단되는 경우
② 카 출발 후 과부하감지장치가 작동했을 경우
③ 제어회로에 전원공급이 차단되는 경우
④ 과속조절기(조속기)의 과속검출 스위치가 작동했을 경우

해설 **엘리베이터에 브레이크 시스템의 작동조건**
- 주동력 전원공급이 차단된 경우
- 제어회로에 전원공급이 차단된 경우
- 과속조절기(조속기)의 과속검출 스위치가 작동했을 경우

41 다음 중 엘리베이터 정격속도와 상관없이 어떤 경우에도 사용될 수 있는 완충기는?

① 스프링식 완충기

② 유압식 완충기

③ 우레탄식 완충기

④ 에너지축적형 완충기

> **해설** 완충기
> • 선형(스프링식) 또는 비선형(우레탄식) 특성을 갖는 에너지축적형 완충기 : 정격속도 1m/s 이하인 경우 사용
> • 완충된 복귀 움직임을 갖는 에너지축적형 완충기 : 정격속도 1.6m/s 이하인 경우 사용
> • 에너지분산형(유압식 완충기) : 정격속도와 상관없이 어떤 경우에도 사용 가능

42 전동 소형화물용 엘리베이터(덤웨이터)의 안전장치에 대한 설명 중 옳은 것은?

① 출입구 문에 사람의 탑승금지 등의 주의사항은 부착하지 않아도 된다.

② 도어 인터로크 장치는 설치하지 않아도 된다.

③ 로프는 일반 승강기와 같이 와이어로프 소켓을 이용한 체결을 하여야만 한다.

④ 승강로의 모든 출입구 문이 닫혀야만 카를 승강시킬 수 있다.

> **해설** 소형화물용 엘리베이터란 사람이 탑승하지 않으면서 적재용량이 300kg 이하인 것으로서 소형화물(서적, 음식물 등) 운반에 적합하게 제작된 엘리베이터를 말하며, 승강로의 모든 출입구 문이 닫혀야만 카를 승강시킬 수 있다.

43 무빙워크의 경사도는 몇 도 이하이어야 하는가?

① 30° ② 20° ③ 15° ④ 12°

> **해설** 경사도
> • 에스컬레이터 : 30°를 초과하지 않아야 하며, 다만, 층고가 6m 이하이고, 공칭속도가 0.5m/s 이하인 경우 35°까지 증가 가능
> • 무빙워크 : 12° 이하

44 엘리베이터 기계실은 보호되지 않은 회전부품 위로 얼마 이상의 유효수직거리가 있어야 하는가?

① 0.1m ② 0.2m ③ 0.3m ④ 0.4m

> **해설** 기계실의 구조
> • 기계실은 설비의 작업이 쉽고 안전하도록 다음과 같이 충분한 크기이어야 한다. 특히, 작업구역의 유효높이는 2.1m 이상이어야 한다.
> • 작업구역 간 이동통로의 유효높이(바닥에서 천장의 가장 낮은 충돌 사이)는 1.8m 이상이어야 한다.
> • 작업구역 간 이동통로의 유효폭은 0.5m 이상이어야 한다. 다만, 움직이는 부품이나 고온의 표면이 없는 경우에는 0.4m까지 감소될 수 있다.
> • 보호되지 않은 회전부품 위로 0.3m 이상의 유효수직거리가 있어야 한다.
> • 기계실 바닥에 0.5m를 초과하는 단차가 있는 경우, 고정된 사다리 또는 보호난간이 있는 계단이나 발판이 있어야 한다.

45 정격속도가 1m/s를 초과하는 엘리베이터에 사용되는 추락방지안전장치의 종류는?

① 점차작동형   ② 즉시작동형
③ 디스크 작동형   ④ 플라이블 작동형

> **해설**
> • 카의 추락방지안전장치는 엘리베이터의 정격속도가 1m/s를 초과하는 경우 점차작동형이어야 한다. 다만, 다음과 같은 경우에는 그러하지 아니한다.
> – 정격속도가 1m/s를 초과하지 않는 경우 : 완충효과가 있는 즉시작동형
> – 정격속도가 0.63m/s를 초과하지 않는 경우 : 즉시작동형
> • 카에 여러 개의 추락방지안전장치가 설치된 경우에는 모두 점차작동형이어야 한다.
> • 균형추 또는 평형추의 추락방지안전장치는 정격속도가 1m/s를 초과하는 경우 점차작동형이어야 한다. 다만, 정격속도가 1m/s 이하인 경우에는 즉시작동형으로 할 수 있다.

46 다음 중 권상기의 구성요소가 아닌 것은?

① 과속조절기   ② 전동기
③ 감속기   ④ 브레이크

> **해설** 권상기는 주로프가 걸린 도르래를 회전시켜 카를 구동하는 기계장치로서 전동기와 감속기로 구분할 수 있다. 과속조절기는 과속제어장치이다.

47 엘리베이터 비상구출문에 대한 설명으로 옳지 않은 것은?

① 비상구출 운전 시, 카 내 승객의 구출은 항상 카 밖에서 이루어져야 한다.
② 승객의 구출 및 구조를 위한 비상구출문이 카 천장에 있는 경우, 비상구출구의 크기는 0.4m×0.5m 이상이어야 한다.
③ 2대 이상의 엘리베이터가 동일 승강로에 설치되어 인접한 카에서 구출할 수 있도록 카 벽에 비상구출문이 설치될 수 있다. 다만, 서로 다른 카 사이의 수평거리는 0.75m 이상이어야 한다.
④ 비상구출문은 손으로 조작 가능한 잠금장치가 있어야 한다.

> **해설** 비상구출문
> • 카 천장에 비상구출문이 설치된 경우, 유효개구부의 크기는 0.4m×0.5m 이상이어야 한다. 다만, 카 벽에 설치된 경우 제외될 수 있다.
> • 하나의 승강로에 2대 이상의 엘리베이터가 있는 경우, 카 벽에 비상구출문을 설치할 수 있다. 다만, 카 간의 수평거리는 1m를 초과할 수 없다.
> • 카 벽에 설치된 비상구출문의 크기는 폭 0.4m 이상, 높이 1.8m 이상이어야 한다.
> • 비상구출문에는 손으로 조작할 수 있는 잠금장치가 있어야 한다.
> • 카 천장의 비상구출문은 카 내부 방향으로 열리지 않아야 한다.
> • 카 천장의 비상구출문이 완전히 열렸을 때, 그 열린 부분은 카 천장의 가장자리를 넘어 돌출되지 않아야 한다.
> • 카 벽의 비상구출문은 카 외부에서 열쇠 없이 열려야 하고, 카 내부에서는 비상잠금해제 삼각열쇠로 열려야 한다.
> • 카 벽의 비상구출문은 카 외부 방향으로 열리지 않아야 한다.

48 엘리베이터의 부하제어에 대한 설명으로 옳지 않은 것은?

① 카에 과부하가 발생할 경우에는 재-착상을 포함한 정상운행을 방지하는 장치가 설치되어야 한다.

② 과부하는 최소 65kg으로 계산하여 정격하중의 10%를 초과하면 검출되어야 한다.

③ 과부하 시 가청이나 시각적인 신호에 의해 카 내 이용자에게 알려야 한다.

④ 과부하 시 자동동력 작동식 문은 완전히 개방되어야 한다.

> **해설**
> 과부하는 최소 75kg으로 계산하여 정격하중의 10%를 초과하기 전에 검출되어야 한다.
> • 자동동력 작동식 문은 완전히 개방되어야 하며, 수동 작동식 문은 잠금해제상태를 유지하여야 한다.
> • 예비운전은 무효화되어야 한다.

49 다음 중 전류를 측정할 수 있는 것은?

① 훅온메타　　　② 볼트메타
③ 휘트스톤 브리지　　　④ 메가

> **해설**
> ① 훅온메타 : 직·교류 전압, 직·교류전류, 저항 측정 등
> ② 볼트메타 : 전압 측정
> ③ 휘트스톤 브리지 : 저항 측정
> ④ 메가 : 절연저항 측정

50 저항 100Ω에 5A의 전류가 흐르게 하는 데 필요한 전압은?

① 220V　　　② 300V
③ 400V　　　④ 500V

> **해설**　$V = IR = 5 \times 100 = 500$

51 유압(유입)완충기의 최소 스트로크는 무엇에 비례하는가?

① 정격하중　　　② 행정거리
③ 피트 깊이　　　④ 정격속도

> **해설**　유압완충기의 스트로크
> $S = V^2 / 53.35m$ [V : 정격속도(m/min)]

52 다음 그림과 같은 제어계의 전체 전달함수는?
(단, $H(s) = 1$)

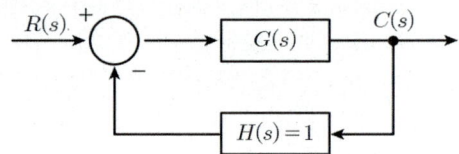

① $\dfrac{1}{G(s)}$　　　② $\dfrac{1}{1+G(s)}$

③ $\dfrac{G(s)}{1+G(s)}$　　　④ $\dfrac{G(s)}{1-G(s)}$

> **해설**　$G(s) = 경로 / (1-폐쇄)$
> $= G(s) / (1 - [G(s) \cdot H(s)]) = G(s) / (1 + G(s))$

53 자동제어의 종류 중 피드백 제어에서 가장 중요한 장치는?

① 구동장치
② 응답속도를 빠르게 하는 장치
③ 안정도를 좋게 하는 장치
④ 입력과 출력을 비교하는 장치

> **해설**　폐루프 제어계(피드백 제어계)는 출력신호와 입력신호를 비교하여 정확한 제어를 하는 것이다.

54 전동기 주회로의 전압이 500V를 초과할 때 절연저항은 몇 [MΩ] 이상이어야 하는가?

① 0.5　　　　　② 1.0
③ 1.5　　　　　④ 2.0

해설 절연저항		
공칭회로 전압(V)	시험전압/직류(V)	절연저항(MΩ)
(SELV 및 PELV) > 100VA	250V	0.5MΩ 이상
≤ 500V (FELV 포함)	500V	1.0MΩ 이상
> 500V	1,000V	1.0MΩ 이상

SELV : 안전초저압(Safety Extra Low Voltage)
PELV : 보호초저압(Protective Extra Low Voltage)
FELV : 기능초저압(Functional Extra Low Voltage)

55 직류기의 3요소가 아닌 것은?

① 계자　　　　　② 전기자
③ 보극　　　　　④ 정류자

> 해설　직류기의 3요소는 계자, 전기자, 정류자이며, 보극은 전기자 반작용을 줄이고 전압정류를 하기 위해 설치하지만 3요소에는 포함되지 않는다.

56 2단자 반도체 소자로 서지전압에 대한 회로 보호용으로 사용되는 것은?

① 터널 다이오드　　　② 서미스터
③ 바리스터　　　　　④ 바렉터 다이오드

> 해설　바리스터의 용도는 전기접점의 불꽃을 소거하거나 반도체정류기·트랜지스터 등의 서지전압(surge voltage)으로부터의 보호에 사용한다.

57 다음 회로에서 a, b 간의 합성저항은?

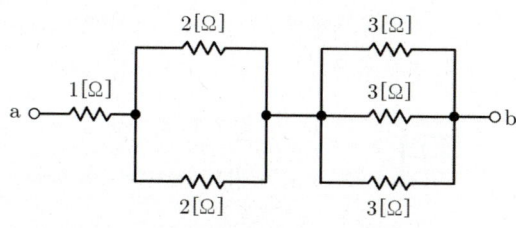

① 1Ω　　　　　② 2Ω
③ 3Ω　　　　　④ 4Ω

> 해설
> • 직렬연결 합성저항 = $R_1 + R_2$
> • 병렬연결 합성저항 = $\dfrac{R_1 \times R_2}{R_1 + R_2}$
> • R값이 같을 때의 병렬연결 합성저항 = $\dfrac{R}{n}$
> • a, b 간의 합성저항 $R_{ab} = 1 + \dfrac{2}{2} + \dfrac{3}{3} = 3Ω$

58 교류전류를 측정할 때 전류계의 연결방법이 맞는 것은?

① 부하와 직렬로 연결한다.
② 부하와 직·병렬로 연결한다.
③ 부하와 병렬로 연결한다.
④ 회로에 따라 달라진다.

> 해설
> • 전압계 : 부하에 병렬로 접속하여 측정하는 계기
> • 전류계 : 부하와 직렬로 접속하여 측정하는 계기

59 전동기에 설치되어 있는 THR은?

① 과전류계전기 ② 과전압계전기
③ 열동계전기   ④ 역상계전기

> **해설**
> THR(thermal relay) = 과부하계전기 = 서멀릴레이
> = 열동계전기

60 형상 및 위치의 정도 측정 표시기호 중 ◎ 기호가
뜻하는 것은?

① 원통도   ② 진원도
③ 진위치도 ④ 동심도

> **해설**
>
> | 적용하는 형체 | 공차의 종류 | | 기호 |
> |---|---|---|---|
> | 단독형체 | 모양공차 | 진직도 | — |
> | | | 평면도 | ▱ |
> | | | 진원도 | ○ |
> | | | 원통도 | ⌀ |
> | 단독형체 또는 관련 형체 | | 선의 윤곽도 | ⌒ |
> | | | 면의 윤곽도 | ⌓ |
> | 관련 형체 | 자세공차 | 평행도 | // |
> | | | 직각도 | ⊥ |
> | | | 경사도 | ∠ |
> | | 위치공차 | 위치도 | ⊕ |
> | | | 동축도 or 동심도 | ◎ |
> | | | 대칭도 | = |
> | | 흔들림 공차 | 원주 흔들림 | ↗ |
> | | | 온 흔들림 | ⫰ |

2024년 제2회 기출복원문제

01 카가 최상층 및 최하층을 지나쳐 주행하는 것을 방지하는 것은?

① 리밋스위치　　　② 균형추
③ 인터로크 장치　　④ 정지스위치

> **해설** 리밋스위치는 승강기가 최상층 이상 및 최하층 이하로 운행되지 않도록 엘리베이터의 초과운행을 제한한다.

02 균형추 쪽에도 추락방지안전장치(비상정지장치)를 설치해야 하는 경우는?

① 정격속도가 360m/min 이상인 승객용 엘리베이터
② 정격속도가 400m/min 이상인 승객용 엘리베이터
③ 피트 바닥 하부를 거실 등으로 사용할 경우
④ 주행안내 레일의 길이가 짧은 경우

> **해설** 승강로 하부에 접근할 수 있는 공간이 있는 경우, 피트의 기초는 5,000N/m 이상의 부하가 걸리는 것으로 설계되어야 하고, 균형추 또는 평형추에 추락방지안전장치가 설치되어야 한다.

03 에스컬레이터 및 무빙워크(수평보행기)에 대한 설명으로 틀린 것은?

① 에스컬레이터의 경사도는 30°를 초과하지 않아야 한다.
② 높이가 6m 이하이고 공칭속도가 0.5m/s 이하인 엘리베이터의 경우에는 경사도를 35°까지 증가시킬 수 있다.
③ 무빙워크의 경사도는 15° 이하, 공칭속도는 0.75m/s 이하이어야 한다.
④ 에스컬레이터 및 무빙워크의 공칭폭은 0.58m 이상, 1.1m 이하이어야 한다.

> **해설** 무빙워크의 경사도는 12° 이하, 공칭속도는 0.75m/s 이하이어야 한다.

04 추락방지안전장치 등의 작동을 위한 과속조절기는 정격속도의 몇 % 이상의 속도에서 작동되어야 하는가?

① 140　　　② 120
③ 115　　　④ 110

> **해설** 추락방지안전장치 등의 작동을 위한 과속조절기는 정격속도의 115% 이상의 속도 그리고 다음 같은 속도 이하에서 작동되어야 한다.
> • 롤러로 잡는 타입을 제외한 즉시작동형 추락방지안전장치 : 0.8m/s
> • 롤러로 잡는 타입의 추락방지안전장치 : 1m/s
> • 정격속도가 1m/s 이하의 엘리베이터에 사용되는 점차작동형 추락방지안전장치 : 1.5m/s
> • 정격속도가 1m/s를 초과하는 엘리베이터에 사용되는 점차작동형 추락방지안전장치 : $1.25v + \dfrac{0.25}{v}$ m/s

8 기출복원문제 개년

05 보상(균형)로프의 주된 사용 목적은?

① 카의 소음진동을 보상하기 위해서
② 카의 위치 변화에 따른 주로프 무게에 의한 권상비를 보상하기 위해서
③ 카의 밸런스를 맞추기 위해서
④ 카의 적재하중 변화를 보상하기 위해서

> **해설**
> • 보상체인
> – 카의 위치 변화에 따른 로프의 무게 보상
> – 용도 : 저·중속 엘리베이터
> • 보상로프
> – 카의 위치 변화에 따른 주로프의 무게에 의한 권상비 보상
> – 로프가 엉키는 것을 방지하기 위해 인장시브 설치
> – 용도 : 고속 엘리베이터

06 에스컬레이터의 경사도가 30°를 초과하고 35° 이하인 에스컬레이터의 공칭속도는 몇 m/s 이하여야 하는가?

① 0.3m/s
② 0.5m/s
③ 0.75m/s
④ 1m/s

> **해설** 경사도가 30° 이하인 에스컬레이터는 0.75m/s 이하, 경사도가 30°를 초과하고 35° 이하인 에스컬레이터는 0.5m/s 이하이어야 한다.

07 소방구조용 엘리베이터의 정전 시 예비전원의 기능에 대한 설명으로 옳은 것은?

① 30초 이내에 엘리베이터 운행에 필요한 전력용량을 자동적으로 발생하여 1시간 이상 작동하여야 한다.
② 40초 이내에 엘리베이터 운행에 필요한 전력용량을 자동적으로 발생하여 1시간 이상 작동하여야 한다.
③ 60초 이내에 엘리베이터 운행에 필요한 전력용량을 자동적으로 발생하여 2시간 이상 작동하여야 한다.
④ 90초 이내에 엘리베이터 운행에 필요한 전력용량을 자동적으로 발생하여 2시간 이상 작동하여야 한다.

> **해설** 정전 시에는 보조 전원공급장치에 의하여 60초 이내에 엘리베이터 운행에 필요한 전력용량을 자동으로 발생시키도록 하되 수동으로 전원을 작동시킬 수 있어야 하며, 2시간 이상 운행시킬 수 있어야 한다.

08 그림은 주 시브(main sheave)에 대한 홈의 형상이다. 다음 설명 중 옳은 것은?

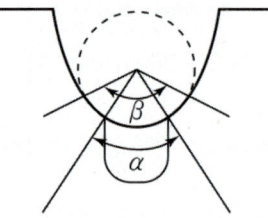

① α 값이 클수록 마찰계수와 홈 압력이 작아진다.
② α 값이 클수록 마찰계수는 작아지나 홈 압력이 커진다.
③ α 값이 클수록 마찰계수는 커지나 홈 압력이 작아진다.
④ α 값이 클수록 마찰계수와 홈 압력이 커진다.

> **해설** 마찰계수의 크기는 U홈 < 언더컷홈 < V홈 순으로 α 값이 작으면 마찰계수가 작아져 트랙션 능력이 작아진다.

09 다음 중 승강기의 안전장치가 아닌 것은?

① 과속조절기(조속기)
② 주전동기용 과전류계전기
③ 최상층 종점 스위치
④ 운전반 자동·수동장치

> **해설** 운전반 자동 및 수동장치는 승강기의 조작장치이다.

10 주행안내 레일은 제조와 설치 시 승강로 내의 반입이 편리하도록 약 몇 [m]로 하고 있는가?

① 3m
② 4m
③ 5m
④ 6m

> **해설** 주행안내 레일은 길이 5m를 표준으로 하는 T형 레일이다.

11 다음 중 자동차용 엘리베이터나 대형화물용 엘리베이터에 주로 사용하는 도어 개폐방식은?

① CO
② SO
③ UD
④ UP

> **해설** 도어시스템의 종류
>
> | 종류 | | 용도 |
> |---|---|---|
> | 가로열기 | 1S, 2S, 3S | 화물용 및 침대용 엘리베이터 |
> | 중앙열기 | 2CO, 4CO | 승용 엘리베이터 |
> | 상하열기
(수직열기) | 1UP, 2UP,
3UP | 자동차용, 대형화물 전용
엘리베이터 |

12 엘리베이터 도어의 개폐만이 운전자의 조작에 의해 이루어지고, 기타 카의 기동은 카 내 버튼이나 승강장 버튼에 의해 이루어지는 조작방식은?

① 카 스위치 방식
② 신호방식
③ 단식 자동식
④ 승합 전자동식

> **해설**
> ① 카 스위치 방식 : 기동 및 정지가 운전원의 조작에 의해 이루어진다.
> ③ 단식 자동식 : 가장 먼저 등록된 부름에만 응답하고 그 운전이 완료될 때까지는 다른 부름에는 응답하지 않는 방식으로 화물용에 주로 사용된다.
> ④ 승합 전자동식 : 단식 자동식과 방식은 같지만 누른 순서에 관계없이 각 호출에 응하여 자동적으로 정지한다.

13 엘리베이터에 사용되는 T형 가이드 레일(Guide Rail)의 단위표시는?

① 레일의 높이로 표시한다.
② 레일 한 본의 무게(kg)로 표시한다.
③ 레일 1미터당 무게(kg)로 표시한다.
④ 레일 5미터당 무게(kg)로 표시한다.

> **해설** 일반적으로 단면이 T자형인 엘리베이터용 레일이 이용되고, 1m당 중량에 따라 8K, 13K, 18K, 24K, 30K, 37K, 50K 레일 등이 있다.

14 추락방지안전장치 등의 작동을 위한 과속조절기 중 롤러로 잡는 타입을 제외한 즉시작동형 추락방지안전장치는 몇 m/s 이하에서 작동하여야 하는가?

① 80
② 90
③ 0.8
④ 0.9

해설 추락방지안전장치 등의 작동을 위한 과속조절기는 정격속도의 115% 이상의 속도 그리고 다음과 같은 속도 이하에서 작동되어야 한다.
- 롤러로 잡는 타입을 제외한 즉시작동형 추락방지안전장치 : 0.8m/s
- 롤러로 잡는 타입의 추락방지안전장치 : 1m/s
- 정격속도 1m/s 이하의 엘리베이터에 사용되는 점차작동형 추락방지안전장치 : 1.5m/s
- 정격속도가 1m/s를 초과하는 엘리베이터에 사용되는 점차작동형 추락방지안전장치 : $1.25v + \dfrac{0.25}{v}$m/s

해설
- 카 스위치 방식 : 기동 및 정지가 운전원의 조작에 의해 이루어진다.
- 군 승합 자동식 : 2~3대의 엘리베이터를 연계한 후 호출에 대해 먼저 응답한 카만 움직이고, 나머지는 응답하지 않아 효율적으로 이용이 가능하다.
- 군 관리방식 : 3~8대의 엘리베이터를 병설로 하여 합리적으로 운행·관리하는 방식이다.

15 다음 중 추락방지안전장치 F.W.C(Flexible Wedge Clamp)형의 그래프는? (단, 가로축 : 거리, 세로축 : 정지력)

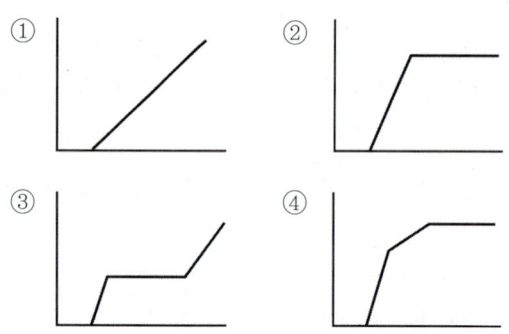

해설 F.W.C형 추락방지안전장치는 레일을 죄는 힘이 동작 초기에는 약하나 점점 강해진 후 일정하다.

16 2~3대의 엘리베이터가 병설되었을 때 주로 사용되는 운전방식은?
① 단식 자동식
② 양방향 승합 전자동식
③ 군 승합 전자동식
④ 군 관리방식

17 다음 (   )에 들어갈 내용으로 알맞은 것은?

> "기계실은 당해 건축물의 다른 부분과 내화구조 또는 방화구조로 구획하고, 기계실의 내장은 (   ) 이상으로 마감되어야 한다."

① 준불연재료
② 난연재료
③ 불연재료
④ 내화재료

해설 기계실은 당해 건축물의 다른 부분과 내화구조 또는 방화구조로 구획하고, 기계실의 내장은 준불연재료 이상으로 마감되어야 한다. 다만, 기계실 벽면이 외기에 직접 접하는 등 건축물 구조상 내화구조 또는 방화구조로 구획할 필요가 없는 경우에는 불연재료를 사용하여 구획할 수 있다.

18 유압식 엘리베이터의 종류에 속하지 않는 것은?
① 직접식
② 간접식
③ 팬터그래프식
④ 권동식

해설 권동식은 전기식 엘리베이터이다.

19 산업재해 발생원인 중 직접원인에 해당되는 것은?

① 불안전한 행동
② 사회적 환경
③ 유전적 요소
④ 인간의 결함

> **해설** 재해의 직접원인
> • 불안전한 행동 : 위험장소 접근, 안전장치의 기능 제거, 복장·보호구의 잘못 사용, 기계·기구 잘못 사용, 운전 중인 기계장치의 손질, 불안전한 속도 조작, 위험물 취급 부주의, 불안전한 상태 방치, 불안전한 자세 동작, 감독 및 연락 불충분
> • 불안전한 상태 : 물 자체 결함, 안전방호장치 결함, 보호구의 결함, 물의 배치 및 작업장소 결함, 작업환경의 결함, 생산공정의 결함, 경계표시·설비의 결함

20 원동기, 회전축 등에는 위험방지장치를 설치하도록 규정하고 있다. 설치방법에 대한 설명으로 옳지 않은 것은?

① 위험 부위에는 덮개, 울, 슬리브, 건널다리 등을 설치
② 키 및 핀 등의 기계요소는 묻힘형으로 설치
③ 벨트의 이음 부분에는 돌출된 고정구로 설치
④ 건널다리에는 안전난간 및 미끄러지지 아니하는 구조의 발판 설치

> **해설** 벨트의 이음 부분에는 접착제나 가죽끈을 사용하여 돌출되지 않도록 설치

21 승강기 운전자가 준수하여야 할 사항으로 옳지 않은 것은?

① 술에 취한 채 또는 흡연하면서 운전하지 말아야 한다.
② 정원 또는 적재하중을 초과하여 태우지 말아야 한다.
③ 질병, 피로 등을 느꼈을 때는 즉시 약을 복용하고 근무한다.
④ 운전 중 사고가 발생한 때에는 즉시 운전을 중지하고 관리주체에 보고한다.

> **해설** 질병, 피로 등을 느꼈을 때는 관리자 또는 운행주체에게 그 사유를 보고하고 운전에 관여해서는 안 된다.

22 양중기의 와이어로프로 사용할 수 있는 것은?

① 이음매가 있는 것
② 와이어로프의 한가닥에서 소선의 수가 10~20% 정도 절단된 것
③ 지름의 감소가 공칭지름의 5%인 것
④ 꼬인 것

> **해설** 양중기의 와이어로프로 사용할 수 없는 것(산업안전보건기준에 관한 규칙 제166조)
> • 이음매가 있는 것
> • 와이어로프의 한 꼬임(스트랜드, strand)에서 끊어진 소선[필러(pillar) 선은 제외]의 수가 10% 이상(비자전 로프의 경우에는 끊어진 소선의 수가 와이어로프 호칭지름의 6배 길이 이내에서 4개 이상이거나 호칭지름 30배 길이 이내에서 8개 이상)인 것
> • 지름의 감소가 공칭지름의 7%를 초과하는 것
> • 꼬인 것
> • 심하게 변형되거나 부식된 것
> • 열과 전기충격에 의해 손상된 것

23 다음 중 에스컬레이터의 디딤판의 승강을 자동으로 정지시키는 장치가 작동하지 않는 경우는?

① 디딤판체인이 절단되었을 때
② 승강장 근처에 설치한 방화셔터가 닫히기 시작할 때
③ 3각부 안전보호판에 이물질이 접촉되었을 때
④ 디딤판과 콤이 맞물리는 지점에 물체가 끼었을 때

> **해설** 난간부와 교차하는 건축물 천장부 또는 측면부 등과의 사이에 생기는 3각부에 사람의 머리 등 신체의 일부가 끼이는 것을 방지하기 위해 설치한다.

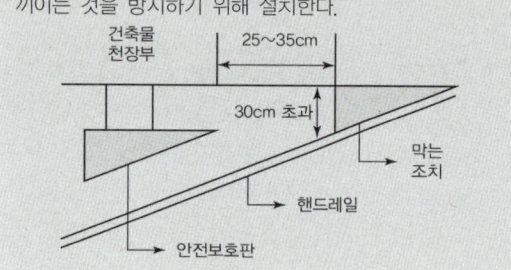

24 승강기의 카가 승강로의 상부에 있는 경우 천장에 충돌하는 것을 방지하기 위한 장치는?

① 균형체
② 파이널 리밋스위치
③ 과속조절기
④ 회로개폐기

> **해설** 파이널 리밋스위치는 종단 스위치라고 하며, 카가 천장에 충돌하는 것을 방지하기 위한 장치이다.

25 승강기의 자체검사 항목이 아닌 것은?

① 브레이크
② 주행안내 레일
③ 추락방지안전장치
④ 권과방지장치

> **해설** 승강기 자체점검 항목
> • 추락방지안전장치, 과부하방지장치 등의 방호장치 점검
> • 제동기 및 제어장치 점검
> • 와이어로프 상태 점검
> • 주행안내 레일 상태 점검

26 안전점검의 주목적으로 옳은 것은?

① 안전작업표준의 적절성을 점검하는 데 있다.
② 시설장비의 설계를 점검하는 데 있다.
③ 법 기준에 대한 적합 여부를 점검하는 데 있다.
④ 위험을 사전에 발견하여 시정하는 데 있다.

> **해설** 안전점검의 주목적은 설비 상태나 작업자의 행위에서 생기는 결함, 즉 위험요인을 발견하여 시정하기 위한 것이다.

27 다음 중 재해예방의 기본 4원칙이 아닌 것은?

① 원인계기의 원칙   ② 대책선정의 원칙
③ 예방가능의 원칙   ④ 개별분석의 원칙

> **해설** 재해예방의 기본 4원칙 : 손실우연의 원칙, 원인계기의 원칙, 예방가능의 원칙, 대책선정의 원칙

28 작업내용에 따라 지급해야 할 보호구로 옳지 않은 것은?

① 보안면 : 물체가 날아 흩어질 위험이 있는 작업
② 안전장갑 : 감전의 위험이 있는 작업
③ 방열복 : 고열에 의한 화상 등의 위험이 있는 작업
④ 안전화 : 물체의 낙하, 물체의 끼임 등이 있는 작업

> **해설** 보안면은 일반적으로 용접 시 불꽃 또는 물체가 날아 흩어질 위험이 있는 작업에서 사용된다.

29 권상기의 브레이크 검사와 관계가 없는 것은?

① 로프의 이완을 확인한다.

② 이상음이 발생하는지를 확인한다.

③ 플런저는 정상으로 동작하는지를 확인한다.

④ 주행 중 브레이크 라이닝이 드럼과 마찰이 있는지를 확인한다.

> **해설** 로프의 마모 및 이완 상태는 카 상부에서 행하는 검사이다.

30 다음 중 피트 내에서 행하는 검사가 아닌 것은?

① 카 및 균형추와 완충기의 거리

② 아랫부분 리밋스위치류의 설치상태

③ 이동케이블(Traveling cable)의 손상 염려 여부

④ 마그네틱 테이프 조정

> **해설** 피트 내에서 행하는 검사항목
> - 카 및 균형추와 완충기의 거리, 밑부분 리밋스위치류의 설치상태
> - 과속조절기 로프의 인장장치 및 기타의 텐션 장치
> - 이동케이블의 손상 여부
> - 보상로프(rope) 또는 보상체인(chain)이 사용되었을 때는 그 설치상태

31 다음 중 승객·화물용 엘리베이터에서 과부하감지장치의 작동에 대한 설명으로 틀린 것은?

① 작동치는 정격적재하중의 105~110%를 표준으로 한다.

② 적재하중 초과 시 경보를 울린다.

③ 출입문을 자동적으로 닫히게 한다.

④ 카의 출발을 정지시킨다.

> **해설** 승강기의 과부하방지장치는 승객의 정원이나 화물의 정격하중을 초과하였을 경우 케이지 바닥에 설치된 풋스위치(foot switch)가 작동하여 경보등과 부저가 울리며 엘리베이터 작동을 금지시킨다. 작동은 정격하중의 110%를 표준으로 한다.

32 다음 중 카 상부에서 하는 검사가 아닌 것은?

① 비상구출구 스위치의 작동상태

② 도어개폐장치의 설치상태

③ 과속조절기 로프의 설치상태

④ 과속조절기 로프 인장장치의 작동상태

> **해설** 과속조절기 로프 인장장치는 조속기 로프의 장력을 유지하도록 하는 장치로 피트 내에서 하는 검사이다.

33 추락방지안전장치의 성능시험에 관한 설명 중 옳지 않은 것은?

① 적용 최대중량에 상당하는 무게를 적용한다.

② 주행안내 레일의 윤활상태를 실제의 사용상태와 같도록 한다.

③ 비상정지의 시험 후 완충기의 파손 유무를 확인한다.

④ 비상정지의 시험 후 수평도와 정지거리를 측정한다.

> **해설** 추락방지안전장치의 성능시험과 완충기의 파손 유무와는 관계가 없다.

8 기출복원문제개년

34 다음 중 에스컬레이터의 일반구조에 대한 설명으로 옳지 않은 것은?

① 일반적으로 경사도는 30° 이하로 하여야 한다.
② 손잡이(핸드레일)의 속도가 디딤바닥과 동일한 속도를 유지하도록 한다.
③ 경사도가 30° 이하인 에스컬레이터의 공칭속도는 0.75m/s 이상이어야 한다.
④ 물건이 에스컬레이터의 각 부분에 끼이거나 부딪치는 일이 없도록 안전한 구조이어야 한다.

> **해설** 에스컬레이터의 경사도는 30°를 초과하지 않아야 한다. 다만, 높이가 6m 이하이고 공속속도가 0.5m/s 이하인 경우에는 경사도를 35°까지 증가시킬 수 있다. 또한 공칭속도는 경사도 30° 이하인 경우 0.75m/s 이하, 30°를 초과하고 35° 이하인 경우 0.5m/s 이하이어야 한다.

35 무빙워크(수평보행기)의 안전장치에 해당되지 않는 것은?

① 스텝체인 안전스위치
② 스커트가드 안전스위치
③ 비상정지스위치
④ 핸드레일 인입구 안전스위치

> **해설** 스커트가드 안전스위치는 에스컬레이터 안전장치이다.

36 에스컬레이터의 하중시험을 하고자 할 때 옳은 방법은?

① 적재하중 50%의 하중을 싣고 운행
② 적재하중 100%의 하중을 싣고 운행
③ 적재하중 110%의 하중을 싣고 운행
④ 적재하중을 싣지 않고 운행

> **해설** 에스컬레이터의 하중시험은 적재하중을 싣지 않은 상태에서 검사하여야 한다.

37 공칭폭이 0.6m 초과 0.8m 이하인 경우 브레이크의 스텝당 제동부하는 몇 kg인가?

① 60   ② 90
③ 120   ④ 150

> **해설** 에스컬레이터의 제동부하 결정
>
> | 공칭폭 | 하중 |
> |---|---|
> | 0.6m 이하 | 60kg |
> | 0.6m 초과 0.8m 이하 | 90kg |
> | 0.8m 초과 1.1m 이하 | 120kg |

38 에스컬레이터의 손잡이(핸드레일)에 관한 설명 중 틀린 것은?

① 핸드레일은 디딤판과 속도가 일치해야 하며, 역방향으로 승강하여야 한다.
② 핸드레일은 정상운행 중 운행 방향의 반대편에서 450N의 힘으로 당겨도 정지되지 않아야 한다.
③ 핸드레일 인입구에 적절한 보호장치가 설치되어 있어야 한다.
④ 핸드레일 인입구에 이물질 및 어린이의 손이 끼이지 않도록 안전스위치가 있어야 한다.

> **해설** 에스컬레이터 승강 시 역방향으로 승강해서는 안 된다.

39 과속조절기 로프의 안전율은 얼마이어야 하는가?

① 3 이상   ② 4 이상
③ 8 이상   ④ 10 이상

> **해설** 로프 안전율
>
> | 종류 | 안전율 |
> |---|---|
> | 현수로프(주로프, 권상용 와이어로프) | 12 |
> | 현수체인(체인) | 10 |
> | 과속조절기(조속기) 로프 | 8 |

40 엘리베이터의 도어 슈의 점검을 위해 실시하여야 할 점검사항이 아닌 것은?

① 도의 슈의 마모상태 점검
② 가이드 롤러의 고무 탄력상태 점검
③ 슈 고정 볼트의 조임상태 점검
④ 도어 개폐 시 실과의 간접상태 점검

> **해설** 도어 슈는 엘리베이터의 도어를 문 밑에서 고정하는 장치로서 충격으로 인한 사고가 빈번히 발생하고 노후화 및 부식 등을 예방하는 사전점검을 통해 꾸준히 관리해야 한다. 따라서 가이드 롤러와는 관계가 없다.

41 엘리베이터의 카 구조에 대한 설명으로 틀린 것은?

① 카 내부는 구조상 경미한 부분을 제외하고는 불연재료로 만들거나 씌워야 한다.
② 카 천장에 설치된 비상구출구는 카 내에서 열 수 없도록 잠금장치를 갖추어야 한다.
③ 카 벽에 설치된 비상출구는 카 안쪽으로만 열리도록 하여야 한다.
④ 2개의 문이 설치된 경우에는 2개의 문이 동시에 열려 통로로 사용되는 구조이어야 한다.

> **해설** 승강장 문 및 카 문
> • 카에 정상적으로 출입할 수 있는 승강로 개구부에는 승강장 문이 제공되어야 하고, 카에 출입은 카 문을 통해야 한다. 다만, 2개 이상의 카 문이 있는 경우, 어떠한 경우라도 2개의 문이 동시에 열리지 않아야 한다.
> • 승강장 문 및 카 문의 출입구 유효높이는 2m 이상이어야 한다. 다만, 주택용 엘리베이터의 경우에는 1.8m 이상으로 할 수 있으며, 자동차용 엘리베이터의 경우에는 제외한다.

42 균형추의 중량을 바르게 나타낸 것은?

① 카 자체하중+정격적재하중
② 카 자체하중+균형체인하중+이동케이블하중
③ 카 자체하중+(균형체인하중+로프하중+이동케이블하중)×50%
④ 카 자체하중+(정격적재하중×오버밸런스율)

> **해설** 균형추의 총중량 = 카 자체중량 + (정격하중 × 오버밸런스율)

43 승강기에 사용되는 T형 가이드 레일의 규격을 말하는 8K, 13K, 24K는?

① 레일 1본에 대한 무게의 호칭기호이다.
② 레일 1m에 대한 무게의 호칭기호이다.
③ 레일 5m에 대한 무게의 호칭기호이다.
④ 레일 10m에 대한 무게의 호칭기호이다.

> **해설** 일반적으로 단면이 T자형인 엘리베이터용 레일이 이용되고 1m당 중량에 따라 8K, 13K, 18K, 24K, 30K, 37K, 50K 레일 등이 있다.

44 승강장의 문의 로크 및 스위치 검사 시 적합하지 않은 것은?

① 승강장 문은 외부에서 열 수 없도록 로크장치의 설치상태가 견고하여야 한다.
② 승강장 문이 열려 있거나 닫혀 있지 않은 경우 도어 스위치는 열려 있어야 한다.
③ 승강장 문의 인터로크 장치는 로크가 걸린 후에 도어 스위치를 닫아야 한다.
④ 승강장 문의 도어 스위치가 확실히 열리기 전에 로크가 벗겨져야 한다.

> **해설** 승강장 문의 도어 스위치가 확실히 열린 후에 로크가 벗겨져야 한다.

8 기출복원문제 8개년

45 에스컬레이터의 상·하 승강장 및 디딤판에서 점검할 사항이 아닌 것은?

① 이동용 손잡이
② 구동기 브레이크
③ 스커트가드
④ 안전방책

> **해설** 구동기 브레이크는 기계실에서 행하는 검사이다.

46 소방구조용 엘리베이터는 비상운전 시 비상운전등이 점등되어야 한다. 다음 중 비상운전에 해당되지 않는 것은?

① 비상호출스위치 조작에 의한 운전
② 1차 소방스위치 및 소방스위치 조작에 의한 운전
③ 비상호출버튼 조작에 의한 운전
④ 수동버튼 조작에 의한 운전

> **해설** 카 내부에서 행하는 검사로 소방구조용 승강기에 있어서는 중앙관리실과 연락하는 통화장치 및 비상용으로 사용되는 장치(비상운전등, 1차 소방스위치, 2차 소방스위치)의 작동상태가 양호할 것

47 직류기에서 전기자 반작용의 영향이 아닌 것은?

① 주자속이 감소한다.
② 전기적 중성축이 이동한다.
③ 브러시와 정류자편에 불꽃이 발생한다.
④ 기계적인 효율이 좋다.

> **해설** 전기자 반작용 방지대책
> • 브러시 위치를 전기적 중성점으로 이동시킨다.
> • 보극을 설치한다.
> • 보상권선을 설치한다.

48 3상 유도전동기의 회전방향을 바꾸기 위한 방법은?

① 3상에 연결된 3선을 순차적으로 전부 바꾸어 주어야 한다.
② 2차 저항을 증가시켜 준다.
③ 1상에 SCR을 연결하여 SCR에 전류를 흐르게 한다.
④ 3상에 연결된 임의의 2선을 바꾸어 결선한다.

> **해설** 3상 유도전동기의 회전방향은 회전자기장의 방향을 바꾸면 되는데, 3상 중 임의의 2상의 접속을 바꿔주면 된다.

49 엘리베이터의 안전회로는 어떻게 구성하는 것이 좋은가?

① 병렬회로   ② 직렬회로
③ 직병렬회로   ④ 인터록회로

> **해설** 입력조건이 모두 만족해야만 작동되는 회로는 직렬회로인 AND 회로이다.

50 다음 중 그림과 같은 회로와 원리가 같은 논리기호는?

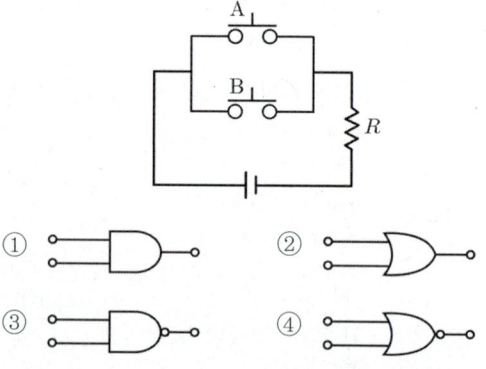

> **해설** A, B스위치가 병렬구조이므로 OR회로이다.
> ①은 AND, ③은 NAND, ④는 NOR회로

51 장애인용 엘리베이터는 호출버튼 또는 등록버튼에 의하여 카가 정지하면 몇 초 이상 문이 열린 채로 대기하여야 하는가?

① 3초　　　　　　② 5초
③ 10초　　　　　④ 15초

> **해설** 장애인용 엘리베이터는 호출버튼 또는 등록버튼에 의하여 카가 정지하면 10초 이상 문이 열린 채로 대기하여야 한다.

52 시퀀스 제어에 있어서 기억과 판단기구 및 검출기를 가진 제어방식은?

① 시한제어　　　　② 순서 프로그램 제어
③ 조건제어　　　　④ 피드백 제어

> **해설** 시퀀스 제어에 있어서 기억과 판단기구 및 검출기를 가진 제어방식은 시퀀스 제어계이다.

53 다음 중 PNP형 트랜지스터의 기호로 알맞은 것은?

①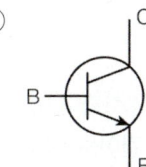

②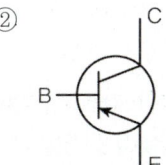

③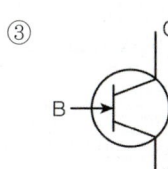

④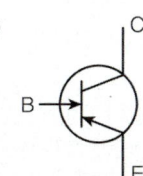

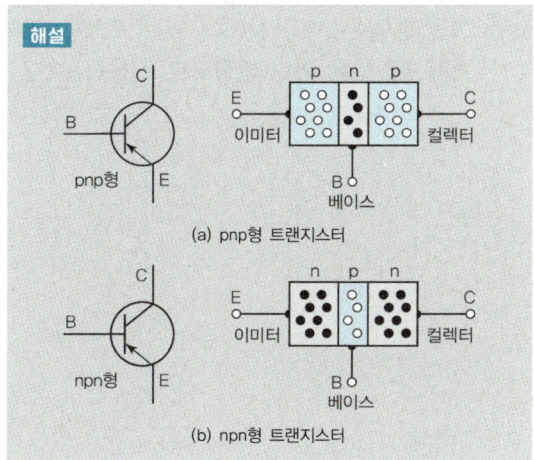

> **해설**
> (a) pnp형 트랜지스터
> (b) npn형 트랜지스터

54 불 대수식 $Y = ABC + AC$를 간소화시키면?

① ABC　　　　　　② AC
③ BC　　　　　　　④ AB

> **해설** $Y = ABC + AC = AC(B + 1) = AC$

55 직렬로 접속되어 있는 2개 코일의 자기 인덕턴스가 각각 L1L2이며, 상호 인덕턴스가 M, 2개의 코일이 만드는 자속의 방향이 동일할 경우 합성 인덕턴스 L은?

① $L = L_1 + L_2 + M$
② $L = L_1 + L_2 + 2M$
③ $L = L_1 + L_2 - M$
④ $L = L_1 + L_2 - 2M$

> **해설**
> • 가동접속 : 1·2차 코일이 만드는 자속의 방향이 정방향이 되는 접속
> $L = L_1 + L_2 + 2M[H]$
> • 차동접속 : 1·2차 코일이 만드는 자속의 방향이 역방향이 되는 접속
> $L = L_1 + L_2 - 2M[H]$

56 그림과 같은 자극 사이에 있는 도체에 전류 *I*가 흐를 때 힘은 어느 방향으로 작용하는가?

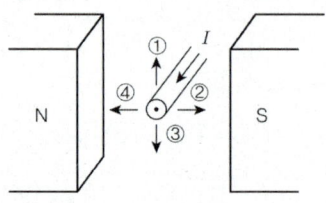

① 1　　　　　　② 2

③ 3　　　　　　④ 4

> **해설**　자기장 내의 공간에서 전류가 흐를 때 힘이 작용하는 것은 전동기의 원리로 플레밍의 왼손 법칙과 관련이 있다. 왼손의 검지는 자기장의 방향으로 2번 방향과 같고, 중지는 전류의 방향으로 앞으로 나오는 방향과 일치시켰을 때 엄지는 힘이 작용하는 방향으로 1번 방향과 같아진다.

57 다음 회로와 원리가 같은 논리 기호는?

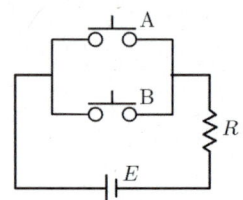

①　　　　②　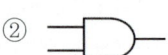

③　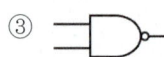　　　④　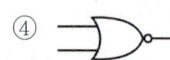

> **해설**　① OR회로, ② AND회로, ③ NAND회로, ④ NOR회로로 스위치가 병렬로 구성되어 있으므로 OR회로이다.

58 다음 중 수동조작 자동복귀형 접점에 해당하는 것은?

①　─o o─　　　　②　─o⊥o─

③　─o▭o─　　　　④　─o△o─

> **해설**
> ① 전기적(순시) A접점
> ② 수동조작 자동복귀형 A접점
> ③ 기계적(순시) A접점
> ④ 전기적(한시) A접점

59 그림의 휘스톤 브리지의 평행조건은?

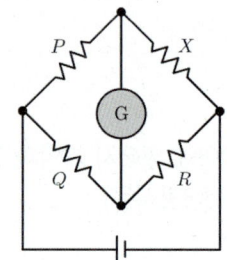

① $X = \dfrac{Q}{P} \times R$　　　② $X = \dfrac{P}{Q} \times R$

③ $X = \dfrac{Q}{R} \times P$　　　④ $X = \dfrac{P}{R} \times Q$

> **해설**　평행조건은 $P \times R = X \times Q$이며, 이때 미지의 저항 $X = \dfrac{P}{Q} \times R[\Omega]$이다.

60 길이 50mm의 원통형의 봉이 압축되어 0.0002의 변형률이 생겼을 때, 변형 후의 길이는 몇 [mm]인가?

① 49.98mm　　　　② 49.99mm

③ 50.01mm　　　　④ 50.02mm

> **해설**　변형률 = 변형된 길이/총길이
> 변형된 길이 = 변형률 × 총길이 = 0.0002−50 = 0.01
> 변형 후 길이 = 총길이−변형된 길이 = 50−0.01 = 49.99mm

2025년 제1회 기출복원문제

01 엘리베이터 기계실 조명에 관한 설명으로 부적합한 것은?

① 조명 스위치는 출입구 가까이 설치한다.
② 조명전원은 엘리베이터 전원과 연결 사용한다.
③ 조도는 작업공간의 바닥면에서 200lx 이상이어야 한다.
④ 1개 이상의 콘센트가 있어야 한다.

해설 카, 승강로, 구동기 공간, 풀리 공간 및 비상운전 및 작동시험을 위한 패널에 공급되는 전기조명은 구동기에 공급되는 전원과는 독립적이어야 한다.

02 균형추쪽에도 추락방지안전장치(비상정지장치)를 설치해야 하는 경우는?

① 정격속도가 360m/min 이상인 승객용 엘리베이터
② 정격속도가 400m/min 이상인 승객용 엘리베이터
③ 피트 바닥 하부를 거실 등으로 사용할 경우
④ 주행안내 레일의 길이가 짧은 경우

해설 승강로 하부에 접근할 수 있는 공간이 있는 경우, 피트의 기초는 5,000N/m 이상의 부하가 걸리는 것으로 설계되어야 하고, 균형추 또는 평형추에 추락방지안전장치가 설치되어야 한다.

03 3상 교류의 단속도 전동기에 전원을 공급하는 것으로 기동과 정속운전을 하고, 정지는 전원을 차단한 후 제동기에 의해 기계적으로 브레이크를 거는 제어방식은?

① 교류 일단 속도제어방식
② 교류 이단 속도제어방식
③ 교류 귀환 제어방식
④ 워드 레오나드 제어방식

해설 교류 엘리베이터 제어방식

속도제어 방법	특징	용도
교류 1단 속도제어	3상 유도전동기에 전원 투입으로 기동과 정속운전을 하고, 정지는 전원 차단 후 제동기에 의해 기계적으로 브레이크를 거는 방식	30m/min 이하 저속용
교류 2단 속도제어	2단 모터를 사용하여 기동과 주행은 고속권선, 감속은 저속권선으로 감속하는 방식	30~60m/min 화물용
교류 귀환제어	카의 실제 속도와 지령속도를 비교하여 사이리스터의 점호각을 바꿔 유도전동기의 속도를 제어하는 방식	45~105m/min
VVVF (가변전압 가변주파수 제어)	전동기에 인가되는 전압과 주파수를 동시에 변환시켜 직류전동기와 동등한 제어성능을 갖는 방식으로 소비전력이 절감	고속용

04 교류 엘리베이터의 전동기 특성으로 적당하지 않은 것은?

① 고빈도로 단속 사용하는 데 적합한 것이어야 한다.
② 기동토크가 커야 한다.
③ 기동전류가 적어야 한다.
④ 회전부분의 관성모멘트가 커야 한다.

> **해설** 교류 엘리베이터 전동기(3상유도전동기)의 특성은 기동토크가 크고, 기동전류가 적으며, 불규칙한 동작(단속)에도 적합하며, 관성모멘트는 작아야 한다.

05 전기식 엘리베이터의 기계실 구조에 대한 설명으로 옳지 않은 것은?

① 기계실은 당해 건축물의 다른 부분과 내화구조 또는 방화구조로 구획하고, 기계실의 내장은 준불연재료 이상으로 마감되어야 한다.
② 기계실 크기는 설비, 특히 전기설비의 작업이 쉽고 안전하도록 충분하여야 한다.
③ 출입문은 폭 0.7m 이상, 높이 1.8m 이상의 금속제 문이어야 하며 기계실 외부로 완전히 열리는 구조이어야 한다.
④ 기계실에는 바닥면에서 100lx 이상을 비출 수 있는 영구적으로 설치된 전기조명이 있어야 한다.

> **해설** 기계실·기계류 공간 및 물리실에는 작업공간의 바닥면에서 200lx 이상을 밝히는 영구적으로 설치된 전기조명이 있어야 하며, 전원공급은 구동기에 공급되는 전원과는 독립적이어야 한다.

06 엘리베이터의 속도에 따른 분류 중 고속에 속하는 것은?

① 0.75~1m/s　　② 1~4m/s
③ 4~6m/s　　④ 6~8m/s

> **해설** 속도에 따른 분류 기준
>
> | 분류 | 속도 |
> |------|------|
> | 저속 | 0.75m/s 이하(45m/min 이하) |
> | 중속 | 1~4m/s(160~240m/min) |
> | 고속 | 4~6m/s(240~360m/min) |
> | 초고속 | 6m/s 이상(360m/min 이상) |

07 도어 안전장치에 관한 설명 중 옳지 않은 것은?

① 도어 클로저는 승강장 문의 개방에서 생기는 재해를 막기 위한 장치이다.
② 도어 스위치는 승강장 문이 닫혀있지 않으면 운전이 불가능하게 하는 장치이다.
③ 세이프티 슈는 카 도어의 끝단에 설치하여 이물체가 접촉되면 도어를 반전시키는 장치이다.
④ 도어 인터로크는 주행 중 카 도어가 열리지 않게 하는 장치이다.

> **해설** 도어 인터로크는 카가 정지하고 있지 않은 층에서는 전용열쇠를 사용하지 않으면 열리지 않도록 하는 장치이다.

08 권상능력 또는 승강시키는 전동기의 힘을 충분히 확보하기 위해 현수로프의 무게를 보상하는 수단이 사용될 경우 엘리베이터의 속도가 몇 m/s를 초과하는 경우에 튀어오름방지장치를 설치하여야 하는가?

① 3.0m/s

② 3.5m/s

③ 4.0m/s

④ 4.5m/s

> **해설** 정격속도가 3.5m/s를 초과하는 경우에는 추가로 튀어오름방지장치가 설치되어야 한다.

09 트랙션(Traction)식 승강기에서 로프의 미끄러짐을 방지하기 위하여 고려해야 할 사항이 아닌 것은?

① 카 측과 균형추 측의 로프에 걸리는 장력비(중량비)

② 카의 가속도와 감속도

③ 시브의 크기

④ 로프의 감기는 각도인 권부각

> **해설** 카 측과 균형추 측의 로프에 걸리는 장력비(중량비)가 일정해야 하며, 카의 가속도와 감속도가 클수록 미끄러지기 쉬우며, 로프가 감기는 각도인 권부각이 작을수록 미끄러지기 쉽다.

10 카 도어의 끝단에 설치되어 이물체가 접촉되면 도어의 힘을 중지하고 도어를 반전시키는 접촉식 보호장치는?

① 도어 인터로크

② 세이프티 슈

③ 광전장치

④ 초음파장치

> **해설** 세이프티 슈는 카 도어의 끝단에 설치하여 이물체가 접촉되면 도어를 반전시키는 장치이다.

11 엘리베이터 승강장 문의 유효출입구 폭은 카 출입구의 폭 이상으로 하되, 양쪽 측면 모두 카 출입구 측면의 폭보다 몇 mm를 초과하지 않아야 하는가?

① 20mm

② 30mm

③ 40mm

④ 50mm

> **해설** 승강장 문의 출입구 유효폭은 카 출입구 폭 이상으로 하되, 카 출입구 폭보다 50mm를 초과하지 않아야 한다.

12 엘리베이터의 추락방지안전장치(비상정지장치)에 대한 설명으로 틀린 것은?

① 카의 추락방지안전장치는 점차작동형이어야 한다. 또는 정격속도가 0.63m/s를 초과하지 않는 경우, 즉시작동형일 수 있다.

② 카, 균형추, 평형추에 여러 개의 추락방지안전장치가 설치된 경우에는 모두 즉시작동형이어야 한다.

③ 정격속도가 1m/s를 초과하는 경우, 균형추 또는 평형추의 추락방지안전장치는 점차작동형이어야 한다.

④ 정격속도가 1m/s 이하인 경우 균형추 또는 평형추의 추락방지안전장치는 즉시작동형으로 할 수 있다.

> **해설** 카, 균형추, 평형추에 여러 개의 추락방지안전장치가 설치된 경우에는 모두 점차작동형이어야 한다.

13 다음 중 간접식 유압엘리베이터의 특징으로 옳지 않은 것은?

① 실린더를 설치하기 위한 보호관이 필요하지 않다.

② 실린더 길이가 직접식에 비하여 짧다.

③ 추락방지안전장치가 필요하지 않다.

④ 실린더의 점검이 직접식에 비하여 쉽다.

> **해설** 간접식 엘리베이터 특징
> • 1 : 2, 1 : 4, 2 : 4 로핑방식이 있다.
> • 로프의 이완현상과 유체의 압축성으로 인한 바닥 침하가 발생한다.
> • 보호관이 없으므로 실린더의 점검이 쉽다.
> • 비상정지장치가 반드시 필요하다.

14 공칭속도가 0.65m/s인 무부하상태의 에스컬레이터 및 하강 방향으로 움직이는 제동부하상태의 에스컬레이터에 대한 정지거리는?

① 0.2m에서 1.0m 사이

② 0.3m에서 1.3m 사이

③ 0.4m에서 1.5m 사이

④ 0.5m에서 1.8m 사이

> **해설** 에스컬레이터의 정지거리
>
> | 공칭속도(v) | 정지거리 |
> |---|---|
> | 0.50m/s | 0.20m부터 1.00m까지 |
> | 0.65m/s | 0.30m부터 1.30m까지 |
> | 0.75m/s | 0.40m부터 1.50m까지 |

15 에스컬레이터의 안전장치에 해당하지 않는 것은?

① 스텝체인 안전스위치(step chain safety switch)

② 스프링(spring) 완충기

③ 인렛 스위치(inlet switch)

④ 스커트가드(skirt guard) 안전장치

> **해설** 스프링 완충기는 선형 특성을 갖는 에너지축적형 완충기로 스프링을 사용하여 주행의 종점에서 충격의 흡수를 위해 사용되는 제동수단이다.
> 참고로 스프링 완충기는 정격속도 60m/min 이하인 엘리베이터에 사용된다.

16 엘리베이터 기계실에 설비되어서는 안 되는 것은?

① 승강기 제어반　　② 환기설비

③ 옥탑 물탱크　　④ 과속조절기

> **해설** 기계실에는 소요설비 이외의 것이 없도록 유지되어 있어야 한다. 물탱크의 경우 기계실에 충분한 방수조치를 취한 후 기계실 위에 설치할 수 있다.

17 그림과 같은 동작곡선을 나타내는 추락방지안전장치 형식은?

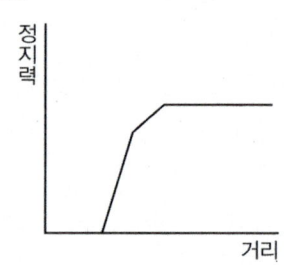

① 순차정지식　　② F.G.C형

③ F.W.C형　　④ 순간정지식

> **해설** 추락방지안전장치 그래프
> • 즉시작동형(순간정지식 비상정지장치) : 슬랙로프 세이프티
> • 점차작동형(점진적 비상정지장치) : 플렉시블 가이드 클램프(F.G.C), 플렉시블 웨지 클램프(F.W.C)
>
>

18 엘리베이터 승강장 문에 대한 설명으로 옳지 않은 것은?

① 승강장 문 잠금장치의 잠금부품은 문이 열리는 방향으로 200N의 힘을 가할 때 잠금효력이 감소되지 않는 방법으로 물려야 한다.

② 승강장 문의 유효출입구 높이는 2m 이상이어야 한다. 다만, 자동차용 엘리베이터는 제외한다.

③ 엘리베이터의 카로 출입할 수 있는 승강로 개구부에는 구멍이 없는 승강장 문이 설치되어야 한다.

④ 건축법령에서 방화등급이 요구되는 경우에는 관련 규정에 적합한 승강장 문이 설치되어야 한다.

> **해설** 승강장 문 잠금장치
> • 전기안전장치는 잠금부품이 7mm 이상 물려지기 전에는 카가 출발되지 않도록 해야 한다.
> • 잠금부품은 문이 열리는 방향으로 300N의 힘을 가할 때 잠금효력이 감소되지 않는 방법으로 물려야 한다.

19 기계실의 크기와 관련하여 작업구역에서 유효높이는 몇 m 이상이어야 하는가?

① 2.1m
② 2.5m
③ 3m
④ 3.5m

> **해설** 기계실 크기는 설비, 특히 전기설비의 작업이 쉽고 안전하도록 충분하여야 하며, 작업구역에서 유효높이는 2.1m 이상이어야 한다.

20 안전사고 방지의 기본원리 중 3E를 적용하는 단계는?

① 1단계
② 2단계
③ 3단계
④ 5단계

> **해설** 사고예방대책의 기본원리 5단계
> • 1단계 : 조직(안전관리조직)
> • 2단계 : 사실의 발견(현상파악)
> • 3단계 : 분석, 평가(원인규명)
> • 4단계 : 시정책의 선정
> • 5단계 : 시정책의 적용(3E 적용)

21 엘리베이터의 방호(안전)장치가 아닌 것은?

① 전동기
② 과속조절기
③ 완충기
④ 경보벨

> **해설** 방호장치는 과속조절기, 추락방지안전장치, 리밋스위치, 완충기, 승강장 문의 로크 및 스위치, 외부연락장치, 정전 시 조명장치, 파킹스위치 등이 있다. 전동기는 권상기가 구동할 수 있도록 동력을 전달하는 전기기기이다.

22 엘리베이터용 주로프는 일반 와이어로프에서 볼 수 없는 몇 가지 특징이 있다. 이에 해당하지 않는 것은?

① 반복적인 벤딩에 소선이 끊어지지 않을 것
② 유연성이 클 것
③ 파단강도가 높을 것
④ 마모에 견딜 수 있도록 탄소량을 많게 할 것

> **해설** 탄소량이 높으면 경도는 높아지나 인장력이 낮아서 유연성 및 파단강도가 나빠진다.

8 기출복원문제 개념

23 유압완충기 재료의 안전율은 완충기의 반경(R)과 길이(L)의 비(L/R)를 얼마 이하로 유지하여야 하는가?

① 80   ② 70

③ 60   ④ 50

> **해설**   유압완충기 재료의 안전율
> - 5(cm)당 20(%) 이상의 신율을 갖는 재료의 경우 : 3
> - 5(cm)당 15~20(%)의 신율을 갖는 재료의 경우 : $3\frac{1}{2}$
> - 5(cm)당 10~15(%)의 신율을 갖는 재료의 경우 : 4
> - 5(cm)당 10(%) 이하의 신율을 갖는 재료의 경우 : 5
>   단, 주철은 안전율 10이어야 한다.
> - 완충기의 반경과 길이의 비는 80 이하를 유지해야 한다.
> $L/R \leq 80$

24 소방구조용 엘리베이터는 소방관 접근 지정층에서 소방관이 조작하여 엘리베이터 문이 닫힌 후부터 몇 초 이내에 가장 먼 층에 도착되어야 하는가?

① 180   ② 120

③ 90   ④ 60

> **해설**   소방구조용 엘리베이터
> - 소방운전 시 모든 승강장의 출입구마다 정지할 수 있어야 한다.
> - 소방관 접근 지정층에서 소방관이 조작하여, 엘리베이터 문이 닫힌 이후부터 60초 이내에 가장 먼 층에 도착되어야 한다. 다만, 운행속도는 1m/s 이상이어야 한다.

25 에스컬레이터의 역회전방지장치가 아닌 것은?

① 구동체인 안전장치   ② 기계브레이크

③ 과속조절기   ④ 스커트 디플렉터

> **해설**   스커트 디플렉터(skirt deflector)는 에스컬레이터에서 스텝과 스커트 사이에 끼임의 위험을 최소화하기 위한 장치를 말한다.

26 전동기의 역률을 개선하기 위하여 사용되는 것은?

① 저항기

② 전력용 콘덴서

③ 직렬리액터

④ 트립코일

> **해설**
> ① 저항기 : 전류의 흐름을 방해하는 기능
> ③ 직렬리액터 : 전력용 콘덴서에서 발생되는 제5고조파를 제거하는 기능
> ④ 트립코일 : 차단기를 개로할 경우에 트립기구를 동작시키기 위한 코일

27 균형추의 중량을 결정하는 계산식은? (단, 여기서 L은 정격하중, F는 오버밸런스율)

① 균형추 중량=카 자체하중 × (L·F)

② 균형추 중량=카 자체하중 + (L·F)

③ 균형추 중량=카 자체하중 + (L−F)

④ 균형추 중량=카 자체하중 + (L+F)

> **해설**   균형추의 중량 = 카 자체하중 + (L·F)

28 카가 운행 중일 때 엘리베이터 카 문의 개방은 얼마 이상의 힘을 요구하는가?

① 30N   ② 50N

③ 70N   ④ 100N

> **해설**
> - 카가 운행 중일 때, 카 문의 개방은 50N 이상의 힘이 요구되어야 한다.
> - 카가 잠금해제구간 밖에 있을 때, 카 문은 1,000N의 힘으로 50mm 이상 열리지 않아야 하며, 자동동력 작동 상태에서도 문은 열리지 않아야 한다.

정답   23 ①   24 ④   25 ④   26 ②   27 ②   28 ②

29 엘리베이터에 사용되고 있는 스프링 완충기는 주로 어떤 기종에 사용되고 있는가?

① 정격속도가 1.0m/s 이하의 기종
② 정격속도가 1.0m/s 초과하는 기종
③ 정격속도가 1.6m/s 이하의 기종
④ 정격속도가 1.6m/s 초과하는 기종

> **해설** 에너지축적형인 비선형 특성의 우레탄식 완충기와 선형 특성의 스프링 완충기는 정격속도가 1.0m/s를 초과하지 않는 엘리베이터에 사용된다. 참고로 엘리베이터의 정격속도에 상관없이 사용할 수 있는 완충기는 에너지분산형인 유압완충기이다.

30 다음 중 기계실에서 행하는 검사가 아닌 것은?

① 치차의 및 베어링 검사
② 과속조절기의 작동상태 검사
③ 배전반 등 전원설비 검사
④ 오버헤드 간격 검사

> **해설** 기계실에서 행하는 검사로는 권상기, 전동기, 제동기, 수전반, 제어반, 기어 및 베어링 등이다.

31 다음 중 에스컬레이터 구동 전동기의 용량을 계산할 때 고려할 사항으로 거리가 먼 것은?

① 안전장치
② 속도
③ 경사각도
④ 기계효율

> **해설**
> $P = (MVS/6,120n) \times \sin\phi \, [\text{kW}]$
>
> ※ M : 정격적재량(kg), V : 정격속도(m/s), S : 1−A (A : 오버밸런스율), n : 종합효율, ϕ : 경사각도

32 연속되는 상·하 승강장 문의 문턱 간 거리가 몇 m를 초과한 경우 중간에 비상문 또는 서로 인접한 카에 비상구출문이 각각 있어야 하는가?

① 8
② 10
③ 11
④ 15

> **해설** 연속되는 상·하 승강장 문의 문턱 간 거리가 11m를 초과한 경우에는 다음 중 어느 하나의 조건에 적합해야 한다.
> • 중간에 비상문이 있어야 한다.
> • 서로 인접한 카에 비상구출문이 각각 있어야 한다.

33 에스컬레이터 스텝의 구성요소가 아닌 것은?

① 콤
② 클리트
③ 라이저
④ 디딤판

> **해설** 콤 : 디딤판의 홈에 꼭 들어맞는 이가 있는 부분으로 물체가 에스컬레이터의 내부장치 안으로 들어가는 것을 방지

34 장애인용 엘리베이터에 대한 설명으로 틀린 것은?

① 승강기의 전면에는 1.4m×1.4m 이상의 활동 공간이 확보되어야 한다.
② 승강장 바닥과 승강기 바닥의 틈은 0.03m를 초과하여야 한다.
③ 승강기 내부의 유효바닥면적은 폭 1.6m 이상, 깊이 1.35m 이상이어야 한다.
④ 신축한 건물이 아닌 경우 출입문의 통과 유효폭은 0.8m 이상으로 하여야 한다.

- 승강장 바닥과 승강기 바닥의 틈은 0.03m 이하이어야 한다.
- 호출버튼·조작반·통화장치 등 승강기의 안팎에 설치되는 모든 스위치의 높이는 바닥면으로부터 0.8m 이상 1.2m 이하의 위치에 설치되어야 한다. 다만, 스위치는 수가 많아 1.2m 이내에 설치되는 것이 곤란한 경우에는 1.4m 이하까지 완화될 수 있다.

35 다음은 승강기의 표시방법이다. 옳지 않은 것은?

"P15－CO120~15S"

① 승객용이다.
② 15인승이다.
③ 중앙개폐식 도어방식으로 120cm이다.
④ 정지층수는 15이다.

해설 승강기의 표시방법
- P : 승객용
- 15 : 인승
- CO : 중앙개폐(Center Open)
- 120 : 정격속도 120m/min
- 15S : 정지층수

36 유압 엘리베이터의 전동기 구동기간은?

① 상승 시에만 구동된다.
② 하강 시에만 구동된다.
③ 상승 시와 하강 시 모두 구동된다.
④ 부하의 조건에 따라 상승 시 또는 하강 시에 구동된다.

해설 유압 파워유닛에서 발생한 압력유를 유압잭의 실린더로 보내어 플런저를 밀어올려서 카를 상승시키고, 실린더 내의 기름을 탱크로 되돌려서 카를 하강시키는 엘리베이터로, 유압 파워유닛 구동 전동기는 상승 시에만 구동된다.

37 다음 중 에스컬레이터 디딤판체인 및 구동체인의 안전율로 알맞은 것은?

① 5 이상
② 7 이상
③ 8 이상
④ 10 이상

해설 에스컬레이터 안전율

에스컬레이터 부분	안전율
트러스 및 빔	5 이상
스텝(디딤판)체인 및 구동체인	10 이상
모든 구동부품(벨트식 계단 및 연결 부재 등)	5 이상

38 승객용 엘리베이터에서 주 전동기를 보호하는 과부하방지장치와 같은 역할을 하는 것은 유압식 엘리베이터의 밸브 중에서 어느 것인가?

① 체크밸브
② 릴리프밸브
③ 다운밸브
④ 스톱밸브

해설
- 체크밸브(역저지밸브) : 액체의 역류를 방지하기 위해 한쪽 방향으로만 흐르게 하는 밸브
- 압력 릴리프밸브 : 유압시스템 전체 혹은 시스템의 일부 압력을 제어하거나 조절하는 밸브로, 펌프와 체크밸브 사이에 배치하고 전 부하 압력의 140% 이하로 압력을 제한하도록 조정되는 밸브로서 압력이 과도하게 높아지는 것을 방지하는 밸브
- 스톱밸브 : 유압 파워유닛과 유압잭의 압력배관 도중에 설치되고 보수 점검 또는 수리를 할 때에 유압잭에서 불필요하게 작동유가 흘러나오는 것을 방지하는 장치

39 카 추락방지안전장치가 작동될 때, 무부하상태의 카바닥 또는 정격하중이 균일하게 분포된 부하상태의 카바닥은 정상적인 위치에서 몇 %를 초과하여 기울어지지 않아야 하는가?

① 3%
② 5%
③ 7%
④ 10%

40 엘리베이터의 매다는 장치(현수)의 안전율에 대한 설명으로 옳은 것은?

① 3가닥 이상의 6mm 이상 8mm 미만의 로프에 의해 구동되는 권상 구동 엘리베이터의 경우 매다는 장치의 안전율은 16 이상이어야 한다.
② 로프가 있는 드럼 구동 및 유압식 엘리베이터의 경우 매다는 장치의 안전율은 10 이상이어야 한다.
③ 3가닥 이상의 로프(벨트)에 의해 구동되는 권상 구동 엘리베이터의 경우 매다는 장치의 안전율은 10 이상이어야 한다.
④ 체인에 의해 구동되는 엘리베이터의 경우 매다는 장치의 안전율은 8 이상이어야 한다.

해설 매다는 장치(현수)의 안전율은 다음 구분에 따른 수치 이상이어야 한다.
• 3가닥 이상의 로프(벨트)에 의해 구동되는 권상 구동 엘리베이터의 경우 : 12
• 3가닥 이상의 6mm 이상 8mm 미만의 로프에 의해 구동되는 권상 구동 엘리베이터의 경우 : 16
• 2가닥 이상의 로프(벨트)에 의해 구동되는 권상 구동 엘리베이터의 경우 : 16
• 로프가 있는 드럼 구동 및 유압식 엘리베이터의 경우 : 12
• 체인에 의해 구동되는 엘리베이터의 경우 : 10

41 승강기의 방호장치에 대한 설명으로 틀린 것은?

① 용도에 구분 없이 모든 승강기는 도어 인터로크를 설치한다.
② 화물용 승강기는 수동운전 시 도어가 개방되었을 때도 운전이 가능하도록 한다.
③ 수동운전 시 업다운(up down) 버튼조작을 중지하면 자동적으로 정지하여야 한다.
④ 로프식 승강기는 반드시 승강로 상부에 2차 정지스위치를 설치할 필요가 있다.

해설 승강기의 승강장 및 도어 출입문이 개방되었을 경우 승강기는 운행되면 안 된다.

42 엘리베이터가 정격속도를 현저히 초과할 때 모터에 가해지는 전원을 차단하여 카를 정지시키는 장치는?

① 권상기 브레이크
② 주행안내 레일(guide rail)
③ 권상기 드라이버
④ 과속조절기(governor)

해설 과속조절기 : 기계적 과속제어기구로 엘리베이터에서는 구동로프의 움직임을 멈추고 지지하는 데에 쓰이는 와이어로프 구동방식의 원심장치

43 공칭속도가 0.65m/s인 경우 무부하 상승, 무부하 하강 및 부하 상태 하강에 대한 에스컬레이터 정지거리 범위는?

① 0.20m부터 1.00m까지
② 0.30m부터 1.30m까지
③ 0.40m부터 1.50m까지
④ 0.50m부터 1.70m까지

해설

공칭속도(v)	정지거리
0.50m/s	0.20m부터 1.00m까지
0.65m/s	0.30m부터 1.30m까지
0.75m/s	0.40m부터 1.50m까지

정답 40 ① 41 ② 42 ④ 43 ②

44 에스컬레이터 또는 무빙워크의 스커트가 스텝 및 팰릿 또는 벨트 측면에 위치한 곳에서 수평 틈새는 각 측면에서 몇 mm 이하이어야 하는가?

① 2
② 3
③ 4
④ 7

> **해설** 에스컬레이터 또는 무빙워크의 스커트가 디딤판 측면에 위치한 경우 수평 틈새는 각 측면에서 4mm 이하이어야 하고, 정확히 반대되는 두 지점의 양 측면에서 측정된 틈새의 합은 7mm 이하이어야 한다.

45 카 또는 균형추가 승강로 바닥에 충돌하였을 때 카 내의 사람이 안전하도록 충격을 완화시키는 장치는?

① 과속조절기
② 추락방지안전장치
③ 완충기
④ 리밋스위치

> **해설** 완충기는 카나 균형추가 어떤 원인으로 최하층을 통과하여 피트에 도달했을 때 카나 균형추에 충격을 완화시켜 주는 장치로, 선형 특성을 갖는 에너지축적형 완충기인 스프링 완충기는 정격속도 1m/s 이하인 경우에만 사용하며, 에너지분산형인 유압식 완충기는 정격속도와 상관없이 어떤 경우에도 사용될 수 있다.

46 과속조절기 도르래의 회전을 베벨 기어에 의해 수직축의 회전으로 변환하고, 이 축의 상부에서부터 링크기구에 의해 매달린 구형의 진자에 작용하는 원심력으로 추락방지안전장치를 작동시키는 과속조절기는?

① 마찰정지형
② 디스크형
③ 플라이볼형
④ 양방향형

> **해설** **과속조절기의 종류**
> ① 마찰정지(traction type)형 : 엘리베이터가 과속된 경우, 과속스위치가 이를 검출하여 동력전원 회로를 차단하고, 전자 브레이크를 작동시켜서 과속조절기 도르래의 회전을 정지시켜 과속조절기 도르래 홈과 로프 사이의 마찰력으로 비상정지시키는 과속조절기
> ② 디스크형 : 엘리베이터가 설정된 속도에 달하면 원심력에 의해 진자가 움직이고 가속스위치를 작동시켜서 정지시키는 과속조절기
> ③ 플라이볼(fly ball)형 : 과속조절기 도르래의 회전을 베벨 기어에 의해 수직축의 회전으로 변환하고, 이 축의 상부에서부터 링크기구에 의해 매달린 구형의 진자에 작용하는 원심력으로 추락방지안전장치를 작동시키는 과속조절기
> ④ 양방향 과속조절기 : 과속조절기의 캐치가 양방향(상·하) 추락방지안전장치를 작동시킬 수 있는 구조를 갖는 과속조절기

47 다음 중 엘리베이터에 사용되는 T형 가이드 레일에 해당되는 것은?

① 8K
② 10K
③ 15K
④ 25K

> **해설** 일반적으로 단면이 T자형인 엘리베이터용 레일이 이용되고 1m당 중량에 따라 8K, 13K, 18K, 24K, 30K, 37K, 50K 레일 등이 있다.

48 다음 중 에스컬레이터의 구동전동기(Motor) 용량 계산 시 고려하지 않아도 되는 것은?

① 속도
② 에스컬레이터의 종합효율
③ 승강장의 길이
④ 경사각도

> **해설**
> $$P = (MVS/6,120n) \times \sin\phi [\text{kW}]$$
> ※ M : 정격적재량(kg), V : 정격속도(m/s), S : 1−A (A : 오버밸런스율), n : 종합효율, ϕ : 경사각도

49 다음 중 일감의 평행도, 원통의 진원도, 회전체의 흔들림 정도 등을 측정할 때 사용하는 측정기기는?

① 버니어캘리퍼스
② 하이트게이지
③ 마이크로미터
④ 다이얼게이지

> **해설** 길이 측정기기 : 버니어캘리퍼스, 하이트게이지, 마이크로미터

50 어떤 교류전동기의 회전속도가 1,200rpm이라고 할 때 전원주파수를 10% 증가시키면 회전속도는 몇 [rpm]이 되는가?

① 1,080
② 1,200
③ 1,320
④ 1,440

> **해설** $N = (1-s) \times (120f/p)$
> 회전속도는 주파수에 비례하므로 1,200 × 1.1 = 1,320rpm

51 체인의 종류는 크게 전동용 체인과 하중용 체인으로 구분할 수 있다. 다음 중 전동용 체인의 종류에 속하지 않는 것은?

① 사일런트체인
② 코일체인
③ 롤러체인
④ 블록체인

> **해설** 체인의 종류
> • 전동용 체인 : 블록체인, 롤러체인, 사일런트 체인
> • 하중용 체인 : 링크체인, 코일체인

52 다음 그림과 같은 제어계의 전체 전달함수는? (단, $H(s)=1$)

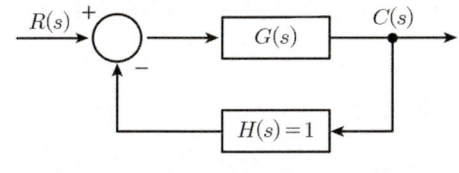

① $\dfrac{1}{G(s)}$
② $\dfrac{1}{1+G(s)}$
③ $\dfrac{G(s)}{1+G(s)}$
④ $\dfrac{G(s)}{1-G(s)}$

> **해설** $G(s)$ = 경로/(1-폐쇄)
> $= G(s)/(1-[G(s) \cdot H(s)]) = G(s)/(1+G(s))$

53 트랜지스터, IC 등의 반도체를 사용한 논리소자를 스위치로 이용하여 제어하는 시퀀스 제어방식은?

① 전자개폐 제어
② 유접점 제어
③ 무접점 제어
④ 과전류계전기 제어

> **해설** 무접점 논리계 : 반도체를 사용한 논리소자를 이용하는 방식

54 전압, 전류, 주파수, 회전속도 등 전기적, 기계적 양을 주로 제어하는 것으로서 응답속도가 대단히 빨라야 하는 것이 특징인 제어는?

① 프로세스 제어
② 서보기구
③ 자동조정
④ 프로그램 제어

> **해설**
> ① 자동조정 : 주로 전압, 전류, 회전속도, 회전력 등의 양을 자동제어하는 것
> ② 프로세스 제어 : 목푯값이 시간적으로 변하지 않고 일정한 제어
> ③ 서보기구 : 임의로 변화하는 제어
> ④ 프로그램 제어 : 목푯값의 변화가 미리 정해진 신호에 따라 동작

55 승강기의 카 프레임의 단면적 30cm²에 걸리는 무게가 2,400kgf이고 사용재료의 인장강도가 4,000 kgf/cm²일 때 안전율은 얼마인가?

① 16　　　　　② 50

③ 80　　　　　④ 133

> **해설**　허용응력 = 하중/단면적 = 2,400/30 = 80
> 안전율 = 인장강도/허용응력 = 4,000/80 = 50

56 어떤 물체의 영률(Youngs modulius)이 작다는 것은?

① 안전하다는 것이다.

② 불안전하다는 것이다.

③ 늘어나기 쉽다는 것이다.

④ 늘어나기 어렵다는 것이다.

> **해설**　영률은 물체에 주어진 압력을 알 때 그 물체의 변형 정도를 예측하는 데에 쓰이고 반대로도 쓰인다(변형력 = 영률 × 변형도). 따라서, 물체의 영률이 작다는 것은 늘어나기 쉽다는 것을 뜻한다.

57 120Ω의 저항 4개를 접속하여 얻을 수 있는 가장 작은 저항값은?

① 10Ω　　　　　② 20Ω

③ 30Ω　　　　　④ 40Ω

> **해설**　저항접속법에서 가장 작은 저항값을 구하려면, 병렬로 연결하면 된다. 따라서 동일한 저항 4개를 병렬접속하면 Rp = R/4 = 120/4 = 30Ω

58 다음 중 응력을 가장 크게 받는 것은? (단, 다음 그림은 기둥의 단면 모양이며, 가해지는 하중 및 힘의 방향은 같다)

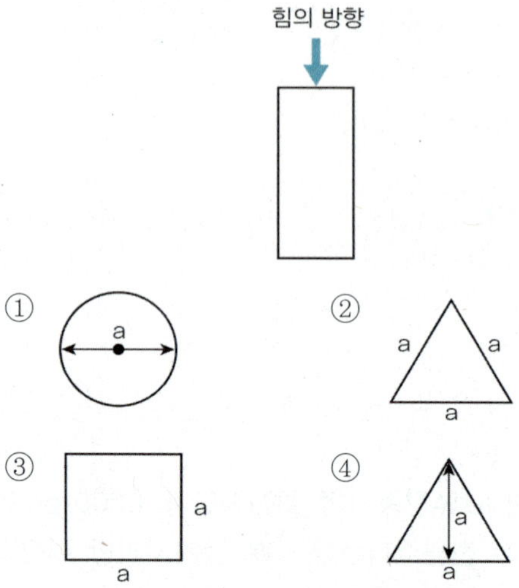

힘의 방향

①　　　　　②

③　　　　　④

> **해설**　힘의 방향은 위쪽, 3면의 상부 꼭지점에서 큰 힘이 가해지므로 응력이 가장 크게 받게 된다.

59 4극인 유도전동기의 동기속도가 1,800rpm일 때 전원 주파수는?

① 50Hz　　　　　② 60Hz

③ 70Hz　　　　　④ 80Hz

> **해설**　$N = 120f/P$
> $f = NP/120 = (4 \times 1,800)/120 = 60Hz$

60 베어링 수명을 옳게 설명한 것은?

① 베어링의 내륜, 외륜에 최초의 손상이 일어날 때까지의 마모각

② 베어링의 내륜, 외륜 또는 회전체에 최초의 손상이 일어날 때까지의 회전수나 시간

③ 베어링의 회전체에 최초의 손상이 일어날 때까지의 마모각

④ 베어링의 내륜, 외륜에 3회 이상의 손상이 일어날 때까지의 회전수나 시간

> **해설** 일반적으로 베어링의 수명은 내륜, 외륜 또는 회전체에 최초의 손상(플레이킹)이 발생할 때까지의 총회전수로 정의

2025년 제2회 기출복원문제

01 기계실이 있는 승강기에서 승강기에 대한 주요 부품 중 설치 위치가 다른 한 가지는?

① 균형추
② 이동케이블
③ 가이드 레일
④ 과속조절기

> **해설** 과속조절기는 기계실에 설치한다.

02 엘리베이터용 전동기를 선정할 때 고려해야 할 조건으로 옳지 않은 것은?

① 회전 부분의 관성 모멘트가 커야 한다.
② 기동 토크가 커야 한다.
③ 기동 전류가 작은 편이 좋다.
④ 온도 상승에 대해 충분히 견디어야 한다.

> **해설** 엘리베이터용 전동기는 잦은 기동과 정지를 반복하므로, 신속한 속도 변경을 위해 회전 부분의 관성 모멘트가 작아야 합니다.

03 카 및 승강장 문의 유효 출입구의 높이[m]는 얼마 이상이어야 하는가?

① 1.8
② 1.9
③ 2.0
④ 2.1

> **해설** 승강기의 카 및 승강장 문의 유효높이는 2m 이상(다만, 화물용 및 자동차용은 제외).
> 또한, 승강장 문의 유효 출입구 폭은 카 출입구의 폭 이상으로 하되, 양쪽 측면 모두 카 출입구 측면의 폭보다 50mm를 초과하지 않아야 한다.

04 엘리베이터의 속도제어 중 VVVF 제어방식의 특징으로 잘못 설명된 것은?

① 소비전력을 줄일 수 있고 보수가 용이하다.
② 저속의 승강기에만 적용 가능하다.
③ 유도전동기의 전압과 주파수를 변환시킨다.
④ 직류전동기와 동등한 제어 특성을 낼 수 있다.

> **해설** VVVF 제어(Variable Voltage Variable Frequency Control)
> 저속, 중속, 고속, 초고속 등 속도에 관계없이 광범위하게 속도제어에 사용되는 방식

05 추락방지안전장치 등의 작동을 위한 과속조절기는 정격속도의 몇 % 이상의 속도에서 작동되어야 하는가?

① 140
② 120
③ 115
④ 110

> **해설** 추락방지안전장치 등의 작동을 위한 과속조절기는 정격속도의 115% 이상의 속도 그리고 다음 같은 속도 이하에서 작동되어야 한다.
> - 롤러로 잡는 타입을 제외한 즉시작동형 추락방지안전장치 : 0.8m/s
> - 롤러로 잡는 타입의 추락방지안전장치 : 1m/s
> - 정격속도가 1m/s 이하의 엘리베이터에 사용되는 점차작동형 추락방지안전장치 : 1.5m/s
> - 정격속도가 1m/s를 초과하는 엘리베이터에 사용되는 점차작동형 추락방지안전장치 : $1.25v + \dfrac{0.25}{v}$ m/s

정답 01 ④ 02 ① 03 ③ 04 ② 05 ③

06 재해의 발생 순서로 옳은 것은?

① 이상상태 → 불안전 행동 및 상태 → 사고 → 재해

② 이상상태 → 사고 → 불안전 행동 및 상태 → 재해

③ 이상상태 → 재해 → 불안전 행동 및 상태 → 사고

④ 재해 → 이상상태 → 사고 → 불안전 행동 및 상태

> **해설** 안전사고 발생 과정
> • 미국의 안전전문가인 하인리히(H.w.Heinrich)의 도미노(Domino) 이론에 따르면 사고의 원인에서 발생에 이르는 과정의 각 요소는 상호 밀접한 관련을 가지고 일렬로 나란히 서기 때문에 한쪽에서 쓰러지게 되면 연쇄적으로 모두 쓰러지는 것과 같이 사고 발생은 선행요인에 의해서 일어나고 이들 요인이 겹쳐서 연쇄적으로 생기게 된다.
> • 사고의 원인에서 발생에 이르는 과정
> 사회적 환경 → 인간의 결함(이상상태) → 불안전한 행동 → 사고 → 재해

07 자동제어의 종류 중 피드백 제어에서 가장 중요한 장치는?

① 구동장치

② 응답속도를 빠르게 하는 장치

③ 안정도를 좋게 하는 장치

④ 입력과 출력을 비교하는 장치

> **해설** 피드백 제어(폐루프 제어)시스템
> 보다 정확하고 신뢰성 있는 제어를 하기 위해 제어시스템의 출력이 목푯값과 일치하는지를 항상 비교하고, 비교기에서 의 비교 결과가 일치하지 않을 때는 그 차(오차)에 비례하는 동작신호가 제어요소에 보내져서 그 오차를 수정하도록 하는 귀환경로를 가지고 있다.

08 비선형 특성을 갖는 에너지축적형 완충기가 카의 질량과 정격하중, 또는 균형추의 질량으로 정격속도의 115%의 속도로 완충기에 충돌할 때에 만족해야 하는 기준으로 틀린 것은?

① $2.5g_n$를 초과하는 감속도는 0.04초보다 길지 않아야 한다.

② 카 또는 균형추의 복귀속도는 1m/s 이하이어야 한다.

③ 작동 후에는 영구적인 변형이 없어야 한다.

④ 최대 피크 감속도는 $7.5g_n$ 이하이어야 한다.

> **해설** 비선형 특성을 갖는 에너지축적형 완충기는 카의 질량과 정격하중, 또는 균형추의 질량으로 정격속도의 115%의 속도로 완충기에 충돌할 때 다음 사항에 적합해야 한다.
> • 감속도는 $1g_n$ 이하이어야 한다.
> • $2.5g_n$를 초과하는 감속도는 0.04초보다 길지 않아야 한다.
> • 카 또는 균형추의 복귀속도는 1m/s 이하이어야 한다.
> • 작동 후에는 영구적인 변형이 없어야 한다.
> • 최대 피크 감속도는 $6g_n$ 이하이어야 한다.

09 승강로 최상층의 승강장 바닥면에서 승강로의 상부(기계실 바닥 슬래브 하부면)까지의 수직거리를 무엇이라고 하는가?

① 오버헤드

② 꼭대기 틈새

③ 주행 여유

④ 천장 여유

> **해설** 오버헤드는 최상 정지층의 승강장 바닥면에서 승강로의 상부까지의 수직거리
> ※ 꼭대기 틈새 : 카를 최상층에 정지시켜 놓은 상태에서 카의 상부와 승강로 천장부와의 수직거리

10 기어가 붙은 권상기에서 0.5m/s 미만의 승강기에 일반적으로 사용되는 로프 거는 방법은?

① 1 : 1 로핑

② 2 : 1 로핑

③ 3 : 1 로핑

④ 4 : 1 로핑

> **해설** 전동기의 회전을 감속시키기 위하여 기어를 부착한 것으로 로프장력은 부하 측 중력의 1/2로 되며, 부하 측의 속도가 로프속도의 1/2이 된다.
> 이 경우 2 : 1 로핑을 일반적으로 사용한다.

11 승강기 완성검사 시 전기식 엘리베이터의 카 문 문턱과 승강장 문 문턱 사이의 수평거리는 몇 [mm] 이하이어야 하는가?

① 35

② 45

③ 55

④ 65

> **해설** 카 문의 문턱(Sill)과 승강장 문의 문턱 사이의 수평거리는 35mm 이하

12 다음 중 에스컬레이터의 일반구조에 대한 설명으로 옳지 않은 것은?

① 일반적으로 경사도는 30° 이하로 하여야 한다.

② 핸드레일의 속도가 디딤바닥과 동일한 속도를 유지하도록 한다.

③ 디딤바닥의 정격속도는 0.5m/s 이상이어야 한다.

④ 물건이 에스컬레이터의 각 부분에 끼이거나 부딪치는 일이 없도록 안전한 구조이어야 한다.

> **해설**
>
> | 종류 | 경사도 | 속도 |
> |------|--------|------|
> | 에스컬레이터 | (1) 30° 이하[높이가 6m 이하이고 공칭속도가 30m/min(0.5m/s) 이하인 경우 : 경사도를 35°까지 가능]
(2) 현장 설치여건 등을 감안하여 최대 1°까지 초과 가능 | (1) 30° 이하인 에스컬레이터는 45m/min(0.75m/s) 이하
(2) 30°를 초과하고 35° 이하인 에스컬레이터는 30m/min(0.5m/s) 이하
(3) 공칭주파수 및 공칭전압에서 ±5%를 초과할 수 없음 |
> | 무빙워크 | 12° 이하 | 0.75m/s 이하 |

13 직류전동기의 속도제어방법이 아닌 것은?

① 저항제어

② 전압제어

③ 계자제어

④ 주파수제어

> **해설** 직류전동기의 속도제어방법
> • 전기자 전압제어법 : 전동기에 가해지는 인가전원 전압의 크기를 변화시키는 방법
> • 계자제어법 : 계자회로의 전류를 변화시켜서 속도를 제어하는 방법
> • 저항제어법 : 전기자회로의 전류를 변화시켜서 속도를 제어하는 방법

14 감전사고의 원인이 되는 것과 관계없는 것은?

① 기계기구의 빈번한 기동 및 정지

② 전기기계기구나 공구의 절연 파괴

③ 콘덴서의 방전코일이 없는 상태

④ 정전작업 시 접지가 없어 유도전압이 발생

> **해설**
> ① 기계기구의 빈번한 기동 및 정지는 감전사고와 무관
> ② 절연 파괴
> ③ 잔류 전하
> ④ 유도 전압은 모두 감전의 주요 원인

15 기계실을 승강로의 아래쪽에 설치하는 방식은?

① 정상부형 방식   ② 횡인 구동 방식
③ 베이스먼트 방식   ④ 사이드머신 방식

> **해설**
> • 정상부형 방식 : 기계실이 승강로 상부에 위치
> • 베이스먼트 방식 : 기계실이 승강로 하부에 위치
> • 사이드머신 방식 : 기계실이 승강로 측면에 위치

16 카의 문을 열고 닫는 도어 머신에서 성능상 요구되는 조건이 아닌 것은?

① 작동이 원활하고 정숙하여야 한다.
② 카 상부에 설치하기 위하여 소형이며, 가벼워야 한다.
③ 어떠한 경우라도 수동조작에 의하여 카 도어가 열려서는 안 된다.
④ 작동횟수가 승강기 기동횟수의 2배이므로 보수가 쉬워야 한다.

> **해설** 도어 머신의 성능상 요구되는 조건
> • 카 상부에 설치하므로 소형 경량일 것
> • 작동이 원활하고 정숙할 것
> • 작동횟수가 기동횟수의 2배이므로 보수가 용이할 것

17 다음 중 피트 내에서 행하는 검사가 아닌 것은?

① 카 및 균형추와 완충기의 거리
② 아랫부분 리밋스위치류의 설치상태
③ 이동케이블(Traveling cable)의 손상 염려 여부
④ 마그네틱 테이프 조정

> **해설** 피트 내에서 행하는 검사항목
> • 카 및 균형추와 완충기의 거리, 밑부분 리밋스위치류의 설치상태
> • 과속조절기 로프의 인장장치 및 기타의 텐션 장치
> • 이동케이블의 손상 여부
> • 보상로프(rope) 또는 보상체인(chain)이 사용되었을 때는 그 설치상태

18 산업재해 예방의 4원칙 중 "재해발생에는 반드시 원인이 있다."라는 원칙은?

① 대책선정의 원칙
② 원인계기의 원칙
③ 손실우연의 원칙
④ 예방가능의 원칙

> **해설** 사고(재해) 예방 4원칙
> • 예방가능의 원칙 : 발생되는 재해의 원인 중 천재를 제외한 모든 인재는 예방이 가능하다는 원칙
> • 손실우연의 법칙 : 재해의 양상은 손실로써 나타나며, 손실은 경제적 손실과 인적 손실이 있음
> • 원인계기의 원칙 : 재해가 발생하는 경우 사고와 원인과의 관계는 과학적으로 해명할 수 있고, 사고는 필연적인 원인이 있어서 생긴다는 것
> • 대책선정의 원칙 : 안전대책의 3E로서 기술적 대책, 교육적 대책, 규제적 대책이 모두 적용되어야 효과를 거둘 수 있다는 원칙

19 다음 논리회로의 출력값 E는?

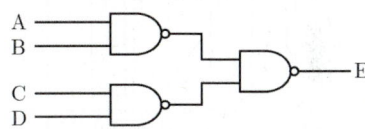

① $\overline{A \cdot B} + \overline{C \cdot D}$
② $(A \cdot B) + (C \cdot D)$
③ $A \cdot B \cdot C \cdot D$
④ $(A \cdot B) \cdot (C \cdot D)$

> **해설**
>
>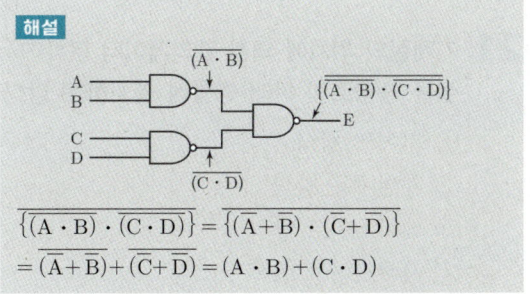
>
> $$\overline{\{\overline{(A \cdot B)} \cdot \overline{(C \cdot D)}\}} = \overline{\{\overline{(A+B)} \cdot \overline{(C+D)}\}}$$
> $$= \overline{\overline{(A+B)}} + \overline{\overline{(C+D)}} = (A \cdot B) + (C \cdot D)$$

20 측면 개폐방식 승강장 도어를 나타내는 기호는?

① SO
② 2S
③ CO
④ UP

> **해설**
> • 중앙 개폐(CO ; Center Open) : 가운데에서 양쪽으로 열리는 도어(승용), 2P−CO, 4P−CO
> • 측면 개폐(SO ; side Open) : 한쪽 끝에서 반대쪽으로 열리는 도어(화물용), 1P−SO, 2P−SO(2S), 3P−SO(3S)
> • 상승 개폐(Up Sliding) : 위 방향으로 열리는 도어(차량용, 주차/대형화물용), 1P−1U, 2P−2U, 3P−3U
> • 상하 개폐(Vertical Siding) : 위아래로 열리는 도어로, 승객용으로 사용하지 않음

중앙열기 (Center Open)	가로열기 (1S ; Side Open)
가로열기 (2S ; Side Open)	상하열기 (Vertical Sliding Type)

2P−CO	2P−2S	4P−CO
3P−3S	2P−2U	3P−3U

21 기계실의 위치에 의한 엘리베이터 분류에서 기계실을 승강로의 아래 방향에 설치하는 방식은?

① 기어드 방식
② 횡인구동 방식
③ 베이스먼트 방식
④ 사이드머신 방식

> **해설** 피트 내에서 행하는 검사항목
> • 사이드머신 타입(side machine type) : 승강로 상부 측면에 설치
> • 베이스먼트 타입(basement type) : 승강로 하부 측에 설치
> • 정상부 타입(over head machine type) : 정상부에 설치

22 승강기가 최하층을 통과했을 때 주전원을 차단시켜 승강기를 정지시키는 것은?

① 완충기
② 조속기
③ 비상정지장치
④ 파이널 리밋스위치

> **해설** 파이널 리밋스위치(final limit switch)
> • 리밋스위치 미작동에 대비하여 최상층 또는 최하층을 현저하게 지나치지 않도록 함
> • 최하층 종점스위치의 작동 : 카가 완충기에 접촉하기 전 작동

23 작업자의 안전을 위하여 작업을 중지시킬 수 있는 조건으로 볼 수 없는 것은?

① 퇴근시간이 경과하였을 때
② 우천, 강풍, 강설 등의 악천후일 때
③ 지상에서 작업원이 확실하게 보이지 않을 정도의 짙은 안개가 끼었을 때
④ 작업원이 감당하기 어려울 정도의 추위일 때

> **해설** 「산업안전보건기준에 관한 규칙」에서 작업자의 안전을 위하여 작업을 중지시킬 수 있는 조건
> • 사업주는 폭발이나 화재에 의한 산업재해 발생의 급박한 위험이 있는 경우에는 즉시 작업을 중지하고 근로자를 안전한 장소로 대피시킬 것
> • 비·눈 그 밖의 기상상태의 불안정으로 날씨가 몹시 나쁠 경우에는 그 작업을 중지시킬 것
> • 가스의 농도가 인화하한계 값의 25% 이상으로 밝혀진 경우에는 즉시 근로자를 안전한 장소에 대피시키고 화기나 그 밖에 점화원이 될 우려가 있는 기계·기구 등의 사용을 중지하며 통풍·환기 등을 할 것

24 엘리베이터 기계실에 관한 설명으로 틀린 것은?

① 출입문은 폭 0.7m 이상, 높이 1.8m 이상의 금속제 문이어야 하며, 기계실 외부로 완전히 열리는 구조이어야 한다.
② 작업구역에서 유효높이는 1m 이상이어야 한다.
③ 기계실에는 작업구역마다 적절한 위치에 설치된 1개 이상의 콘센트가 있어야 한다.
④ 당해 건축물의 다른 부분과 내화구조 또는 방화구조로 구획하고, 기계실의 내장은 준불연재료 이상으로 마감되어야 한다.

해설 기계실 크기는 설비, 특히 전기설비의 작업이 쉽고 안전하도록 충분하여야 하며, 작업구역에서 유효높이는 2.1m 이상이어야 한다.

25 권동식(확동구동식)과 비교하여 트랙션식(마찰구동식) 권상기의 특징에 대한 설명으로 옳지 않은 것은?

① 주로프의 미끄러짐이나 주로프 및 도르래에 마모가 거의 일어나지 않는다.
② 균형추를 사용하기 때문에 소요동력이 작아진다.
③ 와이어로프의 안전율이 확보되면 승강행정에는 제한이 없다.
④ 여러 가지 장점이 있어 저속에서 초고속까지 넓게 사용되고 있다.

해설 트랙션식은 마찰구동 방식으로서 주로프 및 도르래와의 마찰로 마모가 발생한다.

26 균형추의 중량을 결정하는 계산식은? (단, 여기서 L은 정격하중, F는 오버밸런스율이다)

① 균형추 중량=카 자체하중+(L×F)
② 균형추 중량=카 자체하중×(L×F)
③ 균형추 중량=카 자체하중+(L+F)
④ 균형추 중량=카 자체하중+(L−F)

해설 균형추의 무게 = [카의 자체하중 + (정격적재하중×오버밸런스율)]로 계산된다.

27 엘리베이터의 추락방지안전장치(비상정지장치)에 대한 설명으로 틀린 것은?

① 카의 추락방지안전장치는 점차작동형이어야 한다. 또는 정격속도가 0.63m/s를 초과하지 않는 경우, 즉시작동형일 수 있다.
② 카, 균형추, 평형추에 여러 개의 추락방지안전장치가 설치된 경우에는 모두 즉시작동형이어야 한다.
③ 정격속도가 1m/s를 초과하는 경우, 균형추 또는 평형추의 추락방지안전장치는 점차작동형이어야 한다.
④ 정격속도가 1m/s 이하인 경우 균형추 또는 평형추의 추락방지안전장치는 즉시작동형으로 할 수 있다.

해설 카, 균형추, 평형추에 여러 개의 추락방지안전장치가 설치된 경우에는 모두 점차작동형이어야 한다.

28 전기식 엘리베이터의 기계실 구조에 대한 설명으로 옳지 않은 것은?

① 기계실은 당해 건축물의 다른 부분과 내화구조 또는 방화구조로 구획하고, 기계실의 내장은 준불연재료 이상으로 마감되어야 한다.

② 기계실 크기는 설비, 특히 전기설비의 작업이 쉽고 안전하도록 충분하여야 한다.

③ 출입문은 폭 0.7m 이상, 높이 1.8m 이상의 금속제 문이어야 하며 기계실 외부로 완전히 열리는 구조이어야 한다.

④ 기계실에는 바닥면에서 100lx 이상을 비출 수 있는 영구적으로 설치된 전기조명이 있어야 한다.

> **해설** 기계실 작업공간의 바닥면 조도는 200lx 이상이어야 한다.

로핑	1 : 1	2 : 1	3 : 1	1 : 1
로프 걸기 방식	Single Wrap	Single Wrap	Single Wrap	권동식
주용도	중저속	화물용	대형 화물용	중저층, 주택용
그림	카 균형추	카 균형추	카 균형추	카 권동

로핑	2 : 1	2 : 1
로프 걸기 방식	double wrap	double wrap
주용도	고속에서 초고속	고속에서 초고속
그림	카 균형추	카 균형추

29 승강기의 주로프 로핑(Ropping) 방법에서 로프의 장력은 부하 측(카 및 균형추) 중력의 1/2로 되며, 부하 측의 속도가 로프 속도의 1/2이 되는 로핑 방법은 어느 것인가?

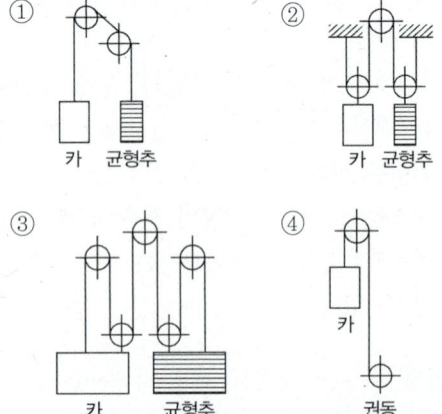

30 균형추 쪽에도 추락방지안전장치(비상정지장치)를 설치해야 하는 경우는?

① 정격속도가 360m/min 이상인 승객용 엘리베이터

② 정격속도가 400m/min 이상인 승객용 엘리베이터

③ 피트 바닥 하부를 거실 등으로 사용할 경우

④ 주행안내 레일의 길이가 짧은 경우

> **해설** 승강로 하부에 접근할 수 있는 공간이 있는 경우, 피트의 기초는 5,000N/m 이상의 부하가 걸리는 것으로 설계되어야 하고, 균형추 또는 평형추에 추락방지안전장치가 설치되어야 한다.

31 카 실(Cage)의 구조에 관한 설명 중 옳지 않은 것은?

① 구조상 경미한 부분을 제외하고는 불연재료를 사용하여야 한다.

② 카 천장에 비상구출구를 설치하여야 한다.

③ 승객용 카의 출입구에는 정전기 장애가 없도록 방전코일을 설치하여야 한다.

④ 승객용은 한 개의 카에 두 개의 출입구를 설치할 수 있는 경우도 있다.

> **해설** 방전코일은 고압용 전력설비의 개폐 시 발생하는 잔류전하를 방전시키기 위해 설치하는 장치이다.

32 레일에 녹 발생을 방지하고 카 이동 시 마찰저항을 최소화하기 위하여 설치하는 기름통의 위치는?

① 레일 상부

② 카 상부 프레임 중간

③ 중간 스토퍼

④ 카의 상하좌우

> **해설** 주행안내 레일(가이드 레일)에 발생하는 발청(녹)을 방지하기 위해 카의 위, 아래와 좌, 우측에 기름통을 위치하여 방청(녹 방지)과 윤활을 함

33 일반적으로 기계실이 있는 엘리베이터에서 기계실에 설치되는 부품은?

① 완충기

② 균형추

③ 과속조절기

④ 리밋스위치

> **해설** 과속조절기(조속기, Governor)
> • 카가 정격속도를 현저히 초과할 때 카의 속도를 검출하여 모터에 가해지는 전원을 차단하여 카를 정지시키는 장치
> • 종류 : 롤세이프티형(Roll Safety Type, GR형), 디스크형 (Disk Type, GD형), 플라이볼형(Fly Ball Type, GF형)

34 가장 먼저 누른 호출 버튼에 응답하고 운전이 완료될 때까지 다른 호출에 응답하지 않는 운전방식은?

① 승합 전자동식

② 단식 자동방식

③ 카 스위치 방식

④ 하강승합 전자동식

> **해설**
> • 무운전원 방식(전자동식) : 단식 자동운전, 승합 전자동식, 하강승합 자동방식
> • 운전원 방식 : 카 스위치 방식, 시그널 컨트롤 방식, 레코드 컨트롤 방식

35 에스컬레이터의 경사도가 30° 이하이고 층고가 6m이며 수평주행구간 디딤판의 수가 3개 이상인 경우에 디딤판의 속도는 몇 [m/s]인가?

① 0.25 　　　　② 0.5

③ 0.75 　　　　④ 1

> **해설**
> • 경사도가 30° 이하인 에스컬레이터는 0.75m/s 이하
> • 경사도가 30°를 초과하고 35° 이하인 에스컬레이터는 0.5m/s 이하
> • 에스컬레이터의 경사도는 30°를 초과하지 않아야 한다. 다만, 층고가 6m 이하이고, 공칭속도가 0.5m/s 이하인 경우에는 경사도를 35°까지 증가시킬 수 있다.

36 과속조절기(Governor)의 작동상태를 잘못 설명한 것은?

① 카가 하강 과속하는 경우에는 일정 속도를 초과하기 전에 과속조절기 스위치가 동작해야 한다.

② 과속조절기의 캐치는 일단 동작하고 난 후 자동으로 복귀되어서는 안 된다.

③ 과속조절기의 스위치는 작동 후 자동복귀된다.

④ 과속조절기 로프가 장력을 잃게 되면 전동기의 주회로를 차단시키는 경우도 있다.

정답 31 ③ 32 ④ 33 ③ 34 ② 35 ② 36 ③

해설 과속조절기(조속기) 스위치는 정격속도를 초과하 기 전에 캐치가 작동하게 되며, 일단 작동하면 자동으로 복귀되지 않는다.

37 군 관리방식에 대한 설명으로 틀린 것은?

① 특정 층의 혼잡 등을 자동적으로 판단한다.

② 카를 불필요한 동작 없이 합리적으로 운행·관리한다.

③ 교통 수요의 변화에 따라 카의 운전 내용을 변화시킨다.

④ 승강장 버튼의 부름에 대하여 항상 가장 가까운 카가 응답한다.

해설 복수 엘리베이터의 조작방식
군 관리방식(Supervisory Control)
• 군 관리방식(복수 엘리베이터 조작방식)
  – 3~8대의 엘리베이터가 병설될 때 합리적으로 운행·관리하는 방식
  – 특정층의 혼잡을 자동 판단하여 교통 수요의 변화에 따라 적절히 배치
• 군 관리방식의 장점
  – 승객의 대기시간이 단축
  – 대기시간이 항상 비슷함
  – 엘리베이터의 사용수명이 길어짐
  – 인건비가 절약됨

38 다음 그림과 같이 카와 균형추에 로프를 거는 방법은?

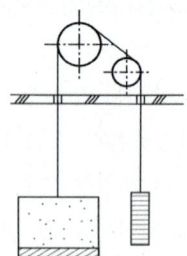

① 1 : 1 로핑　　② 2 : 1 로핑
③ 4 : 1 로핑　　④ 밀어 올리기식 로핑

해설

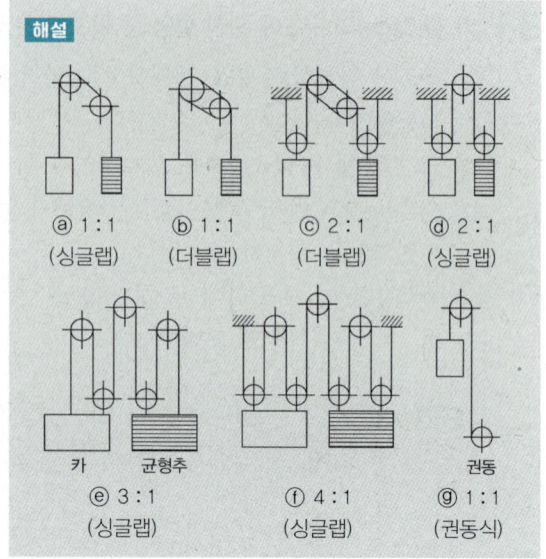

ⓐ 1:1 (싱글랩)　ⓑ 1:1 (더블랩)　ⓒ 2:1 (더블랩)　ⓓ 2:1 (싱글랩)

카　균형추
ⓔ 3:1 (싱글랩)　ⓕ 4:1 (싱글랩)　권동 ⓖ 1:1 (권동식)

39 유압식 엘리베이터에서 램(실린더) 또는 플런저의 직상부에 카를 설치하는 방식은?

① 직접식
② 간접식
③ 기어식
④ 팬타그래프식

해설
• 직접식 : 카 하부에 플런저를 직접 붙여 카를 움직이는 방식
• 간접식 : 와이어로프나 체인 등을 통해 플런저의 움직임을 간접적으로 카에 전달하는 방식
• 팬터그래프식 : 플런저에 의해 팬터그래프를 개폐하여 카를 승강시키는 방식

직접식	간접식	팬터그래프식
유압잭 피트 유압잭 보호관	카 로프 로프 실린더	카 실린더

40 엘리베이터의 카에서 비상시 작동하는 비상등은 몇 [lx] 이상이어야 하는가?

① 2 　　　　　　② 5
③ 10 　　　　　④ 20

41 3상 교류의 단속도 전동기에 전원을 공급하는 것으로 기동과 정속운전을 하고, 정지는 전원을 차단한 후 제동기에 의해 기계적으로 브레이크를 거는 제어방식은?

① 교류 일단 속도제어방식
② 교류 이단 속도제어방식
③ 교류 귀환 제어방식
④ 워드 레오나드 제어방식

해설　교류 엘리베이터 제어방식

속도제어 방법	특징	용도
교류 1단 속도제어	3상 유도전동기에 전원 투입으로 기동과 정속운전을 하고, 정지는 전원 차단 후 제동기에 의해 기계적으로 브레이크를 거는 방식	30m/min 이하 저속용
교류 2단 속도제어	2단 모터를 사용하여 기동과 주행은 고속권선, 감속은 저속권선으로 감속하는 방식	30~60m/min 화물용
교류 귀환제어	카의 실제 속도와 지령속도를 비교하여 사이리스터의 점호각을 바꿔 유도전동기의 속도를 제어하는 방식	45~105m/min
VVVF (가변전압 가변주파수 제어)	전동기에 인가되는 전압과 주파수를 동시에 변환시켜 직류전동기와 동등한 제어성능을 갖는 방식으로 소비전력이 절감	고속용

42 에스컬레이터 및 무빙워크(수평보행기)에 대한 설명으로 틀린 것은?

① 에스컬레이터의 경사도는 30°를 초과하지 않아야 한다.
② 높이가 6m 이하이고 공칭속도가 0.5m/s 이하인 엘리베이터의 경우에는 경사도를 35°까지 증가시킬 수 있다.
③ 무빙워크의 경사도는 15° 이하, 공칭속도는 0.75 m/s 이하이어야 한다.
④ 에스컬레이터 및 무빙워크의 공칭폭은 0.58m 이상, 1.1m 이하이어야 한다.

43 권상 도르래·풀리 또는 드럼의 피치직경과 로프(벨트)의 공칭직경 사이의 비율은 로프(벨트)의 가닥 수와 관계없이 얼마 이상이어야 하는가? (단, 주택용 엘리베이터는 제외한다)

① 36 　　　　　② 40
③ 46 　　　　　④ 50

44 기계실의 조명장치와 관련하여 다음 항목에 대한 조도 기준을 올바르게 나타낸 것은?

• 작업공간의 바닥면 : (㉠) 이상
• 작업공간 간 이동공간의 바닥면 : (㉡) 이상

① ㉠ 150lx, ㉡ 100lx
② ㉠ 150lx, ㉡ 50lx
③ ㉠ 200lx, ㉡ 100lx
④ ㉠ 200lx, ㉡ 50lx

8 기출복원문제 개년

45 와이어로프를 소선강도에 따라 분류했을 때 다음 설명 중 옳은 것은?

① E종은 1,470N/mm^{2}급 강도의 소선으로 구성된 로프이다.

② B종은 강도와 경도가 A종보다 낮아서 정격하중이 작은 엘리베이터에 주로 사용된다.

③ G종은 소선의 표면에 도금한 것으로 습기가 많은 장소에 사용하기에 적합하다.

④ A종은 다른 종류와 비교하여 탄소량을 적게 하고 경도를 낮춘 것으로 소선강도가 1,320N/mm^{2}급이다.

해설 로프를 소선의 파단하중에 따라 4종류로 구분
• E종 : E종 로프는 엘리베이터에서의 사용조건을 고려하여 제조한 것으로 주로 엘리베이터용으로 사용
• B종 : 강도, 경도가 A종보다 높아 엘리베이터에서는 거의 사용 안 한다.
• G종 : 도금한 종류로 불리며 소선의 표면에 아연도금을 실시한 로프, 녹이 발생하기 어려우므로 디습환경의 장소에 설치되는 경우 사용
• A종 : 1,620N/mm^{2}급의 강도를 가진 소선으로 구성된 로프로 파단 강도가 높으므로 초고층용 엘리베이터나 로프 본 수를 적게 하고 싶을 경우 등에 사용

46 레일은 5m 단위로 제조되는데 T형 주행안내 레일에서 13K, 18K, 24K, 30K를 바르게 설명한 것은?

① 주행안내 레일 형상
② 주행안내 레일 길이
③ 주행안내 레일 1m의 무게
④ 주행안내 레일 5m의 무게

해설 주행안내 레일의 규격 호칭은 길이 1m당 중량으로 표시

47 전자력 $F = BIl$[N]과 관계가 깊은 법칙은?

① 플레밍의 오른손 법칙
② 오른나사의 법칙
③ 렌츠의 법칙
④ 플레밍의 왼손 법칙

해설 플레밍 법칙

플레밍의 오른손 법칙	플레밍의 왼손 법칙
자기장 속에서 도체를 움직일 때 유도기전력 방향을 알고자 할 때 적용	자기장 속에서 도체에 전류를 흘려주었을 때 힘의 방향을 알고자 할 때 적용
발전기의 원리	전동기의 원리
• 운동 방향 : F[N] • 자계의 방향 : B[Wb/m^2] • 유도기전력 방향 : e[V]	• 전자력 방향 : F[N] • 자계의 방향 : B[Wb/m^2] • 전류의 방향 : I[A]

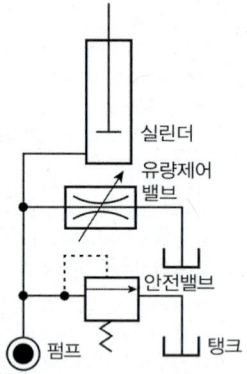

48 그림과 같은 유압회로의 설명이 아닌 것은?

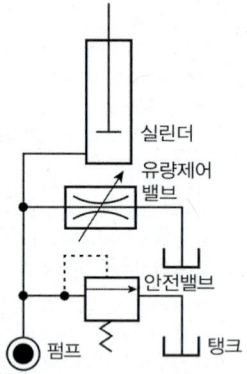

① 효율이 높다.
② 정확한 속도제어가 가능하다.
③ 블리드오프(Bleed Off) 회로이다.
④ 유량제어밸브를 주회로에서 분기된 바이패스 회로에 삽입한 회로이다.

유압 엘리베이터의 미터인 회로와 블리드오프 회로

미터인(Meter In)	블리드오프(Bleed Off)
유압 엘리베이터의 주요 배관상에 유량제어밸브를 설치하여 유량을 직접 제어하는 회로로서 비교적 정확한 속도제어가 가능	유량제어밸브가 주회로에서 분기된 바이패스(Bypass)회로에 삽입한 것으로 정확한 속도제어가 곤란
유량제어밸브를 실린더의 입구 측에 설치하여 유량을 제어하는 방식	유량제어밸브를 실린더와 병렬로 설치하여 실린더의 입구 측에서 발생한 불필요한 압유를 배출시켜 작동효율을 증진시킨 회로
효율이 낮음	효율이 비교적 높음

50 블리드오프 유압회로 방식의 특징이 아닌 것은?

① 카의 기동 시 유량조정이 어렵다.
② 상승운전 시의 효율이 높다.
③ 작동유의 온도(점도) 변화 및 압력 변화 등의 영향을 받기 쉽다.
④ 기동·정지 시 효과가 적다.

해설 블리드오프 회로 : 유량제어밸브를 주회로에서 분기된 바이패스(By-Pass) 회로에 삽입한 방식
• 정확한 속도제어가 어렵다.
• 고효율
• 기동·정지 시 쇼크가 작다.
• 작동유 온도, 압력의 변화에 영향을 받기 쉽다.

51 간접식 유압엘리베이터의 특징이 아닌 것은?

① 실린더를 설치하기 위한 보호관이 필요하지 않다.
② 실린더 점검이 용이하다.
③ 비상정지장치가 필요하다.
④ 로프의 늘어짐과 작동유의 압축성 때문에 부하에 의한 카 바닥의 빠짐이 비교적 작다.

해설 유압엘리베이터의 특징

직접식	간접식
부하에 의한 카 바닥의 빠짐이 작다.	로프의 늘어짐과 작동유의 점성 때문에 부하에 의한 카 바닥의 빠짐이 비교적 크다.
추락방지안전장치가 필요하지 않다.	추락방지안전장치가 필요하다.
실린더를 설치하기 위한 보호관을 땅속에 설치하여야 하므로 실린더의 점검이 곤란하다.	승강로가 실린더를 수용할 만큼 커진다.

49 에스컬레이터의 경사도가 30° 이하일 경우에 공칭속도는?

① 0.75m/s 이하
② 0.80m/s 이하
③ 0.85m/s 이하
④ 0.90m/s 이하

해설
• 경사도가 30° 이하인 에스컬레이터는 0.75m/s 이하
• 경사도가 30° 초과하고 35° 이하인 에스컬레이터는 0.5m/s 이하

52 와이어로프의 꼬임 방향에 의한 분류로 옳은 것은?

① Z꼬임, S꼬임

② Z꼬임, T꼬임

③ S꼬임, T꼬임

④ H꼬임, T꼬임

> **해설** 와이어로프의 꼬임의 종류
> • 꼬임의 방향에 따라
> – Z꼬임 : 오른 꼬임
> – S꼬임 : 왼 꼬임
> • 가닥과 로프의 꼬임 방향에 따라
> – 보통 꼬임 : 가닥과 로프의 꼬임 방향이 반대이다.
> – 랭 꼬임 : 가닥과 로프의 꼬임 방향이 같다.
>
>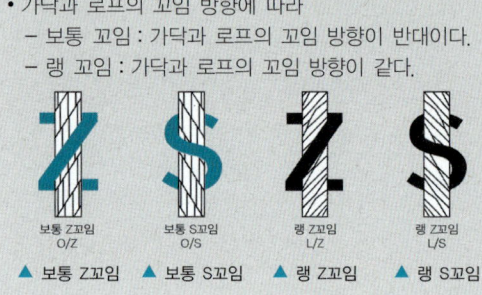
>
> | 보통 Z꼬임 O/Z | 보통 S꼬임 O/S | 랭 Z꼬임 L/Z | 랭 S꼬임 L/S |
> | ▲ 보통 Z꼬임 | ▲ 보통 S꼬임 | ▲ 랭 Z꼬임 | ▲ 랭 S꼬임 |

53 카가 어떤 원인으로 최하층을 통과하여 피트에 도달했을 때 카에 충격을 완화시켜 주는 장치는?

① 완충기

② 비상정지장치

③ 조속기

④ 리밋스위치

> **해설** 완충기 : 카나 균형추가 어떤 원인으로 최하층을 지나 피트로 추락할 때 충격을 완화시켜 주는 장치

54 중앙 개폐방식 승강장 도어를 나타내는 기호는?

① 2S   ② UP

③ CO   ④ SO

> **해설**
>
> | 도어 방식 | 도어 종류 | 용도 |
> |---|---|---|
> | 가로 열기 | 1S, 2S, 3S | 화물용 및 병원(침대용) 엘리베이터 |
> | 중앙 열기 | 2CO, 4CO | 승용 엘리베이터 |
> | 상하 열기 | 외짝문, 2짝문 | 자동차용, 대형화물전용 엘리베이터 |
> | 스윙식 | 외짝식, 2짝식 | |
>
> (숫자는 문짝의 수, S는 가로열기, CO는 중앙열기방식)

55 직접식 유압엘리베이터의 장점이 되는 항목은?

① 실린더를 보호하기 위한 보호관을 설치할 필요가 없다.

② 승강로의 소요평면 치수가 크다.

③ 부하에 의한 카 바닥의 빠짐이 크다.

④ 비상정지장치가 필요하지 않다.

> **해설** 직접식과 간접식의 비교
>
> | 직접식 | 간접식 |
> |---|---|
> | 추락방지안전장치(비상정지장치)가 필요 없다. | 추락방지안전장치(비상정지장치)가 필요하다. |
> | 승강로의 크기가 작고 구조가 간단하다. | 승강로가 실린더를 수용할 만큼 커진다. |
> | 실린더를 설치하기 위한 보호관을 땅속에 설치하여야 하므로 실린더의 점검이 곤란하다. | 실린더 보호관이 필요 없어 점검이 용이하다. |
> | 부하에 의한 카 바닥의 빠짐이 작다. | 로프의 늘어짐과 작동유의 점성 때문에 부하에 의한 카 바닥의 빠짐이 비교적 크다. |

56 엘리베이터에 사용되는 T형 가이드 레일(Guide Rail)의 단위표시는?

① 레일의 높이로 표시한다.

② 레일 한 본의 무게(kg)로 표시한다.

③ 레일 1미터당 무게(kg)로 표시한다.

④ 레일 5미터당 무게(kg)로 표시한다.

일반적으로 단면이 T자형인 엘리베이터용 레일이 이용되고, 1m당 중량에 따라 8K, 13K, 18K, 24K, 30K, 37K, 50K 레일 등이 있다.

57 카의 상승과속방지장치에 대한 설명으로 틀린 것은?

① 상승과속방지장치를 작동하기 위해 외부 에너지가 필요할 경우, 외부 에너지가 공급되지 않으면 엘리베이터는 정지 및 그 상태를 유지해야 한다(압축 스프링 방식 제외).

② 상승과속방지장치의 복귀를 위해서는 작업자가 승강로에 들어가서 직접 작업하도록 해야 한다.

③ 상승과속방지장치가 작동하고 복귀 후 엘리베이터가 정상 운행되기 위해서는 전문가(유지관리업자 등)의 개입이 요구되어야 한다.

④ 상승과속방지장치는 빈칸의 감속도가 정지단계 동안 1g(중력가속도) 초과하는 것을 허용하지 않아야 한다.

해설
• 속도 감지 및 감속 부품으로 구성되어 있으며 카의 상승과속을 감지하여 카를 정지시키거나 균형추 완충기에 대해 설계된 속도로 감속시키는 장치
• 이 장치의 복귀는 승강로에 접근을 요구하지 않아야 하고 복귀 후에 작동하기 위한 상태가 되어야 한다.

58 단수(1대) 엘리베이터의 조작 방식과 관계가 없는 것은?

① 단식 자동식
② 하강승합 전자동식
③ 군 승합 자동식
④ 승합 전자동식

해설
① 단식 자동식(single automalic type)
 • 승강장의 버튼은 오름·내림 공용임
 • 먼저 눌러진 호출에 응답하고, 운행 중에는 다른 호출에 응하지 않는 방식
 • 용도 : 자동차용, 화물용
② 하강승합 전자동식(down collective automatic type)
 • 2층 이상의 승강장에는 내림 방향의 버튼만 있음
 • 중간층에서 위 방향으로 갈 때는 1층까지 내려와서 올라가야만 하는 방식
 • 용도 : 사생활침해 방범용
③ 군 승합 자동식
 • 2~3대의 엘리베이터가 병설되었을 때 주로 사용
 • 1대의 승강장 부름에 1대의 카만 응답(불필요한 운전을 줄임)
④ 승합 전자동식
 • 누름 버튼이 상하 2개 있고 동시에 기억시킬 수 있다.
 • 카 진행 방향의 누름 버튼과 승강장의 누름 버튼에 응답하면서 오르내린다.

59 에스컬레이터와 층 바닥이 교차하는 곳에 손이나 머리가 끼거나 충돌하는 것을 방지하기 위한 안전장치는?

① 셔터운동 안전장치
② 스커트가드 안전장치
③ 스텝체인 안전장치
④ 안전보호판

해설 난간부와 교차하는 건축물 천장부 또는 측면부 등과의 사이에 생기는 3각부에 사람의 머리 등 신체의 일부가 끼이는 것을 방지하기 위해 설치한다.

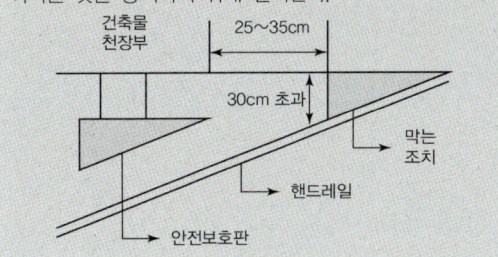

60 승강로의 일반적인 구조에 관한 설명으로 틀린 것은?

① 승강로 내에는 각 층을 나타내는 표기가 있어야 한다.

② 승강로 내에 설치되는 돌출물은 안전상 지장이 없어야 한다.

③ 엘리베이터의 균형추 또는 평형추는 카와 동일한 승강로에 있어야 한다.

④ 밀폐식 승강로에는 어떠한 환기구나 통풍구가 있어서는 안 된다.

> **해설** 승강로는 구멍이 없는 벽, 바닥 및 천장으로 완전히 둘러싸인 구조이어야 한다. 다만, 다음과 같은 개구부는 허용된다.
> • 승강장 문을 설치하기 위한 개구부
> • 승강로의 비상문 및 점검문을 설치하기 위한 개구부
> • 화재 시 가스 및 연기의 배출을 위한 통풍구
> • 환기구
> • 엘리베이터 운행을 위해 필요한 기계실 또는 풀리실과 승강로 사이의 개구부

Ⅱ

승강기기능사 실기

작업형 실기시험

CHAPTER 01 작업형 실기시험 개요

CHAPTER 02 와이어로프 끝부분 처리작업

CHAPTER 03 승강기 운전 제어회로 구성

CHAPTER 04 작업형 복원문제

CHAPTER

01

작업형 실기시험 개요

Craftsman Elevator

※ **자격종목** : 승강기기능사
※ **과제명** : 와이어로프 끝부분 처리작업 및 승강기 운전 제어회로 구성
※ **시험 시간** : 3시간 30분

(1) 요구사항(매 회차마다 동일)

※ 지급된 재료와 시험장 시설을 사용하여 제한 시간 내에 주어진 과제를 완성합니다.

① 작업순서는 와이어로프 끝부분 처리작업 → 승강기운전 제어회로 순으로 진행

② 와이어로프 끝부분 처리작업

※ 도면을 참조하여 와이어로프를 로프 소켓 안에 고정합니다.

㉠ 와이어로프의 구부러진 부위가 로프 소켓의 입구(끝)보다 약간 튀어나오게 합니다.

㉡ 와이어로프의 꼬임이 도면과 같이 국화꽃 모양으로 작업합니다.

㉢ 와이어로프의 꼬임이 풀리지 않도록 바인드선을 도면과 같이 감아줍니다.

㉣ 와이어로프를 꼬아서 완전히 소켓에 잡아넣었을 때 끝부분이 소켓 양옆의 개방된 곳보다 5mm 이상 10mm 이하가 되도록 끼워줍니다.

㉤ 와이어로프 끝부분을 손으로 잡고, 고무 또는 나무망치로 와이어소켓 머리 부분을 두들겨 더 이상 들어가지 않도록 고정해줍니다.(단, 고무 또는 나무망치 이외의 <u>금속류 공구 사용을 금지</u>)

㉥ 견출지에 비번호를 기록하여 와이어로프의 나머지 중단 부분에 스카치테이프로 부착

㉦ 와이어로프의 나머지 끝부분은 풀어지지 않도록 비닐 테이프로 감아서 처리

③ 승강기 운전 제어회로 구성

※ 지급된 재료를 사용하여 도면의 동작 사항에 맞게 승강기 제어회로를 작업합니다.

㉠ 기구는 기구 배치도와 같이 균형 있게 배치하고 흔들림이 없도록 고정

㉡ 소켓(베이스)에 채점용 기기가 들어갈 수 있도록 합니다.

㉢ 도면상의 MCCB는 생략하고 작업합니다.

㉣ 배선은 미관을 고려하여 전면에 노출 배선(수평, 수직)하고 전선의 꼬임, 흐트러짐 등이 없도록 케이블타이를 이용하여 균형 있게 합니다.(단, 제어판 배선 시 <u>기구와 기구 사이의 배선을 금지합니다.</u>)

㉤ 주회로 전선은 $2.5mm^2$(7/0.67) 적색선, 보조회로는 $1.5mm^2$(1/1.38) 청색선을 사용하여 작업합니다.

㉥ 주회로 전선은 압착단자 및 절연튜브를 사용하여 단자에 결선합니다.

Ⓐ 보조회로 전선은 압착단자 및 절연튜브 없이 피복을 제거한 나선을 직접 단자에 결선합니다. 피복이 제거된 나선이 2mm 이상 보이지 않고, 피복이 단자에 물리지 않도록 나사를 견고하게 조입니다. (단, 한 단자에 전선 3가닥 이상 접속하는 것을 금지합니다.)

Ⓞ 푸시버튼스위치, 램프의 색상은 다음 기준으로 작업합니다.

※ 스위치 및 램프의 구성은 과제마다 다를 수 있습니다.

기구	색상	재료명
PB0	녹색	푸시버튼스위치
PB1	적색	푸시버튼스위치
PB2	적색	푸시버튼스위치
GL	녹색	램프
RL	적색	램프
YL	황색	램프

Ⓩ 전원 측 전선은 약 100mm 정도 인출하고 피복은 전선 끝에서 약 10mm 정도 벗겨 놓습니다.

(2) 수험자 유의사항(매 회차마다 동일함)

① 시험 시작 전 지급된 재료의 이상 유무를 확인하고 이상이 있을 때에는 감독위원의 승인을 얻어 교환할 수 있습니다. (단, 시험 시작 후 파손된 재료는 수험자 부주의에 의해 파손된 것으로 간주되어 추가로 지급받지 못합니다.)

② 전자접촉기, 타이머, 릴레이 등은 동작시험(채점) 시에 사용하므로 수험자는 전원을 투입하여 시험할 수 없으며, 회로시험기(멀티테스터), 벨시험기로만 배선점검이 가능합니다.

③ 전자접촉기, 타이머, 릴레이 등의 소켓(베이스)의 방향은 부품 내부 결선도 및 구성도를 참고하여 홈이 아래로 향하도록 배치하고, 소켓 번호에 유의하여 작업합니다.

※ 기구의 내부 결선도 및 구성도와 지급된 채점용 기기 및 소켓(베이스)이 상이할 경우 감독위원의 지시에 따라 작업합니다.

④ 8P 소켓을 사용하는 기구(타이머, 릴레이, 플리커릴레이 등)는 기구의 구분 없이 지급된 8P 소켓(베이스)을 적용하여 작업합니다.(각 기구에 해당하는 소켓을 고려하지 않고 모두 동일하게 적용합니다.)

⑤ 도면상의 전원(L1 L2 L3) 및 부하(U V W, X Y Z, U1 V1 W1, U2 V2 W2)는 단자대로 대체하여 작업합니다.

⑥ 특별히 지정한 것 이외에는 일반 작업방식에 의하되 외관이 보기 좋아야 하며 안전성이 있어야 합니다.

⑦ 시험 중 수험자는 반드시 안전 수칙을 준수해야 하며, 작업 복장 상태, 안전 사항 등이 채점대상이 됩니다.

⑧ 다음 사항은 실격에 해당하여 채점 대상에서 제외됩니다.

ⓐ 과제 진행 중 수험자 스스로 작업에 대한 포기 의사를 표현한 경우

ⓑ 실기시험 과정 중 1개 과정이라도 불참한 경우

ⓒ 지급재료 이외의 재료를 사용한 작품

ⓔ 시험 중 시설·장비의 조작 또는 재료의 취급이 미숙하여 위해를 일으킬 것으로 감독위원 전원이 합의하여 판단한 경우

ⓜ 기능이 해당 등급 수준에 전혀 도달하지 못한 것으로 감독위원 전원이 합의하여 판단한 경우

ⓗ 시험 관련 부정에 해당하는 장비(기기)·재료 등을 사용하는 것으로 감독위원 전원이 합의하여 판단한 경우(시험 전 사전 준비작업 및 범용 공구가 아닌 시험에 최적화된 공구는 사용할 수 없음)

ⓢ 지급재료 이외의 재료를 사용한 작품

ⓞ 시험 중 시설·장비의 조작 또는 재료의 취급이 미숙하여 위해를 일으킬 것으로 감독위원 전원이 합의하여 판단한 경우

ⓩ 기능이 해당 등급 수준에 전혀 도달하지 못한 것으로 감독위원 전원이 합의하여 판단한 경우

ⓒ 시험 관련 부정에 해당하는 장비(기기)·재료 등을 사용하는 것으로 감독위원 전원이 합의하여 판단한 경우(시험 전 사전준비작업 및 범용 공구가 아닌 시험에 최적화된 공구는 사용할 수 없음)

⑧ 시험 시간 내에 제출된 작품이라도 다음과 같은 경우

ⓐ 와이어로프 끝부분 처리작업
- 와이어로프의 꼬임이 국화꽃 모양이 아닌 경우(1/3 이상 모양이 같지 않은 경우)
- 와이어로프의 절단, 양쪽 꼬임작업 등 지정된 작업 이외에 형태를 변형시킨 경우
- 소켓 작업을 하지 않은 경우
- 바인드 작업을 하지 않은 경우

ⓑ 승강기 운전 제어회로 구성
- 제출된 과제가 도면 및 배치도, 부품의 방향, 결선 상태 및 색상 등이 상이한 경우(전자접촉기, 타이머, 릴레이 등과 푸시버튼스위치 및 램프의 색상 등)
- 주회로 및 보조회로 배선의 전선 굵기 및 색상이 요구사항과 상이한 경우
- 제어판 내의 배선상태나 기구 간격 불량으로 동작 확인이 불가한 경우
- 컨트롤박스 커버 등이 조립되지 않아 내부가 보이는 경우
- 제어판 내의 배선 시 기구와 기구 사이로 수직 배선한 경우
- 한 단자에 3가닥 이상 배선이 접속된 경우
- 작품의 외형상 전선의 흐트러짐, 기구 배치 및 고정, 킹크, 연결 상태 등이 미흡한 작품
- 시퀀스 도면의 동작사항과 불일치되는 경우

⑨ 시험 종료 후 완성작품에 한해서만 작동 여부를 감독위원으로부터 확인받을 수 있습니다.

(3) 도면(실기시험 회차마다 상이함)

① 와이어로프 끝부분 처리작업(매 회차마다 동일함)

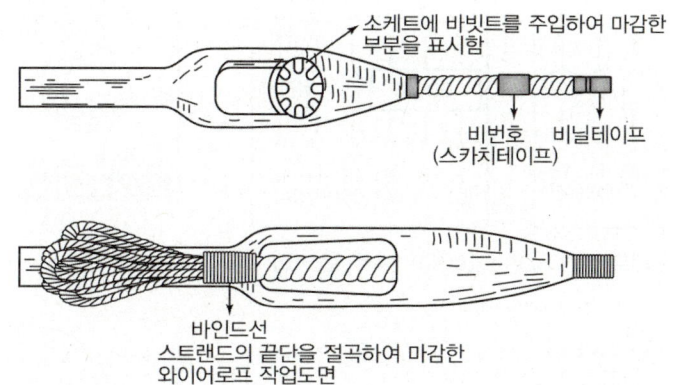

소케트에 바빗트를 주입하여 마감한
부분을 표시함

비번호   비닐테이프
(스카치테이프)

바인드선
스트랜드의 끝단을 절곡하여 마감한
와이어로프 작업도면

② 기구 배치도(매 회차마다 상이함)

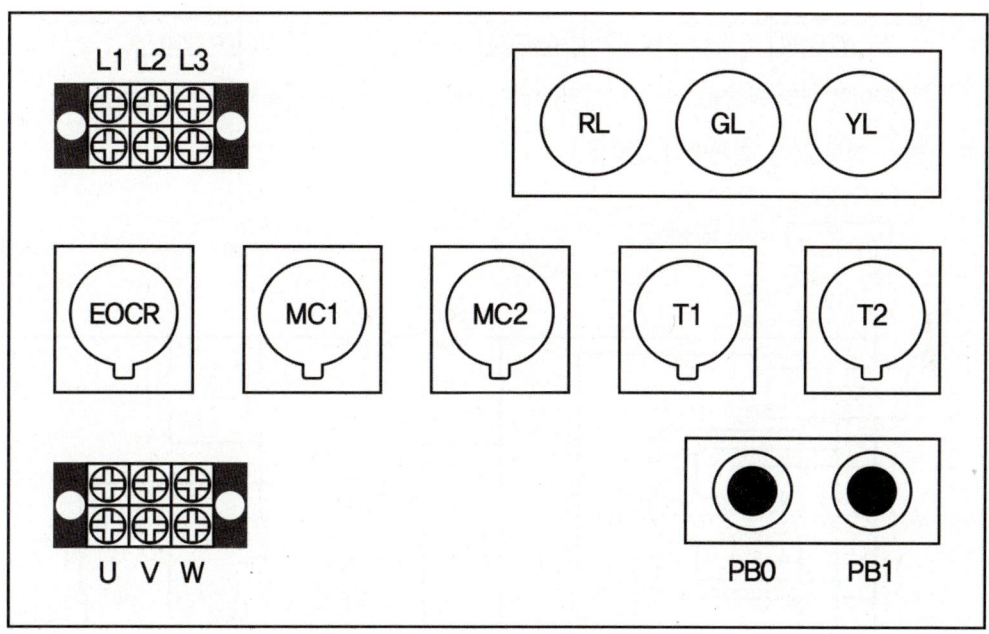

③ 기구의 내부 결선도 및 구성도(매 회차마다 동일함)

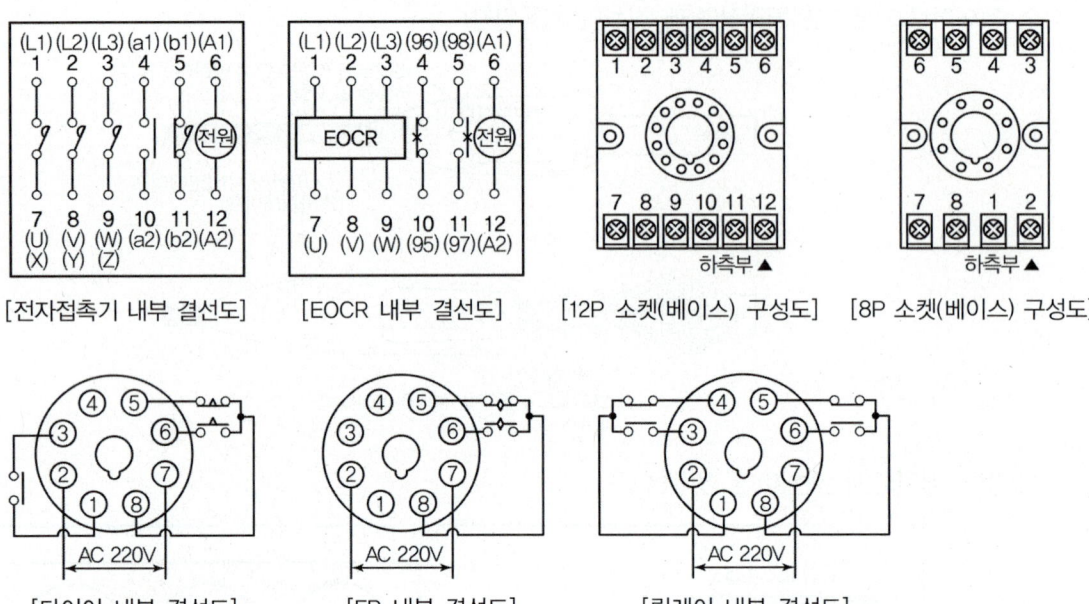

[전자접촉기 내부 결선도]　　[EOCR 내부 결선도]　　[12P 소켓(베이스) 구성도]　　[8P 소켓(베이스) 구성도]

[타이머 내부 결선도]　　　[FR 내부 결선도]　　　[릴레이 내부 결선도]

④ 시퀀스 회로도(매 회차마다 상이함)

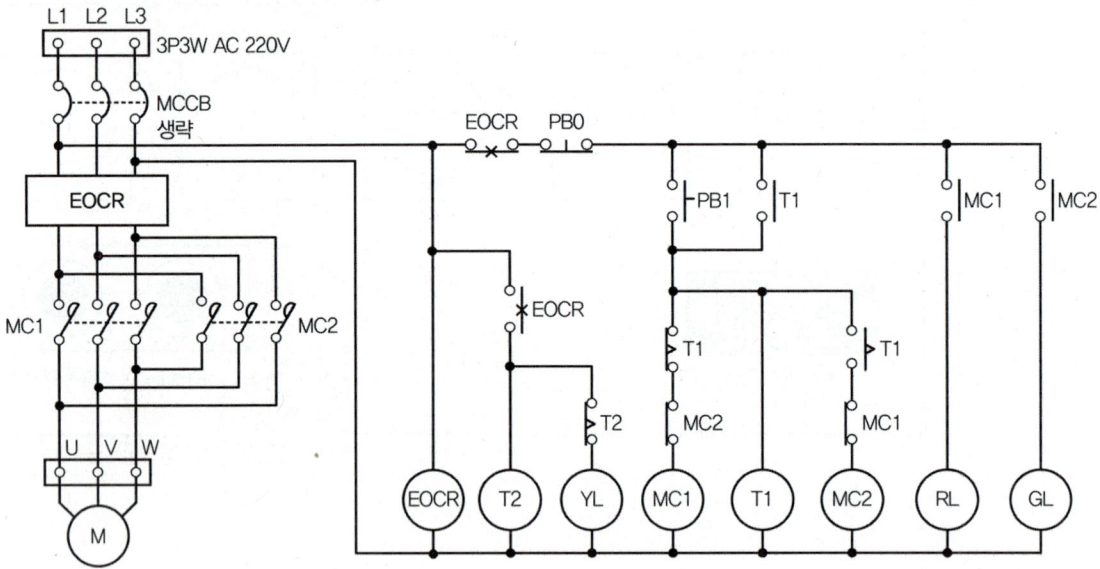

(4) 지급재료 목록(매 회차마다 동일함)

번호	재료명	규격	단위	수량	참고사진	비 고
1	견출지	소형(사무용)	쪽	1		비번호 부여용
2	바인드선	0.5mm	m	1		
3	비닐테이프	전기용 20mm×10m	개	1		40명 공용
4	스카치테이프	20mm×10m	개	1		40명 공용

번호	재료명	규격	단위	수량	참고사진	비 고
5	승강기용와이어로프	12mm×8×19(s)	m	1		
6	와이어소켓	12mm와이어로프용	개	1		재사용
7	Y형 압착단자	$2.5mm^2$-4Y	개	40		
8	절연튜브(압착단자용)	$2.5mm^2$	개	40		
9	케이블타이	100mm	개	25		

번호	재료명	규격	단위	수량	참고사진	비 고
10	보통합판	9×400×600mm	장	1		
11	나사못	4×12	개	25		
12	나사못	4×20	개	20		
13	단자대	3P 20A	개	2		
14	램프	25∅, 220V	개	3		적1, 황1, 녹1
15	푸시버튼스위치	25∅, 1a1b	개	2		적1, 녹1

번호	재료명	규격	단위	수량	참고사진	비 고
16	비닐절연전선	1.5mm^2(1/1.38), 청색	m	14		
17	비닐절연전선	2.5mm^2(7/0.67), 적색	m	5		
18	컨트롤 박스	25∅, 3구	개	1		
19	컨트롤 박스	25∅, 2구	개	1		
20	12P 소켓	12P	개	2		12P 기구 겸용

번호	재료명	규격	단위	수량	참고사진	비 고
21	8P 소켓	8P	개	2		8P 기구 겸용
22	전자접촉기	AC220V, 12P	개	2		채점용
23	EOCR	AC220V, 12P	개	1		채점용
24	타이머	AC220V, 8P	개	2		채점용

와이어로프 끝부분 처리작업

(1) 작업순서는 와이어로프 끝부분 처리작업을 먼저 시작하여 작품을 제출한 후에 승강기 운전 제어회로를 구성하시오. 도면의 요구사항에 따라 와이어로프 끝부분 처리작업을 먼저 합니다.

(2) 와이어로프 끝부분 처리작업

　※ 도면을 참조하여 와이어로프를 로프 소켓 안에 고정하시오.

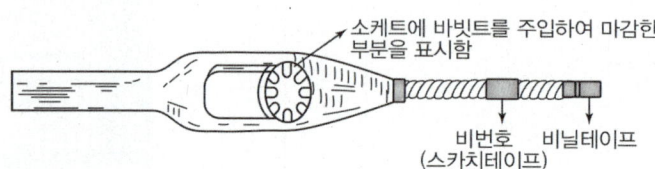

소켓트에 바빗트를 주입하여 마감한 부분을 표시함

비번호
(스카치테이프)　비닐테이프

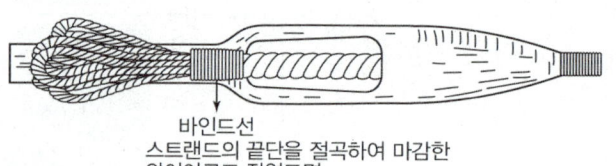

바인드선
스트랜드의 끝단을 절곡하여 마감한
와이어로프 작업도면

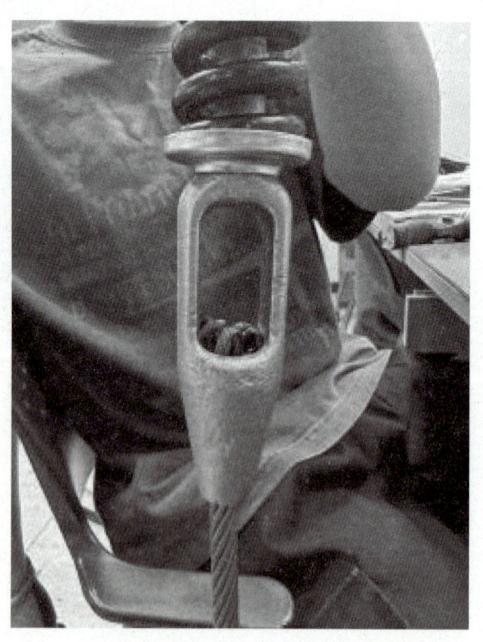

- 와이어로프의 구부러진 부위가 로프 소켓의 입구(끝)보다 약간 튀어나오게 합니다.
- 와이어로프의 꼬임이 도면과 같이 국화꽃 모양으로 작업합니다.
- 와이어로프의 꼬임이 풀리지 않도록 바인드선을 도면과 같이 감아줍니다.
- 와이어로프를 꼬아서 완전히 소켓에 잡아넣었을 때 끝부분이 소켓 양옆의 개방된 곳보다 5mm 이상 10mm 이하가 되도록 끼워줍니다.
- 와이어로프 끝부분을 손으로 잡고, 고무 또는 나무망치로 와이어소켓 머리 부분을 두들겨 더 이상 들어가지 않도록 고정해줍니다. (단, 고무 또는 나무망치 이외의 <u>금속류 공구 사용을 금지</u>)
- 견출지에 비번호를 기록하여 와이어로프의 나머지 중단 부분에 스카치테이프로 부착
- 와이어로프의 나머지 끝부분은 풀어지지 않도록 비닐 테이프로 감아서 처리.

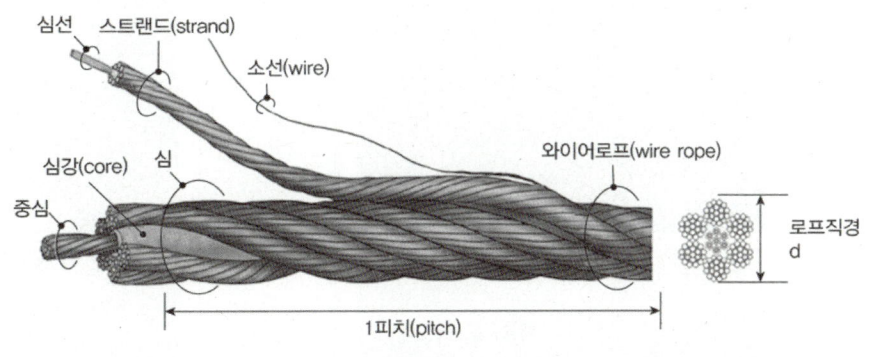

▲ 와이어로프 구조

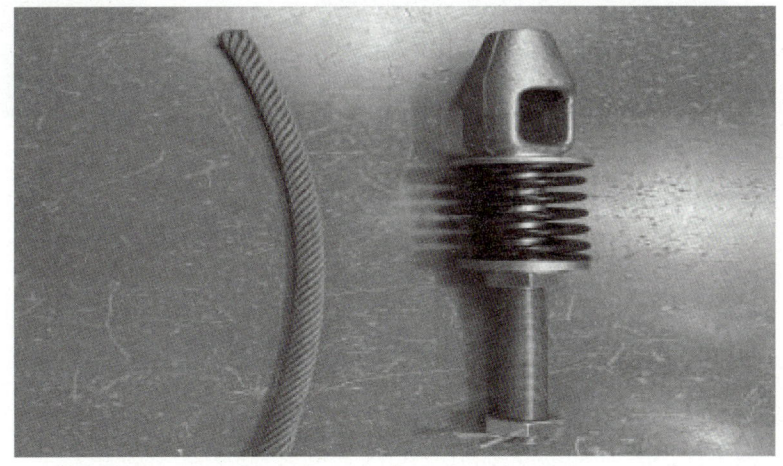

▲ 와이어소켓, 승강기용 와이어로프

※ 준비물

터미널 압착기		절연테잎 (시험장 제공)	
전지가위		15cm 자	
니퍼		펜치	

※ 작업순서

(1) 지급된 와이어로프, 소켓 확인

 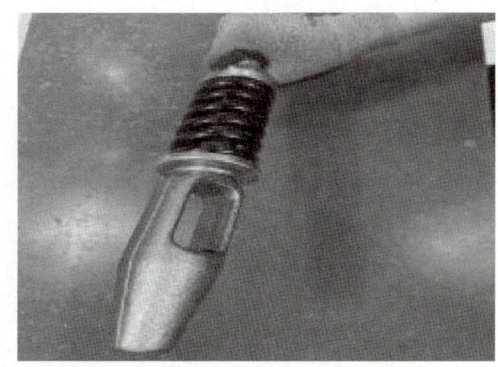

(2) 절연테이프 감기

① 와이어 끝에 자를 대고 10~11cm 위치를 찾는다.

② 절연테이프로 단단히 감는다.

③ 바인드선 제공 시 절연테이프 위에 감아 단단히 고정한다.

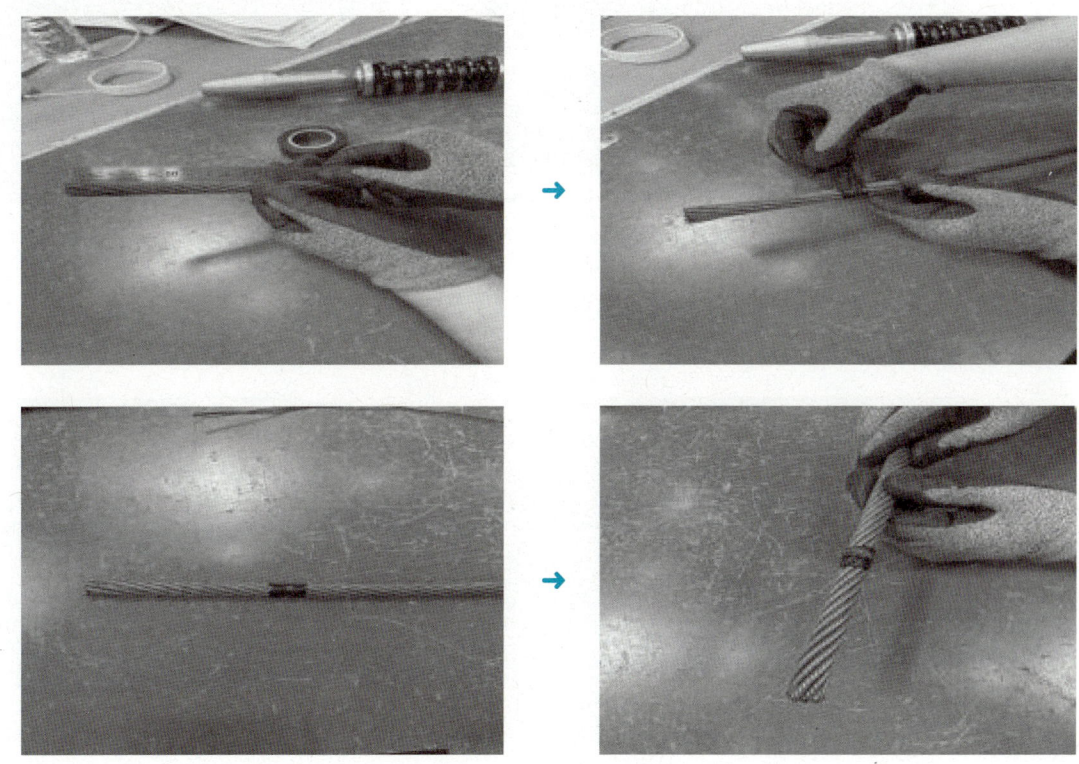

(3) 와이어로프 스트랜드 풀기

　① 펜치 사용하여 스트랜드를 감긴 반대방향으로 푼다.

　② 심선을 제거한다.

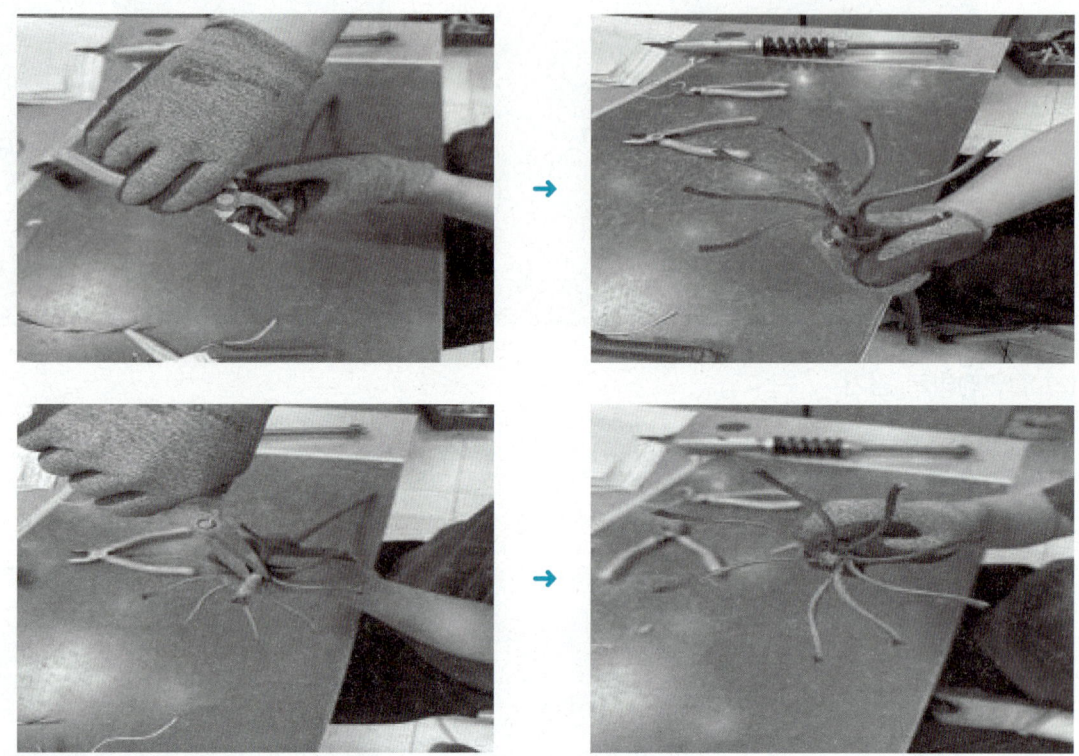

(4) 와이어로프 스트랜드 굽히기

　① 펜치 사용하여 스트랜드 중간부분을 잡아 꺾어 8자 모양으로 접는다.

　② 국화꽃 모양으로 균등하게 작업한다.

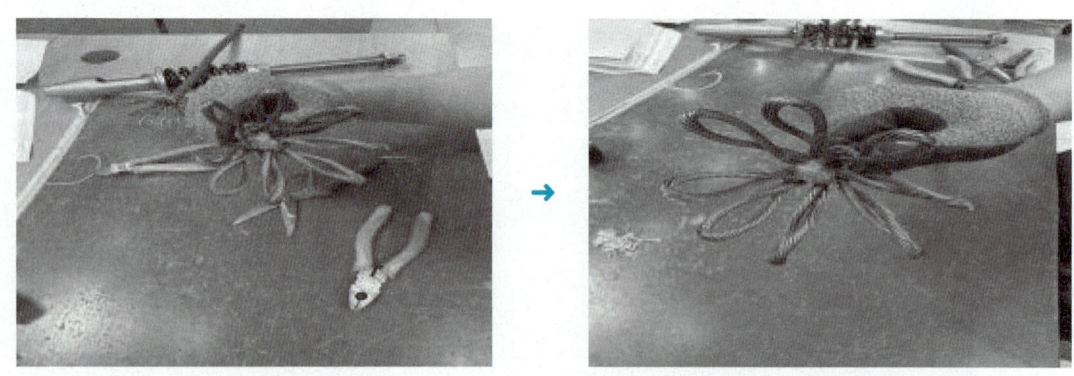

(5) 와이어소켓 삽입

① 국화꽃 모양 반대편 와이어를 소켓에 집어 넣는다.

② 국화꽃 모양의 스트랜드를 손으로 모아 소켓 안으로 넣는다.

③ 강하게 잡아당겨 끝부분이 소켓 양옆의 개방된 곳보다 5mm 이상 10mm 이하가 되도록 작업한다.

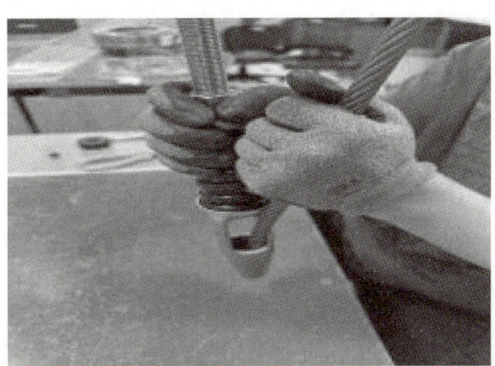 →

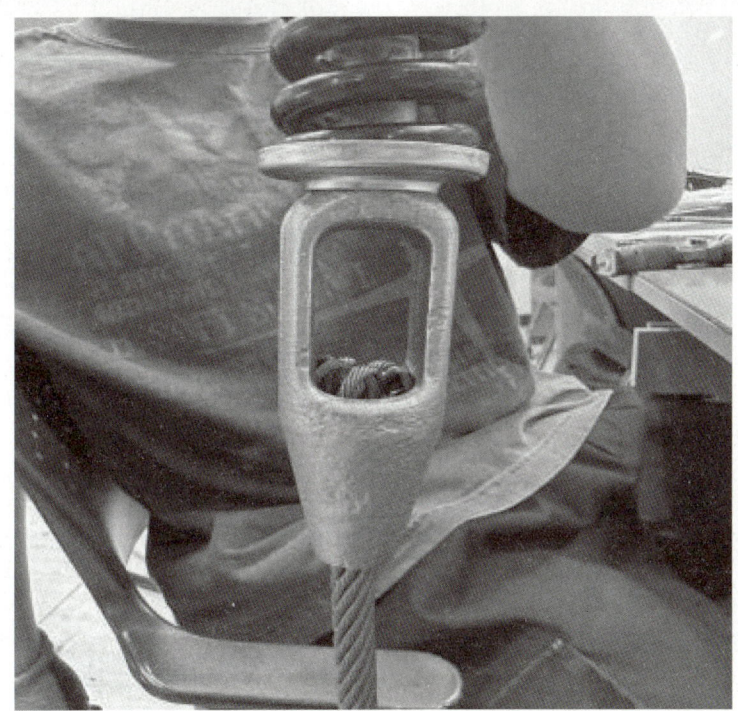

승강기 운전 제어회로 구성

(1) 와이어로프 끝부분 처리작업을 먼저 시작하여 작품을 제출한 후에 승강기 운전 제어회로를 구성 작업에 들어갑니다.

① 기구는 기구 배치도와 같이 균형 있게 배치하고 흔들림이 없도록 고정

② 소켓(베이스)에 채점용 기기가 들어갈 수 있도록 합니다.

③ 도면상의 MCCB는 생략하고 작업합니다.

④ 배선은 미관을 고려하여 전면에 노출 배선(수평, 수직)하고 전선의 꼬임, 흐트러짐 등이 없도록 케이블타이를 이용하여 균형 있게 합니다. (단, 제어판 배선 시 <u>기구와 기구 사이의 배선을 금지</u>합니다.)

⑤ 주회로 전선은 $2.5\text{mm}^2(7/0.67)$ 적색선, 보조회로는 $1.5\text{mm}^2(1/1.38)$ 청색선을 사용하여 작업합니다.

⑥ 주회로 전선은 압착단자 및 절연튜브를 사용하여 단자에 결선합니다.

⑦ 보조회로 전선은 압착단자 및 절연튜브 없이 피복을 제거한 나선을 직접 단자에 결선합니다. (단, <u>한 단자에 전선 3가닥 이상 접속하는 것을 금지</u>합니다.)

⑧ 푸시버튼스위치, 램프의 색상은 다음 기준으로 작업합니다.

※ 스위치 및 램프의 구성은 <u>과제마다 다를 수 있습니다.</u>

기구	색상	재료명
PB0	녹색	푸시버튼스위치
PB1	적색	푸시버튼스위치
PB2	적색	푸시버튼스위치
GL	녹색	램프
RL	적색	램프
YL	황색	램프

⑨ 전원 측 전선은 약 100mm 정도 인출하고 피복은 전선 끝에서 약 10mm 정도 벗겨 놓습니다.

(2) 기구 배치도(매 회차마다 상이함)

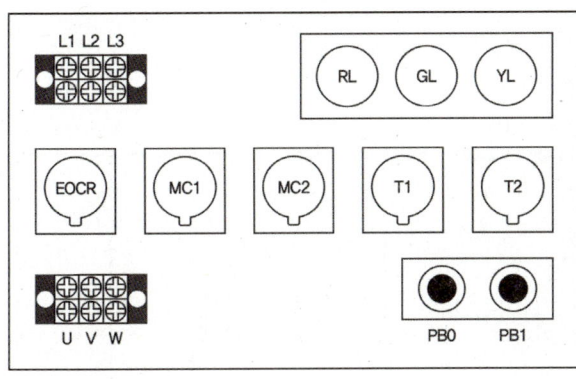
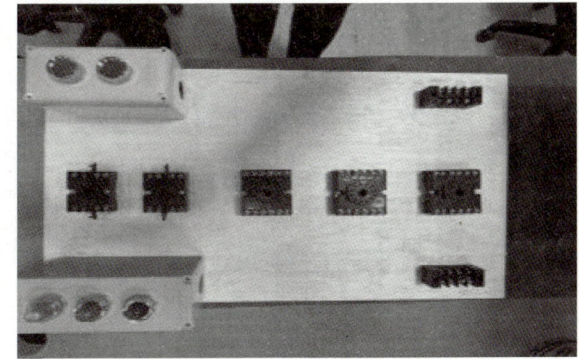

▲ 기구 배치

(3) 기구의 내부 결선도 및 구성도(매 회차마다 동일함)

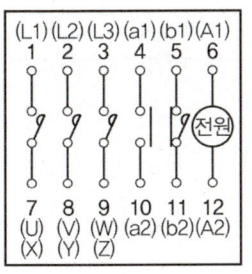
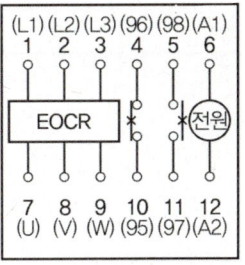
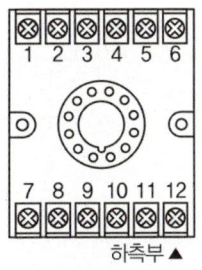
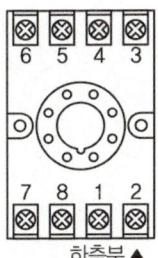

[전자접촉기 내부 결선도]　　[EOCR 내부 결선도]　　[12P 소켓(베이스) 구성도]　　[8P 소켓(베이스) 구성도]

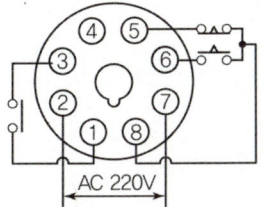
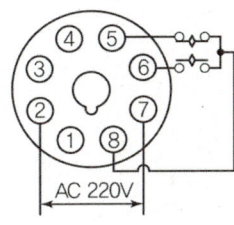
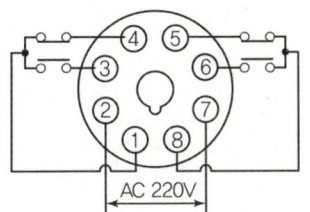

[타이어 내부 결선도]　　　　[FR 내부 결선도]　　　　[릴레이 내부 결선도]

(4) 시퀀스 회로도(매 회차마다 상이함)

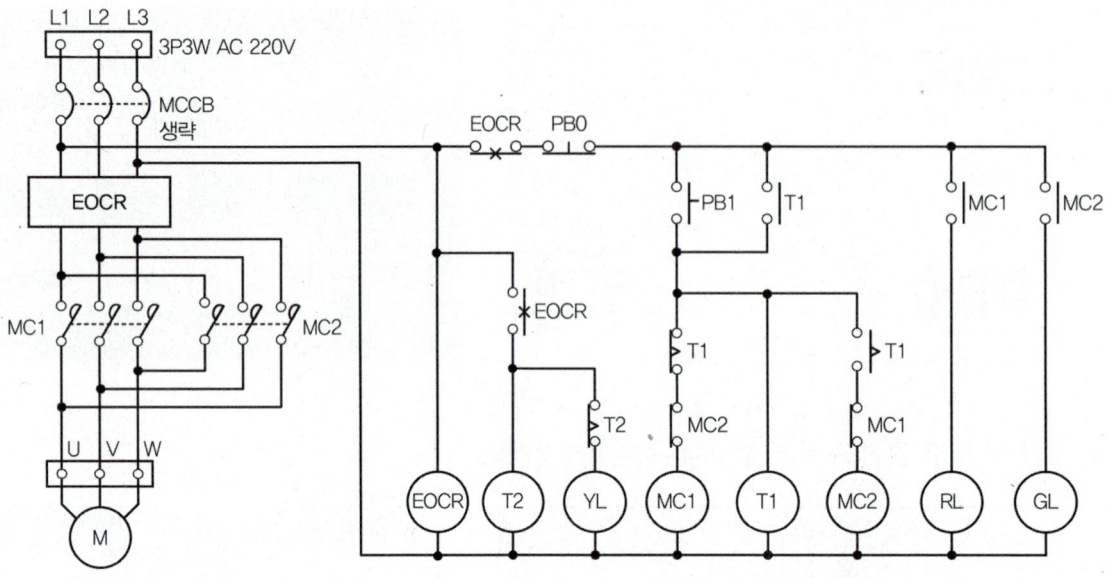

※ 준비물

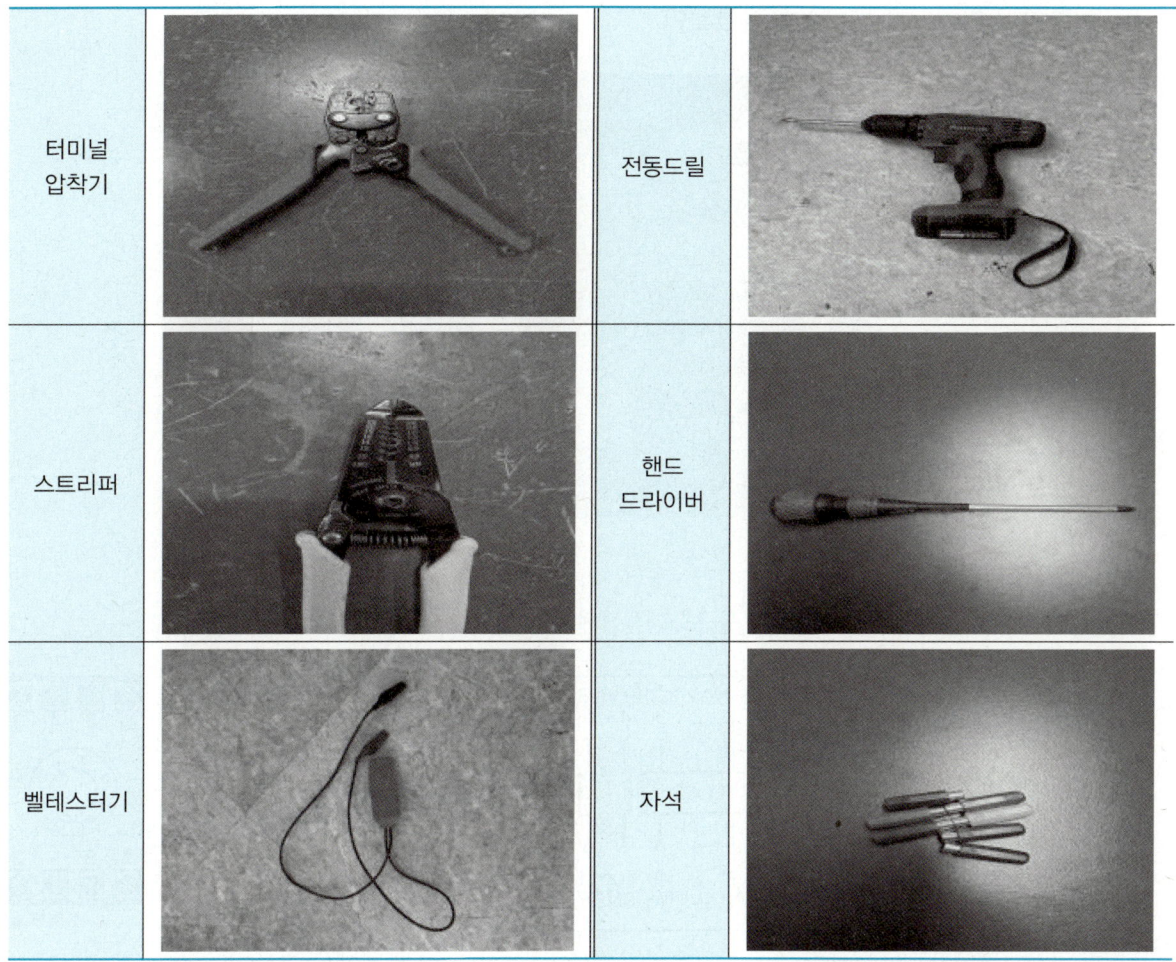

터미널 압착기		전동드릴	
스트리퍼		핸드 드라이버	
벨테스터기		자석	

※ 작업순서

(1) 지급된 승강기운전 제어회로 재료확인

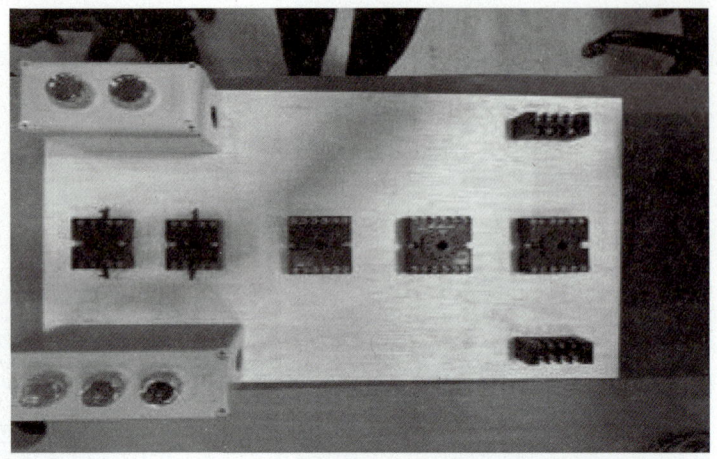

(2) 도면 접점번호 매기기

① 기구의 내부 결선도 및 구성도를 보고 점점번호를 매긴다.

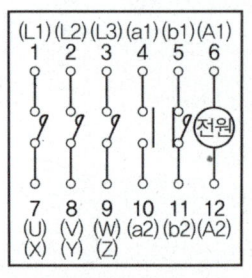

[전자접촉기 내부 결선도]

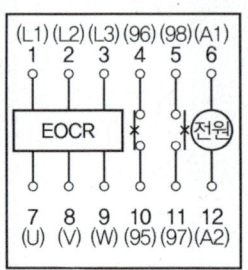

[EOCR 내부 결선도]

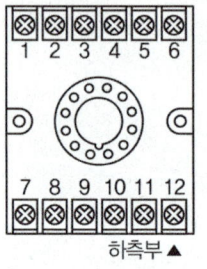

[12P 소켓(베이스) 구성도]

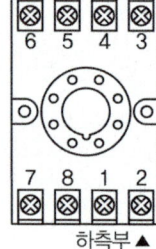

[8P 소켓(베이스) 구성도]

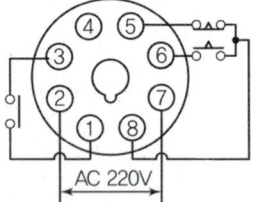

[타이어 내부 결선도]

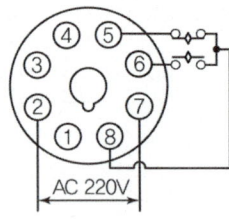

[FR 내부 결선도]

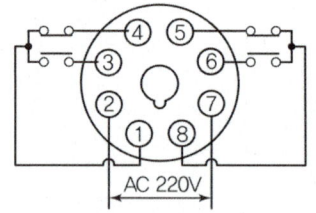

[릴레이 내부 결선도]

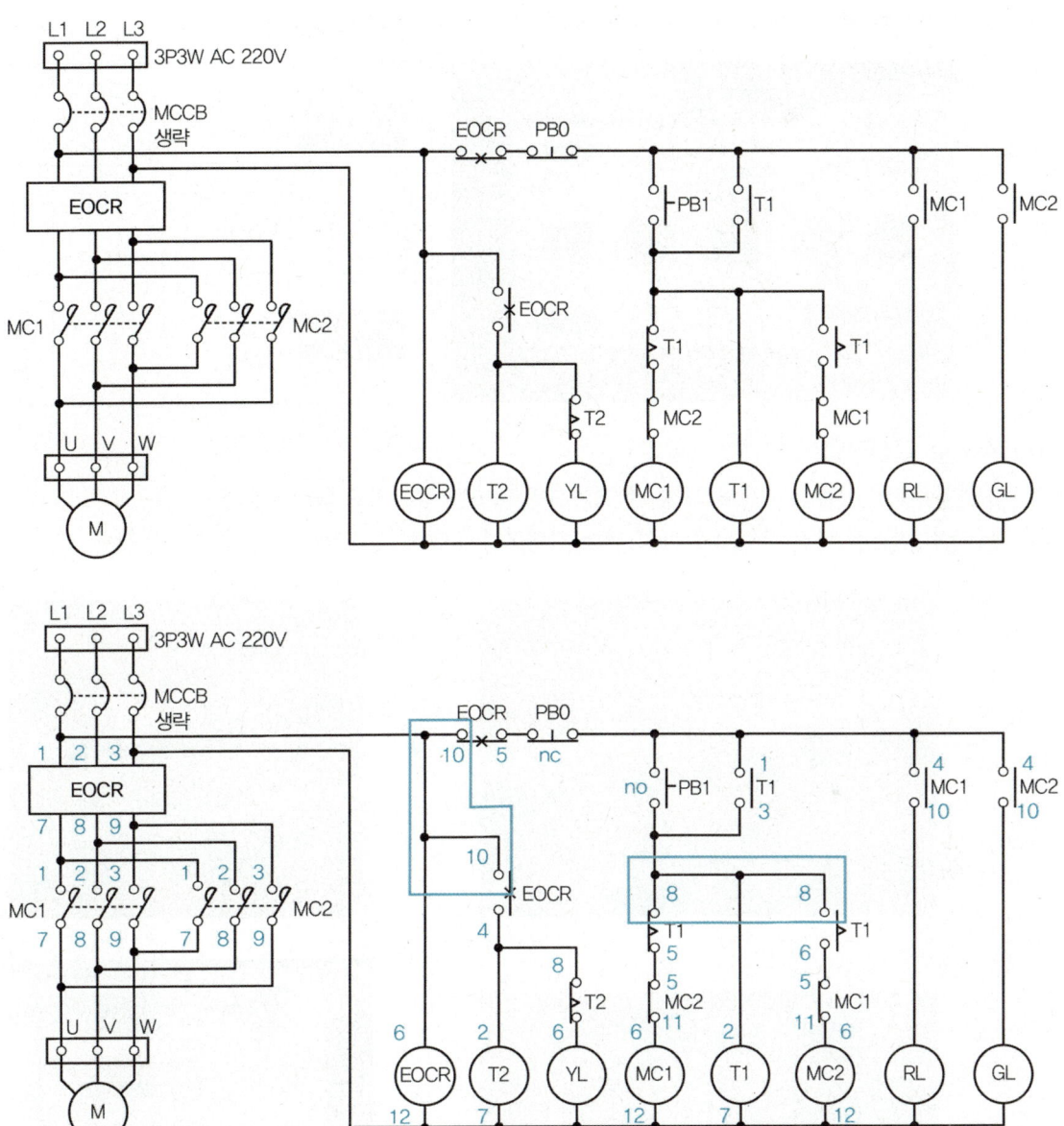

※ 빨간 묶음은 공통을 의미.

(3) 기구 배치도 확인 후 나사 이용하여 소켓 및 단자대 고정하기

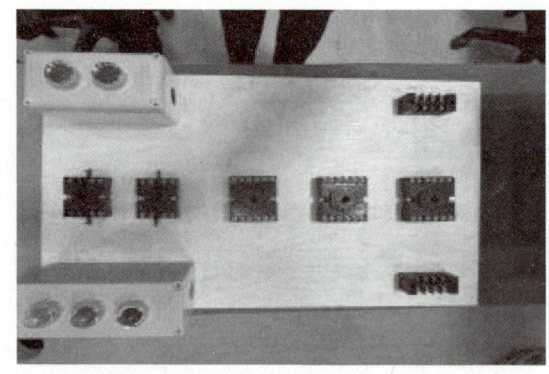 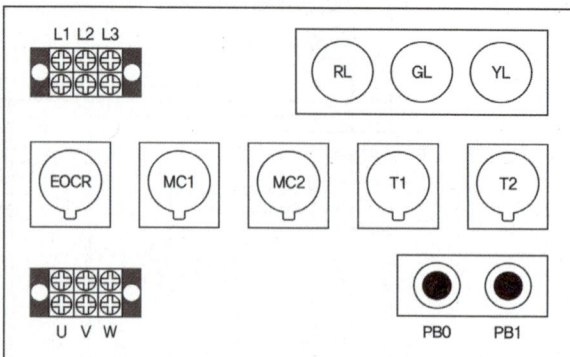

(4) 주회로 결선작업

① 주회로(연선)를 절연튜브, Y형 단자를 끼워 터미널 압착기로 압착시킨다.

② 접점 번호를 따라 주회로 단자의 접속 진행한다.

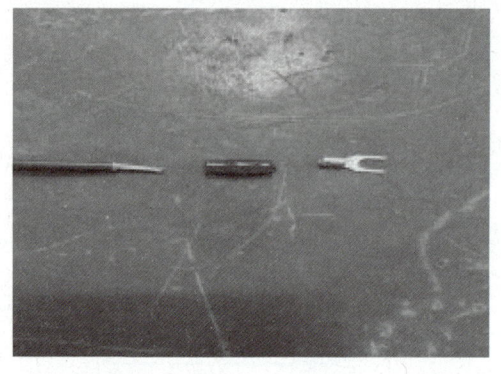 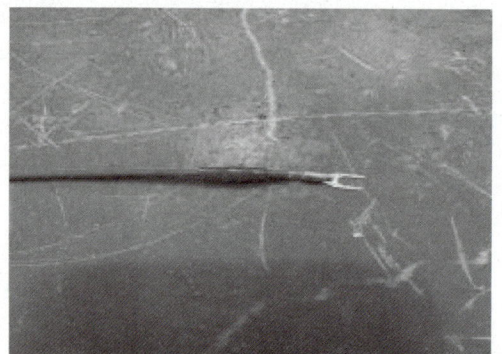

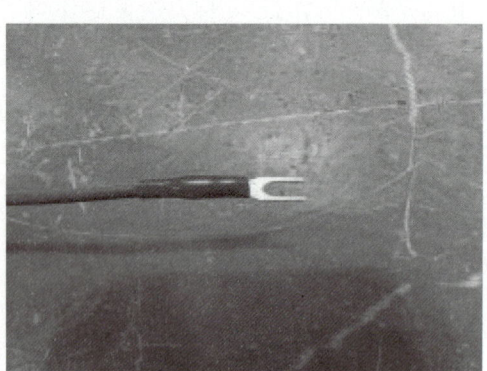 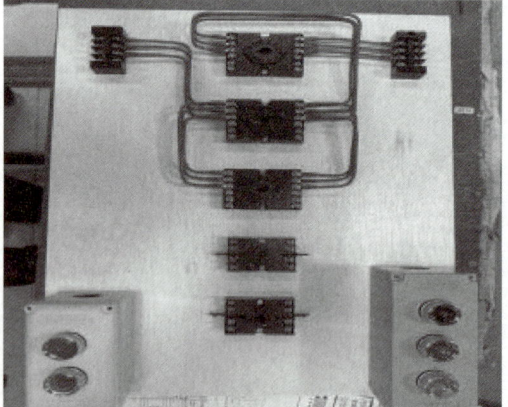

(5) 보조회로 결선작업

    ① 보조회로(단선)를 스트리퍼로 피복을 벗겨낸다.

    ② 접점 번호를 따라 보회로 단자의 접속 진행한다.

    ③ 벨 테스터기로 연결 확인 후 최종 제출(테스트)

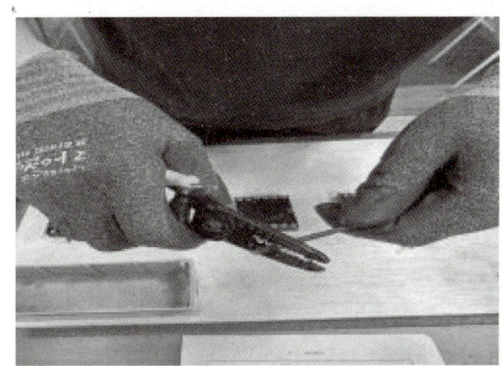 →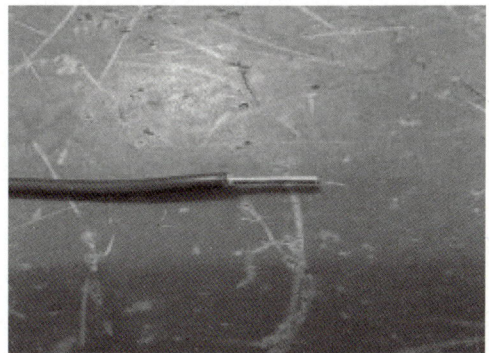

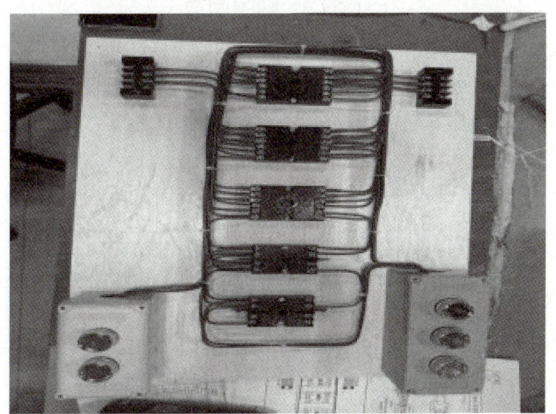 →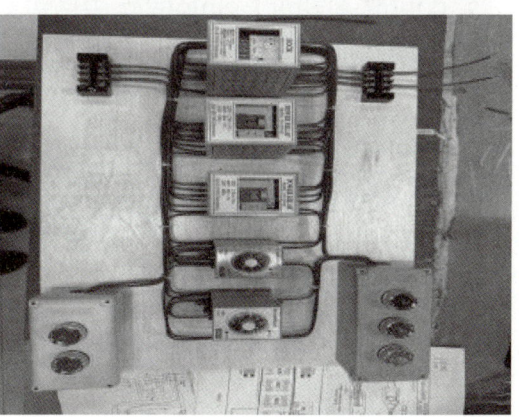

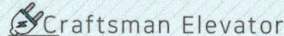
작업형 복원문제

예제
01

1. 요구사항(매 회차마다 동일함) : 1회차 내용 참조(동일함)

   – 1회차 내용 참조 바람

2. 수험자 유의사항(매 회차마다 동일함) : 1회차 내용 참조(동일함)

   – 1회차 내용 참조 바람

3. 도면(매 회차마다 와이어로프 끝부분 처리작업은 동일, 승강기 운전 제어회로 구성은 상이함)

   ① 와이어로프 끝부분 처리작업(매 회차마다 동일함)

      – 1회차 내용 참조 바람

   ② 기구 배치도(매 회차마다 상이함)

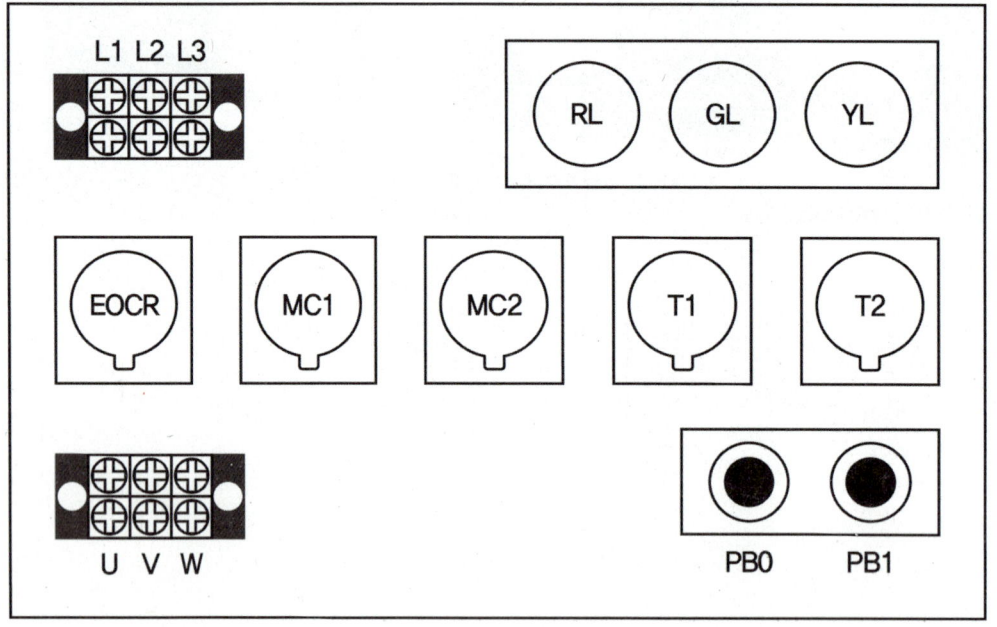

③ 기구의 내부 결선도 및 구성도(매 회차마다 동일함)

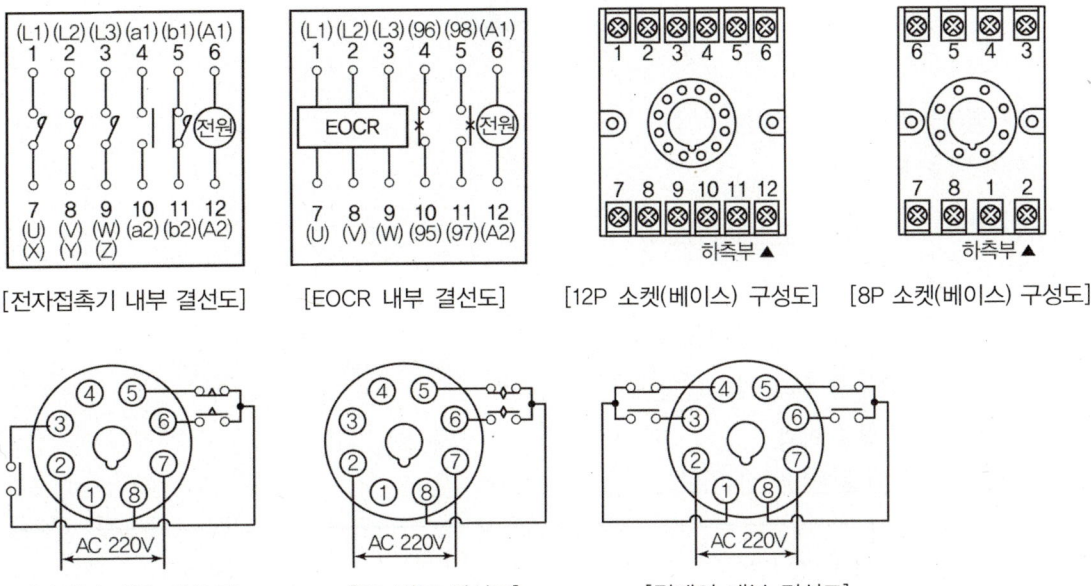

[전자접촉기 내부 결선도] [EOCR 내부 결선도] [12P 소켓(베이스) 구성도] [8P 소켓(베이스) 구성도]

[타이어 내부 결선도] [FR 내부 결선도] [릴레이 내부 결선도]

④ 시퀀스 회로도(매 회차마다 상이함)

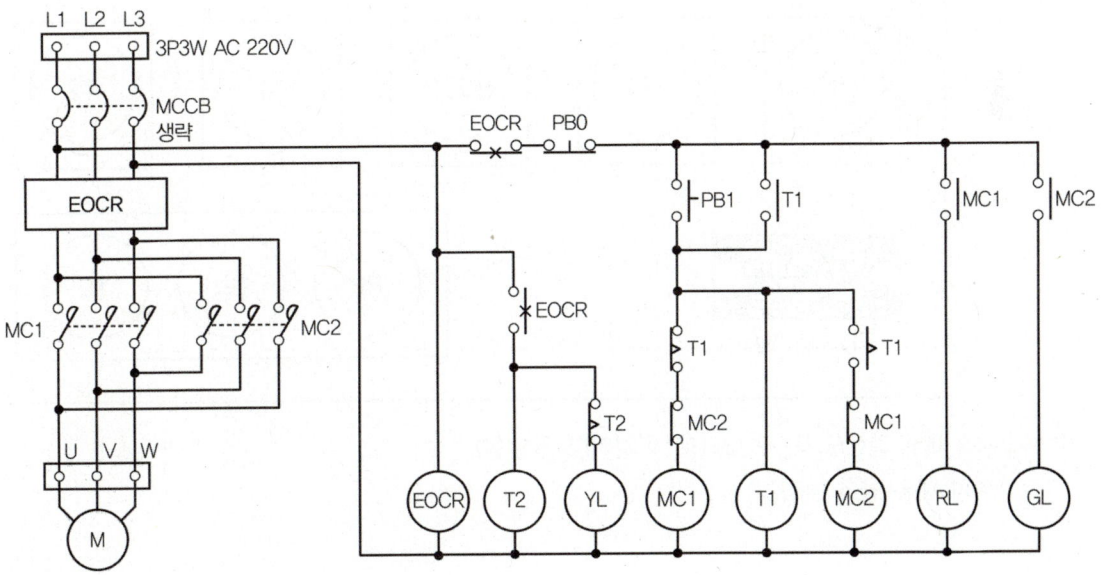

1. <u>요구사항(매 회차마다 동일함)</u> : 1회차 내용 참조(동일함)

 − 1회차 내용 참조 바람

2. <u>수험자 유의사항(매 회차마다 동일함)</u> : 1회차 내용 참조(동일함)

 − 1회차 내용 참조 바람

3. 도면(매 회차마다 와이어로프 끝부분 처리작업은 동일, 승강기 운전 제어회로 구성은 상이함)

 ① 와이어로프 끝부분 처리작업(매 회차마다 동일함)

 − 1회차 내용 참조 바람

 ② 기구 배치도(<u>매 회차마다 상이함</u>)

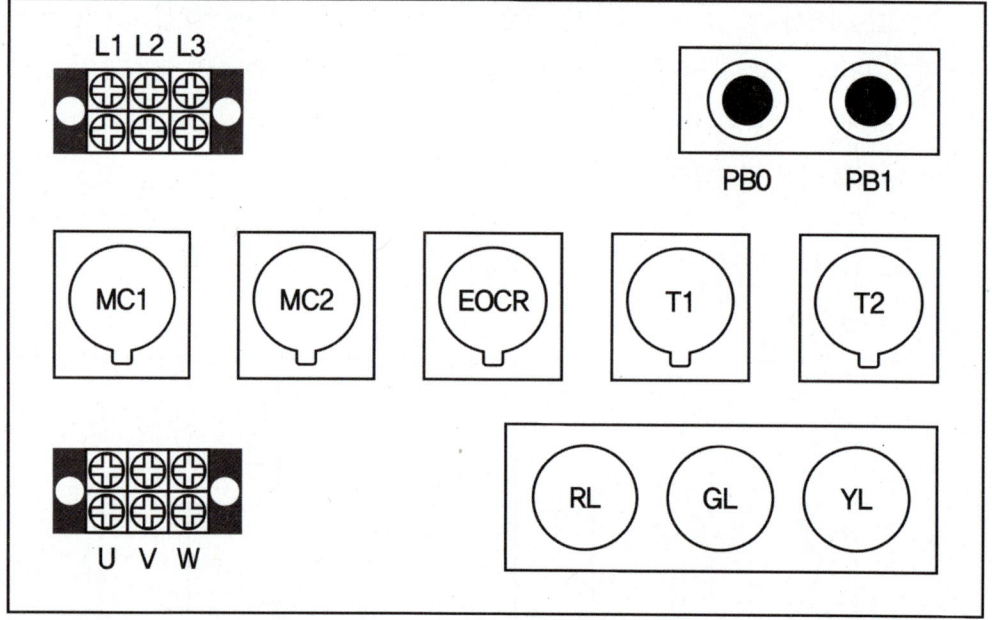

 ③ 기구의 내부 결선도 및 구성도(<u>매 회차마다 동일함</u>)

 − 1회차 내용 참조 바람

④ 시퀀스 회로도(매 회차마다 상이함)

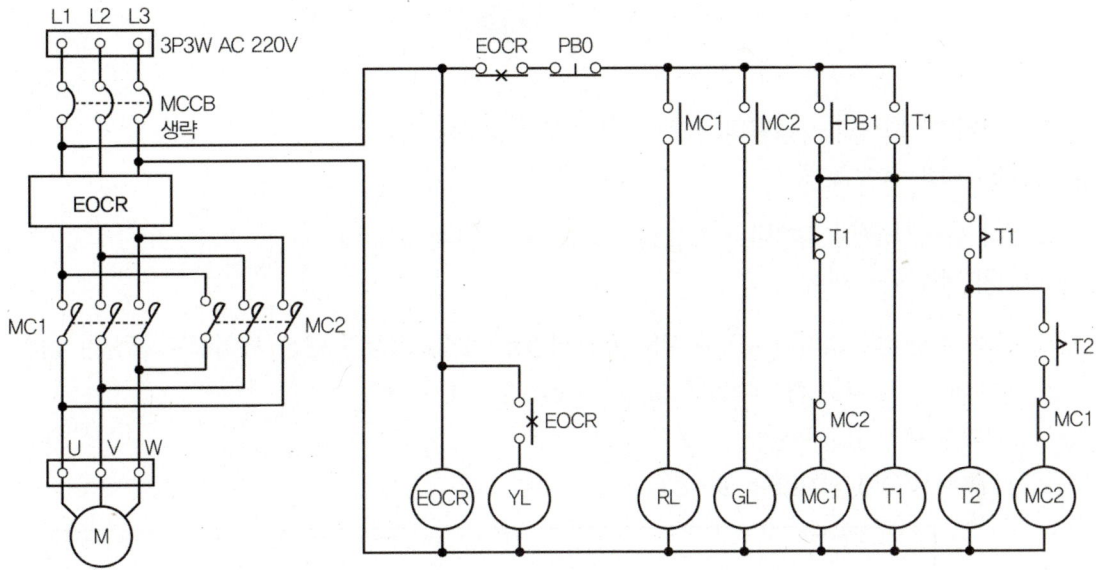

예제 03

1. **요구사항(매 회차마다 동일함)** : 1회차 내용 참조(동일함)
   - 1회차 내용 참조 바람

2. **수험자 유의사항(매 회차마다 동일함)** : 1회차 내용 참조(동일함)
   - 1회차 내용 참조 바람

3. **도면(매 회차마다 와이어로프 끝부분 처리작업은 동일, 승강기 운전 제어회로 구성은 상이함)**
   ① 와이어로프 끝부분 처리작업(매 회차마다 동일함)
     - 1회차 내용 참조 바람
   ② 기구 배치도(매 회차마다 상이함)

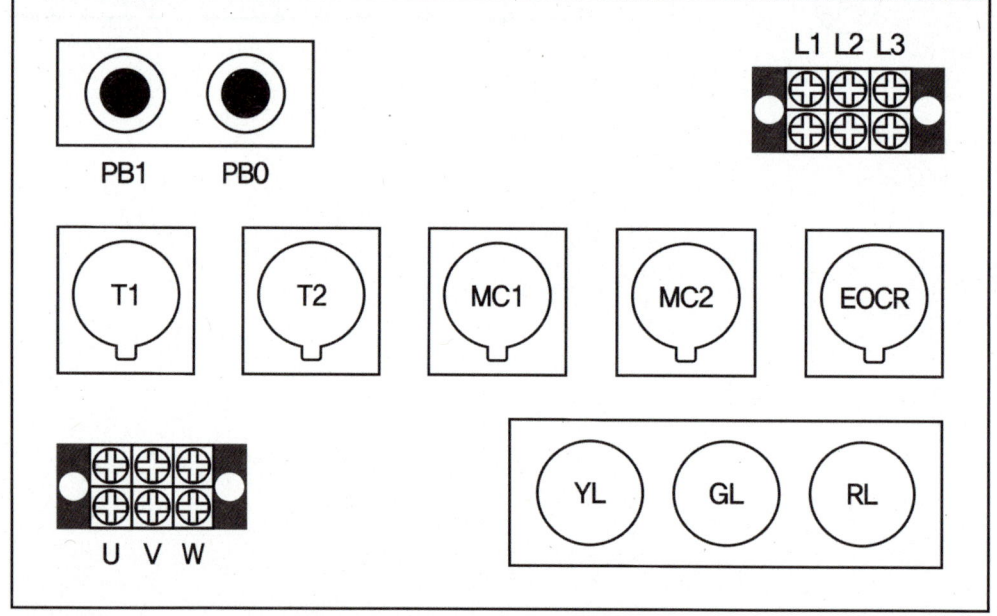

   ③ 기구의 내부 결선도 및 구성도(매 회차마다 동일함)
     - 1회차 내용 참조 바람

④ 시퀀스 회로도(매 회차마다 상이함)

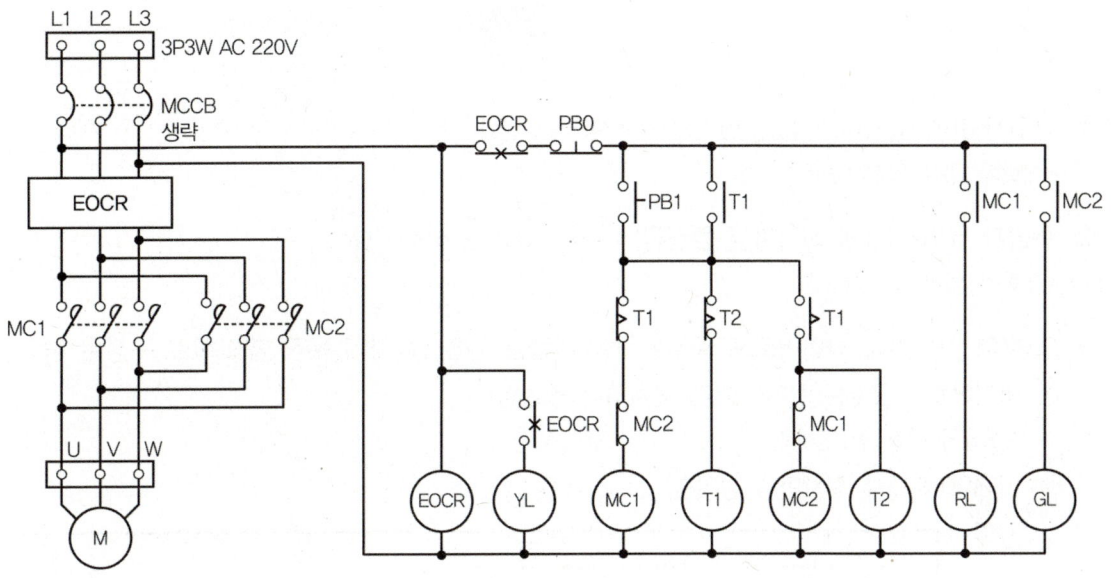

예제 04

1. **요구사항**(매 회차마다 동일함) : 1회차 내용 참조(동일함)

   – 1회차 내용 참조 바람

2. **수험자 유의사항**(매 회차마다 동일함) : 1회차 내용 참조(동일함)

   – 1회차 내용 참조 바람

3. **도면**(매 회차마다 와이어로프 끝부분 처리작업은 동일, 승강기 운전 제어회로 구성은 상이함)

   ① 와이어로프 끝부분 처리작업(매 회차마다 동일함)

      – 1회차 내용 참조 바람

   ② 기구 배치도(매 회차마다 상이함)

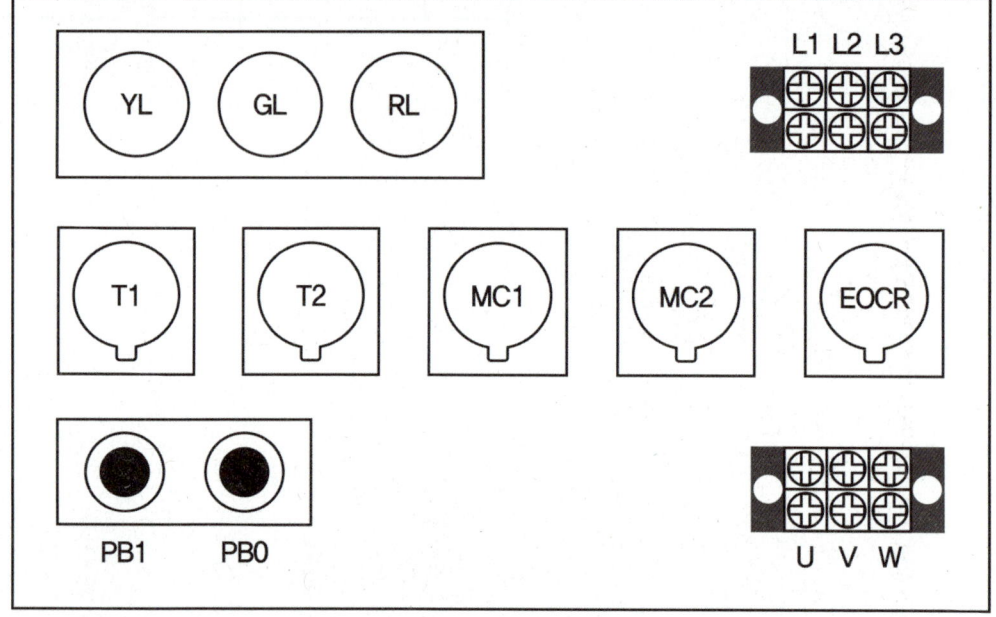

   ③ 기구의 내부 결선도 및 구성도(매 회차마다 동일함)

      – 1회차 내용 참조 바람

④ 시퀀스 회로도(매 회차마다 상이함)

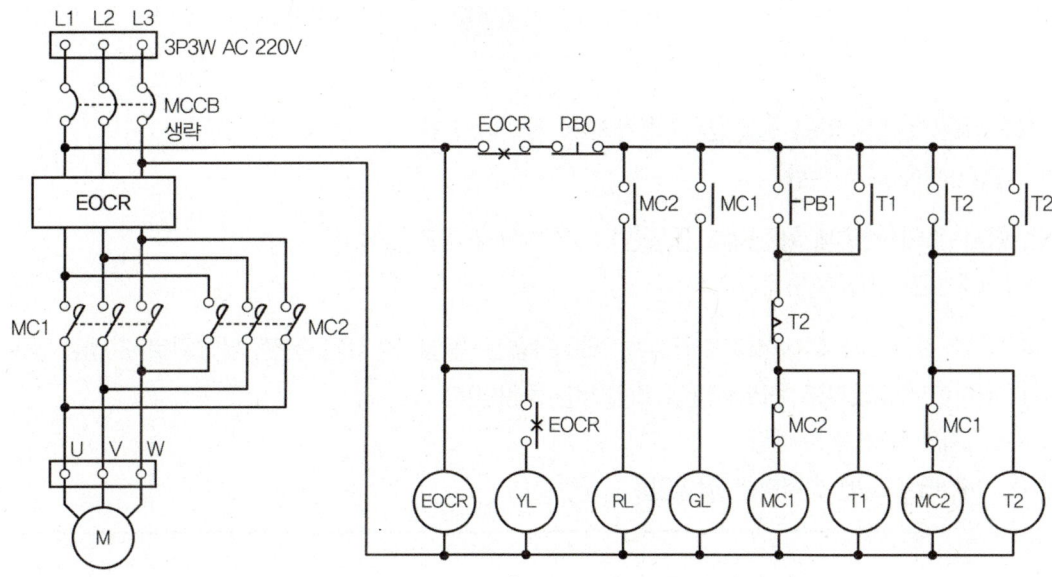

예제 05

1. 요구사항(매 회차마다 동일함) : 1회차 내용 참조(동일함)

　－1회차 내용 참조 바람

2. 수험자 유의사항(매 회차마다 동일함) : 1회차 내용 참조(동일함)

　－1회차 내용 참조 바람

3. 도면(매 회차마다 와이어로프 끝부분 처리작업은 동일, 승강기 운전 제어회로 구성은 상이함)

　① 와이어로프 끝부분 처리작업(매 회차마다 동일함)

　　－1회차 내용 참조 바람

　② 기구 배치도(매 회차마다 상이함)

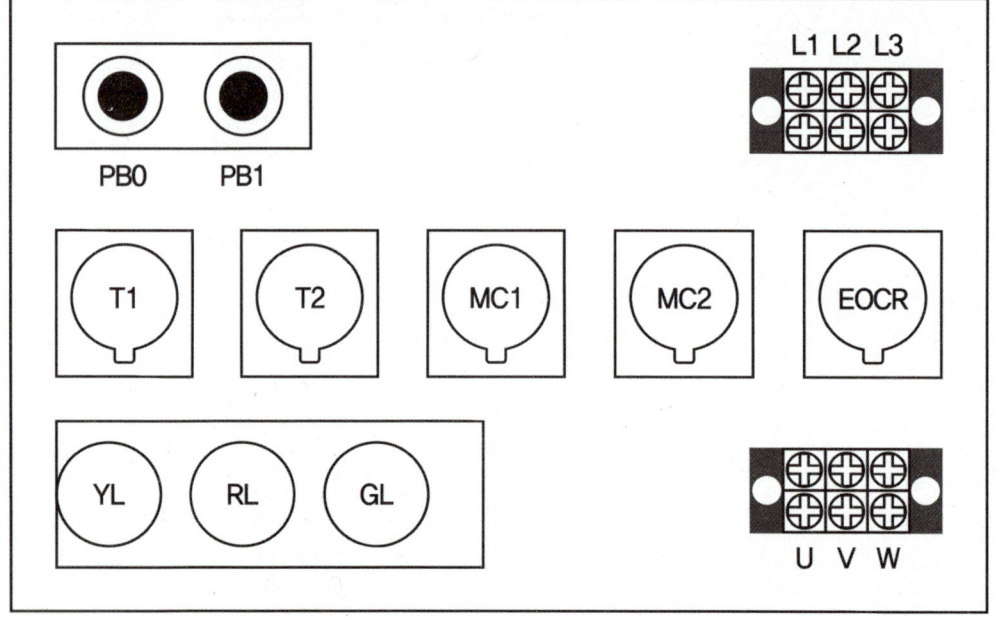

　③ 기구의 내부 결선도 및 구성도(매 회차마다 동일함)

　　－1회차 내용 참조 바람

④ 시퀀스 회로도(매 회차마다 상이함)

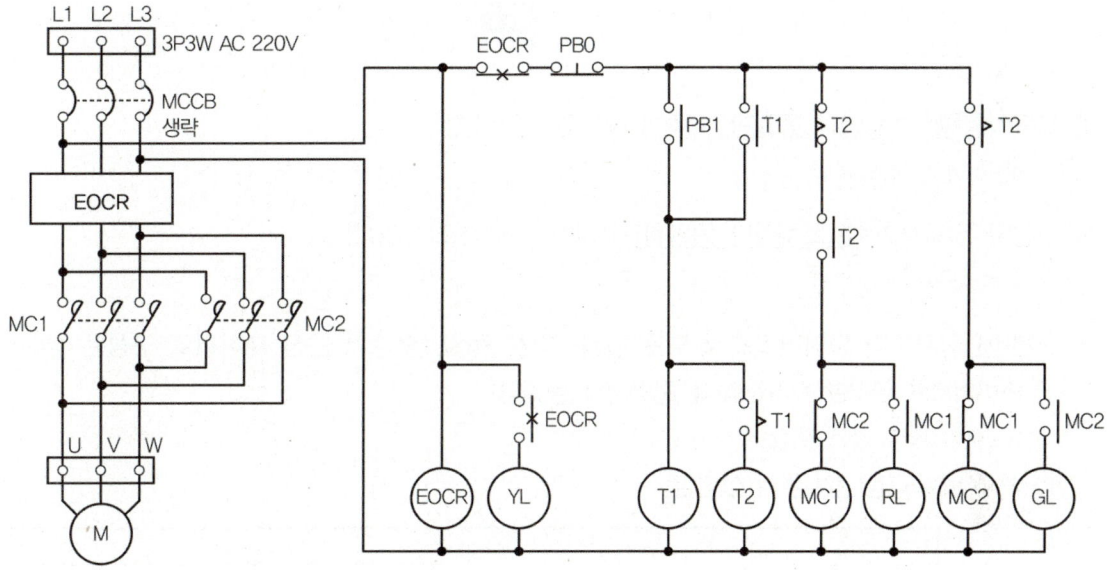

예제
06

1. 요구사항(매 회차마다 동일함) : 1회차 내용 참조(동일함)
   - 1회차 내용 참조 바람

2. 수험자 유의사항(매 회차마다 동일함) : 1회차 내용 참조(동일함)
   - 1회차 내용 참조 바람

3. 도면(매 회차마다 와이어로프 끝부분 처리작업은 동일, 승강기 운전 제어회로 구성은 상이함)
   ① 와이어로프 끝부분 처리작업(매 회차마다 동일함)
      - 1회차 내용 참조 바람
   ② 기구 배치도(매 회차마다 상이함)

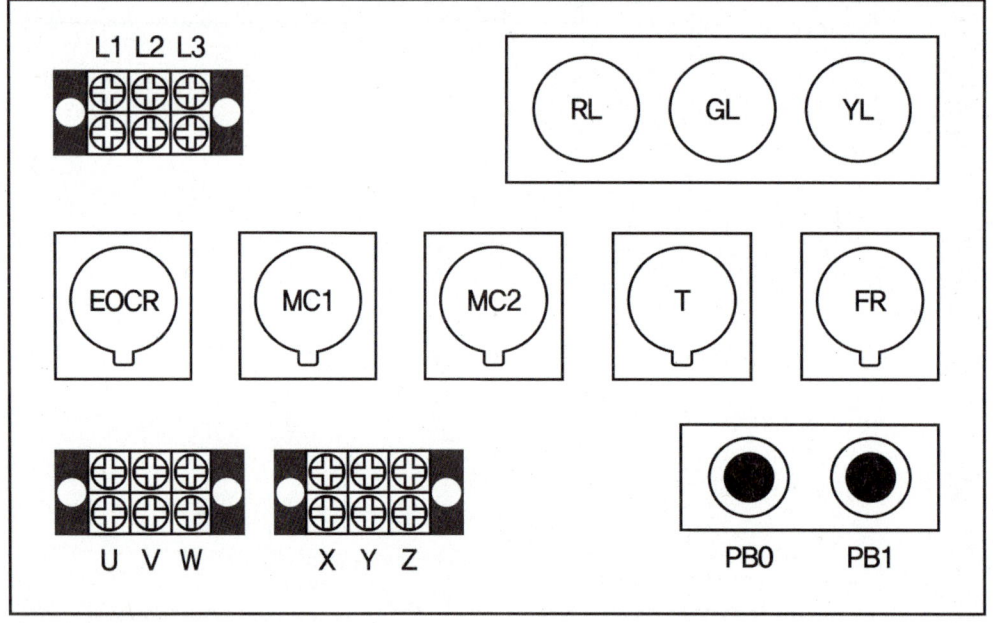

   ③ 기구의 내부 결선도 및 구성도(매 회차마다 동일함)
      - 1회차 내용 참조 바람

④ 시퀀스 회로도(매 회차마다 상이함)

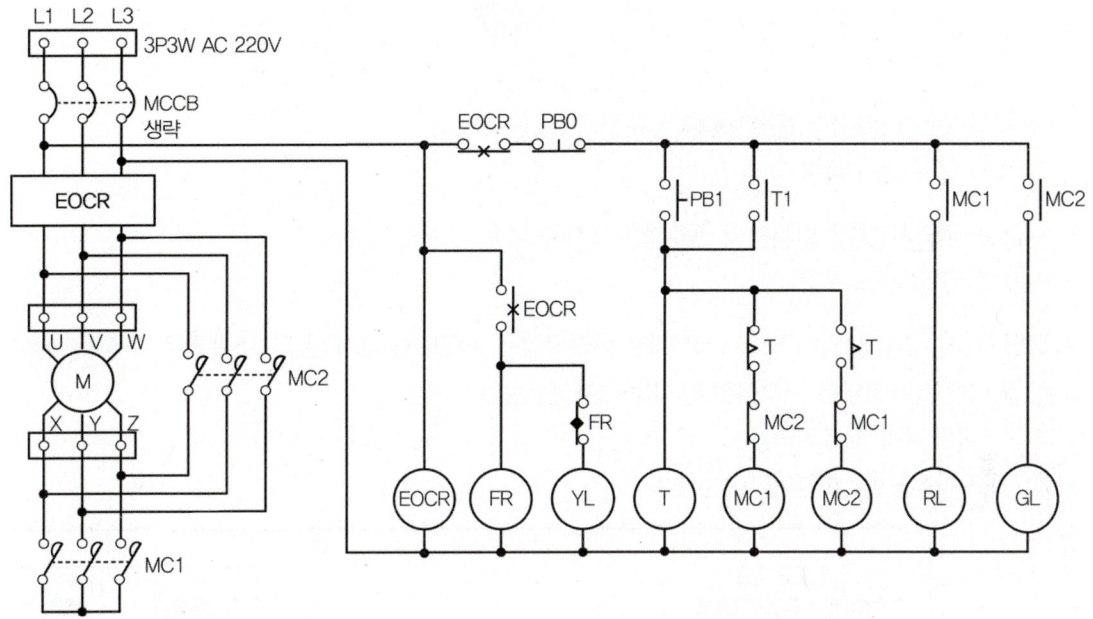

1. **요구사항(매 회차마다 동일함)** : 1회차 내용 참조(동일함)

   – 1회차 내용 참조 바람

2. **수험자 유의사항(매 회차마다 동일함)** : 1회차 내용 참조(동일함)

   – 1회차 내용 참조 바람

3. 도면(매 회차마다 와이어로프 끝부분 처리작업은 동일, 승강기 운전 제어회로 구성은 상이함)

   ① 와이어로프 끝부분 처리작업(매 회차마다 동일함)

      – 1회차 내용 참조 바람

   ② 기구 배치도(매 회차마다 상이함)

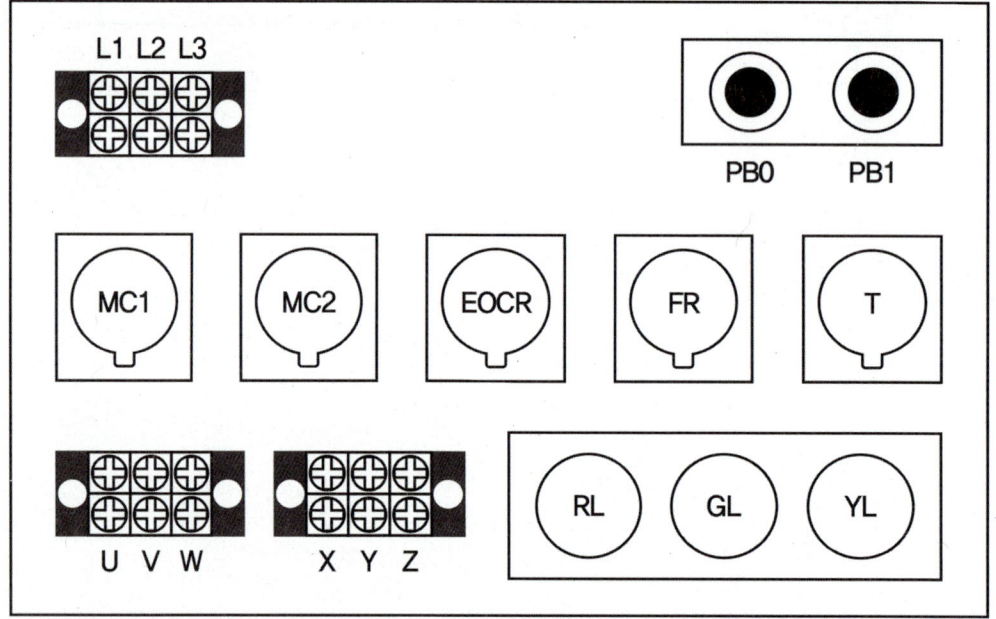

   ③ 기구의 내부 결선도 및 구성도(매 회차마다 동일함)

      – 1회차 내용 참조 바람

④ 시퀀스 회로도(매 회차마다 상이함)

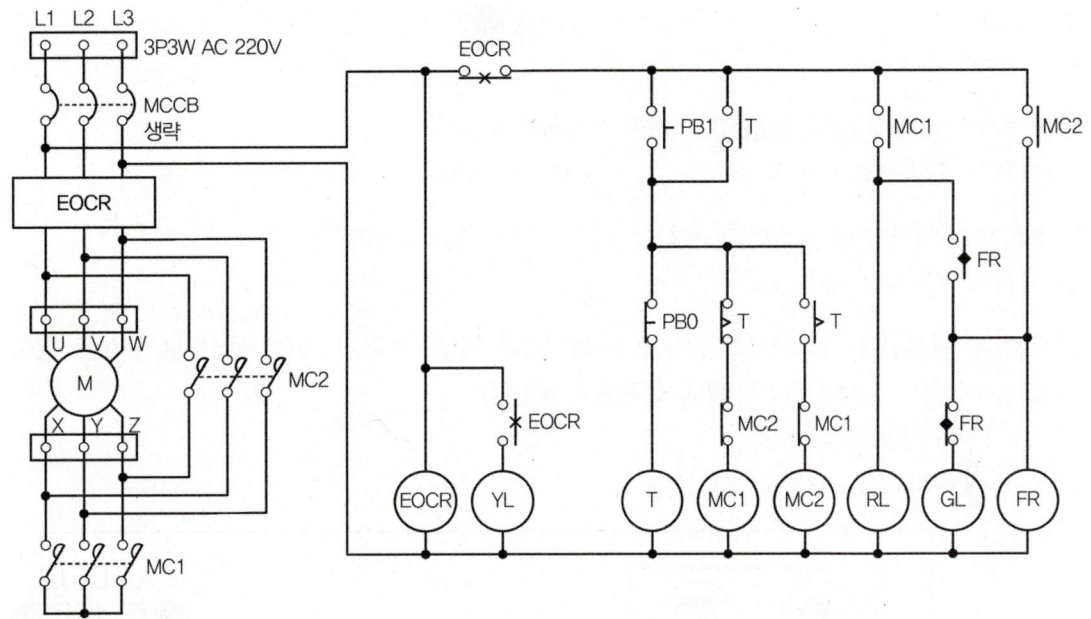

1. <u>요구사항(매 회차마다 동일함)</u> : 1회차 내용 참조(동일함)
   – 1회차 내용 참조 바람

2. <u>수험자 유의사항(매 회차마다 동일함)</u> : 1회차 내용 참조(동일함)
   – 1회차 내용 참조 바람

3. 도면(매 회차마다 와이어로프 끝부분 처리작업은 동일, 승강기 운전 제어회로 구성은 상이함)
   ① 와이어로프 끝부분 처리작업<u>(매 회차마다 동일함)</u>
      – 1회차 내용 참조 바람
   ② 기구 배치도<u>(매 회차마다 상이함)</u>

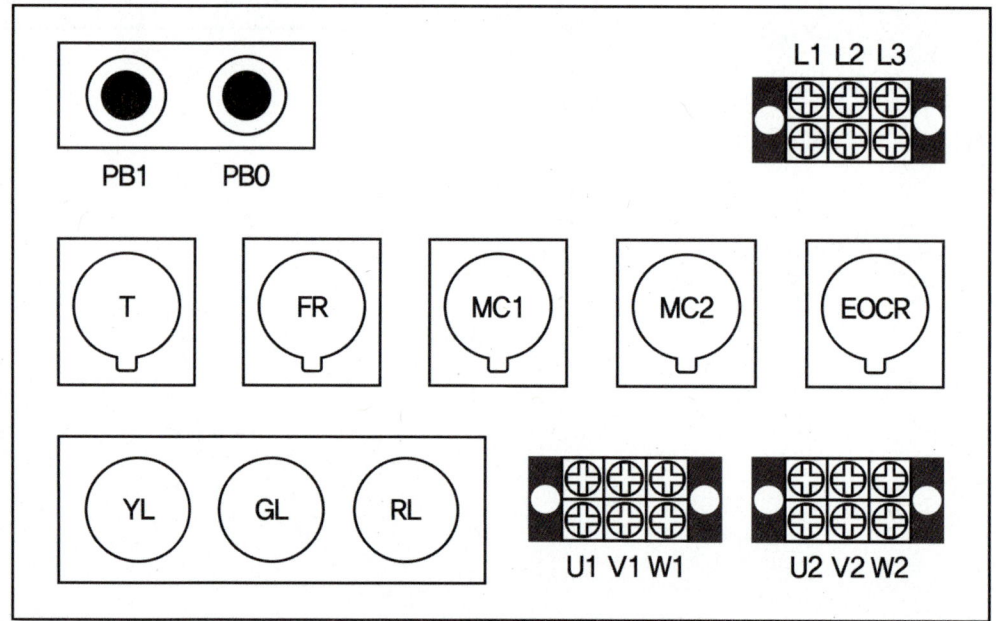

   ③ 기구의 내부 결선도 및 구성도<u>(매 회차마다 동일함)</u>
      – 1회차 내용 참조 바람

④ 시퀀스 회로도(매 회차마다 상이함)

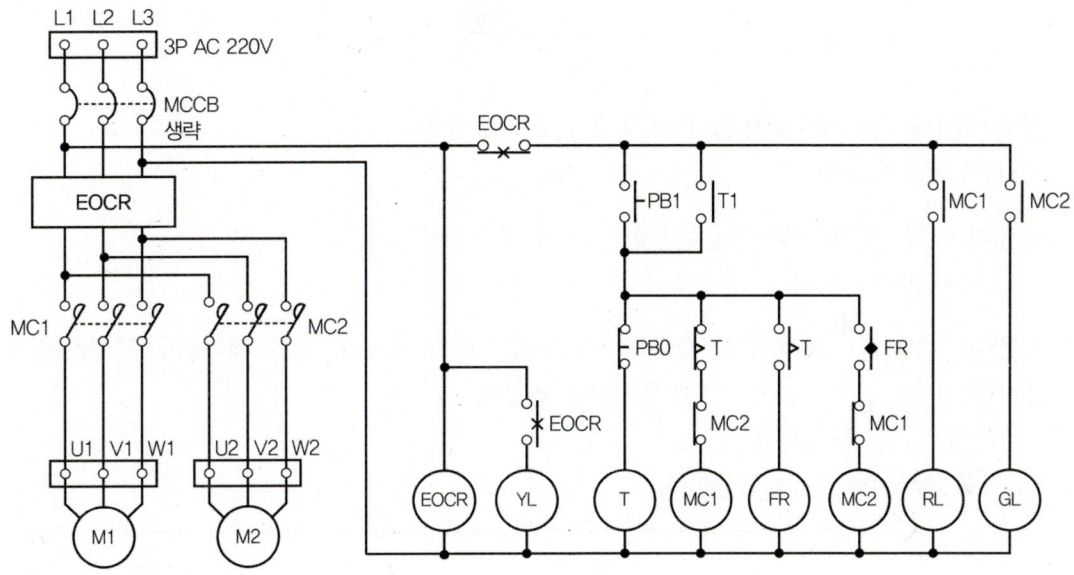

09

1. **요구사항(매 회차마다 동일함)** : 1회차 내용 참조(동일함)

   – 1회차 내용 참조 바람

2. **수험자 유의사항(매 회차마다 동일함)** : 1회차 내용 참조(동일함)

   – 1회차 내용 참조 바람

3. **도면(매 회차마다** 와이어로프 끝부분 처리작업은 동일, 승강기 운전 제어회로 구성은 상이함)

   ① 와이어로프 끝부분 처리작업(매 회차마다 동일함)

   – 1회차 내용 참조 바람

   ② 기구 배치도(매 회차마다 상이함)

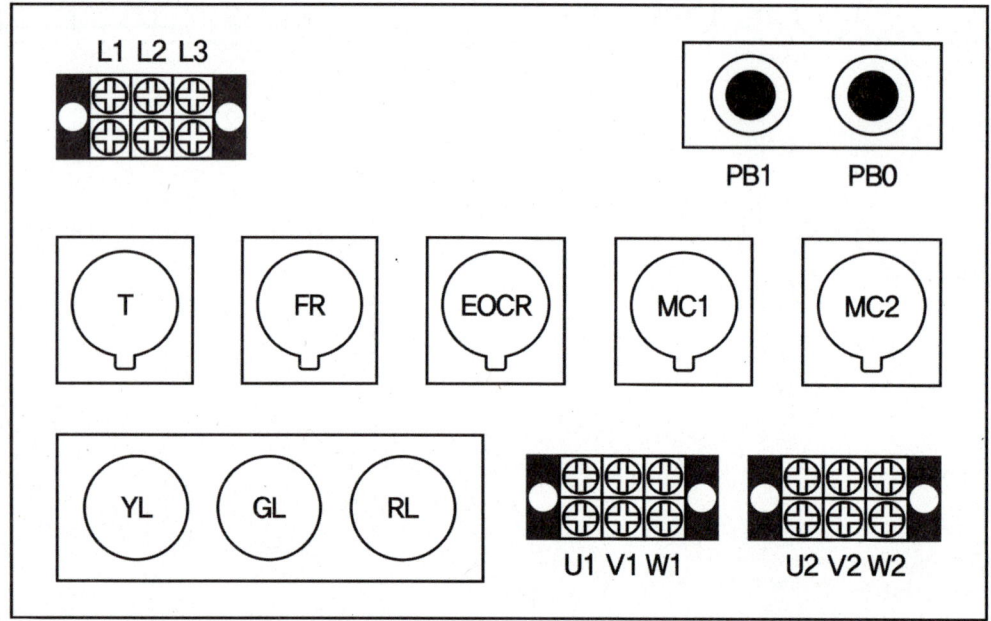

   ③ 기구의 내부 결선도 및 구성도(매 회차마다 동일함)

   – 1회차 내용 참조 바람

④ 시퀀스 회로도(<u>매 회차마다 상이함</u>)

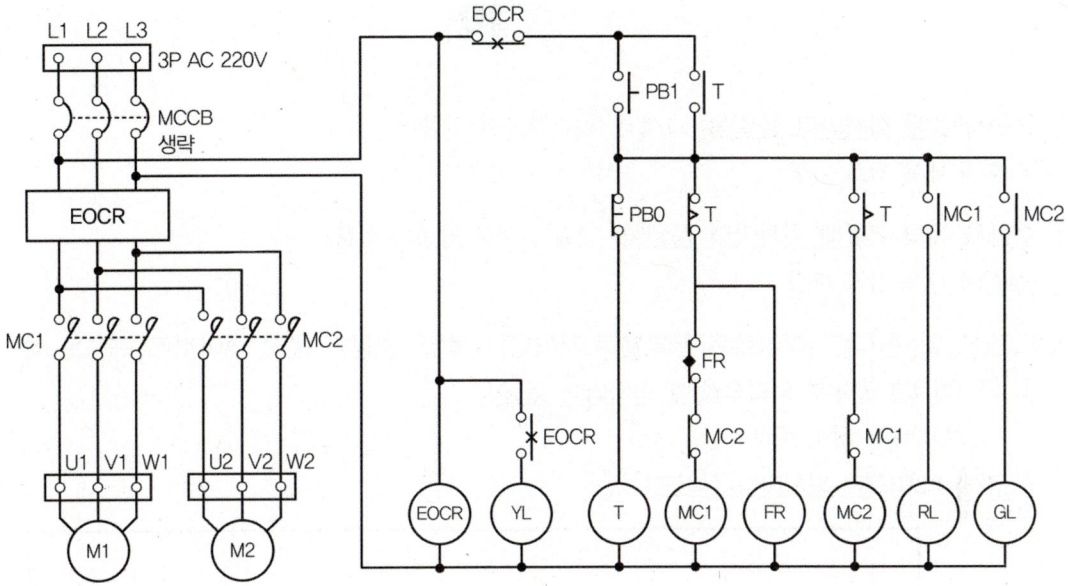

예제 10

1. <u>요구사항(매 회차마다 동일함)</u> : 1회차 내용 참조(동일함)
   – 1회차 내용 참조 바람

2. <u>수험자 유의사항(매 회차마다 동일함)</u> : 1회차 내용 참조(동일함)
   – 1회차 내용 참조 바람

3. 도면(<u>매 회차마다</u> 와이어로프 끝부분 처리작업은 동일, 승강기 운전 제어회로 구성은 상이함)
   ① 와이어로프 끝부분 처리작업(<u>매 회차마다 동일함</u>)
      – 1회차 내용 참조 바람
   ② 기구 배치도(<u>매 회차마다 상이함</u>)

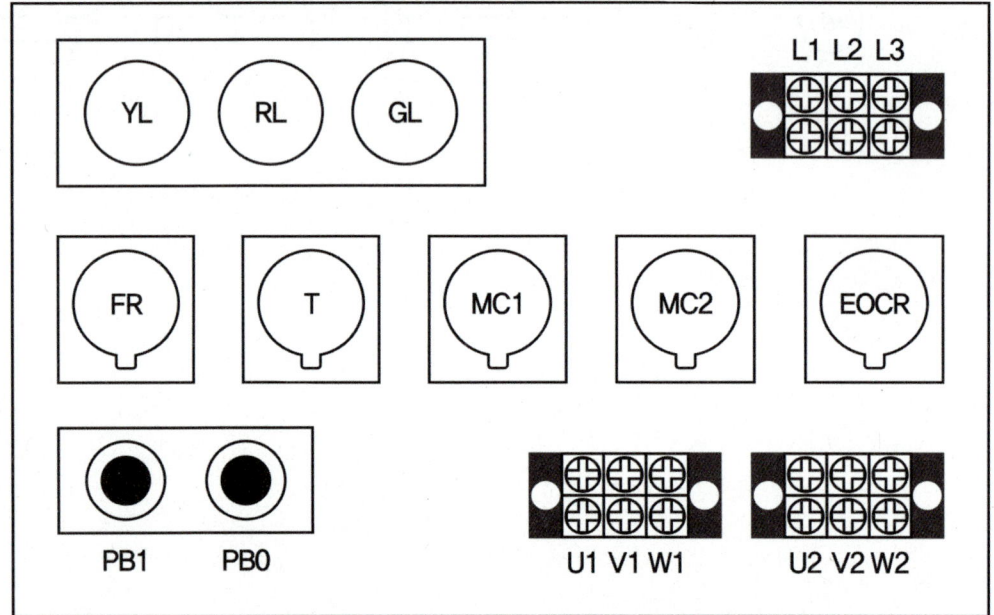

   ③ 기구의 내부 결선도 및 구성도(<u>매 회차마다 동일함</u>)
      – 1회차 내용 참조 바람

④ 시퀀스 회로도(매 회차마다 상이함)

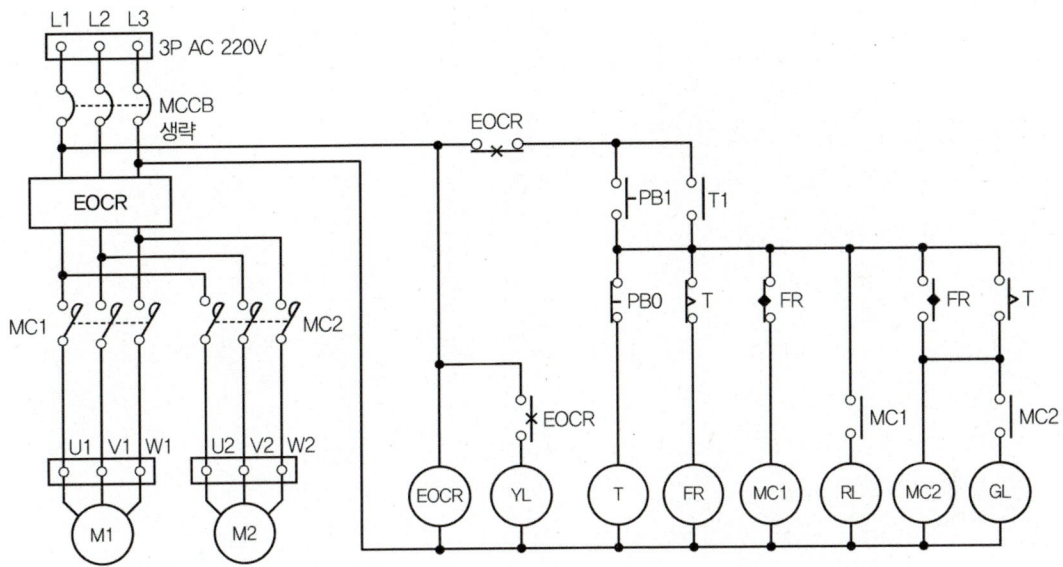

기계공학석사 김창일

(현) 창일기술교육원 원장
(현) 하이미디어아카데미(구: 분당이탱크) 전임
(현) 직업능력개발 훈련교사
(전) EBS 산업안전기사 방송강의

[자격]
- 전기공사 3급
- 기계설계 3금
- 사출금형 3급
- 프레스금형 3급
- 기계가공 3급
- 특수가공 3급
- 건설기계정비 3급
- 기계장치설비 · 정비 3급
- 산업안전관리 3급
- 발송, 송 · 배전 3급
- 전기기계제작 3급

[저서]
- 2025 유단자 산업안전기사 필기
- 2025 유단자 산업안전산업기사 필기(출간 예정)
- 2023 EBS 산업안전산업기사 필기

유단자 2026

승강기기능사 _ 필기 + 실기

발 행	2025년 4월 15일 제1판	
	2025년 12월 15일 제2판	
공 편 저 자	김창일	
발 행 인	정재철	
발 행 처	미디어몬	
주 소	07532 서울특별시 강서구 양천로 551-17, 1210호(가양동, 한화비즈메트로 1차)	
전 화	(02) 2659-8831	
팩 스	(02) 2659-8832	
등 록	제2021-000083호	

정가 25,000원
ISBN 979-11-24115-03-9 13550